普通高等教育"十一五"规划教材

现代分子生物学与基因工程

李海英　杨峰山　邵淑丽　等编著

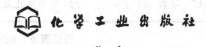

化学工业出版社

·北京·

图书在版编目（CIP）数据

现代分子生物学与基因工程/李海英，杨峰山，邵淑
丽等编著. —北京：化学工业出版社，2008.1（2024.6重印）
普通高等教育"十一五"规划教材
ISBN 978-7-122-01794-9

Ⅰ. 现⋯　Ⅱ.①李⋯②杨⋯③邵⋯　Ⅲ.①分子生物学-
高等学校-教材②基因-遗传工程-高等学校-教材　Ⅳ.Q7

中国版本图书馆 CIP 数据核字（2007）第 205268 号

责任编辑：赵玉清　　　　　　　　　　文字编辑：刘　畅
责任校对：陶燕华　　　　　　　　　　装帧设计：关　飞

出版发行：化学工业出版社（北京市东城区青年湖南街 13 号　邮政编码 100011）
印　　装：北京盛通数码印刷有限公司
787mm×1092mm　1/16　印张 17　字数 454 千字　2024 年 6 月北京第 1 版第 15 次印刷

购书咨询：010-64518888　　　　　　　　售后服务：010-64518899
网　　址：http://www.cip.com.cn
凡购买本书，如有缺损质量问题，本社销售中心负责调换。

定　　价：49.00 元　　　　　　　　　　　　　　　　版权所有　违者必究

《现代分子生物学与基因工程》

编写人员：（按姓氏笔画排序）

于　冰　　马春泉　　杨峰山

李海英　　邵淑丽　　高传军

前　言

20世纪50年代，DNA双螺旋结构模型的提出，开启了现代分子生物学的新纪元。半个世纪以来，分子生物学以空前的速度迅猛发展，已成为现代生命科学中发展最迅速、取得成果最多的学科之一。分子生物学是研究核酸、蛋白质等生物大分子的结构与功能，并从分子水平上阐述蛋白质与核酸、蛋白质与蛋白质之间相互作用的关系及其基因表达调控机理的科学。分子生物学从分子水平上研究生命现象、生命本质、生命活动及其规律，它涵盖了生命科学的各个领域，改变了或正在改变着整个生物学的面貌，其研究成果已在工业、农业、医药、食品、材料、能源、冶金、环保等领域得到了广泛的应用。

随着分子生物学的飞速发展，产生了许多其他技术。20世纪70年代，重组DNA技术的发现标志着基因工程的诞生，使人们能够根据自己的意愿来操作基因、改造基因。基因工程已经在基因工程药物、转基因植物、转基因动物等方面取得了喜人的成果，并且正在以新的势头继续向前迅猛发展，成为当今生命科学研究中最具生命力、最引人注目的前沿学科之一。

在生命科学的教学中，分子生物学是生命科学领域十分重要的专业基础课，基因工程是分子生物学的重要应用，两者之间关系紧密。随着分子生物学和基因工程的发展，为适应高等学校本科生课程体系和教学内容的需要，作者花费大量时间搜集、整理资料，参阅了大量国内外文献，结合多年的教学、科研实践经验编著了本教材。全书分为现代分子生物学和基因工程两篇，将分子生物学与基因工程内容有机融合在一起，适合综合、师范、医药、农林类院校等生物科学、生物技术、生物工程、制药工程、食品工程等相关专业的本科生教学及教师、科研人员参考。

本书内容丰富、取材新颖、简明扼要、条理清晰、语言简练，将基础性、前瞻性、系统性与可读性有机统一，是指导本科生在有限时间掌握分子生物学和基因工程基础知识和技术的理想教材。

本书第一章由黑龙江大学李海英教授和齐齐哈尔大学邵淑丽教授撰写；第四章、第五章、第七章、第十一章、第十二章由黑龙江大学杨峰山副教授撰写；第二章、第三章由黑龙江大学于冰老师撰写；第六章、第十章、第十三章由黑龙江大学马春泉老师撰写；第八章、第九章由黑龙江大学高传军老师撰写。全书由李海英教授、杨峰山副教授和邵淑丽教授负责统稿。

由于现代分子生物学和基因工程发展迅速，专家学者们关注侧重点往往不同，因此本书难以面面俱到，疏漏之处在所难免，敬请广大读者批评指正。

李海英
2007年10月于黑龙江大学

目 录

上篇 现代分子生物学

下篇　基因工程

上篇 现代分子生物学

第一章 绪 论

第一节 分子生物学的概念及发展状况

一、分子生物学的概念及研究内容

（一）分子生物学的概念

从广义上讲，分子生物学是研究核酸、蛋白质等所有生物大分子形态、结构与功能及其重要性、规律性和相互关系的科学，是人类从分子水平上真正揭开生物世界的奥秘，由被动地适应自然界转向主动地认识和改造自然界的基础学科。

从狭义上讲，分子生物学研究的范畴偏重于核酸，主要研究基因和 DNA 的复制、转录、表达和调控等过程，其中也涉及与这些过程有关的蛋白质和酶的结构与功能的研究。

（二）分子生物学的研究内容

分子生物学是研究所有生物学现象的分子基础。从这个意义上说分子生物学包括了所有的生物学学科，分子生物学与生物学其他各分支之间的界限越来越不明显了。尽管分子生物学涉猎的范围十分广泛，研究内容也包罗万象，但是按照狭义分子生物学的定义，我们可将现代分子生物学的研究内容概括为以下几个大的方面。

1. 基因与基因组的结构与功能

基因的研究一直是影响整个分子生物学发展的主线。在不同的历史时期对基因的研究有不同的内容：20 世纪 50 年代以前，主要从细胞、染色体水平上进行研究，是基因的染色体遗传学内容；20 世纪 50 年代之后，主要从 DNA 大分子水平上进行研究，属于基因的分子生物学阶段；近 20 多年来，由于重组 DNA 技术的不断完善和应用，人们已经改变了从表型到基因型的传统研究基因的途径，而能够直接从克隆目的基因出发，研究基因的功能及其与表型的关系，使基因的研究进入了反向生物学阶段。在这个历程中对基因与基因组的微细的、高级的结构与功能的研究始终是分子生物学研究内容中最基础最重要的部分。

2. DNA 的复制、转录和翻译

这一方面研究的重点是 DNA 或基因怎样在各种相关的酶与蛋白质因子的作用下，按照中心法则进行自我复制、转录和翻译，以及对 mRNA 分子剪接、加工、编辑和对新生多肽链折叠成为功能结构的研究。

3. 基因表达调控的研究

基因表达的实质是遗传信息的转录和翻译。在生物个体的生长、发育和繁殖过程中，遗传信息的表达按照一定的时空发生变化（时空调节的表达）；并且，随着内外环境的变化而不断地加以修正（环境调控表达）。

基因表达的调控主要发生在转录水平和翻译水平上。原核生物的基因组和染色体结构都比真核生物简单，转录和翻译在同一时空内发生，基因表达调控主要发生在转录水平。真核生物有细胞核结构，转录和翻译过程在时间和空间上都分隔开，且在转录和翻译后都有复杂的加工过程，其基因表达的调控可以发生在各种不同的水平。基因表达调控主要表现在对上游调控序列、信号转导、转录因子以及 RNA 剪辑等几个方面。

4. DNA 重组技术

DNA 重组技术，即基因工程，是 20 世纪 70 年代初兴起的一门科学技术。应用此技术能将不同的 DNA 片段进行定向的连接，并且在特定的宿主细胞中与载体同时复制、表达。作为分子生物学研究的内容之一，它的主要目的是：(1) 用于大量生产某些在正常细胞代谢中产量很低的多肽，如激素、抗生素、酶类及抗体等，提高产量，降低成本，使许多有价值的多肽类物质得到广泛的应用，例如，用于治疗艾滋病的基因工程白介素 12 (IL-12)，可有效地阻止病情发展，恢复 HIV 病毒携带者的免疫系统和功能。(2) 用于定向改造某些生物的基因组结构，使它们所具备的特殊功能更符合人类生活的需要，提高其经济价值。(3) DNA 重组技术还被用来进行基础研究。分子生物学研究的核心是遗传信息的结构、传递和控制，在这个过程中 DNA 重组技术是不可缺少的手段之一。

5. 结构分子生物学

任何一个生物大分子当它在发挥生物学功能时都必须具备两个前提，一是必须拥有特定的空间结构（三维结构）；二是在它发挥生物学功能的过程中必定存在着结构和构象的变化。结构分子生物学就是研究生物大分子特定的空间结构以及结构的动态变化与其生物学功能关系的科学，它包括结构的测定、结构动态变化规律的探索和结构与功能相互关系 3 个方向的研究。结构分子生物学在今后仍然是生命科学发展的基础学科。在这一领域中，仍需要有生物学家、生物化学家、物理学家、化学家以及计算机和工程学的专家共同努力。

分子生物学已经渗透到生物学科的各个领域之中，并正在产生一系列新的分支学科，改变了或正在改变着整个生物学的面貌，其研究成果已在工业、农业、医学以及生物制药等领域得到广泛的应用。对分子生物学的深入研究将使整个生物学在分子水平上统一起来，即普通生物学 (general biology)，愈来愈多的研究成果说明生命的本质具有高度的一致性，这就是所谓生长、发育与进化的统一理论。

（三）分子生物学在生命科学中的位置

分子生物学是从生物化学发展出来的，由于蛋白质及核酸生物化学的研究逐渐深入到这些生物大分子结构和功能的研究中，提出了 DNA 双螺旋模型，此后核酸的分子生物学（狭义）得到了迅速发展，形成分子生物学一门独立的新学科，它的发展使生命科学各个学科的研究深入到分子水平。分子生物学、细胞生物学、神经生物学被认为是当代生物学研究的三大主题。分子生物学与其他许多学科息息相关，许多新问题和新思路促使许多学科在理论和方法上得到提高。

1. 与微生物学的关系

早期分子生物学的研究对象都是原核生物，特别是大肠杆菌 (*E. coli*)。对大肠杆菌的 DNA 和 RNA 及其复制、转录、翻译和调控过程已经了解得非常清楚。现在研究基因表达也往往是用大肠杆菌 (*E. coli*) 作为宿主，所以有人认为，目前的分子生物学主要是"*E. coli* 的分子生物学"。

2. 与遗传学的关系

遗传学是分子生物学发展以来受影响最大的学科，孟德尔著名的遗传分离规律，在近 20 年内得到了分子水平上的解释，分子生物学的发展极大地丰富了遗传学的内容，产生了分子遗传学 (molecular genetics)。

3. 与细胞生物学的关系

细胞生物学与分子生物学也有密切的关系。现在的细胞生物学已经不限于从细胞水平研究细胞的形态、结构与功能，而是进一步从分子水平上探讨构成细胞各种组分的基因及其表达，产生了新学科分子细胞生物学 (molecular cell biology)。

4. 与发育生物学的关系

发育生物学是研究动物、植物的生长发育的科学。近年来，分子生物学渗入到发育生物学以后形成发育分子生物学（development molecular biology），使得发育生物学的面貌大为改观。现在我们已经认识到不论低等生物或是高等生物，它们的发育都是受基因组中 DNA 控制的，并且按照特定的时间和空间顺序依次表达出来的。

二、DNA 的发现

在美国科学家沃森（Waston）和英国科学家克里克（Crick）于 1953 年提出 DNA 双螺旋模型之前，人们对于基因的理解仍然是抽象的、概念化的，缺乏准确的物质内容。

早在 1928 年，英国科学家格里弗斯（Griffith）就发现，肺炎双球菌有 2 种，一种是致病力较强的光滑型（S 型），这种肺炎双球菌的 DNA 产生荚膜多糖，荚膜多糖的作用是使肺炎双球菌避免小鼠白细胞攻击，使小鼠致死；另一种是致病力弱的粗糙型（R 型），这种肺炎双球菌的 DNA 不能产生荚膜多糖，不能使小鼠死亡，这是一项基础研究。

在这一研究基础上，首先用实验证明基因就是 DNA 分子的是美国著名的微生物学家埃弗里（Avery），他共做了 4 项实验（图 1-1）：第一项，用活的 S 型菌侵染小鼠，小鼠死亡；第二项，用活的 R 型菌侵染小鼠，小鼠存活；第三项，将 S 型菌烧煮杀灭活性以后侵染小鼠，小鼠存活；第四项，将经烧煮杀死的 S 型菌和活的 R 型菌混合后再侵染小鼠，小鼠死亡。

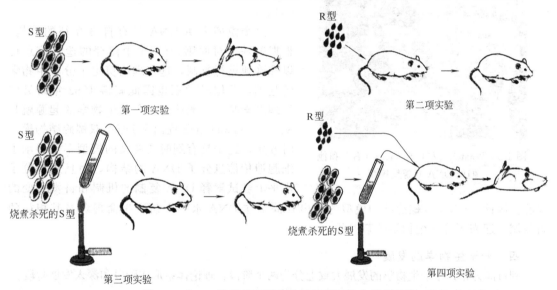

图 1-1 Avery 进行的不同肺炎双球菌侵染小鼠的实验

第一项实验的解释是：S 型菌的 DNA 产生荚膜多糖，荚膜多糖的作用是使肺炎双球菌避免小鼠白细胞攻击，使小鼠致死；

第二项实验的解释是：活 R 型菌的 DNA 能正常复制、转录、翻译，但不能产生荚膜多糖，因而被小鼠白细胞杀死，小鼠存活。

第三项实验的解释是：死 S 型菌的 DNA 不能进行正常复制、转录、翻译，不能产生荚膜多糖，侵入小鼠时受到小鼠白细胞攻击，小鼠存活。

第四项实验的解释是：死 S 型菌＋活 R 型菌，S 型菌的 DNA 转化进入 R 型菌内，利用 R 型菌环境进行复制、转录、翻译，产生荚膜多糖，结果是活 R 型转变成活 S 型，产生荚膜多糖，小鼠致死。

进一步的实验证明死亡小鼠中含有大量活的 S 型菌，推测死 S 型菌中的某一种成分将无致病能力的活 R 型菌转化为有致病能力的活 S 型菌，从而导致小鼠死亡。S 型菌有一种物质

（转化源）能够进入R型菌，并引起稳定的遗传变异，能够指导荚膜多糖的形成。从死的S型菌提取的DNA能使活的R型菌转化成为活的S型菌这一事实证明了DNA是转化源，也就是说引起细菌遗传性状改变的物质是DNA。如果在这一转化过程中加入少量DNA酶来降解DNA，这一转化现象立即消失，以上实验充分证明了引起细菌遗传性状改变的物质是DNA。

三、Chargaff规律及DNA双螺旋模型

（一）Chargaff规律

1949年Chargaff从不同来源的DNA测定出4种核酸碱基，即胸腺嘧啶（T）、胞嘧啶（C）、腺嘌呤（A）、鸟嘌呤（G），并发现A与T的量（A+T）和G与C的量（G+C）并不相等，也就是（A+T）/（G+C）的比值随不同来源的DNA而有所不同，同时他发现G与C的量，A与T的量总是相等，即G＝C，A＝T，这一规律称为Chargaff规律。

（二）DNA双螺旋模型

图1-2　Waston（左）与Crick（右）和他们的DNA双螺旋模型

1953年，美国科学家Waston和英国科学家Crick提出了DNA双螺旋模型（图1-2），主要观点是两条多核苷酸链是反向平行的，即一条链是从$5'→3'$，另一条链则是$3'→5'$，两条链的碱基是互补配对的，成为双螺旋状（double helix）。

这个模型表明DNA具有自身互补的结构，根据碱基配对原则，DNA中储存的遗传信息可以准确地进行复制，这些理论奠定了分子生物学的基础，两位科学家也因此获得1962年诺贝尔生理医学奖。一般认为，分子生物学的起源就是从Waston和Crick提出了DNA双螺旋结构模型时开始，这个具有划时代意义的模型不仅展示了细胞遗传信息分子DNA的结构，而且还在分子水平上尝试解释DNA复制的机制和自发突变的

根源。因此，DNA双螺旋结构模型的提出开辟了在DNA水平上研究生命现象及其规律的新领域，迎来了分子生物学的新时代。

四、分子生物学的发展

到目前为止，分子生物学的发展大致上分为两个阶段：理论体系形成阶段和深入发展阶段。

（一）理论体系形成阶段

从1953年以DNA双螺旋结构模型提出为标志的分子生物学诞生，到1970年具有较完整体系的分子生物学著作出版，这是分子生物学的理论体系形成阶段。其间，提出了从mRNA到蛋白质的三联子遗传密码规律；美国生物化学家Kornberg与Ochoa用人工合成的方法制备了DNA和RNA；Khorana还进行了64种可能的遗传密码的化学合成与功能测试；Crick提出了遗传信息传递从DNA到RNA再到蛋白质的中心法则。同时，mRNA、DNA聚合酶、RNA聚合酶、DNA半保留复制机制、操纵子调控模式和遗传密码等先后被发现。这些学说与成果奠定了分子生物学理论体系形成的基础。1965年，第一本《基因的分子生物学》著作（Waston等人编写）的问世，及1970年该书的再版，标志着分子生物学这门新兴的生物学科有了较完整的理论体系。

（二）深入发展阶段

分子生物学的深入发展阶段是以一系列重要的技术突破和重大研究成果为标志的。1970

年以后，分子生物学飞速发展，理论和技术体系不断扩大。蛋白质结构与功能、生物大分子的相互作用等已成为分子生物学的重要研究内容。自 20 世纪 70 年代以来，分子生物学不仅产生了基因重组、DNA 测序、核酸印迹、单克隆抗体、DNA 体外扩增、基因转移与基因敲除以及体细胞克隆等多项重要技术，而且取得了基因工程药物和疫苗、基因诊断与治疗、转基因动植物、动物的体细胞克隆、人类基因组序列图等重大成果。分子生物学的发展对整个生命科学乃至对整个人类社会产生了深远的影响。

1986 年，美国科学家 Thomas Roderick 提出了基因组学（genomics）的概念，指对所有基因进行基因组作图（包括遗传图谱、物理图谱、转录图谱）、核苷酸序列分析、基因定位和基因功能分析的一门科学，这一名词现已作为"研究基因组的结构与功能的科学"而被普遍接受。

计算机和信息技术与分子生物学的结合又大大加速了分子生物学的发展，由此产生了一门以应用计算机和信息技术进行基因组信息的获取、处理、存储、分配、分析和解释为目标的新兴交叉学科——生物信息学（bioinformatics）。

回顾分子生物学的形成与发展，可以发现基因的研究始终是这一过程的主线。一部分子生物学发展史，实际上也是基因研究与认识的历史。分子生物学不仅是目前自然科学中发展最迅速、最具活力和生气的领域，也是新世纪的带头学科。

第二节　基因工程的概念及发展状况

一、基因工程的概念
（一）基因工程技术
基因工程（genetic engineering），也叫基因操作、遗传工程或重组 DNA 技术，它是一项将生物的某个基因通过载体运送到另一种生物的活体细胞中，并使之无性繁殖（称为"克隆"）和行使正常功能（称为"表达"），从而创造生物新品种或新物种的遗传学技术。

基因工程中外源 DNA 插入载体分子所形成的杂合分子又称为嵌合 DNA 或 DNA 嵌合体（DNA chimera），构建这类重组分子，并对重组分子进行无性繁殖过程称为分子克隆（molecular cloning），基因克隆（gene cloning）或重组 DNA（recombinant DNA）。

在典型的基因工程实验中，被操作的基因不仅能够克隆，而且能够表达。但是另外一种情况下，为了制备和纯化一段 DNA 序列，我们只需要这一段 DNA 在宿主细胞中克隆就可以了，无需让它表达，这也是一种基因工程实验。

（二）基因克隆与表达的操作步骤
1. 基因克隆的操作步骤

（1）从复杂的生物有机体基因组中，经过酶切消化或 PCR 扩增等步骤，分离出带有目的基因的 DNA 片段；

（2）在体外，将带有目的基因的外源 DNA 片段连接到能够自我复制的并具有选择标记的载体分子上，形成重组 DNA 分子；

（3）将重组 DNA 分子转移到适当的宿主细胞，并与之一起增殖；

（4）从大量的细胞繁殖群体中，筛选出获得了重组 DNA 分子的宿主细胞克隆；

（5）从这些筛选出来的宿主细胞克隆中提取出已经得到扩增的目的基因，供进一步分析研究使用。

2. 基因表达的操作步骤

（1）从复杂的生物有机体基因组中，经过酶切消化或 PCR 扩增等步骤，分离出带有目的基因的 DNA 片段；

（2）将目的基因克隆到表达载体上，导入宿主细胞，使之在新的遗传背景下实现功能表达，产生出人类所需要的物质。

（三）基因工程的研究内容

基因工程问世以来，科技工作者始终十分重视基础研究，包括构建一系列克隆载体和相应的表达系统、建立不同物种的基因组文库和 cDNA 文库、开发新的工具酶、探索新的操作方法等，各方面取得了丰硕的研究成果，使基因工程技术不断趋向成熟。

1．基因工程克隆载体的研究

基因工程的发展是与克隆载体的构建密切相关的，由于最早构建和发展了用于原核生物的克隆载体，所以以原核生物为对象的基因工程研究首先得以迅速发展。随着 Ti 质粒的发现以及成功地构建了 Ti 质粒衍生的克隆载体后，植物基因工程研究随之就迅速发展起来。动物病毒克隆载体的构建成功，使动物基因工程研究也有一定的进展。可以认为构建克隆载体是基因工程技术路线中的核心环节，至今已构建了数以千计的克隆载体，但是构建新的克隆载体仍是今后研究的重要内容之一，尤其是适合用于高等动植物转基因的表达载体和定位整合载体还需大力发展。

2．基因工程宿主系统的研究

基因工程的宿主与载体是一个系统的两个方面。前者是克隆载体的宿主，是外源目的基因表达的场所。宿主可以是单个细胞，也可以是组织、器官、甚至是个体。用作基因工程的宿主可分为 2 类，即原核生物和真核生物。

原核生物大肠杆菌是早期被采用的最好宿主系统，应用技术成熟，几乎是现有一切克隆载体的宿主；目前，已经以大肠杆菌为宿主建立了一系列基因组文库和 cDNA 文库，以及大量转基因工程菌株，开发了一批已投入市场的基因工程产品。蓝细菌（蓝藻）、酵母菌、植物、动物、人的体细胞都可以作为基因工程的宿主。

3．目的基因的研究

基因是一种资源，而且是一种有限的战略性资源。因此开发基因资源已成为发达国家之间激烈竞争的焦点之一，谁拥有基因专利多，谁就在基因工程领域占主导地位。基因工程研究的基本任务是开发人们特殊需要的基因产物，这样的基因统称为目的基因。具有优良性状的基因理所当然是目的基因，而致病基因在特定情况下同样可作为目的基因，具有很高的开发价值。即使是那些今天尚不清楚功能的基因，随着研究的深入，也许以后会成为具有很高开发价值的目的基因。现在已获得的目的基因大致可分为 3 大类：第一类是与医药相关的基因；第二类是抗病、虫害和恶劣环境的基因；第三类是编码具特殊营养价值的蛋白或多肽的基因。

近年来越来越重视基因组的研究工作，试图搞清楚某种生物基因组的全部基因，为全面开发各种基因奠定基础。1998 年完成基因组测序的生物有 11 种。2003 年 4 月 14 日，美国联邦国家人类基因组在华盛顿宣布，美、英、日、法、德和中国六国科学家经过 13 年努力共同绘制完成了人类基因组序列图，对人类基因的面貌有了新的发现。以稻米为主食的我国于 2001 年 10 月 12 日宣布具有国际领先水平的中国水稻（籼稻）基因组"工作框架图"和数据库在我国已经完成，这一成果标志着我国已成为继美国之后，世界上第二个能够独立完成大规模全基因组测序和组装分析能力的国家，表明我国在基因组学和生物信息学领域不仅掌握了世界一流的技术，而且具备了组织和实施大规模科研项目开发的能力。此外，中国和英国合作的"家猪基因组计划"也已经启动。

4．基因工程新技术的研究

自从基因工程问世以来，用于基因工程的研究技术不断出现，不断更新。除了基因工程工具酶的研究外，同时发展了一系列用于不同类型宿主细胞的 DNA 转化方法和病毒转导方法；除常规 PCR 技术外还发展了多种特殊的 PCR 技术，如长片段 PCR 技术、反转录 PCR 技术、免疫 PCR 技术、不对称 PCR 技术、定量 PCR 技术、锚定 PCR 技术、重组 PCR 技术、加端 PCR 技术等；凝胶电泳技术可以在凝胶板上把不同分子大小的 DNA 分子分开，但是只能分辨几万碱基的 DNA 分子，脉冲电泳技术的问世，不仅能分开上百万碱基的 DNA 分子，而且能够使完整的染色体彼此分开。

基因工程研究新技术层出不穷，推动了基因工程的迅速发展。同时随着基因工程研究的不断深入，将会出现更多新的研究技术。

二、基因工程的发展

1972 年，美国斯坦福大学（Stanford University）的 Berg 等首次用限制性核酸内切酶 *EcoR* I 切割病毒 SV40DNA（一种猴病毒）和噬菌体 λDNA，又将两者连接在一起，成功地构建了第一个体外重组的人工 DNA 分子。1973 年 Cohen 等人首次在体外将重组的 DNA 分子导入大肠杆菌中，成功地进行了无性繁殖，从而完成了 DNA 分子体外重组和扩增的全过程，这是基因工程发展史上第一个克隆转化并取得成功的例子，因此，这一年被评定为基因工程诞生之年，Cohen 创立了基因工程的基本模型，是基因工程的创始人。在这个工作的基础上，又经历 20 年的时间，有关领域的科学家已能使异源基因在宿主细胞成功地表达具有特异生物学活性的蛋白质。通过体外基因重组，可以人工创造出新的生物物种。

基因工程技术经历了安全问题的争论和改造载体阶段，当前已将突破点集中于外源基因在宿主细胞内的表达问题上，确切地说，更集中于真核基因在原核细胞表达的基因工程技术。基因工程技术的迅速发展得益于现代遗传学和生物化学成果的积累和工作。限制性核酸内切酶的发现，对噬菌体和细菌质粒的生物学研究成果以及 Southern 印迹技术、聚合酶链式反应、脉冲场凝胶电泳技术等重大发现和技术革新都给基因工程带来新的进展与突破。现在，已经有了快速自动化的 DNA 序列分析技术和 DNA 合成技术，以及灵敏度极高的基因检测和基因表达检测技术，一些原先非常繁杂的基因工程技术在一定程度上自动化或常规化了。

三、基因工程的应用

基因工程为生物学、医药学、遗传学、农业科学、环境科学和某些工业研究开拓了广阔的、革命性的发展前景。生物学中长期无法解决的许多问题，现在都变得可能。自然界创造新的生物物种一般需要几十万年乃至几百万年，但是在实验室用基因工程技术可能在几天内完成这个过程。重组 DNA 技术彻底打破了常规育种种属间不可逾越的鸿沟，动物和植物，细菌和人的基因都可连接在一起，形成杂种生物，这是以往科学家难以想象的奇迹。基因工程使人类从单纯地认识生物和利用生物的传统模式跳跃到随心所欲改造生物和创造生物的新时代。

（一）利用微生物制药

基因工程技术能把珍贵的人类激素基因插入到可以用工业规模生长的微生物中，来大量生产人类激素，如生长激素、胰岛素、促红细胞生成素等。下面以重组微生物生产胰岛素为例介绍基因工程在微生物制药方面的应用。

目前世界上大约有 6 000 万糖尿病患者，大部分患者是体内胰脏产生的胰岛素不足。其中 400 万人定期注射胰岛素进行治疗，以避免出现更严重的后果。根据传统方法，胰岛素是从猪或牛的胰脏中提取纯化出来的，一位患者每年需要 3～5kg 的胰脏组织，这相当于 40 头牛或 50 头猪的胰脏。不难看出，用传统方法生产胰岛素必然会遇到原材料来源困难的问题。而且更麻烦的是，来源于猪或牛的胰岛素和人的胰岛素有 1 个或 3 个氨基酸的差异，这毫无疑问地会影响治疗的效果，还会使某些患者产生过敏反应。

1978 年，美国哈佛大学的 Gilbert 等把老鼠胰岛素基因与大肠杆菌的青霉素酶基因连接，转化 *E. coli*，产生了胰岛素。这是基因工程的一大突破，美国的基因工程胰岛素已经在

1981年投放市场。1985年，日本也获得成功并投放市场。据报道，加拿大用大肠杆菌生产胰岛素，产量达100mg/L，也就是说，只要100L这样的培养液就相当于1t猪、羊胰腺的提取量。我国上海细胞研究所，用大肠杆菌表达胰岛素基因的水平为40mg/L。

（二）农作物的基因工程育种

在过去的100年间，人们利用传统的育种方法已经培育出许多农作物新品种，并且获得了可观的经济效益。中国在杂交水稻、杂交玉米和优良小麦品种的选育方面取得了举世瞩目的成就。但是，传统的育种方法存在着许多不足之处，例如，培育新品种所需的时间较长，过程繁杂，需耗费大量的人力和物力，而且通过杂交获得优良品种的方法容易受到亲本材料的限制，如远缘亲本难以杂交，即便能杂交也难以从性状分离的后代群体中选择到具有理想性状的重组表型。而植物基因工程则为解决这些问题提供了新的思路和方法。例如，可以不受作物亲本的限制获得所需性状；可以在一种植物中表达另一种植物，甚至动物的基因；转入的带有所需性状的基因一般不会妨碍植物原有的优良性状的表达，等等。从目前获得的数据来看，转入的外源基因可按照孟德尔定律进行遗传，因此，经过几代的杂交选育，就可以获得纯合的转基因植物，从而大大缩短了培育新品种所需的时间。

对植物进行基因改造比对动物进行基因改造有优势，原因在于植物可以很容易地从单个未分化细胞培养长成完整的植株。所以，只要在一个植物细胞中采用微注射法、基因枪法以及农杆菌介导的转化方法导入新的基因，再分化成为遗传改变的个体，就能获得我们想要的新品种，也就是转基因植物。目前已经获得了转基因抗虫、抗病毒、抗除草剂、抗不良环境、抗衰老及改善品质的转基因作物。

（三）动物克隆与转基因动物

图1-3 克隆羊"Dolly"和他的第一只羊羔"Bany"

克隆是英文"clone"的音译，源于希腊文"klon"，原意是指植物幼苗或嫩枝以无性繁殖或营养繁殖的方式培育，也就是指用除种子之外的植物体的任何一部分进行无性繁殖。现在它的范围扩大了，凡是没有精卵结合过程，而由同一个祖先细胞获得的两个以上的细胞、细胞群或生物体，或是由同一个亲本DNA序列产生子代DNA的方式就是克隆，用这种方式分化发育得到的生物体与母体的基因是完全相同的。目前比较科学的描述是：克隆是指生物体通过体细胞进行的无性繁殖，以及由无性繁殖形成的基因型完全相同的后代个体组成的种群。1996年7月5日世界上第一只基于核移植技术的克隆动物"Dolly"诞生（图1-3），它是苏格兰罗斯林研究所和PPL医疗公司的共同作品。至此，得到大量基因相同的动物不再是一个奢望。

多年以来，杂交选择一直是改良家畜遗传性状的主要途径。随着现代生物技术的发展，传统的杂交选择法的各种缺陷日益明显，而现代分子育种技术却显示出越来越强大的生命力，逐渐成为动物育种的趋势和主流。但是真正操作并没有想像的那么简单。一直到一只巨鼠的出现，才宣布了首例转基因动物的成功。科学家们克隆了鼠生长激素的基因，将此基因连接在一个由钙诱导的启动子后面，转入小鼠中。然后科学家们只要加入钙，就可以使此基因表达，从而得到了正常小鼠两倍大的巨鼠。随后，人们又得到了转入人的生长激素基因的超大型猪。

运用相关转基因技术对多细胞动物进行遗传改造，这些年的进展非常迅速。目前，转基因技术已经发展成为很多基础问题研究的一种有力手段。

四、生物安全性问题

基因工程研究在 20 世纪 70 年代曾引起了广泛的讨论，主要是担心基因工程某些实验可能会引起的危险。有人认为重组体分子的建立及将其插入微生物或高等生物中可能创造出新的生物，这些新生物可能会由于疏忽而致使它们从实验室中逃逸出来，成为对人类及环境的生物危害。另一些人认为，这种带有外加遗传物质的新生物绝对竞争不过自然界中存在的正常生物品系。

1959 年获 Nobel 奖的 Kornberg（致力于 DNA 复制的研究）指出，正如大多数人不能区别原子和分子，病毒和细胞，细胞和生物一样，恐惧是由于对基因工程缺乏理解而造成的。研究人员也用事实消除了人们的恐惧心理。在基因工程研究初期，一般用大肠杆菌 KL2 作为基因工程的宿主细菌。人们担心它通过研究者的消化道逃出实验室，对接触过大肠杆菌 KL2 的重组质粒的人员进行粪便检查，每 2～3 天一次，持续两年，始终未发现大肠杆菌 KL2 和重组质粒。后来，为了防止大肠杆菌可能变成环境中的危险生物，人们通过遗传构建了一种特别的大肠杆菌株系，这种株系只能在特定的实验室条件下生长，即使它从实验室逃逸出来，也不可能造成危险。

GMO 是 Genetic Modification Organism 的简称，即基因被改变的生物。1994 年 Calgene 公司研制的抗早熟保鲜番茄在美国批准上市，开创了转基因植物商业化的先河。自此以后，基因工程技术的发展日新月异。迄今为止，以美国为例，1/4 的耕地面积种植的是转基因作物，美国市场上已有近 4 000 种食品来自转基因作物。与此同时，人们对转基因食品产生了一些担心。有些杂志上赫然出现了"基因工程食品是危及自身的食品"、"基因工程食品是冒险食品"等标题，而事实上，科学家们在研究转基因作物时，首先要充分考虑的就是安全性问题，如果这个问题解决不了，转基因作物就不可能走出实验室，走上市场。对于转基因食品，人们最关心的问题莫过于转基因植物中标记基因的毒性问题、食品中是否有过敏源的问题以及转基因食品是否会引起其他不良反应，特别是有无可积累的长期作用。这些问题科学家们早已替人们考虑到了。实际上，转基因食品走上市场之前，就已经做了严格的安全性评估。

（一）转基因食品有毒性吗

美国对食品安全的高标准是举世公认的。美国食品和药物管理局（U. S. Food and Drug Administration，FDA）是美国负责对上市食品和药品进行安全性评估的部门，它有严格的标准，因此得到了公众的信任。FDA 对一般食品评估批准一般需 12～18 个月，而批准一个 GMO 的时间却可能长达 6 年。这就足以看出在转基因食品上市之前，对它们安全性的考虑可以说是慎之又慎。

我国首次获得抗黄瓜花叶病毒的转基因番茄。在转基因番茄进入商品化生产之前，根据我国基因工程安全法的要求，对转基因番茄进行了毒理分析，分析指标包括：急性毒性半数致死量（LD_{50}）测试，微核测验（是否诱发微核产生），精子畸变试验，Ames 试验（对 4 种细菌有无诱变作用），30 天动物喂养试验。喂养试验检测实验动物在饲喂了转基因番茄后动物的活动情况，包括毛色、摄食及排泄情况，生长发育的变化，血清学指标，血液生化指标的变化，脏器如心脏、肝、脾、肺、肾、胃、睾丸或卵巢的变化，通过病理切片检查器官的组织病变。所有的这些试验结果表明，转基因番茄对动物不会造成任何不良作用。说明转基因番茄是安全的。

尽管英国举国上下对于转基因食品陷入恐慌，然而各种基因改造的农作物的数千个田间试验，以及全球三千多万公顷转基因作物的商品化，并没有提供任何证据说明它对人体或环境存在安全问题。在转基因作物问世 24 年中，人们吃转基因食品已有 11 年。美国市场上近 4 000 种转基因食品中，各种转基因玉米、大豆等商品，包括婴儿食品，也并未报道过一例转基因食品安全事件。

世界上许多大的常规机构和科研部门也都声称："基因改造过的农作物并不比传统育种技术所培育的品种对人类健康产生更多的威胁。"以前的杂交育种其实也是改变基因，只不过采取的是一种较为缓和的方式，不如基因工程那么直接。

这样说，转基因食品就一点也不会有任何负效应了？当然不是，因为首先我们必须明确任何时候食品供应都不可能100%的安全，而转基因食品和普通食品一样也存在一定的风险，只不过它并不比普通食品有更多的负效应。就如同某种普通食品使人发生食品中毒或过敏时，我们只是说这一种食品对人有危险而不是否定所有的食品一样。如果某一种转基因食品产生了某些负效应，我们也不能推而广之地说所有的转基因食品都有问题。对某一种食品可能产生的负效应，应当逐个地做出科学评价，而不应该统而言之。

（二）转基因食品会造成过敏吗

目前唯一一例涉及使人体发生过敏反应的是巴西坚果中占优势的储存蛋白——2S清蛋白。这种蛋白有一种叫蛋氨酸的氨基酸含量很高，科学家们把这个蛋白的基因转入其他作物中来改善其他作物的蛋白质含量，转入了此基因的植物中蛋氨酸的含量提高30%。然而后来人们很快发现，此基因编码的蛋白能引起人的过敏反应，因而放弃了这个基因的应用。其实这种过敏反应并不令人意外，因为有些人本来就对巴西坚果过敏，那么把引起过敏的蛋白基因转入大豆中，很自然对巴西坚果过敏的人也会对这种转基因的大豆过敏。

世界上最大的基因工程公司美国孟山都公司用同种方法评估了抗除草剂草甘膦的转基因大豆的潜在过敏性，结果发现转入大豆的 EPSPS 酶的基因序列与引起过敏的蛋白基因序列并不相同或者相似，而且在模拟的哺乳动物消化系统中的 EPSPS 酶会很快被消化降解。

（三）转基因作物中标记基因会不会有危险

我们已经知道，在基因工程操作中，为了便于对被转化的 E.coli 进行筛选，往往会在质粒中加入一段抗生素抗性基因，比如抗氨苄青霉素的基因。人们担心的是，这些作物中的标记基因特别是抗生素标记基因被人吃了以后，会不会转移到人的肠道微生物或上皮细胞。然而实际上人们吃了转基因食品后，其中的绝大部分 DNA 已降解，并在肠胃中失活，只剩下不到 0.1% 的 DNA，经科学家的研究证明这么少量的 DNA 几乎没有可能再转移到肠道微生物和上皮细胞中。所以，我们不能想当然地认为，吃了有抗生素抗性基因的食品，人就会对抗生素产生抗性。随着科技的发展，现在已经可以把转基因植物中的抗生素标记基因在完成使命后通过一定的技术"删除"，甚至可以完全不用标记基因，这就使人们对转基因食品的安全性更为放心了。

五、干细胞研究及人类伦理观念

干细胞（stem cell）是指尚未分化的细胞，存在于早期胚胎、骨髓、脐带、胎盘和部分成年人细胞中，具有较强的再生能力，在干细胞因子和多种白细胞介素的联合作用下，可被培育成肌肉、骨骼和神经等人体组织和器官。在 1999 年末的年度世界十大科技成果评选中，"干细胞研究的新发现"荣登榜首。科学家认为，利用干细胞培育出的组织和器官对治疗癌症和其他多种恶性疾病具有重要意义。在临床应用中，造血干细胞应用较早，在 20 世纪 50 年代，临床上就开始应用骨髓移植来治疗血液系统疾病，到 20 世纪 80 年代，外周血干细胞移植技术逐渐推广。美国 Stemcell California 公司用血液干细胞在小鼠体内培育出成熟的肝细胞。

胚胎干细胞（embryo stem cell，ES）是在人胚胎发育早期——囊胚（受精后约 5~7天）中未分化的细胞。囊胚含有约 140 个细胞，外表是一层扁平细胞，称滋养层，可发育成胚胎的支持组织如胎盘等。中心的腔称囊胚腔，腔内一侧的细胞群，称内细胞群，这些未分化的细胞可进一步分裂、分化，发育成个体。内细胞群在形成内、中、外三个胚层时开始分化。每个胚层将分别分化形成人体的各种组织和器官。如外胚层将分化为皮肤、眼睛和神经系统等，中胚层将形成骨骼、血液和肌肉等组织，内胚层将分化为肝、肺和肠等。由于内细胞群可以发育成完整的个体，因而这些细胞被认为具有全能性。研究证实：分离的小鼠胚胎干细胞在体外可以分化成各种细胞，包括神经细胞，造血干细胞（血细胞的前体）和心肌细胞。

但是对于干细胞的研究引起了世界性的关于道德和伦理规范的讨论风暴。要获得胚胎干细胞就必须破坏人类胚胎，这就触及了现有伦理体系的禁忌，其中包括："人的生命何时开始？"、"成为人意味着什么？"、"什么是胚胎，它在什么时候变成人？"。

支持者认为干细胞的研究有利于治疗人类的疾病，造福于人类；而反对者则称这将造成滥用人类胚胎、造成人类研究资源的枯竭，扼杀人类的生命；还有的则认为应当将是否允许进行干细胞研究交给法庭决断。

美国众议院于2000年7月31日在国会休会前紧急通过了全面禁止人类克隆的"韦尔登法案"，其中包括禁止人类胚胎干细胞研究，这些举措遭致美国科学家的强烈反对。2000年1月，英国第一个将克隆研究合法化，允许科学家培养克隆胚胎以进行干细胞研究，并将这一研究定性为"治疗性克隆"。科学家可以破坏被生育诊所废弃的胚胎用于干细胞和其他研究，也可以通过试管内受精培养研究用胚胎。现在，新的法律允许研究人员通过克隆制造干细胞，但研究中使用过的所有胚胎必须在14天后销毁。

我国在"治疗性克隆"研究领域获得重大突破，"治疗性克隆"课题被列为国家级重点基础研究项目。其整体目标是，用病人的体细胞移植到去核的卵母细胞内，经过一定的处理使其发育到囊胚，再利用囊胚建立胚胎干细胞，在体外进行诱导分化成特定的组织或器官，如皮肤、软骨、心脏、肝脏、肾脏、膀胱等，再将这些组织或器官移植到病人身上。利用这种方法，将从根本上解决同种异体器官移植过程。

思 考 题

1. 请阅读 Crick 和 Watson 1953 年在 NATURE（April 25）上发表的论文 MOLECULAR STRUCTURE OF NUCLEIC ACIDS。

2. 列举 5～10 位获诺贝尔医学或生理学奖的科学家，简要说明其贡献。

第二章 染色体与DNA

第一节 染色体的结构和包装

由于亲代能够将自己的遗传物质DNA以染色体的形式传给子代，保持了物种的稳定性和连续性，所以说染色体在遗传上起着主要作用。染色体包括DNA和蛋白质两大部分。细胞内的DNA主要存在于染色体上，染色体是细胞有丝分裂时遗传物质存在的特定形式，遗传物质的主要载体是染色体。

一般说来，染色体只有在细胞有丝分裂过程中，才可透过光学显微镜清楚地看到，而在细胞生活周期中占较长时间的分裂间期，染色体以较细且松散的染色质形式存在于细胞核中。染色体与染色质的主要区别并不在于化学组成上的差异，而在于构型不同。

作为遗传物质，染色体具有分子结构相对稳定；能够自我复制，使亲子代之间保持连续性；能够指导蛋白质的合成，而控制整个生命过程；能够产生可遗传的变异等特征。

一、原核生物的染色体
（一）原核生物染色体概述

典型的原核生物仅有一个完整的染色体拷贝。因为原核生物没有真正的细胞核（nucleus），DNA一般位于一个类似"核"的结构，因为不是一个完整的细胞核，故称为类核体（nucleoid）。细菌染色体分子质量较小，一般为10^6kD。在一般情况下，大肠杆菌和其他原核生物一样，染色体都是单倍的。原核细胞中还经常携带一个或多个小的独立的环状DNA，称为质粒（plasmid）。质粒是细胞染色体核区DNA外能够自主复制的共价闭合环状DNA（covalent closed circular DNA，cccDNA）分子。它存在于许多细菌以及酵母菌等生物中。

（二）大肠杆菌的遗传物质

大肠杆菌染色体是由一条环状双链DNA分子组成的，分子质量是2.4×10^6kD，长度是4.6×10^6bp，其完全伸长总长约为1.3mm，含有4 000个以上基因。在电子显微镜下可以观察到大肠杆菌的类核结构（图2-1）。整个基因组DNA大约有100个环或结构域组成，每个环或结构域的两端被蛋白质固定，因而每个环或结构域具有相对的独立性。环或结构域的大小为50～100kb。

质粒是环状DNA，能够自我复制，存在于染色体DNA之外。质粒也携带许多基因，能赋予宿主细胞特定的遗传性状。大肠杆菌质粒的种类很多，如pBR332、pAT153、pCR1，其中pBR332是分子生物学研究中最常用的一种质粒。

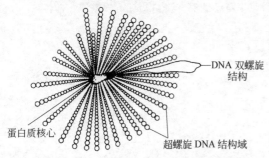

图 2-1 电子显微镜下 *E.coli* 类核结构概图

（图中标注：DNA 双螺旋结构；蛋白质核心；超螺旋 DNA 结构域）

目前，对于大肠杆菌的生物学了解比任何生物都多，大肠杆菌的结构与功能常常被当作是所有生物的原型，科学家把它当作很好的分子生物学的研究工具。

二、真核生物的染色体
（一）真核生物染色体概述

真核细胞的细胞核比原核细胞的类核体在结构和功能上都复杂得多，细胞核含有绝大部分的 DNA，只有一小部分 DNA 存在于线粒体或叶绿体中。在真核细胞中，染色体位于核仁内。大多数真核细胞是二倍体，也就是说，细胞中每条染色体有两个拷贝。但是，一个真核生物中的所有细胞并非全都是二倍体，某些细胞是单倍体或多倍体。例如：精子和卵子都是单倍体细胞；能产生人体血小板的巨核细胞（megakaryocyte）是多倍体细胞。

（二）真核生物染色体的组成

真核生物染色体的主要成分是蛋白质和 DNA，DNA 不是裸露的，与蛋白质在一起紧密结合。染色体上的蛋白质主要包括组蛋白和非组蛋白。组蛋白（histone）是染色体的结构蛋白，是一类小的碱性蛋白，与 DNA 相结合组成核小体。通常可以用 2mol/L NaCl 或 0.25mol/L 的 HCl/H_2SO_4 处理染色质，使组蛋白与 DNA 分开。非组蛋白（non-histone）是一些功能蛋白和一些酶类。

1. 组蛋白

真核生物染色体中的蛋白质主要是组蛋白，共分五类或五个家族，即核心组蛋白：H_2A、H_2B、H_3 和 H_4，以及非核心组蛋白 H_1。核心组蛋白的分子质量较小，约 $10\sim20kD$；H_1 稍大，约 23kD。所有组蛋白带有大量正电荷，序列中 20%～30% 由碱性氨基酸——赖氨酸及精氨酸组成。这意味着在形成染色体时，组蛋白将与带负电荷的 DNA 紧密结合。组蛋白具有如下特性。

（1）进化上的极端保守性　不同种生物组蛋白的氨基酸组成十分相似，特别是 H_3、H_4。牛、猪、大鼠的 H_4 氨基酸序列完全相同，牛的 H_4 序列与豌豆序列相比只有两个氨基酸的差异。H_3 的保守性也很大，鲤鱼与小牛胸腺的 H_3 只差一个氨基酸，H_2A、H_2B 的变化大些，H_1 的变化则很大。H_3、H_4 在氨基酸组成上的极端保守性表明，它们可能对稳定真核生物的染色体结构起到重要作用。

（2）无组织特异性　到目前为止，仅发现鸟类、鱼类及两栖类红细胞染色体不含 H_1 而带有 H_5，其余组蛋白均为 H_1、H_2A、H_2B、H_3 和 H_4。

（3）肽链上氨基酸分布的不对称性　组蛋白 N 端区域多为碱性氨基酸，静电荷（＋）多。多数的酸性氨基酸和疏水氨基酸分布在 C 端的 1/2 到 1/3 处。因此 N 端区域与 DNA 链的负电荷结合，而 C 端区域与其他组蛋白、非组蛋白或 DNA 的疏水区相结合，这种结合主要是依靠疏水键或范德华力。

（4）组蛋白的修饰作用　这些修饰包括甲基化、乙酰化、磷酸化及 ADP 糖基化等。在几种组蛋白中，以 H_3、H_4 的修饰作用比较普遍。

（5）富含赖氨酸的组蛋白 H_5　有证据说明，很可能 H_5 的磷酸化在染色质失活过程起重要作用。

2. 非组蛋白

（1）非组蛋白的一般特性　染色体上除了存在大约与 DNA 等量的组蛋白以外，还存在大量的非组蛋白，即非结构蛋白。非组蛋白具有如下特性：

① 非组蛋白的多样性　非组蛋白的量大约是组蛋白的 60%～70%，但它的种类却很多，约在 20～100 种之间，其中常见的有 15～20 种。这些非组蛋白主要有酶类，如 RNA 聚合酶，包装蛋白、加工蛋白，与细胞分裂有关的收缩蛋白、骨架蛋白、核孔复合物蛋白，以及与基因表达有关的蛋白。

② 非组蛋白的组织专一性和种属专一性　不同组织和种属之间的差异，正是由于非组蛋白的不同。人们认为非组蛋白是基因表达的调控蛋白。

（2）几种常见的非组蛋白

① HMG 蛋白（high mobility group protein）　因为相对分子质量小，在凝胶电泳中迁移速度很快，现在一般认为这类蛋白可能与 DNA 的超螺旋结构有关。

② DNA 结合蛋白　可能是一些与 DNA 的复制或转录有关的酶或调节物质。

③ A_{24} 非组蛋白　有科学家用 0.2mol/L 的硫酸从小鼠肝脏中分离到一种称为 A_{24} 的非组蛋白。功能不详。

三、核小体和染色质的高级结构

（一）核小体是染色质的结构单位

在真核细胞中大多数 DNA 被包装进核小体。核小体由 8 个组蛋白所形成的核组成，DNA 缠绕在组蛋白核上。每个核小体之间的 DNA 叫做连接 DNA（linker DNA）。与核小体结合最紧密的 DNA 叫做核心 DNA（core DNA），它像线缠绕线轴一样盘绕组蛋白八聚体约 1.75 圈（图 2-2）。

在所有的真核细胞中，长度约 146bp 的核心 DNA 是核小体一个不变的特征。但核小体之间的连接 DNA 的长度是可变的，一般在 20～60bp 之间。

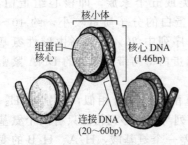

图 2-2　DNA 包装成核小体

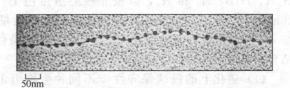

50nm

图 2-3　电镜下的核小体组成的串珠状结构

1974 年 Kornberg 等人根据染色质的酶切降解和电镜观察，发现了染色质基本结构单位为核小体（nucleosome）。通过利用微球菌核酸酶（micrococcal nuclease）处理染色质，人们第一次得到了纯化的核小体。利用核酸酶有控制的处理染色质，可得到与组蛋白结合的 DNA 分子。这些 DNA 分子的长度为 160～220bp，并与各两个拷贝的 H_2A、H_2B、H_3、H_4 相结合。进一步的微球菌核酸酶处理会使无蛋白质保护的全部连接 DNA 降解，剩下的最小的核小体仅包括 146bp 的 DNA，被称为核小体核心颗粒（nucleosome core particle）。

另外，染色质的电子显微镜图显示出由核小体组成的串珠状结构，可以看到由一条细丝连接着的一连串直径为 10nm 的球状体（图 2-3）。

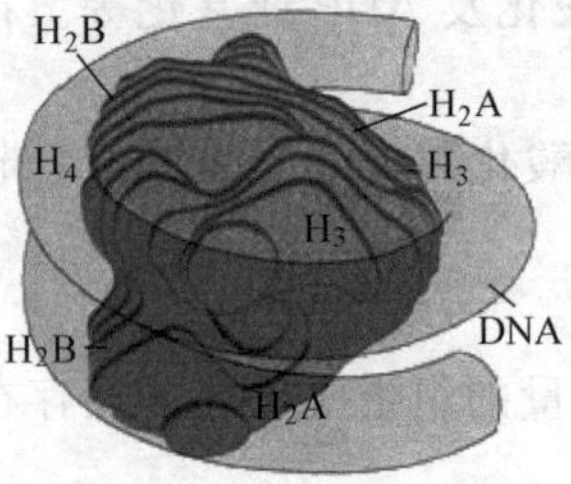

现在已经知道，核小体具有如下的结构特点：

每个核小体单位一般包括 166bp 的 DNA 和一个组蛋白八聚体及一个分子的组蛋白 H_1。

组蛋白八聚体构成核小体的核心结构，由 H_2A、H_2B、H_3 和 H_4 各两个分子所组成，$(H_3)_2$，$(H_4)_2$ 四聚体构成组蛋白八聚体的核心，核心两端各有一个 $H_2A \cdot H_2B$ 二聚体（图 2-4）。

DNA 分子以左手方向盘绕八聚体形成负超螺旋，环绕两圈，每圈 83bp，共 166bp，这 166bp 里有 146bp 的核心 DNA 和 20bp 与 H_1 结合的 DNA。

图 2-4　单个核小体
中组蛋白结构

一个分子的组蛋白 H_1 与 DNA 结合，锁住核小体 DNA 的进出口，从而稳定了核小体的结构。由于 H_1 的存在，又有 20bp 的 DNA 得到保护而免受核酸酶的降解，总体上受保护的 DNA 达 166bp，相当于绕组蛋白八聚体两圈。两相邻核小体之间以连接 DNA 相连，连接长度一般在 20～60bp 之间。串珠式的核小体联结起来，构成一条 10nm 纤丝（10nm fiber）。

（二）染色质的高级结构

1. 30nm 纤丝

当细胞核放在低盐的溶液时，染色质是以典型的念珠状形式存在的，即10nm纤丝，此时没有 H_1 组蛋白。而在较高浓度的盐溶液中，染色质以更致密的形式存在，并需要 H_1 组蛋白，形成直径 25～45nm 的螺线管样结构，即为 30nm 纤丝（30nm fiber）。30nm 纤丝

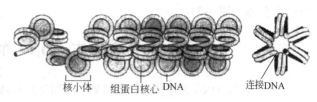

图 2-5　30nm 的染色质纤丝的螺线管结构

是由 10nm 纤丝盘绕成螺旋管状的粗丝，统称螺线管（solenoid）。螺线管的每一个螺旋包含 6 个核小体，其压缩比为 6（图 2-5）。30nm 纤丝螺线管是分裂间期染色质和分裂中期染色体的基本组分。上述螺线管可进一步压缩形成超螺旋。

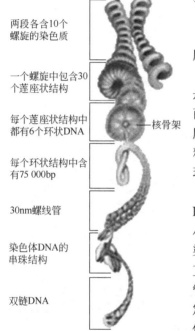

两段各含10个螺旋的染色质

一个螺旋中包含30个莲座状结构

每个莲座状结构中都有6个环状DNA —— 核骨架

每个环状结构中含有75 000bp

30nm螺线管

染色体DNA的串珠结构

双链DNA

图 2-6　染色体的多级螺旋模型

2. 染色体包装

染色体是细胞有丝分裂时染色质存在的特定形式，是细胞间期染色质结构紧密包装的结果。

染色体 DNA 的分子伸展长度与细胞核直径大小相差悬殊。例如，人的每条染色体 DNA 分子平均长度为 5cm，而细胞核直径为 $5\mu m$，即 5×10^{-4} cm。这说明染色体在细胞核内的包装需压缩近万倍。目前，已有许多种模型来解释染色体的包装结构。其中以多级螺旋模型和骨架-放射环模型为普遍采用。

（1）多级螺旋模型（multiple coiling model）　由 DNA 与组蛋白包装成核小体，在组蛋白 H_1 的介导下核小体彼此连接形成直径为 10nm 的核小体串珠结构，这是染色质包装的一级结构。在组蛋白 H_1 存在的情况下，由直径 10nm 的核小体串珠结构螺旋盘绕形成螺线管，螺线管的每一螺旋包含 6 个核小体，直径为 30nm，H_1 分子稳定此结构，螺线管是染色体包装的二级结构，压缩了 6 倍。由螺线管旋转形成的直径为 $0.4\mu m$ 的圆筒状结构称超螺线管，这是染色体包装的三级结构。这种超螺线管进一步螺旋，形成长 2～10μm 的染色单体，即染色体包装的四级结构。根据多级螺旋模型，从 DNA 到染色体经过四级包装：

$$DNA \xrightarrow{\text{压缩7倍}} 核小体 \xrightarrow{\text{压缩6倍}} 螺线管 \xrightarrow{\text{压缩40倍}} 超螺线管 \xrightarrow{\text{压缩5倍}} 染色单体$$

四级包装结构共压缩了近万倍，与 DNA 的压缩比相近（图 2-6）。

（2）骨架-放射环结构模型（scaffold-radial loop structure model）　在一、二级结构上，染色体包装的模型看法比较一致，但从直径为 30nm 螺线管如何进一步包装成染色体，有各种解释。近年来，由 Laemmli 及其同事们提出的染色质包装的放射环结构模型，已引起人们的重视。

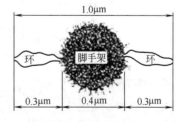

图 2-7　染色体的骨架-放射环结构模型

首先是直径 2nm 的双螺旋 DNA 与组蛋白八聚体构建成连续重复的核小体，其直径 10nm。然后以 6 个核小体为单位盘绕成直径 30nm 的螺线管。由螺线管形成 DNA 复制环，每 18 个复制环呈放射状平面排列，结合在核基质上形成微带。微带是染色体高级结构的单位，大约 10^6 个微带沿纵轴构

建成染色体（图 2-7）。

第二节　DNA 的结构

已经知道，DNA 是遗传的物质基础，基因是具有特定生物功能的 DNA 序列，通过基因的表达能够使上一代的性状准确地在下一代表现出来。那么，DNA 为什么能起遗传作用，它又是怎样起作用的呢？这与它的分子结构是密切相关的。通常把 DNA 结构分为不同层次，即一级结构、二级结构、三级结构。一级结构是指 DNA 的共价结构和核苷酸顺序；二级结构是指一定或全部核苷酸序列所形成的双螺旋结构；三级结构是指染色体 DNA 所具有的复杂折叠状态。

一、DNA 的一级结构
（一）多核苷酸链的形成
多核苷酸链的形成模式如下。

$$
\text{碱基} \begin{cases} \text{腺嘌呤（A）：adenine} \\ \text{鸟嘌呤（G）：guanine} \\ \text{胞嘧啶（C）：cytosine} \\ \text{胸腺嘧啶（T）：thymine} \end{cases}
$$

↓与脱氧核糖连接形成脱氧核糖核苷（deoxyribonucleoside）

脱氧腺苷：deoxyadenosine

脱氧鸟苷：deoxyguanosine

脱氧胞苷：deoxycytidine

脱氧胸苷：deoxythymidine

↓与磷酸生成脱氧核糖核苷酸（deoxyribonucleotide）

脱氧腺苷酸 dAMP（deoxyadenosinemonophosphate）

脱氧鸟苷酸 dGMP（deoxyguanosinemonophosphate）

脱氧胞苷酸 dCTP（deoxycytidinemonophosphate）

脱氧胸苷酸 dTMP（deoxythymidinemonophosphate）

↓脱氧核糖核苷酸通过 3′,5′磷酸二酯键连接形成线性大分子

多聚脱氧核糖核苷酸链

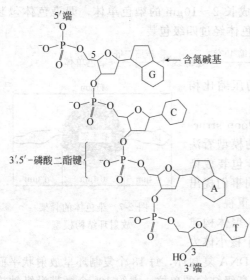

图 2-8　磷酸二酯键与 DNA 链的共价结构

（二）DNA 一级结构的概念
DNA 的一级结构，是指 4 种脱氧核苷酸的连接及其排列顺序，即由 dAMP，dGMP，dCMP，dTMP 四种脱氧核苷酸通过 3′,5′磷酸二酯键连接而成的长链高分子多聚体为 DNA 的一级结构。3′,5′磷酸二酯键是指前一个核苷酸的脱氧核糖分子的 3′ 碳原子与下一个核苷酸的脱氧核糖的 5′ 碳原子通过磷酸二酯键相连接（图 2-8）。磷酸二酯键赋予了 DNA 链的固有方向性。一般 DNA 链的一端是游离的 5′-P，另一端是游离的 3′-OH。习惯上，DNA 序列由 5′端（在左边）向 3′端书写。

（三）DNA 一级结构的作用
DNA 所具有的物理、化学和生物学功能，均源于它的一级结构。碱基的不同排列次序蕴

藏了丰富的遗传信息。组成 DNA 分子的碱基虽然只有 4 种，它们的配对方式也只有 A 与 T，C 与 G 两种，但由于碱基可以任何顺序排列，构成了 DNA 分子的多样性。

一级结构为研究 DNA 分子的二级、三级结构奠定基础；二级、三级结构为研究 DNA 分子内基因的表达和调节提供依据。

二、DNA 的二级结构

（一）DNA 二级结构的概念

DNA 的二级结构是指两条多核苷酸链反向平行盘绕所生成的双螺旋结构。碱基间相互作用通过两种非共价结合方式进行，分别是碱基配对及碱基堆积。碱基配对 （base pairing） 是一种氢键结合力，也是使核酸链相互缔合的主要作用力。另外通过垂直方向上相邻碱基 π 电子形成的疏水作用力使 DNA 分子层层堆积，分子内部形成疏水核心，整个结构保持稳定，这种疏水作用力被称为碱基堆积 （base stacking） 作用力。

（二）DNA 双螺旋结构模型

1953 年 Waston 和 Crick 由 X 射线衍射技术分析而提出了 DNA 分子双螺旋结构模型 （double helix model）。此模型所描述的是 B-DNA 在钠盐、一定湿度下的结构。DNA 双螺旋结构模型 （图 2-9） 的特征如下：

两条多核苷酸链是反向平行，一条链是从 $5' \to 3'$ 方向，另一条链则是从 $3' \to 5'$ 方向，极性相反，成为双螺旋状。

碱基平面向内延伸与螺旋的轴成直角，二条链的碱基互补配对 （A 与 T，G 与 C） 形成氢键，所以 DNA 分子的双链是由碱基配对的氢键连接在一起的。

两条多核苷酸链是顺长轴方向向左旋转，每 0.34nm 有一个核苷酸，核苷酸间成 36°角，因此，每绕轴一周有 10 个核苷酸，螺距为 3.4nm。

双螺旋的直径为 2nm。

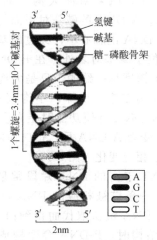

图 2-9 DNA 双螺旋的
结构示意图

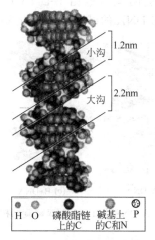

图 2-10 双螺旋空间实体
模型中的大沟和小沟

（三）双螺旋有大沟和小沟

碱基间的相互作用使得螺旋的表面并不是光滑的，两股链在螺旋轴上的间距并不相等，从而在分子表面上形成宽窄不等的大沟 （major groove） 和小沟 （minor groove） （图 2-10）。大沟和小沟是由碱基对的空间几何结构决定的。碱基对上凸起的两个糖的糖苷键间的夹角大约是 120° （指窄角）。结果，当越来越多的碱基对上下堆积起来时，其一侧糖间的窄角就形成了小沟，另一侧的广角就形成了大沟。

（四）DNA 双螺旋结构的几种模式构型（conformation）

1. DNA 结构的多态性

在生物活体中，DNA 的二级结构是时刻在变的，通常情况下，DNA 的二级结构分两大类：一类是右手螺旋，以 B-DNA 为主。另外还有 A-DNA，C-DNA，D-DNA 和 E-DNA。另一类是左手螺旋，即 Z-DNA。所有构型均假设为一对平行而反向的多核苷酸链形成的双螺旋，不同的是在构型之间，螺旋参数不一，如螺距、碱基间距离、每一周的碱基数等。这一现象称为 DNA 结构的多态性（polymorphism）。

DNA 结构产生多态性的原因在于多核苷酸链的骨架含有许多可转动的单键，从而使糖环可采取不同的折叠形式和苷键采取不同构象。其主要的转动发生在磷酸二酯键的两个 O—P 键上，多核苷酸的 N-苷键也可转动，从而使糖环和碱基处在不同的空间关系中。

2. 构型的分类

（1）B-DNA 水溶液或相对湿度达 92％及细胞中的 DNA，大多为 B-DNA。B-DNA 是一种理想结构，与细胞中 DNA 略有不同，表现在两方面：一是溶液中的 DNA 分子比 B-DNA 分子模型螺旋程度更高，平均每螺周有 10.5 个碱基对，碱基间的转角为 $34.6°$；二是 B-DNA 分子模型是均一的结构，但实际的 DNA 没有如此规则，通过将不同序列 DNA 的晶体结构进行比较，得出实际 DNA 的各个碱基对之间都有所不同。而且，每个碱基对精确的螺旋转角并不恒定，结果局部上大沟小沟的宽度会发生变化。因此，DNA 分子永远不会是完全规则的双螺旋。但 B 型构象仍然是与细胞中 DNA 结构最接近的。

（2）A-DNA B-DNA 双螺旋的二级结构很稳定，但不是绝对的。它在环境中不停地运动，当环境相对湿度为 75％或由于加入乙醇或盐而使水的活度降低时，B-DNA 则引起构象变化，转化为 A-DNA，此构象的存在需要钾、铯等离子。

B-DNA 转化为 A-DNA 时，B-DNA 中的相邻磷酸基间的距离缩短 0.1nm。这一变化使每一周螺旋的碱基数由 B-DNA 中的 10 个转变为 11 个，碱基对向大沟方向移动了约 0.5nm，B-DNA 的碱基对平面与双螺旋轴线呈垂直状态。A-DNA 的碱基对平面与双螺旋轴线呈 $20°$ 倾角，A-DNA 的轴心不再穿过碱基对之间的氢键中心，而是位于碱基对之外。在 B-DNA 双螺旋中，大沟、小沟的深度是一致的，只是大沟较宽，变成 A-DNA 后，大沟变窄、变深，小沟变宽、变浅。由于大沟、小沟是 DNA 行使功能时蛋白质的识别位点，所以 B-DNA 变为 A-DNA 后，蛋白质对 DNA 分子的识别也发生了相应变化（图 2-11）。

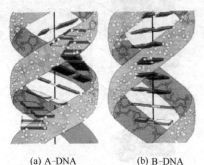

(a) A-DNA　　　　(b) B-DNA

图 2-11　A-DNA 与 B-DNA 双螺旋结构

一般说来，AT 丰富的 DNA 片段常呈 B-DNA。若 B-DNA 双链中一条链被相应的 RNA 链所替换或 B-DNA 双链都被 RNA 链所取代而得到由两条 RNA 链组成的双螺旋结构时，B-DNA 会变构成 A-DNA。当 DNA 处于转录状态时，DNA 模板链与由它转录所得的 RNA 链间形成的双链就是 A-DNA。由此可见 A-DNA 构象对基因表达有重要意义。此外，A-DNA 比 B-DNA 难以溶解，这就是为什么过度干燥的 DNA 会很难溶解的原因。

（3）C-DNA C-DNA 是在锂离子存在下，相对湿度为 60％时 DNA 呈现的构型。C 型和 B 型相近似。在纯化 DNA 时，采用乙醇沉淀法的整个过程中，大部分 DNA 由 B-DNA 经过 C-DNA，最终变构为 A-DNA，但这种构型在生物体内存在的证据尚未找到。

此外还有 B′-DNA，D-DNA，E-DNA，对这些构象的研究很少，只知道 D-DNA 和 E-DNA 是 DNA 分子每转一周，仅 7.5～8.0 个核苷酸对，可能是缺少鸟嘌呤核苷酸时采取的构型。

（4）Z-DNA

① Z-DNA 的结构特点　Z-DNA 结构是 1979 年由 Rich 提出的。Z-DNA 结构特点如下。

Z-DNA 是左手螺旋，每个螺旋含 12 个碱基对，比 A-DNA 拧得更紧，比 B-DNA 更为细长。螺旋直径为 1.8nm，螺距为 4.46nm。双螺旋中不存在大沟，只有一条极深的小沟。双螺旋的轴心在碱基对之外，即轴心不再穿过碱基对之间的氢键，而位于氢键之外靠近胞嘧啶碱基一侧。Z-DNA 中磷酸二酯键的连接不再呈 B-DNA 中的光滑状，而是呈锯齿形，这就是 Z-DNA（Zigzag DNA）名称的由来。Z-DNA 中的碱基对不像 B-DNA 中那样位于双链的中央，鸟嘌呤碱基的第八个碳原子位于双链之外，由于 Z-DNA 上几乎不存在易被蛋白质识别的沟，Z-DNA 可能是凭借于双链分子外围的鸟嘌呤碱基与化学物质发生识别反应。

② Z-DNA 的作用　现在已有证据说明 Z-DNA 存在于天然 DNA 中，但细胞中所存在的 Z-DNA 的量至今仍不清楚，这表明细胞中的 DNA 只有微小的区段成为 Z 型。

有试验研究表明，B-DNA 是活性最高的 DNA 构象，B-DNA 变构成为 A-DNA 后，仍有活性，但若局部变构为 Z-DNA 后活性明显降低。已有一些证据表明 Z-DNA 的存在与基因表达的调控有关。

（5）各种类型 DNA 构型的特征　各种类型 DNA 构型的特征如表 2-1、图 2-12 所示。

表 2-1　各类 DNA 的结构特征

类　型	碱基对数/周	碱基转角	碱基间距/nm	螺旋直径/nm
A	11	32.7°	0.256	2.6
B	10	36.0°	0.338	2.0
C	9.33	38.6°	0.332	1.9
Z	12	−30.0°	0.371	1.8

三、DNA 的三级结构

（一）DNA 的三级结构概念

DNA 双螺旋分子进一步扭曲、折叠，形成超螺旋结构，即染色体 DNA 所具有的复杂折叠状态称为 DNA 的三级结构，也叫做 DNA 的高级结构。几乎一切 DNA，无论是环型或线型 DNA，超螺旋结构是它们共有的重要特征。

超螺旋有正向和负向两种，如果是右旋 DNA 分子，向右方向扭曲为正超螺旋，反之向左方向扭曲则为负超螺旋。在拓扑异构酶、溴化乙啶等存在的情况下，正超螺旋和负超螺旋可以相互转变。

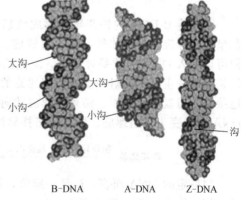

图 2-12　A-DNA、B-DNA 与 Z-DNA

（二）DNA 超螺旋的形成

B-DNA 的多核苷酸链的空间结构是以一组构象参数为表征的。它规定 B-DNA 的每股螺旋含 10bp。对松弛状态的环型 DNA 而言，轴处在同一平面中，故可以平放在平面上，但如 B-DNA 每股的螺旋数通过一定的途径改变，它就可以形成超螺旋，超螺旋结构最早在环型 DNA 中发现。

例如，一环型双股 B-DNA 共含 250bp，它应形成 25 股螺旋。现在如切割其骨架中的任一磷酸二酯键，它就转变为含相同数目碱基对的线型 B-DNA。如果所形成的线型 DNA 的一端固定，另一端向左放松 2 圈，然后使两端重新闭合，由于 B-DNA 是一种在能量学上稳定的结构，螺旋数的减少就使其转变为一种受力状态。分子所经受的张力可以按两种方式分布，即一种方式是分子保留一单链区，其余部分仍保持 B-DNA 状态；另一种方式是形成超螺旋，超螺旋的形成使已放松的双螺旋分子的碱基对接近于 B-DNA 的状态，DNA 结构的变化可以用数学式来表述：

$$L = T + W$$

L 称为 DNA 的连接数（linking number）。它是 DNA 的一股链绕另一股链盘绕的次数，在链不发生断裂时，它是一常数。例如图 2-13 中 DNA 原来 L 为 25，放松后 L 为 23。在右手双螺旋中，规定 L 为正。

T 为盘绕数（twisting number），它代表 DNA 的一股链绕双螺旋轴所做的完整的旋转数。对 B-DNA 而言，它等于 DNA 的碱基数除以 10。

W 为超盘绕数（writhing number），代表双螺旋轴在空间的转动数。

在图 2-13 中，原来的环型 DNA 的 $L=25$，$T=25$，故 $W=0$，即不存在超螺旋，它的螺旋轴处在同一平面中，分子处在松弛状态中。在保留一单链区的 DNA 分子中，L 和 T 都是 23，DNA 分子未形成超螺旋，故 $W=0$。在超螺旋 DNA 中，L 为 23，由于 DNA 趋向于保持 B-DNA，因此张力的分布使 T 维持原来的 25，W 就成为 -2，即成为超盘绕 2 次的负超螺旋。

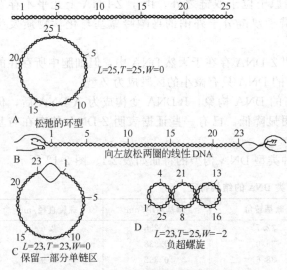

图 2-13　一环型 DNA 分子的连接数（L）、盘绕数（T）、超盘绕数（W）的变化

双螺旋 B-DNA 的松开导致形成负超螺旋，而拧紧则导致形成正超螺旋。天然的 DNA 都呈负超螺旋，但在体外可得正超螺旋。溴化乙啶、放线菌素 D 等的分子都是扁平的，它们可以嵌入 DNA 的碱基对之间。溴化乙啶分子的嵌入能使相邻碱基对的间隔增到 0.7nm，使超螺旋发生解旋。对一个呈负超螺旋的环形 DNA 分子来说，溴化乙啶的嵌入并没有改变连接数，但盘绕数减少，结果超螺旋数向相反方向改变。随着溴化乙啶量的增加，负超螺旋 DNA 就转变为正超螺旋。同样，拓扑异构酶也可以使超螺旋结构进行转化。

$$负超螺旋 \xrightarrow{拓扑异构酶、溴化乙啶} 松弛 DNA \xrightarrow{拓扑异构酶、溴化乙啶} 正超螺旋$$

对一定的 DNA 而言，L 是一定值，但细胞内存在着一些可使 DNA 分子断裂和重新连接的酶，故 L 会在一定范围内变化。

虽然超螺旋最早是在环型 DNA 中发现的，但其后的工作证明线型 DNA 也是超螺旋化的，研究真核染色体证明，染色体微带中，每一个 DNA 环独立形成超螺旋，基质可以防止一个环中的张力传递到另一个环中去。

（三）拓扑异构酶可使超螺旋DNA解旋

拓扑异构酶（topoisomerase）可以催化 DNA 产生瞬时单链或双链的断裂而改变连接数。拓扑异构酶有两种基本类型。拓扑异构酶 II 通过两步改变 DNA 连接数。它们在 DNA 上产生一瞬时的双链缺口，并在缺口闭合以前使一小段未被切割的双螺旋 DNA 穿过这一缺口，图 2-14 是此反应的大概过程示意图。拓扑异构酶 II 依靠 ATP 水解提供的能量来催化这一反应。拓扑异构酶Ⅰ一步就可以改变 DNA 的连接数，其作用是使 DNA 暂时产生单链间断，让未被切割的另一条单链在间断接合之前穿过这一间断（图 2-15）。拓扑异构酶Ⅰ不需要 ATP。

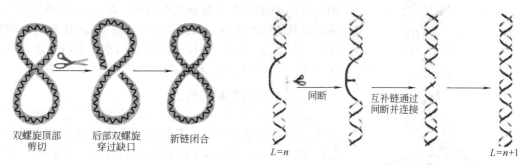

图 2-14　拓扑异构酶Ⅱ改变 DNA 连环数的过程　　　　图 2-15　拓扑异构酶Ⅰ的作用机制图

（四）三级结构的意义

在活体中，DNA 的结构不是一成不变的，DNA 的各种构象是互变的、动态的。例如 B-DNA 是一种能量学上稳定的结构，超螺旋的引入就提高它的能量水平，超螺旋结构是一切 DNA，无论是环型或线型 DNA 共有的重要特征。

超螺旋的生理意义在于自由状态的 DNA 通常是没有生物活性的。许多重要的生物过程需要引入负超螺旋，如复制、转录及重组的过程。超螺旋状态的 DNA 储存了驱动这些反应所需的能量。真核细胞的染色体是线性的，通过支架蛋白将两端固定于结构蛋白，然后染色质自身盘绕导入拓扑学张力、使真核细胞的 DNA 维持负超螺旋形式。所以说超螺旋不仅使 DNA 形成高度致密的状态从而得以容纳于有限的空间中，而且在功能上也是重要的，它推动着 DNA 结构的转化以满足功能上的需要。

第三节　DNA 的复制

一、DNA 的半保留复制机理

生命的遗传实际上是染色体自我复制的结果，而染色体的自我复制主要是通过 DNA 的半保留复制来实现的，是一个以亲代 DNA 分子为模板合成子代 DNA 的过程。细胞分裂时，通过 DNA 准确地自我复制，亲代细胞所含的遗传信息就原原本本地传送到子代细胞中。

（一）半保留复制的概念

在复制过程中 DNA 碱基间的氢键首先断裂，双螺旋解旋和分开，每条链分别作为模板合成新链，产生互补的两条链，这样新形成的两个 DNA 分子与原来 DNA 分子的碱基顺序完全一样。在此过程中，每个子代分子的一条链来自亲代 DNA，另一条链则是新合成的，所以这种复制方式称为半保留复制（semiconservative replication）（图 2-16）。

（二）用密度标记 DNA 技术证明 DNA 的半保留复制

这一著名实验是 Meselson 和 Stahl 在 1958 年完成的。他们先以大肠杆菌在以 ^{15}N 作氮源的培养基中培养，使嘧啶和嘌呤碱基中的 ^{14}N 完全被置换为 ^{15}N。收集大肠杆菌，分离其中的 DNA，然后再进行 CsCl 平衡密度梯度离心。离心速率高达 60 000r/m，离心时间长达 2d。由于 ^{15}N-^{15}N DNA 分子的密度比普通 ^{14}N-^{14}N DNA 分子的密度大，^{15}N-^{15}N DNA 分子密度为 1.724g/mL，^{14}N-^{14}N DNA 分子密度为 1.710g/mL，所以这两种 DNA 在 CsCl 平衡密度梯度离心中形成位置不同的区带。在 CsCl 梯度离心中，取 ^{15}N-^{15}N DNA 分子的大肠杆菌转移到 ^{14}N 的培养基中继续传代培养，结果如下：

在零代细胞中 DNA 双股链中氮的分布为 ^{15}N-^{15}N，DNA 分子密度为 1.724g/mL；在第一代细胞中 DNA 双股链中氮的分布由 ^{15}N-^{15}N 转变为 ^{15}N-^{14}N，其 DNA 分子密度为 1.717g/mL；DNA 在第一代以后的细胞中，DNA 双股链中氮的分布有两种，即 ^{14}N-^{14}N 和 ^{15}N-^{14}N，随着细胞传代的进行，双链均含 ^{14}N 的 DNA 比例越来越高（图 2-17）。这一实验证明，复制后的 DNA 是由一条亲代链和一条子代链组成的，复制是按半保留方式进行的。

二、半保留复制的过程

复制从称为原点（origin，ori）的特定位点开始，然后向未复制部分逐步扩大。事实说明，单向或是双向复制都是存在的，但多数 DNA 的复制是双向的。复制时，双链 DNA 要解成两股链分别进行，因此这个复制起点呈现叉子的形状，称为复制叉（replication fork），它由两股亲代链及在其上新合成的子链构成（图 2-18）。

解旋酶首先和 ATP 结合，水解 ATP 成为 ADP，释放能量解开复制原点的螺旋。

解旋酶打开双螺旋后，单链 DNA 结合蛋白（single strand binding protein，SSB）很快与之结合，两个单链 DNA 上结合有大量的 SSB，使单链 DNA 变得稳定，否则 DNA 易被降解或单链自身形成发卡结构。

在 RNA 引物酶（特殊的 RNA 聚合酶）的作用下合成长度不超过 10nt 的 RNA 引物。无论是原核生物，还是真核生物在 DNA 复制时，都需要 RNA 引物。目前已知的 DNA 聚合酶都只能延长已存在的 DNA 链，而不能直接起

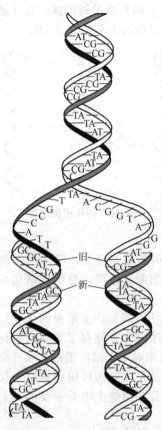

图 2-16　DNA 半保留复制

始 DNA 链的合成。

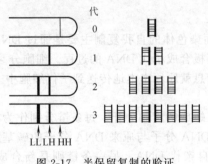

图 2-17　半保留复制的验证

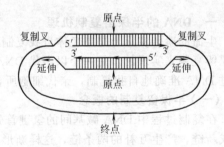

图 2-18　DNA 复制叉

DNA 的合成是按 $5' \rightarrow 3'$ 方向进行，而双股链的极性是相反的，一股链是 $3' \rightarrow 5'$，另一股链是 $5' \rightarrow 3'$，而且由于双螺旋 DNA 是逐步解旋的，所以一股链上的 DNA 合成是连续的，另一股链上的合成只能是不连续的。连续合成的链比不连续合成的链超前一步，称为前导链（leading strand），不连续合成的链要滞后一步，称为后随链（lagging strand）。这种前导链连续复制和后随链的不连续复制，称为 DNA 的半不连续复制（semidiscontinuous replication）。

前导链在 DNA 聚合酶Ⅲ的作用下，按碱基互补配对原则，在 RNA 引物后面逐个接上碱基；后随链在 RNA 引物酶的作用下合成一些不连续的 10ntRNA 引物，然后在 DNA 聚合酶Ⅲ的作用下，按碱基互补配对的原则，在每个 RNA 引物后面逐个接上碱基，形成不连续合成的 1 000～2 000bp（真核生物中约 100～200bp）的 DNA 片段，称为冈崎片段（Okazaki fragment)。这是日本人冈崎等在 20 世纪 60 年代发现的，所以叫冈崎片段。最后由 *RNase* H 或 DNA 聚合酶Ⅰ降解 RNA 引物并由 DNA 聚合酶Ⅰ将缺口补齐，再由 DNA 连接酶将冈崎片段连在一起形成大分子 DNA（图 2-19）。

在 DNA 拓扑异构酶、解旋酶等的作用下，DNA 双链不断被解开，新链不断被合成延伸。RNA 引物被切除、降解，空缺在 DNA 聚合酶作用下被填补。

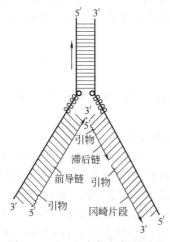

图 2-19　DNA 半保留复制过程

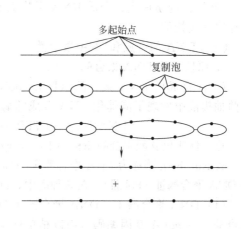

图 2-20　真核生物的多复制子
（每一起始点均用黑点表示）

三、复制的起始、方向和速度

（一）复制的起始

DNA 解旋和复制起始发生的特殊位点称作复制起始位点（origin of replication）。对不同生物而言，每条染色体上起始位点可有少至一个多至数千个。

1963 年，Francois Jacob 等提出了复制子模型。一般把生物体的单个复制单位称为复制子（replicon），一个复制子只含一个复制起点。通常，细菌、病毒和线粒体的 DNA 分子都只有一个复制起点，所以整个基因组只有一个复制子。而真核生物染色体同时存在多个复制起始位点，所以存在多个复制子，其中每一个都有一个复制起始位点。一个典型的哺乳动物细胞有 50 000～100 000 个复制子，每个复制子长约 40～200kb。在相邻复制叉的复制泡（replication bubble）相遇处，新生 DNA 融合并形成复制完整的 DNA（图 2-20）。DNA 的复制都是从固定的起始位点开始的。DNA 复制的起始是由一组基因控制的。这些基因包括复制原点和其他的结构基因，复制是在结构基因的表达产物作用了原点而引发的。通过比较数种细菌复制原点的 DNA 序列和缺失分析，表明细菌的复制起始序列长约 245bp，6 种细菌的起始序列同源达 50% 以上。体外实验证明复制起始序列是 DNA 复制所必需的，例如将复制起始序列克隆到一个缺乏起始位点的 DNA 内，能引发该 DNA 分子进行复制。这些细菌的复制起始序列具有一个共同的特征是富含 AT（约 56%）。在噬菌体的复制起始序列中某段富含 AT 序列高达 80%。真核染色体复制起始序列要比单复制子 DNA 的复制起始点简单得多，因为真核 DNA 复制的调控主要是在 S 期的开始而不在每一单个起始点。所有复制起始位点都在双链最初解链处富含 AT 序列，富含 AT 的起始位点比富含 GC 的起始位点更易解链。这与解链温度（melting temperature，T_m）有关。

（二）复制的方向和速度

无论是原核生物还是真核生物，大多数生物体内 DNA 的复制都是从固定的起始点以双向等速进行复制的。大肠杆菌的基因组 DNA 全长 4.6×10^6 bp，以每次的复制时间为 40min

计，则它每分钟必须使 115 000 个碱基解旋，这需要很高的能量。真核生物中情况更复杂，需要更多的能量。DNA 拓扑异构酶Ⅰ和Ⅱ可以起到缓解这种高能旋转的作用。

四、DNA 复制的酶学

DNA 复制是十分复杂的过程，有许多酶类和蛋白因子参与，如果按照复制过程中出现的先后，它们包括：DNA 解旋酶，使 DNA 双股链在复制叉分离的蛋白；在复制前防止 DNA 链退火的蛋白质；合成 RNA 引物的酶；DNA 聚合酶；除去 RNA 引物的酶；连接冈崎片段的连接酶。

（一）DNA 的合成和 DNA 聚合酶

1. 原核生物 DNA 聚合酶

DNA 合成由 DNA 聚合酶（DNA polymerase）催化。1957 年，Kornberg 报道在大肠杆菌抽提液中发现了能催化 DNA 合成的酶。

$$DNA \text{ 片段} + dNTP \longrightarrow \text{延伸的 DNA 片段} + PPi$$

这一催化核苷酸聚合的酶称为 Kornberg 酶，以后，另外两种原核生物 DNA 聚合酶相继发现，故 Kornberg 酶称为 DNA 聚合酶Ⅰ（PolⅠ），而另外两种分别称为 DNA 聚合酶Ⅱ（PolⅡ）和 DNA 聚合酶Ⅲ（PolⅢ）。在三种酶中，DNA 聚合酶Ⅲ是 DNA 复制的主要酶类。

(1) DNA 聚合酶Ⅰ　DNA 聚合酶Ⅰ为一条肽链，分子质量为 103kD，共含 928 个氨基酸残基，由 pol A 基因编码。当以枯草杆菌蛋白酶或胰蛋白酶处理时，DNA 聚合酶Ⅰ就裂解为大小不同的两个活性片段，较大的片段具有 DNA 聚合酶活性和 $3' \rightarrow 5'$ 核酸外切酶活性，称为 Klenow 片段，较小的片段具有 $5' \rightarrow 3'$ 核酸外切酶活性。DNA 聚合酶Ⅰ在复制时主要是除去 RNA 引物和填补冈崎片段间的空缺；此外还具有 DNA 的修复功能。

(2) DNA 聚合酶Ⅱ　DNA 聚合酶Ⅱ的分子质量约为 120kD，由 pol B 基因编码。该酶具有 $5' \rightarrow 3'$ DNA 聚合酶活性和 $3' \rightarrow 5'$ 核酸外切酶活性，无 $5' \rightarrow 3'$ 核酸外切酶活性。DNA 聚合酶Ⅱ在细胞中数目很少，即使细胞中的 DNA 聚合酶Ⅱ发生突变，仍不影响 DNA 复制。因为 DNA 聚合酶Ⅱ有 $3' \rightarrow 5'$ 核酸外切酶活性，目前认为 DNA 聚合酶Ⅱ的主要生理功能是修复 DNA。

(3) DNA 聚合酶Ⅲ　DNA 聚合酶Ⅲ是大肠杆菌的主要复制酶。它在细胞中是以 10 种共 22 个亚基复合物的形态存在并发挥功能。这种复合物称为 DNA 聚合酶Ⅲ全酶（DNA polymerase holoenzyme），其中 α、ε、θ 三种亚基组成 DNA 聚合酶Ⅲ核心酶（core enzyme）与聚合作用直接有关（表 2-2）。γ 复合体使全酶具有持续性。

表 2-2　DNA 聚合酶Ⅲ全酶的亚基

亚基	基因	相对分子质量/kD	功　　能
α	dnaE	132	聚合酶
ε	dnaQ	27	$3' \rightarrow 5'$ 核酸外切酶
θ		10	亚基间的连接
τ	dnaX	71	将核心酶与模板结合，ATPase 活性
γ	dnaX	52	γ 复合体
δ		35	γ 复合体
ζ		33	γ 复合体
χ		15	γ 复合体
ψ		12	γ 复合体
β		37	γ 复合体

DNA 聚合酶Ⅲ全酶是一种非对称的二聚体结构，它有 $5' \rightarrow 3'$ 核酸外切酶活性和聚合酶活性，也有 $3' \rightarrow 5'$ 核酸外切酶活性。它的 $5' \rightarrow 3'$ 聚合酶活性较强，为 DNA 聚合酶Ⅰ的 15

倍，DNA聚合酶Ⅱ的300倍。虽然DNA聚合酶Ⅲ在细胞中的数量远不及DNA聚合酶Ⅰ，但它的复制活性（速度）大大超过DNA聚合酶Ⅰ，所以DNA聚合酶Ⅲ是DNA复制的主要酶类。

2. 真核生物DNA聚合酶

人们对真核生物的DNA聚合酶比对原核生物DNA聚合酶了解得更少。这主要由于它们分离纯化不容易，而且在不同组织和不同时期的细胞中DNA聚合酶有差异。真核生物DNA聚合酶有α、β、γ、δ、ε五种类型（表2-3）。

（1）DNA聚合酶α　DNA聚合酶α位于细胞核内，由多个亚基组成，分子质量为110～220kD，在DNA复制时，DNA聚合酶α占总聚合酶活力的80%以上，且具有DNA复制起始能力，所以DNA聚合酶α是真核复制的主要酶类。在体外催化聚合的速度为每秒30个核苷酸；体内催化聚合的速度为每秒50～60个核苷酸。DNA聚合酶α的功能是具有引物酶的活性，在复制起始点启动前导链引物的合成和后随链的复制。因为DNA聚合酶α的延伸能力相对较低，所以很快被高延伸性的DNA聚合酶δ或聚合酶ε取代，这导致在真核生物复制叉上有3种不同的DNA聚合酶在工作。

（2）DNA聚合酶β　DNA聚合酶β位于核内，是由一个亚基组成的单链，分子质量45kD，与DNA复制关系不大，推定它的功能可能与核内DNA的重组修复有关。

（3）DNA聚合酶γ　DNA聚合酶γ位于线粒体或细胞核内，分子质量为60kD，单链（一个亚基），负责线粒体DNA的复制。

（4）DNA聚合酶δ　DNA聚合酶δ是近年从小牛胸腺发现的一种具有$3'\rightarrow5'$核酸外切酶活性的聚合酶，由二个亚基组成，主要作用是在复制时合成前导链。

（5）DNA聚合酶ε　DNA聚合酶ε与DNA聚合酶δ类似，具有$3'\rightarrow5'$核酸外切酶活性，主要功能推定为DNA修复和复制。

真核生物DNA的复制还涉及两种称为复制因子（replication factor，RF）的蛋白，即RFA和RFC。它们存在于从酵母到哺乳动物中，RFA为真核生物单链DNA结合蛋白，相当于原核生物的SSB，RFC促进活性复制复合物的组装。

表2-3　真核生物5种DNA聚合酶的性质和功能

DNA聚合酶类型	α	β	γ	δ	ε
定位	细胞核	细胞核	线粒体	细胞核	细胞核
活性比例	80%	10%～15%	2%～15%	？	？
亚基数目	4	1	1	2	≥1
$5'\rightarrow3'$DNA聚合酶活性	有	有	有	有	有
$3'\rightarrow5'$核酸外切酶活性	没有	没有	有	有	有
引物酶活性	有	没有	没有	没有	没有
功能	DNA引物合成	损伤修复	线粒体DNA复制	主要DNA复制酶	？

（二）引物的合成和引物酶

在DNA复制时，无论原核生物，还是真核生物，都需要10nt大小的RNA引物，但是DNA聚合酶无法从头开始合成RNA引物，RNA引物必须由引物酶或RNA聚合酶来合成。引物酶（primase）是一种能在单链DNA模板上制造短RNA引物（5～10个核苷酸长度）的特殊的RNA聚合酶。一般RNA聚合酶都能利用DNA作模板合成RNA，如rRNA，tRNA，mRNA等，但这些RNA都较大，而DNA复制时，需要RNA引物却很小，一般不超过10nt长，所以在DNA复制时，RNA引物的合成主要由引物酶来完成。

大肠杆菌的引物酶是分子质量60kD的单链多肽分子，每个细胞有50～100个，由

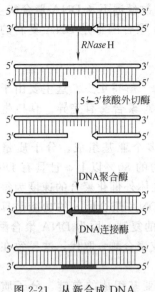

图 2-21 从新合成 DNA
上除去 RNA 引物

dnaG 基因编码。在真核生物中，两个与 DNA 聚合酶 α 结合的多肽有引物酶活性。

（三）RNA 引物的除去和 *RNase* H

要完成 DNA 的复制，用于起始的 RNA 引物必须被除去。引物的去除需要 *RNase* H 和一个 5′→3′核酸外切酶活性的组合。*RNase* H 识别并除去各条 RNA 引物的大部分，此酶特异性地降解与 DNA 碱基配对的 RNA，但是与 DNA 末端直接连接的核糖核苷酸却不能被除去，这是因为 *RNase* H 只能断裂两个核糖核苷酸之间的键。最后一个核糖核苷酸是由 DNA 聚合酶 I 的 5′→3′外切酶活性除去的（图 2-21）。

RNA 引物除去后，在双链 DNA 中留下了缺口，DNA 聚合酶填补此缺口，使每个核苷酸都碱基配对，形成了一条完整的 DNA 分子，但连接处有一个 3′-OH 和 5′-P 之间断裂的间断。

（四）DNA 双链的分离和 DNA 解旋酶

在 DNA 复制过程中，复制叉不断前进，复制叉前方的亲代 DNA 就需不断解链，DNA 解旋酶（helicase）可以催化双链 DNA 两条链的分离。该酶使用核苷三磷酸（一般为 ATP）水解的能量，结合到分开的单链 DNA 上，并沿其定向移动。DNA 解旋酶通常是环形的六聚体蛋白（图 2-22）。DNA 解旋酶有两种极性（polarity）类型：一种是结合在前导链模板上，按 3′→5′方向移动；另一种是结合在后随链模板上，以 5′→3′方向移动。

大肠杆菌的解旋酶有 DnaB、PriA 和 Rep 蛋白，它们的特性有些不同，移动的极性也有差异。DnaB 蛋白沿 5′→3′方向移动，PriA 和 Rep 沿 3′→5′方向移动。

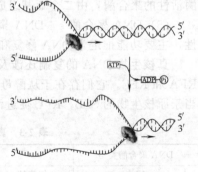

图 2-22 DNA 解旋酶分离
双螺旋的两条链

（五）单链 DNA 的稳定和单链结合蛋白

当 DNA 解旋酶沿着双链 DNA 前进后，新产生的单链并不一直处在游离状态，而是与 SSB 很快结合。沿着单链 DNA 排列着许多的 SSB，使得单链 DNA 变得稳定，不被酶分解破坏掉。SSB 不能与 ATP 结合，也没有酶活性，可能仅起着保护单链 DNA 的作用。SSB 对单链 DNA 有很高的的亲和性，但对双链 DNA 和 RNA 没有亲和力。SSB 结合具有高度的协同性（co-operativity），即一个 SSB 的结合会促进另一个 SSB 与其紧邻的单链 DNA 之间的相互作用，这样 SSB 的初步结合能使其随后的结合更为容易。由于 SSB 的结合，单链 DNA 呈伸展状，有利于作为模板进行 DNA 的合成或 RNA 引物的合成。

（六）超螺旋的松弛和拓扑异构酶

随着复制的进行，复制叉前的双链 DNA 变得更加超螺旋化。由 DNA 解旋酶的作用所引入的超螺旋，可通过拓扑异构酶（topoisomerase）对在复制叉前未被复制的双链 DNA 的作用来消除。拓扑异构酶有两种，一种是拓扑异构酶 I，它只能切断 DNA 单链，并在瞬间变构后又在原位连接起来。另一种是拓扑异构酶 II，它可以同时切断 DNA 双链，也在瞬间变构后重新在原切断处连接起来。

（七）DNA 连接酶

DNA 聚合酶虽然能填补缺口，但却无法使间断接合，DNA 连接酶（DNA ligase）的功能就能使间断的 3′-OH 和 5′-P 相连接，形成磷酸二酯键。

据研究，每个大肠杆菌有 300 个连接酶，30℃ 时每分钟可以连接 7 500 个间断。在 DNA 复制时，每分钟只需连接约 200 个间断就可以了，所以 DNA 连接酶能充分满足 DNA 复制需求。DNA 连接酶除了在 DNA 复制过程中起着重要作用外，在 DNA 错配及损伤的修复时，也起着重要作用。

五、原核生物 DNA 的复制
（一）大肠杆菌的DNA 复制

大肠杆菌的基因组是一双股环型 DNA。它的复制先是由单一原点出发，按双向的 θ 方式（复制的中间产物是 θ 结构）进行的（图 2-23）。

1. 复制的起始

大肠杆菌基因组的复制原点位于天冬酰胺合成酶和 ATP 合成酶操纵子间，共有 245bp，称为 oriC，现在已分离到许多噬菌体、细菌、质粒的复制原点，并测定了它们的核苷酸序列，它们一般都含有两个系列的重复单位，分别是 3 个 13bp 的重复序列和 4 个 9bp 重复序列（图 2-24）。

图 2-23　大肠杆菌 DNA 的 θ 方式复制　　　　图 2-24　大肠杆菌复制原点 oriC 结构

大肠杆菌编码的 DnaA 蛋白即作用于 oriC 而引发复制的起始。Kornberg 认为大肠杆菌的起始经过了下述步骤。

首先是 DnaA 蛋白识别和结合于 oriC 的 9bp 的 4 个重复单位形成复合物；DnaA 蛋白使 13bp 的 3 个重复单位解链；DnaA 蛋白使 DnaB、PriA 进入 DNA 的解链区，DnaB 蛋白为解旋酶，它使 DNA 双向解链成两个复制区，并使得引物酶得以进入。此外 SSB 和拓扑异构酶也都参与了这一过程。

2. 复制的延伸

随着复制起始 θ 结构的形成，解旋酶使 DNA 双链分离，复制叉前进；同时拓扑异构酶解除由此产生张力；引物酶形成 RNA 引物；SSB 结合于单链上；在 DNA 聚合酶的作用下开始前导链上 DNA 的连续合成，后随链上的不连续合成。

3. 复制的终止

大肠杆菌的基因组是一环型 DNA，复制时终点与起始点相差180°，复制进行到一特定区域后，复制叉的移动会由于这一区域两侧的核苷酸序列而放慢移动速度，从而协调两复制叉到达的时间。在复制的最后阶段，大肠杆菌的环形 DNA 会产生两个相互套接在一起的环。为了使两个环上的 DNA 分离到子代细胞中，两个环形 DNA 分子必须相互脱离。此分离是由拓扑异构酶Ⅱ作用完成的。拓扑异构酶Ⅱ催化了两个子代 DNA 分子中的一个 DNA 环断裂并使另一个 DNA 环通过这个间断，这样使两个环分开。

4. 复制的忠实性

DNA 复制是一个高度精确的过程。据计算，每复制 $10^8 \sim 10^{10}$ bp 中仅有一个错配，复制的这种近乎完全的高度精确性是必要的。因为只有这样，才能保证遗传信息在传代中保持完整。复制的忠实性是通过多种因素实现的，平均情况下，DNA 聚合酶每添加 10^5 个核苷酸就会插入 1 个不正确的核苷酸，通过 Pol Ⅰ 和 Pol Ⅲ 3′→5′核酸外切酶活性，将碱基错配的发生概率降低到每添加 10^7 个核苷酸出现 1 次。复制精确度的提高是由复制后修复过程来实现的。

（二）噬菌体 ΦX174 的复制

噬菌体是 DNA 复制研究中的一个重要实验系统。这是由于它们的基因组都较小，它们的复制是在进入寄主细胞后主要利用寄主基因产物进行的。噬菌体 ΦX174 的基因组是一个含 5 386 个核苷酸的单链环型 DNA，是典型的单方向复制，复制方式为滚环型。

在复制中首先合成的不是其自身而是其互补链。先合成原来 DNA（＋）的互补链（－），然后（＋）和（－）链形成双链环型 DNA，这种双链环型 DNA 称为复制型（replicative form，RF），然后以 RF 中的（－）链为模板合成（＋）链。

1. ΦX174 的以（＋）链为模板的 RF 合成

ΦX174 的复制是进入寄主细胞后（*E. coli*）主要利用寄主的基因产物进行的，ΦX174 的 DNA 在接近 2300 位核苷酸处有一个由 44 个核苷酸组成的发夹结构。在 ΦX174 的（＋）链进入寄主细胞后，除分子中的发夹结构外，其他部分都为 SSB 所覆盖。

PriA 蛋白识别发夹结构，PriA 进一步与 DnaB 引物酶组装引物体。PriA 利用 ATP 水解的能量使引物体在（＋）链上沿 $3' \rightarrow 5'$ 方向移动。

引物体在随机选定的位置逆转移动方向，并在多个位置合成 RNA 引物。DnaB 能驱动引物体在 DNA 上移动，但方向与 PriA 相反，为 $5' \rightarrow 3'$。

DNA 聚合酶Ⅲ从引物延伸合成 DNA 片段。DNA 聚合酶Ⅰ切除 RNA 引物，填补缺口，连接酶连接 DNA 片段。

在这一过程中所形成的间断的双链 DNA 称为 RFⅡ，间断封闭和超螺旋化后的复制型称为 RFⅠ。ΦX174（－）链的合成是不连续的，相当于大肠杆菌 DNA 后随链的复制（图 2-25）。

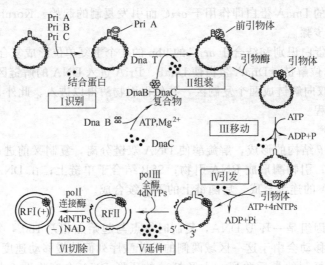

图 2-25　ΦX174 的以（＋）链为模板的 RF 合成

2. 由 RFⅠ合成（＋）链

由 RFⅠ合成（＋）链是研究大肠杆菌前导链复制的模型。（＋）链合成涉及两种未参与 RF 合成的蛋白，其中之一是噬菌体编码的基因 A 蛋白（gpA）；另一是大肠杆菌的 Rep 蛋白。gpA 是这一复制过程中 ΦX174 所编码的唯一复制蛋白，它的功能是引发复制起始。

整个（＋）链合成过程可以分为 4 步。

第一，（＋）链合成是从 RFⅠ开始的，gpA 借助于引物体结合于（＋）链识别位点，专一性地作用于 4 305 和 4 306 间的磷酸二酯键产生一间断。间断的 $3'$-OH 端为 4 305 位的

G（鸟嘌呤）残基，gpA 则结合于 4 306 位的 5′-P 的 A 残基，从而保持键能。

第二，Rep 蛋白结合于 gpA 处的（一）链，使 gpA 复合物从（十）链的 5′端开始使双链不断解开，从双链分离出来的（十）链，即为 SSB 覆盖，以免重新与（一）链退火。

第三，DNA 聚合酶Ⅲ全酶以（一）链为模板从原来（十）链的 3′端使 DNA 链不断延伸，结果就形成一个环化的滚环结构，这时原来的（十）链逐步被剥离。

第四，复制绕（一）链一周后，gpA 做专一性切割，从而形成环状分子和一个单位长度的 ΦX174。在 ΦX174 感染的中期，每一个新合成的（十）链又指导（一）链合成，从而形成 RF（图 2-26）。

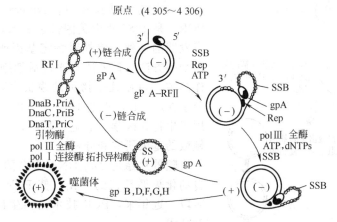

图 2-26　ΦX174 的（十）链合成

由上述过程可见，ΦX174 的（一）链合成是不连续的，相当于大肠杆菌 DNA 后随链的复制，（十）链的合成是连续的，相当于大肠杆菌前导链的复制。

六、真核生物 DNA 的复制

（一）真核生物DNA 复制的特点

1. 真核生物与原核生物 DNA 复制的相同点

真核生物 DNA 的复制与原核生物 DNA 复制的相同之处在于它们都是半保留、半不连续复制，复制过程都存在引发、延长和终止 3 个阶段，都必须有相应功能的蛋白质和酶参与。

2. 真核生物与原核生物 DNA 复制的不同点

真核生物具有多重复制原点，即有多个复制子；而原核生物只有一个复制子。

例如，在 *E. coli* 中 DNA 复制速度大约是每分钟 10^5 bp，而在真核生物中，DNA 聚合酶活力比原核的低得多，复制速度大约在每分钟 500～5 000bp，一种典型的动物细胞含的 DNA 量大约是大肠杆菌的 50 倍。那么一个动物细胞的复制时间必须是大肠杆菌的 1 000 倍，或者说大约需要一个月，然而动物细胞复制通常只要几小时，因为真核生物 DNA 复制采取了多复制起始点。例如，果蝇 DNA 具有大约 5 000 个复制起点，每个复制起始点复制大约 30 000bp，而且每个起始点均以双向复制。

真核生物只有在复制全部完成后，才可以在原起始点开始第二轮复制；而原核生物在复制起始点上可以连续开始新的 DNA 复制，表现为虽然只有一个复制子，但可以有多个复制叉。

（二）真核生物线粒体DNA 复制

线粒体是真核生物的重要细胞器，它有自身的 DNA。线粒体 DNA 一般为环型双股分子，线粒体 DNA 的双链由于分子密度的不同区分为轻链（L 链）和重链（H 链）。线粒体

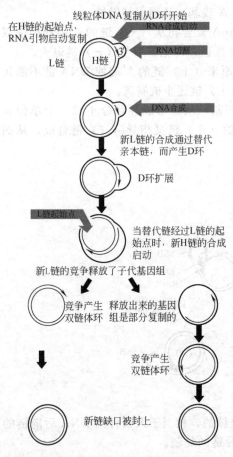

線粒体DNA复制从D环开始

在H链的起始点，
RNA引物启动复制

RNA合成启动

L链 H链 ３′

RNA切割

DNA合成

新L链的合成通过替代
亲本链，而产生D环

D环扩展

L链起始点

当替代链经过L链的起
始点时，新H链的合成
启动

新L链的竞争释放了子代基因组

竞争产生
双链体环

释放出来的基因
组是部分复制的

竞争产生
双链体环

新链缺口被封上

图 2-27　线粒体 DNA 的复制

DNA 的复制称为 D-环复制，负责这一复制的是真核生物 DNA 聚合酶 γ。复制从重链（H 链）的原点开始，这时新合成的 H 链即置换原来的链。当 H 链的合成进行到约 2/3 时，轻链（L 链）合成的原点即被暴露，从而引发了新 L 链的合成。此时，外观上呈现一条单链和一双链组成 D 型结构，又叫做 D-环复制（图 2-27）。

七、聚合酶链式反应

聚合酶链式反应（polymerase chain reaction, PCR）是 1985 年由美国科学家 Kary Mullis 及其同事发明的一种在体外对特定基因或 DNA 序列快速扩增的方法。该方法不通过活细胞，灵敏度高，操作简单，可使几个拷贝的模板序列甚至 1 个 DNA 分子在 2～3h 内扩增 10^6～10^7 倍。因而，被广泛应用于生物、医学、农业、环境、食品、考古等各个领域的基因研究和分析。

随着热稳定 Taq DNA 聚合酶的引入以及 PCR 自动化热循环仪的推出，使 PCR 技术进入了实用阶段。近年来，PCR 技术已衍生出多种 PCR 相关新技术。

（一）PCR 原理

PCR 是根据待测 DNA 片段两端的核苷酸序列，设计能与待测 DNA 片段两端互补的寡聚核苷酸引物，在有 DNA 模板，足量人工合成的引物，足量的底物（dNTP），热稳定的 DNA 聚合酶及适当的缓冲液（Mg^{2+}）的反应体系中，经高温变性（使模板 DNA 双链解开），低温退火（使引物与模板结合），延伸（DNA 聚合酶将 dNTP 沿引物 5′→3′ 方向延伸合成新股 DNA），对 DNA 分子进行适温扩增。变性-退火-延伸，如此循环往复，每一循环产生的新股 DNA 均能成为下一次循环的模板，所以模板 DNA 以指数方式，即 2^n 扩增，一般经 30～35 个循环，可使目的片段扩增数百万倍（图 2-28）。

（二）PCR 反应中的主要成分

1. 引物

引物应分别与待测 DNA 的两端互补，其长度在 15～30nt。为了扩增出单一的、特异性的 DNA 片段，所设计的引物序列不能在模板 DNA 序列中重复出现，这就要求在设计时采用计算机辅助检索。引物内部及引物之间不应有互补序列，否则会形成发夹或引物二聚体结构，影响 PCR 产率。引物浓度一般为 0.1～0.5μmol/L。

2. Taq DNA 聚合酶

Taq DNA 聚合酶是由 Erlich 于 1986 年从一种生活在热泉水中的水生嗜热菌（Thermus aquaticus）中分离纯化出来的。Taq DNA 聚合酶具有良好的热稳定性，在 93℃ 条件下

双链模板

5′   3′
3′   5′

变性、退火、延伸

30～35次循环

图 2-28　PCR 原理示意图

反应 2h 后仍可以保留 60%活性；具有 $5'→3'$ 聚合酶活性，而且在比较宽的温度范围内保持着催化合成 DNA 的能力，一次加酶即可满足 PCR 反应全过程的需要；具有非模板依赖的聚合活性，可在新合成 PCR 产物双链的 $3'$ 端加上一个非模板依赖的碱基 A，利用这种特性，可以用 T 载体克隆带 dATP 尾的 PCR 产物。在 $50\mu L$ PCR 反应体系中，Taq DNA 聚合酶的用量一般为 0.5～2.5U。

由于 Taq DNA 聚合酶无 $3'→5'$ 核酸酶活性，故无校正功能，错误掺入率在 10^{-4} 左右。人们用基因工程的方法组建重组 Taq DNA 聚合酶，使其具有 $3'→5'$ 核酸酶活性。

3. dNTP

在 PCR 反应体系中，dNTP 浓度一般为 $50～200\mu mol/L$。dNTP 应用 NaOH 调 pH 值至 7.0，且 4 种 dNTP 的浓度应相等。若任何一种浓度明显不同于其他几种时，会诱发聚合酶的错误掺入。dNTP 浓度过高易产生错误碱基的掺入，浓度过低会降低反应产量。

4. 模板

PCR 反应的模板可以是单链或双链 DNA，可以是基因组 DNA 或 cDNA。模板 DNA 需要高度纯化，应避免任何蛋白酶、核酸酶、DNA 聚合酶抑制剂以及能结合 DNA 的蛋白质及多糖类物质的污染。PCR 所需模板 DNA 的量极少，通常在纳克级范围内。

5. 缓冲液

在 PCR 反应体系中，缓冲液的作用主要是调节 H^+ 浓度，以保证 Taq DNA 聚合酶所需要的偏碱性环境。目前常用的缓冲液工作浓度通常含有 10mmol/L Tris·HCl（pH8.3），50mmol/L KCl 和 1.5mmol/L $MgCl_2$。Taq DNA 聚合酶是 Mg^{2+} 依赖性酶。Mg^{2+} 浓度过低时，聚合酶活性显著降低；过高时，则会使酶催化非特异产物的扩增。一般购买的 $10\times$ PCR 缓冲液分为含 Mg^{2+} 和不含 Mg^{2+} 两种。含有 EDTA 等金属螯合剂会使 Mg^{2+} 浓度降低。在 PCR 反应中，Mg^{2+} 浓度一般为 $1.5～2.0\mu mol/L$。

（三）PCR 循环参数

1. 变性（denaturation）

将待扩增的 DNA 于高温（90～95℃）下变性，使双链 DNA 解开成为单链 DNA 模板。

2. 退火（annealling）

引物与模板的退火温度由引物的长度及 GC 含量决定，引物长度为 15～20bp 时，其退火温度可由 T_m 值确定，$T_m = 4(G+C) + 2(A+T)$，G、C、A、T 表示引物中相应碱基的个数。退火温度一般为 T_m 值减去 5。退火温度过低，容易出现非特异性扩增。

3. 延伸（elongation）

延伸温度一般为 70～75℃。在延伸阶段，DNA 聚合酶将单核苷酸从引物 $3'$ 端掺入，并沿模板由 $5'→3'$ 方向延伸，合成新的 DNA 链。

4. 循环次数（cycle）

PCR 的循环次数主要取决于模板 DNA 的浓度，一般为 25～35 次，此时 PCR 产物的积累即可达最大值，刚刚进入平台期。即使再增加循环次数，PCR 产物量也不会再有明显的增加。平台期是指 PCR 后期循环产物的对数积累趋于饱和，而进入线性积累或不积累的状态，原因可能是底物 dNTP 用尽、酶失活、终产物产生抑制作用、特异产物自身退火或解链不完全、循环后期非特异产物竞争底物等。因此，在得到足够产物的前提下应尽量减少循环次数。

（四）PCR 反应体系及常用 PCR 技术

常规 PCR 技术的各项标准要求和原则如上所述，标准的 PCR 反应体系（总反应体系 $20\mu L$）如下：

10×PCR 缓冲液（无 Mg^{2+}）	2.0μL	引物 2（10μmol/L）	0.8μL
dNTP 混合物（25mmol/L）	1.6μL	模板 DNA（1μg/μL）	1.0μL
MgCl$_2$（2.5mmol/L）	1.2μL	Taq DNA 聚合酶（5U/μL）	0.2μL
引物 1（10μmol/L）	0.8μL	双蒸水或三蒸水	12.4μL

近年来，PCR 技术得到了进一步完善，并派生出了许多新技术。如原位 PCR（in-situ PCR），荧光定量 PCR（fluorescent quantitative PCR），反向 PCR（inverse PCR），不对称 PCR（asymmetric PCR），免疫 PCR（immuno-PCR），多重 PCR（multiplex PCR），重组 PCR（recombinant PCR）锚定 PCR（anchored PCR），巢式 PCR（nested PCR）等。

八、随机扩增多态性 DNA 技术

随机扩增多态性 DNA 技术（random amplified polymorphic DNA，RAPD）于 1990 年由 Williams 在 PCR 技术的基础上发展起来的一种快速、简便、多态性检出率高、可自动化分析的一项 DNA 分子标记技术。它是一种用于检测基因组 DNA 多态性和基因组遗传标记的方法。

（一）RAPD 技术的原理

RAPD 技术是以一系列人工合成的不同随机寡核苷酸序列（10nt）为引物，对所研究的基因组 DNA 进行 PCR 扩增，扩增产物通过聚丙烯酰胺凝胶电泳后银染，或者是通过琼脂糖凝胶电泳经溴化乙啶（EB）染色来检测。

对于特定的引物，基因组 DNA 序列有其特定的结合位点，若这些特定的结合位点在基因组某些区域的分布符合 PCR 扩增反应的条件，即引物在模板两条链上有互补序列，且引物的 3′端相距在一定长度范围之内（一般为 200～2 000bp），在 Taq DNA 聚合酶催化下，就可以扩增出 DNA 片段。如果基因组在这些区域发生 DNA 片段插入、缺失或碱基突变，则这些特定结合位点的分布会发生相应变化，从而使 PCR 产物在数量或分子量上发生改变，通过对 PCR 产物的分析即可检测出基因组 DNA 在这些区域内的多态性。可以用于 RAPD 分析的引物数量巨大，检测区域几乎覆盖整个基因组，所以可以对整个基因组 DNA 进行多态性检测。

（二）RAPD 技术的特点

RAPD 技术继承了 PCR 效率高、样品用量少、灵敏度高和特异性强等优点，同时又区别于常规的 PCR 反应，表现在：第一，无需专门设计 RAPD 扩增反应的引物，所采用的引物为随机的脱氧核苷酸序列，长度为 10nt 左右。而常规的 PCR 反应，必须通过已知的序列设计特定的引物。第二，在每个 RAPD 反应中只加入一个引物，通过一种引物在两条 DNA 互补链上的随机配对实现扩增，而常规的 PCR 反应需用 2 个 20nt 左右特定设计的引物。第三，RAPD 反应在最初的反应周期中，退火温度较低，一般为 36℃左右。一方面保证随机引物与模板的稳定配对，另一方面允许适当的错误配对，从而扩大引物在基因组 DNA 中配对的随机性，提高对多态性分析的效率。

与其他 DNA 分子标记技术相比，RAPD 技术又有如下 5 个特点：第一，RAPD 标记数量多，可以覆盖基因组中所有位点。第二，引物没有严格的种属界限，具有广泛性、通用性，合成一套引物可用于不同生物基因组的分析，适合于大规模生产和商品化。第三，RAPD 分析简单、方便、快速，无需制备克隆、同位素标记和 Southern 印记等操作。第四，使用的模板 DNA 量极少，约为 Southern 印记的 1/100。理论上 10^2～10^4 个拷贝的 DNA 即可满足各种 RAPD 分析的需要，并且不受季节、组织、器官和发育时期的限制。第五，RAPD 标记操作安全，不需使用同位素，所用试剂毒性小，对人体一般不构成危害。

但是 RAPD 标记也有缺点。首先，RAPD 是显性标记，因此不能区分生物个体基因组是杂合型还是纯合型，从而使它提供的遗传信息不够完整。其次，对反应条件极为敏感，稍有改变就会影响扩增产物的重现，因此对设备、实验条件及操作的要求都很严格，如果达不

到要求，实验的稳定性和重复性就很难保证。有时产生的多态性 DNA 电泳图谱比较复杂，给样品的检测和结果分析带来一定的困难。

（三）RAPD 技术的应用

目前该方法已广泛应用于种质资源的鉴定与分类、目标性状基因的标记以及绘制遗传连锁图等方面。以作者实验室开展的 RAPD 技术对甜菜 M14 品系进行分析的研究为例进行说明。本实验室通过含有 18 条染色体的二倍体栽培甜菜（*Beta vulgaris* L.）与四倍体野生白花甜菜（*B. corolliflora* Zoss.）进行远缘杂交，获得了异源三倍体，进一步与栽培甜菜回交，在其后代中筛选了一套带有白花甜菜染色体的单体附加系，共 9 种类型。经研究发现其中带有白花甜菜第 9 号染色体的单体附加系 M14 品系附加的野生白花甜菜的第 9 号染色体具有 97% 以上的传递率。经过与具有标记基因的材料杂交、多年染色体传递率统计、细胞学、胚胎学及分子生物学鉴定，证明 M14 品系是具有有性生殖与二倍体孢子生殖特性的兼性无融合生殖体，其中二倍体孢子生殖发生频率为 97%，有性生殖频率为 3%。通过专家鉴定，认为带有白花甜菜第 9 号染色体的栽培甜菜单体附加系 M14 是克隆无融合生殖基因极其难得的材料。M14 品系由于附加上一条外来的白花甜菜染色体，共有 19 条染色体。在 M14 品系后代中，既有来源于无融合生殖的子代（19 条染色体），又有来源于有性生殖的子代（18 条染色体），为研究无融合生殖的分子机理，遗传特性和克隆无融合生殖基因带来了很大的困难。本实验室采用 RAPD 分子标记技术对甜菜 M14 品系的亲代与子代材料进行 DNA 多态性分析，以期寻找到来源于无融合生殖的后代，即含有 19 条染色体的甜菜所特有的 DNA 片段作为分子标记，用以区分含有 18 条染色体的甜菜，从而为无融合生殖研究提供纯合材料，为研究无融合生殖的分子机理，遗传特性和克隆无融合生殖基因奠定基础。

实验材料选择甜菜 M14 品系的 R11 组。R11 组由 1 个亲本（R11-P）及其产生的 6 个子代（R11-1，R11-2，R11-3，R11-4，R11-5，R11-6）组成。在种植当年对 R11 组的样本进行染色体镜检发现只有 R11-6 是 18 条染色体，其余染色体均为 19 条。

经过 RAPD 反应条件的优化后，得到反应体系（总反应体系 20μL）如下：

模板 DNA（200 ng/μL）	1.0μL	引物（20μmol/L）	1.2μL
10×PCR 缓冲液（无 Mg²⁺）	2.0μL	*Taq* DNA 聚合酶（2.5U/μL）	0.5μL
MgCl₂（25mmol/L）	2.0μL	双蒸水或三蒸水	11.7μL
dNTPs（2.5mmol/L）	1.6μL		

PCR 扩增程序：94℃预变性 5min；94℃变性 1min，37℃退火 1min，72℃延伸 2min，循环 40 次；72℃延伸 7min，4℃。

取 5μL 扩增产物加入 1μL 6×加样缓冲液，在 1% 琼脂糖凝胶上进行电泳分析。本实验对 300 个随机引物进行了筛选，筛选到能够扩增出稳定、清晰、可重复性条带的引物 39 个，可用于 R11 组分析。共筛选到 2 个由 RAPD 引物扩增出的特异性 DNA 片段可以作为区分含有 19 条染色体甜菜和含有 18 条染色体甜菜的候选分子标记。

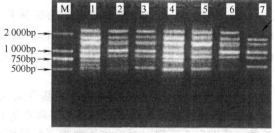

图 2-29　引物 S325 对 R11 组的 RAPD 扩增结果
1～7 泳道分别是 R11-P、R11-1、R11-2、R11-3、
R11-4、R11-5、R11-6 的 RAPD 结果

例如，引物 S325（5′-TCCCATGCTG-3′）可以在 R11 组中含有 19 条染色体的样本（R11-P，R11-1，R11-2，R11-3，R11-4，R11-5）和含有 18 条染色体的样本（R11-6）之间产生多态性条带。引物 S325 在含有 19 条染色体的样本中扩增出一条大约 2 000bp 左右的特异性

条带（图 2-29），而在含有 18 条染色体的样本中未扩增出此条带（图 2-29 中箭头所示），所以引物 S325 扩增出的特异性 DNA 片段可以作为区分含有 19 条染色体的样本和含有 18 条染色体的样本的候选分子标记。

（四）其他分子标记技术

最近 10 多年来，DNA 分子标记技术得到了突飞猛进的发展，迄今为止已有 20 多种分子标记技术相继出现，并在各个领域得到了应用。如限制性片段长度多态性技术（restriction fragment length polymorphism，RFLP）、扩增片段长度多态性技术（amplified fragment length polymorphism，AFLP）、序列标记位点 STS（sequence tagged site，STS）、单链构象多态性 PCR（single strand conformation polymorphism-PCR，SSCP-PCR）、微卫星（microsatellite）、简单重复序列（simple sequence repeat，SSR）、mRNA 差异显示技术（differential display reverse transcription PCR，DDRT-PCR）、染色体或基因组原位杂交（genomic in situ hybridization，GISH）等分子标记技术。

第四节　DNA 的损伤、修复及突变

DNA 复制虽然是一个高保真的过程，但复制形成的子代 DNA，总不免还存在少量未被校正的差错。除此之外，DNA 还会受到各种物理和化学因素的损害，如果这些差错和损伤不予以改正，结果会引起突变，甚至机体的死亡。

一、DNA 损伤

引起 DNA 损伤的因素很多，有来自细胞内部的各种代谢产物和外界的物理、化学因素，还包括 DNA 分子本身在复制等过程中发生的自发性损伤。

（一）自发性损伤

自发性损伤指 DNA 内在的化学活性以及细胞中存在的正常活性分子所导致的 DNA 损伤。

（1）DNA 复制过程中的损伤　在大肠杆菌中，DNA 每复制 $10^8 \sim 10^{10}$ 个核苷酸大概会有 1 个碱基的错误。

（2）碱基的自发性化学改变　生物体内的 DNA 分子在细胞正常的生理活动过程中会发生各种自发性损伤，一般包括碱基的互变异构、碱基的脱氨基作用、自发的脱嘌呤和脱嘧啶以及碱基的氧化性损伤等。

（二）物理因素引起的DNA损伤

（1）紫外线　紫外线照射可引起嘧啶碱基的二聚化。紫外线照射（254nm）能使相邻嘧啶，尤其是胸腺嘧啶，形成环丁基二聚体。胞嘧啶（或胸腺嘧啶）的 C_6 也可以使相邻胞嘧啶的 C_4 连接，形成另一重要的光化学产物。这些二聚体的存在就使正常的碱基配对难以发生。

（2）电离辐射

① 碱基损伤　水经电离后会对碱基造成氧化性损伤，有时还使碱基脱落。

② DNA 链断裂　电离辐射或博莱霉素等化学试剂能作用于 DNA 链，使单链或双链的磷酸二酯键发生断裂。对单倍体细胞（如细菌）来说，一次双链断裂就是致死事件。

③ DNA 链交联　电离辐射能够使 DNA 双链间形成交联，其结果使双链不再能分开。

（三）化学因素引起的DNA损伤

（1）烷化剂　烷化剂是可将烷基（如甲基）加入到核酸上各种位点的亲电化学试剂，但其加入位点有别于正常甲基化酶的甲基化位点。常见的烷化剂有甲基磺酸甲酯（MMS）和乙基亚硝基脲（ENU）。甲基化碱基的典型例子是 7-甲基鸟嘌呤、3-甲基腺嘌呤、3-甲基鸟嘌呤和O^6-甲基鸟嘌呤。这些损伤中的部分由于会在 DNA 复制及转录时干扰 DNA 解旋，因而可能是致死的。

（2）碱基类似物　碱基类似物是一类与碱基相似的人工合成的化合物。当它们进入细胞后，便能替代正常的碱基而掺入 DNA 链中，干扰了 DNA 的正常合成。

二、DNA 修复

DNA 是细胞中一种在受损伤后或改变后能修复的分子，DNA 能够保证高度稳定性在于 DNA 具有多种修复机制。

DNA 的修复机制是多样而有效的。大肠杆菌基因组约有 100 个位点涉及 DNA 的修复和有关功能。

（一）错配修复

错配碱基的修复会使复制的保真性提高 $10^2 \sim 10^3$ 倍。错配修复（mismatch repair）是按模板的遗传信息来修复错配碱基的。因此，修复时首先要区别模板和新合成的 DNA 链，这是通过碱基的甲基化实现的（图 2-30）。

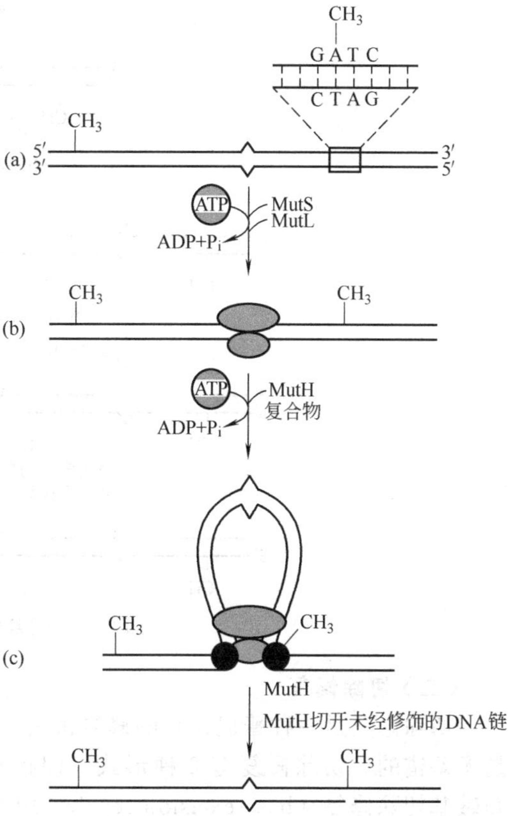

大肠杆菌 DNA 的 5'-GATC 序列中 A 的 N^6（6-氨基）都是被甲基化的，这是 Dam 甲基化酶（专门使脱氧腺苷甲基化）负责的。

在复制后的一个短暂（约几分钟）的时间内，新合成的 GATC 中的 A 未被甲基化，故子代 DNA 是半甲基化 DNA。半甲基化 DNA 成为识别模板链和新合成链的基础。错配修复发生在 GATC 的邻近处，故这种修复也称为甲基指导的错配修复。

图 2-30　根据母链甲基化原则找出错配碱基的示意图

(a) 发现碱基错配；(b) 在水解 ATP 的作用下，MutS，MutL 与碱基错配位点的 DNA 双链相结合；(c) MutS-MutL 在 DNA 双链上移动，发现甲基化 DNA 后由 MutH 切开非甲基化的子链

虽然大肠杆菌的错配修复机制还不完全清楚，但所需的 Dam 甲基化酶、MutH、MutL、MutS 蛋白，DNA 解旋酶Ⅱ，SSB，DNA 聚合酶Ⅲ，核酸外切酶和 DNA 连接酶都已得到纯化，并重建了它们的工作模型。修复过程见图 2-31。

在修复过程中，MutS、MutH 和 MutL 是关键性的，MutS 结合于错配碱基，MutH 结合于 GATC，MutL 使 MutS 和 MutH 连结成复合物。

如错配碱基位于距 GA^{m}TC 1 000 核苷酸以内，MutH 的位点专一核酸内切酶就在未甲基化链（新合成链）中，GATC 序列中 G 的 5' 侧切割，作为待修复链的标志；如错配碱基位于切割点的 5' 侧，未甲基化链按 3'→5' 方向降解直至错配碱基在内，所缺少的部分由新链填补。这一过程需要 DNA 解旋酶Ⅱ，SSB，核酸外切酶Ⅰ（按 3'→5' 方向降解单链 DNA），DNA 聚合酶Ⅲ和连接酶联合作用；如错配位于切割点的 3' 侧，除了以核酸外切酶Ⅶ（按 3'→5' 方向或 5'→3' 方向降解单链）和 RecJ 蛋白（一种按 5'→3' 方向降解单链的核酸外切酶）代替核酸外切酶Ⅰ外，修复过程都相同。

所有错配都可由这一系统修复，但以 G-T 错配修复更为有效，C-C 错配的修复为弱。由于要降解和置换 1 000 或更多碱基对，这种修复代价显然是高的，但这也说明修复的重要，细胞为此不惜代价。

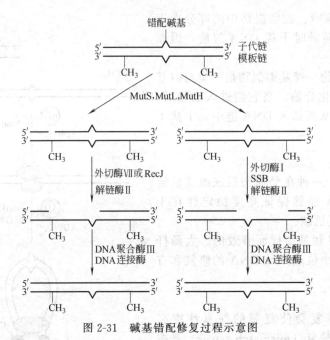

图 2-31　碱基错配修复过程示意图

（二）切除修复

切除修复是一种普遍存在的修复机制，可在一系列的损伤中起修复作用，并且这种修复是无差错的。切除修复有 2 种形式，即核苷酸切除修复（nuclotide excision repair，NER）和碱基切除修复（base excision repair，BER）。在 NER 中 [图 2-32 (a)，第 1 步]，核酸内切酶在损伤部位两边各切除精确数目的碱基，然后包含损伤的寡聚核苷酸被切除，并留下一个缺口 [图 2-32 (a)，第 2 步]。在 BER 中 [图 2-32 (b)]，相当专一的 DNA 糖基化酶识别修饰碱基，切除修饰碱基与糖基之间的 N-糖苷键，留下一个脱嘌呤或脱嘧啶（AP）位点 [图 2-32 (b)，第 1a 步]。自发碱基丢失也可产生 AP 位点。AP 核酸内切酶在该位点切开 DNA，其外切酶活性可继续切出 1 个缺口 [图 2-32 (b)，第 1b 步及第 2 步]。NER 中的缺口通常更大些，而在 BER 中可小至 1 个核苷酸。从这一点来看，两种形式的切除修复本质上是相同的。E. coli 中缺口可由 DNA 聚合酶 I 填补 （图 2-32，第 3 步），最后的磷酸二酯键的形成由 DNA 连接酶完成（图 2-32，第 4 步）。在真核生物中，BER 中的缺口主要由 DNA 聚合酶 β 来填补，而 NER 中较长的缺口主要由 DNA 聚合酶 δ 或 ε 来填补。

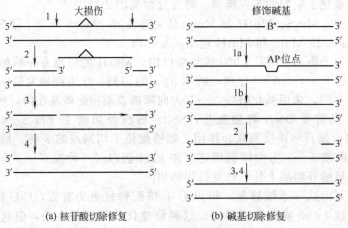

(a) 核苷酸切除修复　　　(b) 碱基切除修复

图 2-32　切除修复

（三）直接修复

直接修复（direct repair）并不需要切除碱基或核苷酸机制。直接修复可使损伤逆转，DNA中的嘧啶二聚体可通过可见光（300～600nm）的DNA光解酶（photolyase）作用恢复为单体（图2-33）。

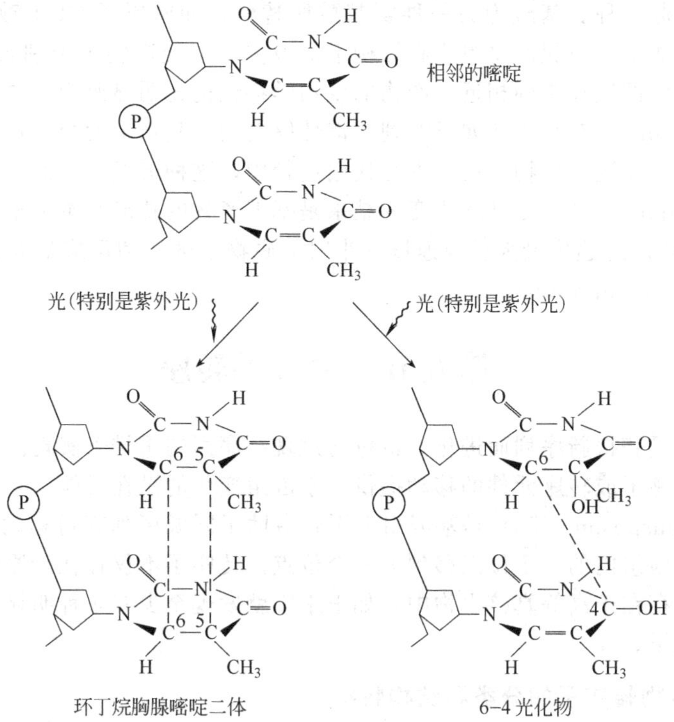

图2-33 紫外光诱发形成嘧啶二聚体

（四）重组修复

当DNA修复时尚未修复的损伤部位也可以先复制再修复。这样产生遗传信息有缺损的子代DNA分子可通过遗传重组而加以弥补，即从同源DNA母链上将相应核苷酸序列片段移至子链缺口处，然后用合成的序列补上母链的缺空，这一过程称为重组修复（recombinant repair）。

（五）易错修复

前述的各种修复都是以受损伤的互补链为模板进行的，因此是无差错的。当DNA所受的损伤是严重和广泛时，修复常易招致差错。

机体对DNA的严重创伤可采取的一种措施是产生一系列的蛋白来应急，故称为应急措施（SOS response），其中一些蛋白负责超越DNA创伤复制，它能使复制通过AP位点，这是一种无模板指导的复制，因此常易错配和导致突变。

DNA修复的目的在于保持遗传信息的完整，从而得以存活，但超越创伤复制却易招致差错和常引起突变，这似乎相矛盾。实际不然，这种产生的突变最终导致许多细胞的死亡，但是少数细胞的DNA可能得到修复，有些突变细胞也还能存活。许多细胞的死亡只是为一些细胞的存活所付的代价。

三、DNA 突变

虽然DNA聚合酶的校对功能和DNA的修复机制十分有效，但复制产生的一些差错仍可能会漏校，以及DNA的一些损伤仍可能未被修复，结果它们就会遗传下去。DNA的这种永久性的改变叫做突变（mutation）。

突变可由单一碱基的改变产生，称为点突变。这种一个碱基的改变可以是一个碱基的缺失、插入或是由一种嘧啶（嘌呤）转变为另一种嘧啶（嘌呤）的转换，或是由嘧啶（嘌呤）转换为嘌呤（嘧啶）的颠换。

点突变中的转换和颠换仅改变基因的一个密码子。由于遗传密码具有简并性，故这一改变可能或并未引起一种氨基酸为另一种氨基酸所替代，如密码子 GGT 改变为 GGA，两者都编码脯氨酸，故不会引起产物组成和结构上的改变，即使产物中个别氨基酸发生了变换，但如两种氨基酸的性质和结构相近，产物的生物学特性仍无明显改变，这种突变称为沉默突变（silent mutation）。有些改变如影响到关键性氨基酸，其结果就会导致产物生物功能部分或全部的丧失，假如这一产物又位于中心代谢途径中，这种突变就可能会致死，称为致死突变（lethal mutation）。某一氨基酸改变的结果是基因产物的功能基本上未有重大变化，改变的只是 K_m（催化反应达到最大反应速度一半时的底物浓度）和反应最大速度，这种突变称为渗漏突变（leaky mutation）。

第五节　DNA 的转座

基因组可通过获得新序列而进化，也可通过现存序列的重排来实现。无论是真核生物还是原核生物，转座子或转座元件的移动提供了基因组变化的潜在可能。

转座子（transposon，Tn）是基因组上不必借助于同源序列就可移动的 DNA 片段，它们可以直接从基因组内的一个位点移到另一个位点。转座子不仅存在于原核生物和低等真核生物中，也同样存在于高等真核生物中，如玉米中就发现至少有 4 种明显不同的影响突变和基因重排的转座子。

一、原核生物转座子的分类和结构特征

在原核生物中已发现两种类型的转座子，简单转座子（simple transposon）和复合转座子（composite transposon），所有转座子都有两个结构特征：一是两端都有 20～40bp 的反向重复序列（inverted repetitive sequence，IR）；二是具有编码转座酶的基因，这种酶催化转座子插入新的位置。

（一）简单转座子

简单转座子又称插入序列（insertion sequence，IS）。这类转座子的特征是插入序列可以在不同的复制子间转移位置，以非正常重组的方式从一个位点插入到另一个位点，从而对该位点的基因的结构与表达产生多种遗传效应。

IS 都是很小的 DNA 片段（1kb），含有转座酶基因负责 IS 的移动，末端具有倒置重复序列（反向重复序列）（图 2-34）。

转座时往往复制宿主靶位点一小段（4～15bp）DNA，形成位于 IS 序列两端的正向重复区。如图 2-34 所示，靶位点含有 ATGCA/TACGT 序列，转座后，转座子的两侧都出现了这个重复序列的一份拷贝。

（二）复合转座子

复合转座子除了含有与它的转座作用有关的基因外，还含有其他基因，如抗药基因，其两翼是两个相同或高度同源的 IS 序列；表明 IS 序列插入到某个功能基因两端时就可能产生复合转座子（图 2-35）。

二、转座作用的机制

转座子都具有编码与转座作用有关的酶——转座酶基因，而末端大多数都是反向重复序列。转座酶既识别转座子的两末端，也能与靶位点序列结合，靶 DNA 在插入位点存在正向重复。

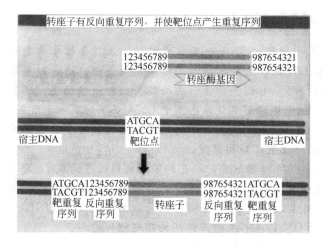

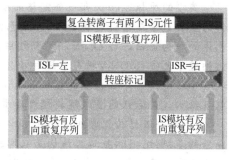

图 2-34　简单转座子（图中，靶序列为 5bp，转座子末端
　　的反向重复序列为 9bp，数字 1～9 表示碱基序列）

图 2-35　复合转座子

转座作用的机制是转座子插到新的位点上产生交错间断，所形成的黏性末端与转座子两端的反向重复序列相连，然后由 DNA 聚合酶填补缺口，DNA 连接酶封闭间断（图 2-36）。

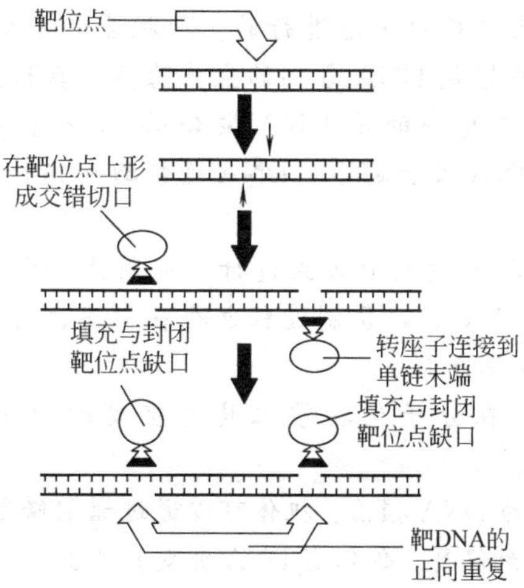

三、转座作用的遗传效应

① 引起插入突变　　以 10^{-8}～10^{-3} 频率进行的转座会引起插入突变。

② 产生新的基因　　如果转座子上带有抗药性基因，那么它一方面造成一个基因插入突变，另一方面在这一位置上出现新的抗药性基因。

转座可分为复制性转座和非复制性转座两大类。在复制性转座中，整个转座子被复制了，所移动和转位的仅仅是原转座子的拷贝。在非复制性转座中，原始转座子作为一个可移动的实体直接被移位。

③ 染色体畸变　　当复制性转座发生在宿主 DNA 原有位点附近时，往往导致转座子两个拷贝之间的同源重组，引起 DNA 缺失或倒位，从而引起染色体畸变。

图 2-36　转座子插入到新位点反应过程

四、真核生物中的转座子

前面细菌的转座子都是两端带有短的反向重复序列。然而，真核生物的转座子，除了两端具有反向重复序列，它们的两端还因为具有其他的序列结构，以及经 RNA 中间体转座而与原核不同。真核生物转座子有三种类型（表 2-4）。

表 2-4　真核生物转座子的三种类型

末 端 结 构	含 有 的 基 因	转 座 方 式	例　　　子
末端短的反向重复序列	编码转座酶	以 DNA 形式，经复制或切离而转座	$Tam3$（金鱼草）
末端长的同向重复序列（LTRs）	编码反转录酶，类似 RNA 病毒	经 LTR 的启动子转录 RNA 中间体而转座	THE-1(人)，$Bs1$（玉米）
RNA 转录本 3′ 端具有 polyA	编码反转录酶	经临近启动子而转录出 RNA 中间体而转座	$F\ element$（果蝇），Li（人），$Cin4$（玉米）

本章小结

典型的原核生物仅有一个完整的染色体拷贝，DNA一般位于类核体上。真核生物染色体的主要成分是蛋白质和DNA。染色体上的蛋白主要包括组蛋白和非组蛋白。组蛋白是染色体的结构蛋白，与DNA相结合组成核小体。非组蛋白是一些功能蛋白和一些酶类。在真核细胞中大多数DNA被包装进核小体。核小体的形成是染色体中DNA压缩的第一个阶段，以6个核小体为单位盘绕成直径30nm纤丝，是一种更为压缩的染色质形式。对于染色体的包装结构，普遍认同多级螺旋模型和骨架—放射环结构模型。

DNA一级结构化学组成的基本单位是脱氧核糖核酸。碱基的不同排列次序构成了DNA分子的多样性。DNA二级结构是双螺旋模型，两条多核苷酸链是反向平行；A与T，G与C通过碱基间的氢键严格配对，双螺旋有大沟和小沟。在构型上，以右手螺旋B-DNA为主，还有A-DNA、C-DNA和左手螺旋Z-DNA。DNA的三级结构指超螺旋结构。

DNA的复制为半保留复制，子代DNA双链中含有一条亲代链和一条新合成的子链。复制起点呈现复制叉。复制时前导链在DNA聚合酶的作用下，按碱基互补配对原则，在RNA引物后面逐个接上碱基；后随链形成冈崎片段。

原核生物DNA分子大都只有一个复制起点。而真核生物染色体同时存在多个起始位点。大多数生物体内DNA的复制都是从固定的起始点以双向等速进行的。原核生物DNA聚合酶有DNA聚合酶Ⅰ、Ⅱ和Ⅲ。其中，DNA聚合酶Ⅲ是DNA复制的主要酶类。真核生物DNA聚合酶有α、β、γ、δ、ε五种类型。主要参与复制的是DNA聚合酶α、δ和ε。DNA解旋酶，单链结合蛋白，引物酶，RNA酶H，DNA聚合酶Ⅰ，DNA连接酶和拓扑异构酶也参与DNA复制。

原核生物DNA的复制中，大肠杆菌的DNA复制按双向的θ方式进行。噬菌体ΦX174的复制方式为滚环型。真核生物DNA的复制也是半保留复制，复制过程也存在引发、延长和终止3个阶段。真核生物线粒体DNA复制方式为D-环复制。

聚合酶链式反应是体外快速扩增DNA的方法，在分子生物学上具有重要的应用。RAPD技术是以PCR技术为基础的一种分子标记技术。

DNA损伤有自发性损伤，物理因素、化学因素引起的DNA损伤。机体可以通过错配修复、切除修复、直接修复、重组修复和易错修复机制使损伤得到修复。但仍有DNA突变的产生。

转座子不仅存在于原核生物和低等真核生物中，也同样存在于高等真核生物中。原核生物转座子有简单转座子和复合转座子两类。转座作用的遗传效应可以引起插入突变，产生新的基因，形成染色体畸变，还可以引起生物的进化。

思考题

1. 论述真核生物染色体DNA被压缩进细胞核中所经过的四级包装过程。
2. 简述DNA双螺旋结构特征，比较B-DNA、A-DNA、C-DNA和Z-DNA的不同。
3. 什么是DNA半不连续复制？什么是冈崎片段？论述冈崎片段的合成过程。
4. 有哪些酶参与原核生物DNA的复制，它们在复制中的生物学功能是什么？
5. 论述原核生物和真核生物DNA复制的差异。
6. 简述RAPD技术和PCR技术相比有哪些不同特点。
7. 哪些因素能引起DNA损伤？生物体中存在哪些DNA损伤修复系统？这些损伤系统是如何工作的？如果DNA损伤没有被修复会造成什么结果？
8. 简述转座子的分类及机制。

第三章 RNA

第一节 RNA的结构与种类

一、RNA 的结构概述

RNA 合成的前体是 ATP、GTP、CTP 和 UTP 4 种 $5'$-核苷三磷酸（rNTP）。在转录过程中，DNA 模板链上的 C、T、G、A 分别与 RNA 分子中的 G、A、C、U 配对，RNA 链按 $5'\rightarrow 3'$ 方向延伸，与模板 DNA 链呈反向平行。

与 DNA 不同，RNA 几乎是单链，被转录的 DNA 分子虽是双链，但只有一条链做模板；除了某些病毒外，RNA 并不是遗传物质，它不需要以自己为模板进行复制；RNA 骨架含有核糖，而不是 $2'$-脱氧核糖。

每个细胞中均含有许多不同的 RNA 分子，其长度从小于 50 个核苷酸大到万个以上的核苷酸，尽管几乎都是一些线状的单链，但仍然有大量的双螺旋结构特征（图 3-1）。这是因为 RNA 链频繁发生自身折叠，从而在互补序列间形成碱基配对区。RNA 链可以采用多种茎-环结构（stem-loop structure），其中的非互补 RNA 以发夹、凸出或简单的环状形式从双螺旋区域的末端突出来。

由于 RNA 没有形成长的规则螺旋的限制，因此可形成大量的三级结构。蛋白质可以协助 RNA 大分子三级结构的形成，如核糖体中发现的蛋白质。

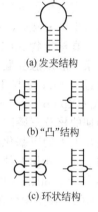

(a) 发夹结构

(b) "凸" 结构

(c) 环状结构

图 3-1　RNA 双螺旋结构特点

二、不同种类 RNA 分子的结构及功能

RNA 分子有 3 大类即信使 RNA（messenger RNA，mRNA），核糖体 RNA（ribosomal RNA，rRNA）和转运 RNA（transfer RNA，tRNA）。这三大类 RNA 的结构与功能均不一样，原核与真核的 RNA 也不一样。

（一）信使RNA

1. mRNA 的功能

把 DNA 模板链上的碱基序列，转录为 RNA 分子上的碱基序列（mRNA），再从mRNA 上的碱基序列通过合成蛋白质的机构，获得氨基酸的序列。

mRNA 的碱基序列从起始密码到终止密码，以 3 个碱基为一组而读码，3 个一组的碱基成为密码子（codon），每个密码子对应一个氨基酸或终止信号。

2. 原核生物 mRNA 的特征

（1）半衰期短　细菌的转录与翻译是紧密相连的，基因转录一开始，核糖体马上结合新生 mRNA 链的 $5'$端，启动蛋白质合成，而此时该 mRNA 的 $3'$端还没有转录完全；而且一个 mRNA $5'$端可能已经开始降解，而其 $3'$端仍在合成或被翻译。

（2）以多顺反子的形式存在　细菌 mRNA 编码蛋白质的数量变化很大，有些 mRNA 仅编码单一蛋白质，他们是单顺反子（monocistronic mRNA）。另外大多数的 mRNA 可以同时编码不同的蛋白质，它们是多顺反子（polycistronic mRNA）。在这种情况下，单个

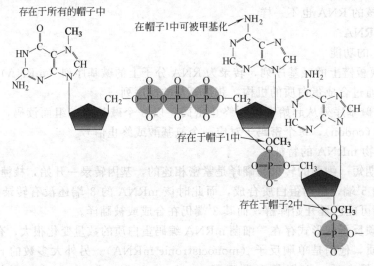

图 3-2　SD 序列

mRNA 由一群临近基因转录而来，这样一组基因可被称为一个操纵子（operon），是生物体内的重要遗传单位。

（3）5′端具有 SD 序列　在原核生物 mRNA 的 5′端与 3′端分别有与翻译起始和终止有关的非编码序列。5′端无帽子结构，3′端没有或只有较短的多聚腺苷酸 poly（A）尾巴。在起始密码子 AUG 上游 9～13 个核苷酸处，有一段可与核糖体 16S rRNA 配对结合的、富含嘌呤的 3～9 个核苷酸的共同序列，一般为 AGGA，此序列称 SD 序列（图 3-2）。它与核糖体小亚基内 16S rRNA 的 3′端有一段富含嘧啶的序列 GAUCACCUCCUUA-OH 互补，形成氢键。使得结合于 30S 亚基上的起始 tRNA 能正确地定位于 mRNA 的起始密码子 AUG 上。

3. 真核生物 mRNA 的特征

（1）真核生物 mRNA 一般为单顺反子

真核生物 mRNA 一般为单顺反子结构，即只包含一个蛋白质的信息。

（2）真核生物 mRNA 的 5′端存在帽子结构

转录一般从腺苷酸（A）或鸟苷酸（G）起始，第一个核苷酸保留了其 5′端的三磷酸基团，通过 3′-OH 位与下一个核苷酸的 5′磷酸形成磷酸二酯键，转录产物的起始序列为 5′pppA/GXpYp……，然而，当科学家将成熟的 mRNA 在体外用核酸酶处理，其 5′端并不产生预期的核苷三磷酸，而形成 5′→5′三磷酸基团相连的二核苷酸，5′终端是一个在 mRNA 转录后加上去的甲基化的鸟嘌呤 m⁷GpppXpYp。这个反应非常迅速，mRNA 几乎一诞生就戴上帽子的，新加上的 G 与 mRNA 链上所有其他核苷酸方向正好相反，像一顶帽子倒扣在 mRNA 链上，mRNA 的帽子结构常常被甲基化。第一个甲基化的 m⁷GpppXpYp 称为零类帽子，所有的真核生物都有这个零类帽子结构。负责催化这种修饰反应的酶是鸟嘌呤-7-甲基转移酶（guanine-7-methyl-transferase）。如果在帽子结构的第二个核苷酸（原来转录本的第一位）的 2′-OH 位上加上另一个甲基，此反应被另一个酶，2′-O-甲基-转移酶（2′-O-methyl-transferase）催化。我们把有这两个甲基的结构称为帽子 1（1 类帽子），其符号为 m⁷GpppXmpYp，这是除了单细胞真核生物外的其余真核生物的主要帽子形式。在有些真核生物中，在第三个核苷酸的 2′-OH 位上还可以再产生甲基化，构成帽子 2（2 类帽子），其符号为 m⁷GpppXmpYmp，带 2 类帽子的 mRNA 只占有帽 RNA 总量的 10%～15%（图 3-3）。

图 3-3　真核生物 mRNA 5′端的帽子结构

真核生物 mRNA 5′帽子结构有以下功能：使 mRNA 免遭核酸酶的破坏；使 mRNA 能与核糖体小亚基结合并开始合成蛋白质；被蛋白质合成的起始因子所识别，从而促进蛋白质合成。

（3）绝大多数真核生物 mRNA 具有 poly（A）尾巴

有多聚腺苷酸尾巴的 mRNA 写作 poly（A）$^+$，没有尾巴的写作 poly（A）$^-$。poly（A）是转录后在 RNA 末端，由腺苷酸转移酶催化形成的腺苷酸多聚体。除了组蛋白以外，真核生物 mRNA 的 3′端一般都有 poly（A）序列，其长度因 mRNA 种类不同而不同，一般为 40～200 个（图 3-4）。

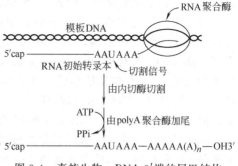

图 3-4　真核生物 mRNA 3′端的尾巴结构

poly（A）的存在有重要的功能：它是 mRNA 由细胞核进入细胞质所必需的形式，它大大提高了 mRNA 在细胞质中的稳定性。

mRNA 的 poly（A）序列与 poly（A）结合蛋白［poly（A）binding protein，PABP］相结合。PABP 单体分子质量约为 70kD，与 poly（A）尾的 10～20 个碱基相结合，防止 mRNA 降解的保护作用需要 PABP 的结合。

真核生物 mRNA 大都具有 poly（A）尾巴，这一特性已被广泛应用于分子克隆。常用寡聚 dT 片段与 mRNA 上的 poly（A）相配对，将 mRNA 反转录成与其互补的 DNA（cDNA）。cDNA能作为模板用于合成与初始 mRNA 序列相一致的 DNA 链。

（二）核糖体RNA

核糖体 RNA（rRNA）是组成核糖体的主要成分，而核糖体则是合成蛋白质的场所。核糖体是由大小两个亚基组成的。

原核生物核糖体（70S）$\begin{cases}$大亚基（50S）：23S rRNA、5S rRNA 和约 34 种蛋白质$\\$小亚基（30S）：16S rRNA 和 21 种蛋白质$\end{cases}$

真核生物核糖体（80S）$\begin{cases}$大亚基（60S）：28S rRNA、5.8S rRNA 和 49 种蛋白质$\\$小亚基（40S）：18S rRNA 和约 33 种蛋白质$\end{cases}$

rRNA 与 tRNA 及 mRNA 之间的相互关系，以及不同的 rRNA 之间的关系是建立在序列互补或同源的基础之上的。rRNA 并不单单是核糖体的结构成分，它们还直接为核糖体的关键功能负责。例如：肽基转移酶中心完全是由 rRNA 组成的。rRNA 也在小亚基中扮演中心的角色。负载 tRNA 的反密码子环和 mRNA 的密码子都是与 16S rRNA 相作用，而不是与小亚基的核糖体蛋白质相作用。

（三）转运RNA

1. tRNA 的功能

tRNA 具有接合体功能。氨基酸只有与一种接合体接合，才能被带到 RNA 模板的恰当位置上正确合成蛋白质，而且，氨基酸在合成蛋白质之前必须被活化。这个过程是在消耗 ATP 的情况下，氨基酸通过 AA-tRNA 合成酶与 tRNA 结合，生成 AA-tRNA，AA-tRNA 就是一种活化形式。

tRNA 具有信息传递的功能。转录过程是信息从 DNA 转移到 RNA 的过程，信息传递靠的是碱基配对，而翻译阶段是信息从 mRNA 转移到蛋白质的过程，信息的转移靠的是 tRNA 的反密码子与 mRNA 上的密码子配对，依次准确地将它携带的氨基酸连结成多肽链。

2. tRNA 的结构

（1）tRNA 三叶草的二级结构

tRNA 是一类小分子 RNA，不同的 tRNA 分子可有 74～95 个核苷酸不等的二级结构形式。最常见的 RNA 分子一般有 76 个碱基。

现在人们已经知道了几百个包括细菌和真核生物在内的 tRNA 序列，所有这些序列都存在一个规律的二级结构，即三叶草结构，包括受体臂、TΨC 臂，反密码子臂，D 臂及可变环（图 3-5）。受体臂（acceptor arm），主要由链两端序列碱基配对形成的杆状结构和 3′端未配对的 3～4 个碱基所组成，其 3′端的最后 3 个碱基序列永远是 CCA，最后一个碱基的 3′或 2′自由羟基（—OH）可以被氨酰化。TΨC 臂是根据 3 个核苷酸命名的，其中 Ψ 表示拟尿嘧啶，拟尿嘧啶核苷酸是 tRNA 分子所拥有的不常见核苷酸。反密码子臂是根据位于套索中央的三联反密码子命名的。反密码子是通过碱基配对识别 mRNA 的密码子的三核苷酸解码单位。反密码子的两端由 5′端的尿嘧啶和 3′端的嘌呤界定。D 臂是根据它含有二氢尿嘧啶（dihydrouracil）命名的。可变环位于反密码子臂和 TΨC 臂之间，从 3～21bp 不等，正如其名所示。

（2）tRNA 的 L 形三级结构

L 型三级结构中受体臂与 TφC 臂杆状区域之间以氢键构成的第一个双螺旋，D 臂和反密码子臂的杆状区形成第二个双螺旋结构。大多 tRNA 在二级结构基础上，都有 L 形折叠形成 tRNA 的三级结构（图 3-6）。tRNA 的三级结构与 AA-tRNA 合成酶对 tRNA 的识别有关。

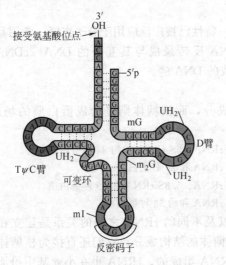

图 3-5　tRNA 的三叶草二级结构

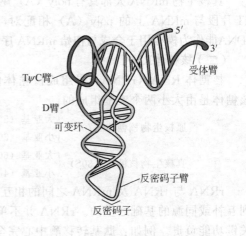

图 3-6　tRNA 的 L 形三级结构

3. tRNA 的种类

（1）起始 tRNA 与延伸 tRNA　起始 tRNA 能特异地识别 mRNA 模板上起始密码子，其他 tRNA 统称为延伸 tRNA。

（2）同工 tRNA　由于一种氨基酸可能有多个密码子，相对应就有多个 tRNA，也就是多个 tRNA 转运一种氨基酸，这些 tRNA 称为同工 tRNA，如苏氨酸有 4 种密码子（ACU，ACC，ACA，ACG），相应有四种 tRNA，ACU-tRNA，ACC-tRNA，ACA-tRNA，ACG-tRNA，都可以运载苏氨酸，这四种 tRNA 叫做同工 tRNA。

（3）校正 tRNA　一个核苷酸的改变可能使代表某个氨基酸的密码子变成终止密码子（UAG，UGA，UAA）使蛋白质合成提前终止，合成无功能的或无意义的多肽，这种突变称为无义突变。

无义突变可通过改变 tRNA 的反密码子进行校正。例如，大肠杆菌一条 mRNA 起始密码子附近一亮氨酸密码子 UUG 变成 UAG（终止密码子），因而不能合成亮氨酸，校正基因产生一个校正 tRNA^leu，它能识别亮氨酸并生成亮氨酸-tRNA^leu，使其反密码子从 3′-AAC-

5′变为 3′-AUC-5′，这样便能识别 UAG 这个终止密码，把亮氨酸加上去，使这条肽链能正常合成。

第二节　RNA 的合成

一、DNA 转录的一般特征

细胞中的遗传信息是从脱氧核糖核酸（DNA）到核糖核酸（RNA），再由 RNA 到蛋白质。以 DNA 双链分子中的一条链为模板，合成 RNA 的过程称为转录（transcription）。转录是以 DNA 为模板，由 RNA 聚合酶催化，通过和 DNA 链上碱基配对来合成 RNA，是将 DNA 上的遗传信息传递给 RNA 的反应。合成的 RNA 链与 DNA 双链中一条链具有完全相同的序列，只是尿嘧啶（U）与腺嘌呤（A）配对，RNA 中无胸腺嘧啶（T）。

转录分为 3 个阶段：起始（initiation）、延伸（elongation）和终止（termination）（图 3-7）。

（一）转录起始

启动子（promoter）是最初结合 RNA 聚合酶的 DNA 序列。转录起始前，RNA 聚合酶与启动子 DNA 相互作用并与之结合。启动子附近的 DNA 双链分开形成转录泡（图 3-8）。

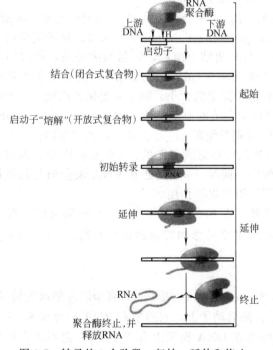

图 3-7　转录的 3 个阶段：起始、延伸和终止

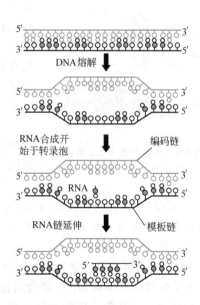

图 3-8　DNA 链分开形成转录泡以 DNA 一条链为模板按碱基互补配对原则合成 RNA

以 DNA 单链作为模板，用 4 种核苷三磷酸（ATP、GTP、CTP、UTP）作底物，按碱基配对原则接上第一个核苷酸。这第一个核苷酸的位置就是基因转录的起始位点（start point）。

（二）转录延伸

延伸阶段，RNA 聚合酶离开启动子，核苷酸逐个加到前一个核苷酸的 3′ 端，RNA 链不断的伸长，形成 RNA-DNA 杂合分子。随着 RNA 聚合酶向前移动，双螺旋逐渐打开，模板链不断显露出来，新生的 RNA 链的 3′ 端不断延伸。而合成后的 DNA 重新恢复 DNA 双螺旋结构。

（三）转录终止

当 RNA 链延伸到转录终止位点时，RNA 聚合酶不再形成新的磷酸二酯键，RNA-DNA 杂合物分离，转录泡瓦解，DNA 恢复成双链状态，而 RNA 聚合酶和 RNA 链都被从模板上释放出来，这就是转录的终止。

二、RNA 合成的酶学

RNA 聚合酶（RNA Polymerase）结合在 DNA 双链模板上（RNA 链或 RNA-DNA 双链杂合体不能作为模板），以 4 种核苷三磷酸（ATP、GTP、CTP、UTP）为底物在 Mg^{2+} 或 Mn^{2+} 存在的条件下，催化 RNA 链的起始、延伸和终止。它不需要任何引物，催化产物是与 DNA 模板链互补的 RNA。

（一）原核生物 RNA 聚合酶

1. 大肠杆菌 RNA 聚合酶

研究最详细的是 *E. coli* RNA 聚合酶，在原核生物只有一种 RNA 聚合酶，而真核生物有多种 RNA 聚合酶。在细菌中，RNA 聚合酶几乎负责合成所有的 mRNA，tRNA 和 rRNA。一个大肠杆菌细胞约有 7 000 个 RNA 聚合酶分子。在任何时刻，大概有 2 000～5 000 个酶分子在合成 RNA。

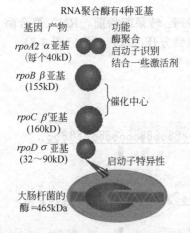

RNA聚合酶有4种亚基

基因 产物	功能
rpoA2 α亚基（每个40kD）	酶聚合 启动子识别 结合一些激活剂
rpoB β亚基（155kD）	
rpoC β′亚基（160kD）	催化中心
rpoD σ亚基（32～90kD）	启动子特异性

大肠杆菌的酶＝465kDa

图 3-9 大肠杆菌 RNA 聚合酶全酶有四个不同类型的亚基

大肠杆菌的 RNA 聚合酶由 4 种类型亚基组成。$\alpha_2\beta\beta'\sigma$ 称为全酶（complete enzyme，holoenzyme），分子质量约为 465kD。σ 亚基与全酶结合疏松，容易与酶分离，解离后的部分称为核心酶（core enzyme）（$\alpha_2\beta\beta'$）。核心酶在不同的细菌种类中有比较固定的大小，但是 σ 变化范围较大。大肠杆菌 RNA 聚合酶全酶的亚基组成（图 3-9）。*rpoA*，*rpoB*，*rpoC* 和 *rpoD* 分别是编码 α、β、β′ 和 σ 亚基的基因。

α 亚基是装配核心酶所必需的。α 亚基在启动子识别中起到一定的作用。同时，α 亚基还在 RNA 聚合酶与其他调控因子的相互作用中发挥作用。

β 和 β′ 亚基一起组成了催化中心。β 亚基可以与模板 DNA、RNA 产物和核苷酸底物相交联；*rpoB* 的突变可影响转录的各个时期。*rpoC* 的突变表明 β′ 亚基也参与了转录的所有阶段。

2. σ 因子

全酶（$\alpha_2\beta\beta'\sigma$）可以分为两个部分：核心酶（$\alpha_2\beta\beta'$）和 σ 因子。只有全酶才能起始转录，而 σ 因子仅能保证细菌 RNA 聚合酶稳定地结合到启动子上，它通常在 RNA 链合成 8～9 个碱基后释放，离开负责延伸的核心酶。核心酶能在 DNA 模板上合成 RNA，但不能在正确的位点起始转录。核心酶对 DNA 有普遍的亲和力，不能区分启动子和其他 DNA 序列。但 σ 因子具有识别特异位点的能力。因此全酶可以非常紧密地结合在启动子上。

σ 因子在 RNA 聚合酶识别并结合启动子的过程中起着非常关键的作用。在大肠杆菌中，RNA 聚合酶要负责所有基因的转录，这样要识别所有转录单位的启动子。σ 因子是通过识别启动子上的某一序列来控制 RNA 聚合酶与启动子结合的。在启动子的结构中，有两处保守序列，位于 -35 区和 -10 区。在每组启动子中，或是两处保守序列均有所差异，或是一处保守序列有所不同。这些不同的保守序列能被不同的 σ 因子所识别。

（二）真核生物 RNA 聚合酶

真核生物的 RNA 聚合酶比原核生物要复杂得多，分为三类，称为 RNA 聚合酶Ⅰ、Ⅱ、

Ⅲ（表 3-1）。在细胞核中，RNA 聚合酶Ⅰ位于核仁，活性所占比例最大，负责 rRNA（5.8S、18S 和 28S）的转录。由于 rRNA 占总 RNA 的比例最大，所以 RNA 聚合酶Ⅰ负责了细胞内大部分 RNA 的转录。RNA 聚合酶Ⅱ位于核质，活性所占比例次于 RNA 聚合酶Ⅰ，负责 mRNA 的前体，即核内不均一 RNA（heterogenous nuclear RNA ，hnRNA）和几种核内小 RNA 的转录。RNA 聚合酶Ⅲ也位于核内，活性所占比例最小，负责 tRNA、5S rRNA、*Alu* 序列和其他小 RNA（small RNA，sRNA）的转录。

表 3-1 真核生物 RNA 聚合酶

酶	细胞内定位	主要转录产物	相对活性	对 α 鹅膏碱的敏感程度
RNA 聚合酶Ⅰ	核仁	rRNA	50%～70%	不敏感
RNA 聚合酶Ⅱ	核质	hnRNA	20%～40%	敏感
RNA 聚合酶Ⅲ	核质	tRNA	约 10%	存在物种特异性

RNA 聚合酶与 DNA 聚合酶有相似之处，如合成方向都是 $5'→3'$，合成过程都以 4 种核苷三磷酸为底物，都释放焦磷酸；但也有不同之处，如合成不需要引物，只以双链 DNA 的单链为模板。

第三节　启动子与增强子

启动子（promoter）是指 DNA 分子上被 RNA 聚合酶识别并结合形成转录起始复合物的区域，还包括一些调节蛋白因子的结合序列。无论是原核生物还是真核生物，启动子是控制转录起始的序列，并决定着某一基因的表达强度。与 RNA 聚合酶亲和力高的启动子，其起始基因表达的频率和效率均高。DNA 结构的何种特征引导 RNA 聚合酶仅结合于启动子上呢？近年来，对许多的基因的启动子进行比较、分析，结果发现了启动子相当保守的共有序列。原核生物和真核生物的启动子的结构还有些差异。除了启动子，增强子对转录也很重要，增强子能对转录活性起增强作用。

一、原核生物的启动子

在原核生物的启动子中，有 4 个保守的序列特征：转录起始点、－10 区、－35 区和－10 区与－35 区之间的序列（图 3-10）。

① 转录起始点　在多数情况（＞90%）下为嘌呤，常见的序列为 CAT，A 为转录起始点。但此保守性还不足以构成专有信号，不能作为固定的转录起始点序列。

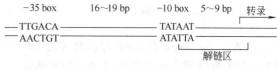

图 3-10　原核生物启动子的典型结构

② －10 区　在转录起始点的上游，几乎所有的启动子都存在一个 6 联体（hexamer）的保守序列，此保守序列的中心位于转录起始点上游约－10bp 处。这个距离在不同启动子中有所差别，在－18～－9 位之间。其共有序列为 TATAAT，因此该保守序列又称为 TATA 框（TATA box）。该序列最早由 Pribnow 提出，所以又称为 Pribnow 框（Pribnow box）。前两位的 AT 和最后一位的 T 保守性最强，预示着这三个碱基在与 RNA 聚合酶的作用中可能是最重要的。该保守序列是 RNA 聚合酶的牢固结合点，又称为结合位点，或称为解链区。该区域富含 AT 对，熔点较低，在 RNA 聚合酶的作用下易于首先解链，便于转录的起始。

③ －35 区　在转录起始点上游－35bp 处，另有一个 6 联体保守序列，以起始点上游－35 位为中心，称为－35 区。其共有序列为 TTGACA，该保守序列又称 Sextama 框（Sextama box）。RNA 聚合酶 σ 因子可以识别该位点，所以该保守序列又称做识别位点。RNA

聚合酶首先识别这一区域并与之结合，然后再与结合位点相互作用。该区域是启动子强弱的决定因素。

④ －10 区和 －35 区间的距离　在原核生物中，－35 区与 －10 区之间的距离大约是16～19bp，小于 15bp 或大于 20bp 都会降低启动子的活性。保持启动子这二段序列以及它们之间的距离是十分重要的，否则就会改变它所控制基因的表达水平。在细菌中常见两种启动子突变，一种是下降突变，也就是说突变降低转录水平，甚至丧失转录功能，另一种突变是上升突变，这种突变提高启动子的效率。

二、真核生物的启动子

真核生物的转录起始需要 RNA 聚合酶以及许多蛋白质因子的参与。凡是转录起始过程必需的蛋白质，只要不是 RNA 聚合酶的组成成分，就可以将其定义为转录因子（transcription factor，TF）。

对于三种真核生物 RNA 聚合酶而言，在识别启动子过程中起主要作用的是转录因子而不是 RNA 聚合酶本身。对于所有真核生物 RNA 聚合酶的功能而言，都是先由转录因子结合到启动子上形成一种结构，以此作为 RNA 聚合酶识别的靶标。根据 RNA 聚合酶的不同，将真核生物的启动子分为三类。RNA 聚合酶 I 和 RNA 聚合酶 II 的启动子基本上都位于转录起始点的上游，而 RNA 聚合酶 III 的部分启动子则位于转录起始点的下游。每一种启动子均包含一组特征性的短保守序列，能被相应的转录因子识别。RNA 聚合酶 I 的转录因子用TF I X 表示，RNA 聚合酶 II 的转录因子用 TF II X 表示，RNA 聚合酶 III 的转录因子用 TF III X 表示，X 为不同的字母，代表各个不同的因子。

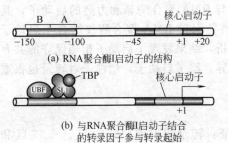

(a) RNA聚合酶I启动子的结构

(b) 与RNA聚合酶I启动子结合的转录因子参与转录起始

图 3-11　RNA 聚合酶 I 启动子

（一）RNA 聚合酶 I 的启动子

RNA 聚合酶 I 只用于一个基因的表达，那就是合成 rRNA 前体的基因。rRNA 基因的启动子包括两个部分：核心元件和上游控制元件（upstream control element，UCE）。如图 3-11 所示，前者位于转录起始位点周围，后者在上游 100～150bp（在人类中）。除了 RNA 聚合酶 I 之外，起始还需要另外两个因子，称为核心元件结合因子 SL1 和上游结合因子 UBF。SL1 由 TBP 和 3 个 RNA 聚合酶 I 转录特异的 TAF 组成，这一复合体结合 UCE 后半段（称为位点 A）。SL1 只有在 UBF 存在时才与 UCE 上半段结合（称为位点 B），引入 SL1 并通过募集 RNA 聚合酶 I 而从核心启动子激发转录。

（二）RNA 聚合酶 II 的启动子

1. RNA 聚合酶 II 的启动子具有以下四个元件

① 转录起始点　在真核生物中，转录起始点的序列并没有多大的同源性，但 mRNA 的第一个碱基往往是腺嘌呤，其两侧为嘧啶，这个同源区称为起始子（initiator，Inr），也称为帽子位点（cap site）。

② TATA 框（TATA box）　许多启动子含有一个称为 TATA 框的序列，通常位于转录起始点上游 －30bp 处。相对于转录起始点而言，TATA 框是具有相对固定位置的上游元件。TATA 序列常位于富含 GC 的序列内，这可能是它发挥功能的条件之一。TATA 框具有定位转录起始点的功能。在这一点上，TATA 框和原核生物的启动子有些相似。

③ CAAT 框（CAAT box）　CAAT 框位于转录起始点上游约 －80bp 处，一致序列为GGC（T）CAATCT，因其保守序列为 CAAT 而得名。CAAT 框距离转录起始位点的大小对其作用影响不大，并且正反方向排列均能起作用。CAAT 框在决定启动子转录效率上有

着很强的作用，它的存在可增加启动子的强度。

④ GC框（GC box） GC框位于−90bp附近，核心序列为GGGCGG，一个启动子中可以有多个拷贝，并且可以正反两个方向排列。

2. RNA聚合酶Ⅱ在启动子上的转录起始

RNA聚合酶Ⅱ必须和通用转录因子相互作用，共同组成基本转录装置才能起始转录。通用转录因子（general transcription factor，GTF）指RNA聚合酶Ⅱ在任何启动子上起始转录所必需的一组蛋白质。这些通用转录因子称为TFⅡX。在真核生物中，RNA聚合酶Ⅱ的各个亚基和通用转录因子都是保守的。

TFⅡD通用转录因子识别TATA元件，它是一个多亚基复合体。TFⅡD中与TATA序列结合的成分称为TBP（TATA binding protein）。此复合体中的其他亚基称为TAF，即TBP关联因子（TBP-associated factor）。某些TAF帮助在特定的启动子处结合DNA，其他的则控制TBP结合DNA的活性。

TBP一旦结合到DNA上，就使TATA序列极大地扭曲变形。形成的TBP-DNA复合体提供了一个平台，把其他通用转录因子和聚合酶本身募集到启动子上。在体外，这些蛋白质按照下列顺序在启动子处组装（图3-12）。

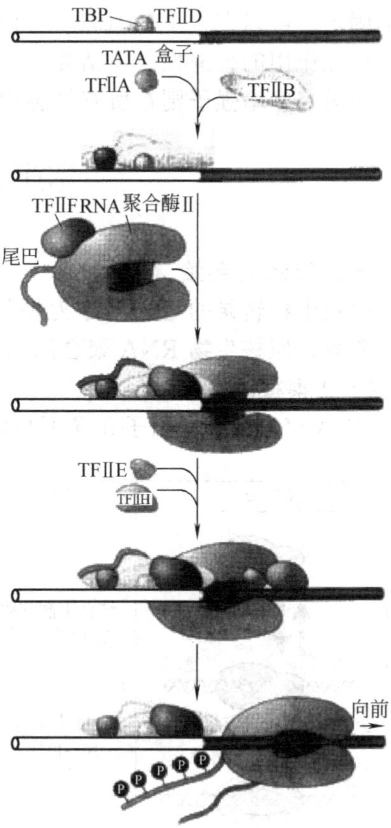

图3-12　RNA聚合酶Ⅱ和转录因子在启动子上进行转录起始的组装过程

TFⅡA、TFⅡB和TFⅡF依次与聚合酶结合在一起，然后是TFⅡE和TFⅡH依次结合在RNA聚合酶Ⅱ上游。包含这些成分的前起始复合体形成后，启动子区就开始解旋。

RNA聚合酶Ⅱ的大亚基有一个C端域（CTD），延伸成一个"尾巴"。RNA聚合酶Ⅱ最初的"尾巴"在很大程度上未被磷酸化，但是在延伸复合体里发现在其尾巴上出现了多个磷酰基团，可以帮助RNA聚合酶Ⅱ摆脱起始转录所用的大部分通用转录因子。

（三）RNA聚合酶Ⅲ的启动子

RNA聚合酶Ⅲ启动子有各种形式，而且绝大部分具有位于转录起始点下游的不寻常的特征。一些RNA聚合酶Ⅲ启动子（如tRNA基因的启动子）包含两个区域，称为盒子A和盒子B，二者被一个短的元件分隔开（图3-13）。与另两类聚合酶一样，RNA聚合酶Ⅲ也使用TBP，而TBP存在于TFⅢB复合体中。

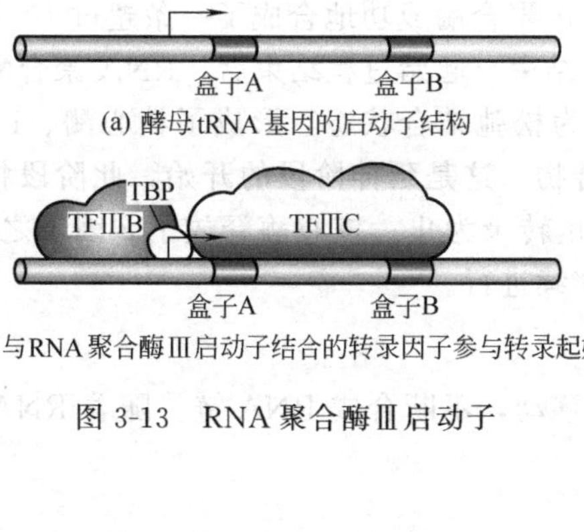

(a) 酵母tRNA基因的启动子结构

(b) 与RNA聚合酶Ⅲ启动子结合的转录因子参与转录起始

图3-13　RNA聚合酶Ⅲ启动子

三、增强子

启动子对转录固然十分重要，但启动子上游的某些序列的改变可以大大降低转录的活性，这些序列能对转录活性起增强作用，故称之为增强子（enhancer）。

增强子有几个显著特征：增强子的序列较长，可达数百个碱基对，有时是重复序列；作用距离比较远，可以和所作用的基因相距数千个碱基对；序列正反颠倒过来，同样起作用；位置不固定，可以在某个基因的 5′ 上游，也可以在 3′ 下游，甚至可以在基因的内含子内。

增强作用的普遍性仍不清楚。一些增强子只在它们的基因需要发挥功能的组织中被激活；而另一些增强子则在所有细胞中都具有活性。

第四节 原核生物转录

一、转录的起始

原核生物转录的起始，分为模板识别（template recognition）和转录起始（initiation）两个阶段。原核生物 RNA 聚合酶的 σ 因子在识别启动子的过程中发挥着重要的作用。

（一）模板识别

RNA 聚合酶在 σ 因子介导下与启动子结合，在启动子处形成一个"封闭的二元复合物"

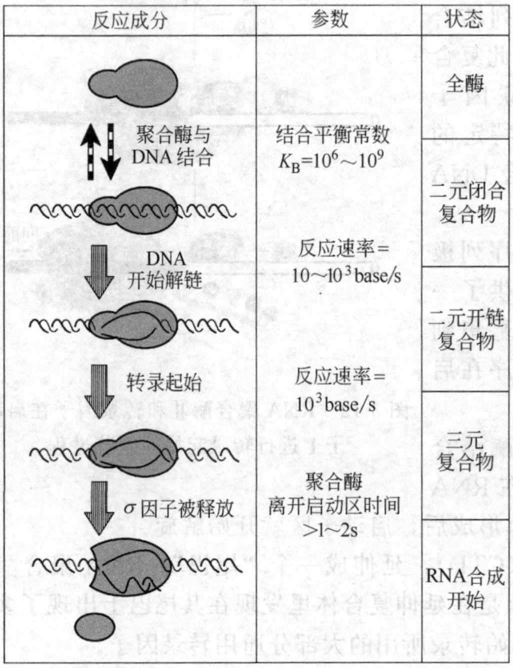

图 3-14 原核生物转录的起始

（closed binary complex）。"封闭"是指此时的 DNA 仍保持双螺旋状态，"二元"指 DNA 和 RNA 聚合酶。在转录起始的下一阶段，与 RNA 聚合酶结合的启动子处 DNA 序列"熔解"导致了封闭复合物转变为开放二元复合物（opened binary complex）（图 3-14）。这一转变过程涉及 RNA 聚合酶结构变化，以及 DNA 双链的打开，从而暴露出模板链和非模板链。相对于转录起始点来说，"熔解"发生在 −11 和 +3 之间的区域。

（二）转录起始

转录起始过程是指从 RNA 链的第一个核苷酸合成开始到 RNA 聚合酶离开启动子为止的反应阶段。在 RNA 聚合酶的催化下，两个初始的核苷酸之间会形成第一个 3′→5′ 磷酸二酯键，这样就产生了由 RNA、DNA 和 RNA 聚合酶形成的三元复合物（ternary complex）。在合成新生 RNA 的前 9 个核苷酸时，RNA 聚合酶一直停留在启动子处。在这一阶段，RNA 聚合酶会合成一些长度小于 10 个核苷酸的 RNA 分子。这些转录物不会延伸得更长，而是从 RNA 聚合酶上脱离，同时 RNA 聚合酶并不从模板上脱离，而是重新开始合成 RNA。一旦一个 RNA 聚合酶成功地合成了一条超过 10 个核苷酸的 RNA，并离开启动子之后，转录起始阶段才结束。起始过程结束后，RNA 聚合酶全酶释放出 σ 因子或者 σ 因子与核心酶由紧密结合变为松弛结合状态，形成了核心酶、DNA 模板和新生 RNA 链组成的一个稳定的延伸三元复合物。这是延伸阶段的开始，此阶段将一直持续到转录的基因下游的特定序列提示聚合酶终止转录为止。核心酶释放了 σ 因子之后，恢复了对所有 DNA 的一般亲和力，有利于转录的继续进行。

二、转录的延伸

在延伸的过程中，RNA 聚合酶沿着 DNA 双链移动，不断合成 RNA 链。随着 RNA 聚合酶的迁移，使 DNA 双螺旋解链，并使模板的一个新区段以单链的形式暴露出来。核苷酸共价结合到延伸链的 3′端，在解链区形成一个 RNA-DNA 杂合链（图 3-15）。在解链区之后，DNA 的模板链和原有的互补链结合重新形成双螺旋结构，而 RNA 则解离成为游离单链。转录的延伸指的是 DNA 结构的瓦解引起转录泡的移动，在这个过程中，模板瞬时解链的片段和新生的 RNA 链互补配对。

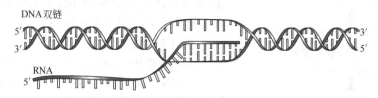

图 3-15　转录延伸过程中形成 RNA-DNA 杂合链

在 RNA 合成时，作为模板的 DNA 链叫反义链（antisense strand）或模板链（template strand），非模板链则称之为有义链（sense strand），或编码链（coding strand），因为转录出的 RNA 序列是与有义链相同的，只是在 RNA 序列中将 T 换成了 U。

RNA 合成的方向与 DNA 合成一样，按 5′→3′方向进行，RNA 聚合酶用反义链作为模板。

三、转录的终止

当转录进行到终止子序列时，就进入了终止阶段。终止子（terminator）的序列引发 RNA 聚合酶从 DNA 模板上脱离并释放出它已经合成的 RNA 链。终止过程中维持 RNA-DNA 杂合的氢键断裂，然后 DNA 重新形成双螺旋。

在大肠杆菌中有两种终止类型，分别是不依赖 ρ 因子的终止和依赖 ρ 因子的终止；第一种类型不需要其他因子的参与就可以引发 RNA 聚合酶的终止反应（termination）；第二种类型，需要一个 ρ 因子来诱发终止反应。

（一）不依赖 ρ 因子的终止

在不依赖 ρ 因子的终止中，内源性终止子（intrinsic terminator）具有两个特点，一是二级结构中的发夹；二是转录单位末端的连续约 6 个 U 残基组成的区段（图 3-16）。这两个特点都是终止所必需的。发夹靠近基部通常有一个 GC 富含区。发夹和 U 区段的典型距离为 7～9 个碱基。在大肠杆菌基因组中，符合这些标准的序列约有 1100 个，这说明约一半基因拥有内源性终止子。

当 RNA 聚合酶遇到发夹而暂停时，U 富含区是 RNA-DNA 解离所必需的。RNA-DNA 杂合链之间的 rU·dA 碱基配对的结构异常弱，所以对它的破坏比其他破坏 RNA-DNA 杂合链所需要的能量少。当聚合酶暂停时，RNA-DNA 杂合链从终止区的弱键 rU·dA 处解开。

（二）依赖 ρ 因子的终止

在依赖 ρ 因子的终止中，必须在 ρ 因子存在的条件下才能实现转录的终止。ρ 因子作为 RNA 聚合酶的辅助因子行使其功能。图 3-17 给出了 ρ 因子的"热追踪（hot pursuit）"模型。ρ 因子最初结合到终止子上游 70 碱基附近一个伸展的单链区，其 ATP 水解酶

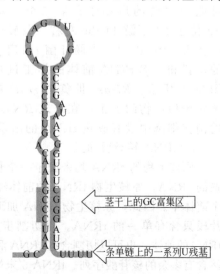

图 3-16　内源性终止子结构

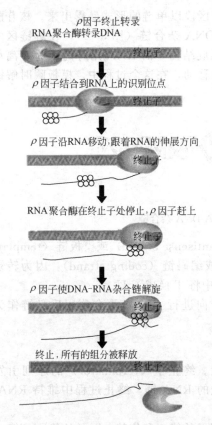

图 3-17 ρ 因子参与 RNA 合成终止的模型

活性可以水解 ATP 提供在 RNA 链上滑动的能量，直到它到达 RNA-DNA 杂合链区。ρ 因子沿 RNA 的移动速度可能比 RNA 聚合酶沿 DNA 的移动速度快，当聚合酶遇到终止子的时候会发生暂停，此时 ρ 因子在此处赶上 RNA 聚合酶，这时 ρ 因子就利用 ATP 水解产生的能量将 RNA 从模板和 RNA 聚合酶上解离下来，引发终止反应。

（三）抗终止作用

抗终止作用（antitermination）是转录过程中能够控制 RNA 聚合酶越过终止子并继续转录后续基因的一种外部作用，是细菌操纵子和噬菌体调控回路中的一个调控机制。抗终止作用可以通过破坏终止位点 RNA 的发夹结构或通过某些具有抗终止转录的蛋白质来实现。

（四）原核生物转录后的加工

原核生物 mRNA 的转录和翻译是前后相连的。原核生物的 mRNA 一般不需要进行转录后加工，可以直接作为翻译的模板。但原核生物的 rRNA 和 tRNA 需要进行转录后加工。

1. rRNA 转录后加工

原核生物有三种 rRNA，分别为 5S rRNA、16S rRNA 和 23S rRNA，其基因（rDNA）与 tRNA 的基因（tDNA）一起排列在一个操纵子（rrn）中。大肠杆菌中有 7 个这样的操纵子。其中 3 种 rDNA 基因的相对位置有一定规律，一般为 16S rDNA、tDNA、23S rDNA、5S rDNA，最后为 tDNA（图 3-18）。大肠杆菌 *rrnD* 操纵子有两个启动子：第一个为 P1，位于 16S rRNA 序列上游 300bp 左右，可能为主要的启动子；第二个启动子 P2 位于 P1 下游 110bp 左右，其转录的产物为 30S rRNA。大肠杆菌 rrn 启动子的位置和 30S rRNA 前体的加工过程如图 3-18 所示。*RNase* Ⅲ 负责 *rrnD* 操纵子转录后产物的加工。在缺乏 *RNase* Ⅲ 的菌体细胞中没有成熟 rRNA 的出现，且产生 30S rRNA 堆积。

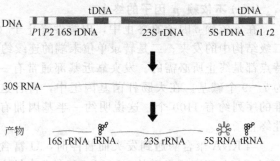

图 3-18 大肠杆菌 rrn 操纵子结构及 rrn 转录后加工

2. tRNA 转录后加工

原核生物的 tRNA 均来源于一个长的前体，其 5′ 和 3′ 端都要经过切割加工，才形成成熟的 tRNA。原核生物 tRNA 的前体经常包含多个 tRNA，或者是 tRNA 与 rRNA 共存于一个前体中。因此，原核生物 tRNA 加工的第一步便是将前体 RNA 切割成小片段，每一个小片段只含有单一的 tRNA。此切割步骤是由 *RNase* Ⅲ 完成的，该酶既可以切割含有多个 tRNA 的前体，也可以切割含有 tRNA 和 rRNA 的前体。经 *RNase* Ⅲ 切割的 tRNA，5′ 和 3′ 端仍然含有多余的核苷酸序列。tRNA 5′ 末端多余序列的切除由 *RNase* P 一步酶切完成，酶切后即得成熟 tRNA 的 5′ 端。tRNA 3′ 末端的形成比 5′ 末端要复杂，需要多种 RNA 酶参与完成。

第五节　真核生物的转录

一、真核生物的转录

真核生物转录过程和原核生物是相同的，也分为起始、延伸和终止 3 个阶段。但真核生物的转录与原核相比也有其特点，即它有不同的 RNA 聚合酶，不同的启动子成分，每种成分均有相应的转录因子与之结合进行转录起始，具体参照第三章第二节和第三节中有关内容。

二、真核生物的转录后加工

真核生物 rRNA、tRNA 和 mRNA 都要进行转录后加工过程。

（一）真核生物rRNA 的转录后加工

真核生物有 4 种 rRNA，即 5.8S rRNA、18S rRNA、28S rRNA 和 5S rRNA。其中，前三者的基因组成一个转录单位，产生 47S 的前体，并很快转变成 45S 前体（图 3-19）。真核生物的 rRNA 的成熟过程比较缓慢，所以其加工的中间体易于从各种细胞中分离得到，使得对其加工过程也易于了解。真核生物 5S rRNA 是和 tRNA 转录在一起的，经过加工处理后成为成熟的 5S rRNA。

（二）真核生物tRNA 的转录后加工

1. 真核生物 tRNA 的加工过程

真核生物酵母菌 tRNA^{Tyr} 的加工过程以图 3-20 表示。该前体 tRNA 带有一个 16 个核苷酸的 5′端前序列，一个 14 个核苷酸内含子和 2 个额外的 3′端核苷酸。初生的转录物形成一个具发夹的二级结构。在加工过程中，5′端前导序列由 *RNase* P 切除，该酶存在于细菌至人类的各种生物体内，由 RNA 和蛋白质组成；真核生物成熟 tRNA 3′端的 CCA 不是像原核生物一样由基因编码产生的，而是当 3′端的两个核苷酸被核酸外切酶 D 切除后，由 tRNA 核苷酸转移酶将 5′-CCA-3′序列添加到 tRNA 的 3′端，产生出成熟的 tRNA 的 3′端。然后由核酸内切酶将内含子两端切除后，再通过连接酶将 tRNA 分子连接在一起。真核生物 tRNA 加工机制在进化中是高度保守的。

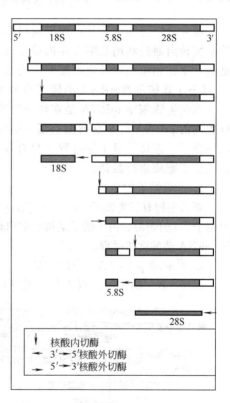

图 3-19　真核生物前体 rRNA 的加工过程

2. 核酶

具有催化活性的 RNA 被称为核酶（ribozyme），ribozyme 是核糖核酸和酶两词的缩写词。在 1982 年，T. R. Cech 从四膜虫 rRNA 前体的加工研究中首先发现 rRNA 前体有自我剪接作用，提出了 ribozyme 一词。1983 年，S. Altman 等发现 *RNase* P 中的 RNA 组分可以催化 tRNA 前体的加工。

核酶的发现改变了我们对生命可能起源的看法。可以设想也许曾经存在全部以 RNA 为基础的原始生命形式。在这种生命形式里，RNA 既是遗传物质又是酶。有发现表明蛋白质世界可能起源于 RNA 世界。

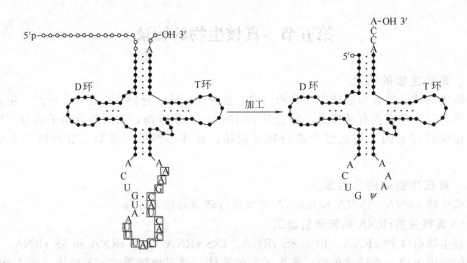

图 3-20 真核生物酵母菌 tRNA^Tyr 前体的加工过程

研究者们已能设计并合成出能以顺式或反式切割其他目标 RNA 分子的核酶。近来更多的研究转向通过利用核酶在体内剪切 mRNA 分子来抑制基因表达，也许这可能会阻止病毒复制，杀死癌细胞以及通过使基因失活来研究新基因的功能。

（三）真核生物 mRNA 的转录后加工

真核生物细胞 mRNA 是在转录时或在转录后的短时间内在细胞核内被加工修饰的。真核生物的 mRNA 的 5′端被加上帽子结构，多数在 3′端加 poly（A）尾巴并且 mRNA 还要去除内含子、连接外显子等过程。只有在所有的修饰和加工完成之后，mRNA 才能由细胞核转运到细胞质进行翻译。

1. 5′端帽子的生成

真核生物有三类帽子：m^7GpppXpYp 为帽子 0；m^7GpppXmpYp 为帽子 1；m^7GpppXmpYmp 为帽子 2（图 3-3）。由于帽子结构经常出现在 hnRNA，说明 5′端的修饰是在核内完成的，而且先于 mRNA 链的剪接过程。

2. 3′末端 poly（A）尾的生成

poly（A）的添加位点不是在 RNA 转录终止的 3′端，而是首先由切割和聚腺苷酸化特异因子（cleavage and polyadenylation specificity factor，CPSF）识别并结合在切点上游大约 13～20 碱基处的保守序列 AAUAAA，另一个切割刺激因子（cleavage stimulation factor，CstF）结合到下游的 GU 丰富区。一旦 CPSF 和 CstF 结合到 mRNA 前体上，其他蛋白质也被募集，然后引起 RNA 的切割。在此基础上，由 RNA 末端腺苷酸转移酶催化添加 poly（A）（图 3-21）。RNA 末端腺苷酸转移酶又称为 poly（A）聚合酶（polyA polymerase）。因此，AAUAAA 被称为多聚腺苷酸化信号（polyadenylation signal），其保守性很强，这段序列的突变可阻止 poly（A）的形成。

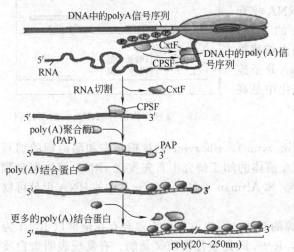

图 3-21 真核生物 mRNA 3′末端 poly（A）尾的生成

3. mRNA 的剪接

大多数真核生物的基因为断裂基因。所谓断裂基因或称不连续基因（interrupted gene），是指编码某一 RNA 的基因中有些序列并不出现在成熟 RNA 的序列中，成熟 RNA 的序列在基因中被其他的序列隔开，这些序列称为内含子（intron）。被内含子隔开的出现在成熟 RNA 中的序列称为外显子（exon）。一个基因的外显子和内含子都转录在一条原初转录本 RNA 分子中，把内含子切除，把外显子连接起来，才能产生成熟的 RNA 分子，这个过程叫 RNA 的剪接（RNA splicing）（图 3-22）。

（1）mRNA 的剪接位点　　mRNA 的剪接位点（splicing site）是指内含子与外显子的交接区域，包含了断裂与再连接的位点。mRNA 的内含子和外显子的接头点有一些特点：一个内含子的两端并没有很广泛的序列同源性或互补性，连接点序列尽管非常短，却是有极强保守性的共有序列。在内含子两端分别有两个非常保守的碱基，左剪接点为 GU，右剪接点为 AG，内含子在剪接位点的这种特征又称为 GU-AG 规则（GU-AG rule）（图 3-23）。在共有序列中，下标数字表示该位置碱基所出现的概率。

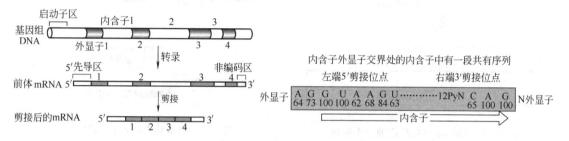

图 3-22　真核生物 mRNA 的剪接　　　　　图 3-23　内含子的末端特征符合 GU-AG 规则

（2）mRNA 的剪接机制　　体外的剪接可以来研究剪接机制。体外的剪接过程可以分为三个阶段进行。第一阶段，内含子的 5′ 端切开，形成游离的左侧外显子和右侧的内含子-外显子分子。左侧的外显子呈线状，而右侧的内含子-外显子并不呈线状。在距内含子的 3′ 端约 30 个碱基处有一高度保守的 A，称为分支位点（branching site）。右侧内含子游离的 5′ 端以 5′→2′ 磷酸二酯键与 A 相连，形成一个套索（lariat）结构。第二个阶段，内含子的 3′ 剪接点被切断，内含子以套索状释放，与此同时右侧外显子与左侧外显子连在一起。第三个阶段，内含子的套索被切开，形成线状并很快被降解（图 3-24）。

mRNA 前体的剪接由剪接体介导，此复合体包含多种蛋白质和 5 种 RNA。这 5 种 RNA 包括 U1、U2、U4、U5 和 U6，统称为核小 RNA（small nuclear RNA，snRNA）。每种 snRNA 长 100～300bp，与几种蛋白质形成复合体。这些 snRNA 与蛋白质结合的复合物称为核内小核糖核蛋白（small nuclear ribonucloprotein，snRNP）。剪接体就是由这些 snRNP 形成的复合体。

mRNA 链上每个内含子的 5′ 和 3′ 端分别与不同的 snRNP 相结合（图 3-25）。一般情况下，由 U1 snRNA 以碱基互补的方式识别 mRNA 前体 5′ 剪接点，由结合在 3′ 剪接点上游富嘧啶区的 U2AF（U2 auxiliary factor）识别 3′ 剪接点并引导 U2 snRNP 与分支点相结合，形成剪接前体（pre-spliceosome），并进一步与 U4、U5、U6 snRNP 三聚体相结合，形成 60 S 的剪接体（spliceosome），进行 RNA 前体分子的剪接。

4. mRNA 编辑

mRNA 编辑（mRNA editing）指某些 mRNA 前体的核苷酸序列需要改变，如插入、删除或取代一些核苷酸残基，才能生成具有正确翻译功能的模板。一般有两种方式：脱氨基作用和尿嘧啶的插入或删除。

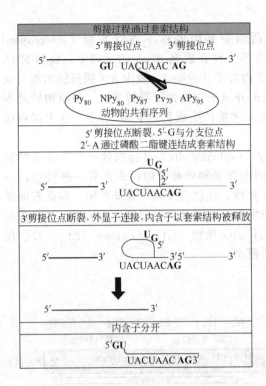

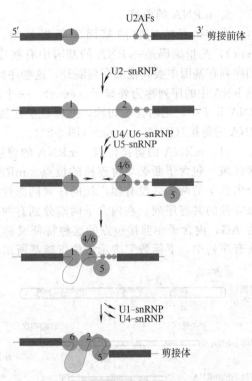

图 3-24 mRNA 剪接反应的三个阶段

图 3-25 剪接体形成进行 mRNA 前体中内含子的剪切

第六节 遗 传 密 码

现代分子生物学的最基本原理是基因作为唯一能够自主复制、永久存在的单位。其生理学功能是以蛋白质的形式表达出来的，所以说，DNA 序列是遗传信息的储存者。它通过自主复制得到永存，并通过转录生成 mRNA，最后翻译成蛋白质来控制生命现象。

mRNA 上每 3 个核苷酸翻译成蛋白质多肽链上的一个氨基酸，这 3 个核苷酸就称为密码，也叫三联子密码。每 3 个核苷酸组成 1 个密码子（codon）。翻译从起始密码子 AUG 开始，沿着 mRNA5'→3'的方向连续阅读密码子，直到终止密码子为止，生成一条具有特定序列的多肽链——蛋白质。

遗传密码是 20 世纪 60 年代科学上的杰出成就之一。它不仅为研究蛋白质的生物合成提供了理论依据，也证实了中心法则的正确性。20 世纪 70 年代以来，分子生物学技术如 DNA、RNA 序列测定及氨基酸序列测定技术的进步，使遗传密码的存在得到验证。

一、遗传密码的破译

蛋白质中的氨基酸序列是由 mRNA 中的核苷酸序列决定的，所以要知道它们之间的关系就要弄清核苷酸和氨基酸数目的对应比例。

mRNA 中只有 4 种核苷酸，而蛋白质中有 20 种氨基酸，以一种核苷酸代表一种氨基酸是不可能的；若以 2 种核苷酸作为一个氨基酸的密码，它们能代表的氨基酸就可以有 $4^2 =$ 16 种，还不是 20 种；而假定以 3 个核苷酸代表一个氨基酸，则可以有 $4^3 = 64$ 种密码子，完全可以满足 20 种氨基酸的需要，这只是一种假设。对烟草坏死卫星病毒的研究发现，其外壳蛋白亚基由 400 个氨基酸组成，其相应的 RNA 片段长约 1 200 个核苷酸，正好与假设的密码三联子体系相吻合。

遗传密码的破译，即确定每种氨基酸的具体密码，在 20 世纪 60 年代初期是一项困难的任务，尽管如此，由于体外蛋白质合成体系的建立和核酸人工合成技术的发展，实际上科学家只花了几年时间就解开了这个谜。

（一）以均聚物为模板指导多肽的合成

将正在迅速生长的大肠杆菌细胞破碎，把获得的细胞液进行离心，以除去细胞壁和细胞膜碎片，收集沉降较慢的组分，主要有 DNA，mRNA，tRNA，rRNA，AA-tRNA 合成酶及其他酶类、氨基酸。加入 *DNase* 酶以降解体系中的 DNA，将试管放在 37℃ 以下，由于 mRNA 降解酶的作用，耗尽了 mRNA，体系中的蛋白质合成立即停止。当补充外源 mRNA 或以人工合成的均聚物［poly(A)，poly(U)］为模板时，肽链的合成又可以重新开始。

1961 年，Nirenberg 等人以 poly (U) 做模板加入上述无细胞体系时意外地发现，新合成的多肽链是多聚苯丙氨酸，从而推出 UUU 代表苯丙氨酸（Phe）。以 poly (C) 及 poly (A) 做模板得到的分别是多聚脯氨酸和多聚赖氨酸。

（二）以随机共聚物指导多肽的合成

Nirenberg 等又以各种随机的共聚物做模板合成多肽。以只含 A、C 的共聚核苷酸作模板，任意排列时可出现 8 种三联子，即 CCC、CCA、CAC、ACC、CAA、ACA、AAC、AAA。除已知 CCC 和 AAA 分别编码脯氨酸和赖氨酸外，还分别获得天冬酰胺、谷氨酰胺、组氨酸和苏氨酸。这些氨基酸的获得比例随 A/C 比率而异。如果在多聚 A，C 中 A 的量大大超过 C，则天冬酰胺的获得大大多于组氨酸。这样便可推断，天冬酰胺是由 2A 与 1C 编码的，而组氨酸是由 2C 与 1A 编码的。用其他随机共聚物进行类似试验，也可推断出其他密码子的碱基组成。

（三）以特定序列的共聚物为模板指导多肽的合成

以多聚二核苷酸作模板可合成由 2 个氨基酸组成的多肽，如以多聚 UG 为模板合成的是多聚半光氨酸（Cys）和缬氨酸（Val），因为多聚 (UG)n 中含有半光氨酸（Cys）和缬氨酸（Val）的密码：5′···UGUGUGUGUG···3′。

不管读码从 U 开始还是从 G 开始，都只能有 UGU（半胱氨酸/Cys）和 GUG（缬氨酸/Val）两种密码子。

以多聚三核苷酸作为模板可得到有 3 种氨基酸组成的多肽，如以多聚 UUC 为模板，可能有三种起读方式，即

5′···UUCUUCUUCUUCUUC···3′（苯丙氨酸）
5′···UCUUCUUCUUCUUCU···3′（丝氨酸）
5′···CUUCUUCUUCUUCUU···3′（亮氨酸）

根据读码起点不同，产生的密码子可能是多聚 UUC（苯丙氨酸，Phe），多聚 UCU（丝氨酸，Ser），CUU（亮氨酸，Leu）。

他们以 UA、UC、AC、AG、GG 组成的共聚物及 3 种核苷酸等组成的共聚物为模板，做了大量实验，终于找到了全部 20 种氨基酸的编码密码子。

（四）核糖体结合技术

Nirenberg 和 Leder 还用核糖体结合技术来解决密码问题。这个方法是以人工合成的三核苷酸如 UUU、UCU、UGU 等为模板，在含核糖体、AA-tRNA 的适当离子强度的反应液中保温，然后使反应液通过硝酸纤维素滤膜。他们发现，游离的 AA-tRNA 因相对分子质量小能自由通过滤膜，加入三核苷酸模板可以促使其对应的 AA-tRNA 结合到核糖体上，体积超过膜上的微孔而被滞留，这样就能把已结合到核糖体上的 AA-tRNA 与未结合的 AA-tRNA 分开。若用 20 种 AA-tRNA 做 20 组同样的实验，每组都含有 20 种 AA-tRNA 和各种三核苷酸，但只有一种氨基酸用[14]C 标记，看哪一种 AA-tRNA 被留在滤膜上，进一步

分析这一组的模板是哪个三核苷酸，从模板三核苷酸与氨基酸的关系可测知该氨基酸的密码子。例如，模板是 UUU 时，Phe-tRNA 结合于核糖体上，可知 UUU 是 Phe 的密码子。

由于 Nirenbery 等人的重大贡献，1968 年获得了诺贝尔奖。幸运的是，由于大肠杆菌的无细胞合成体系中 Mg^{2+} 浓度很高，人工合成的多聚核苷酸不需要起始密码子就能指导多肽的生物合成，读码起始是随机的。但是在生理 Mg^{2+} 条件下，没有起始密码子的 mRNA 上的核苷酸链不能成为多肽合成的模板。

二、遗传密码表

根据遗传密码及其相对应的氨基酸，制作了遗传字典，也叫做遗传密码表（表 3-2）。

表 3-2　遗传密码表

第一位(5′端)核苷酸	第二位(中间)核苷酸				第三位(3′端)核苷酸
	U	C	A	G	
U	苯丙氨酸 (Phe,F)	丝氨酸 (Ser,S)	酪氨酸 (Tyr,Y)	半胱氨酸 (Cys,C)	U
	苯丙氨酸 (Phe,F)	丝氨酸 (Ser,S)	酪氨酸 (Tyr,Y)	半胱氨酸 (Cys,C)	C
	亮氨酸 (Leu,L)	丝氨酸 (Ser,S)	终止子 (Stop)	终止子 (Stop)	A
	亮氨酸 (Leu,L)	丝氨酸 (Ser,S)	终止子 (Stop)	色氨酸 (Trp,W)	G
C	亮氨酸 (Leu,L)	脯氨酸 (Pro,P)	组氨酸 (His,H)	精氨酸 (Arg,R)	U
	亮氨酸 (Leu,L)	脯氨酸 (Pro,P)	组氨酸 (His,H)	精氨酸 (Arg,R)	C
	亮氨酸 (Leu,L)	脯氨酸 (Pro,P)	谷氨酰胺 (Gln,Q)	精氨酸 (Arg,R)	A
	亮氨酸 (Leu,L)	脯氨酸 (Pro,P)	谷氨酰胺 (Gln,Q)	精氨酸 (Arg,R)	G
A	异亮氨酸 (Ile,I)	苏氨酸 (Thr,T)	天冬酰胺 (Asn,N)	丝氨酸 (Ser,S)	U
	异亮氨酸 (Ile,I)	苏氨酸 (Thr,T)	天冬酰胺 (Asn,N)	丝氨酸 (Ser,S)	C
	异亮氨酸 (Ile,I)	苏氨酸 (Thr,T)	赖氨酸 (Lys,K)	精氨酸 (Arg,R)	A
	甲硫氨酸 (Met,M)	苏氨酸 (Thr,T)	赖氨酸 (Lys,K)	精氨酸 (Arg,R)	G
G	缬氨酸 (Val,V)	丙氨酸 (Ala,A)	天冬氨酸 (Asp,D)	甘氨酸 (Gly,G)	U
	缬氨酸 (Val,V)	丙氨酸 (Ala,A)	天冬氨酸 (Asp,D)	甘氨酸 (Gly,G)	C
	缬氨酸 (Val,V)	丙氨酸 (Ala,A)	谷氨酸 (Glu,E)	甘氨酸 (Gly,G)	A
	缬氨酸 (Val,V)	丙氨酸 (Ala,A)	谷氨酸 (Glu,E)	甘氨酸 (Gly,G)	G

遗传密码表的特点如下：

除色氨酸和甲硫氨酸只有 1 个密码子外，其他 18 种氨基酸均有 1 个以上的密码子，如苯丙氨酸、酪氨酸、组氨酸、谷氨酰胺、谷氨酸、天冬氨酸、赖氨酸、半胱氨酸各有 2 个密码子；异亮氨酸有 3 个密码子；缬氨酸、脯氨酸、苏氨酸、丙氨酸、甘氨酸有 4 个密码子；亮氨酸、精氨酸、丝氨酸各有 6 个密码子。

许多氨基酸的密码子均在同一方框内，即第一和第二碱基相同，只有第三个碱基不同，但却编码一种氨基酸，这称为非混合型密码子族，如缬氨酸（GUU，GUC，GUA，GUG）

这 4 种密码子称为非混合型密码子族；另一种称为混合型密码子族，即第一、第二碱基均相同，第三个碱基不同，编码不同氨基酸，如 UUU（苯丙氨酸），UUA（亮氨酸），则 UUU，UUA 称为混合型密码子族。

遗传编码的进化趋向于将突变的有害效应减少到最小。例如，密码子第 1 个位置上核苷酸的突变将使编码的氨基酸即使不完全相同，性质也比较相似。另外，第 2 个位置的核苷酸为嘧啶的密码子所编码的蛋白质往往呈疏水性，而第 2 个位置的核苷酸为嘌呤的密码子所编码的蛋白质往往是极性氨基酸。由于转换是最常见的点突变类型，密码子第二个位置的核苷酸变化往往使一个氨基酸被另一个非常相似的氨基酸所取代。最后，如果密码子第 3 个位置上的核苷酸发生转换突变，也极少产生出不同的氨基酸。而且在半数情况下，这个位置上发生的转换突变不会带来氨基酸的改变。

起始密码（initiation codon）是 AUG 或 GUG，这二个密码子除了是甲硫氨酸和缬氨酸的密码子外，还兼作起始密码子，其中 AUG 是绝大部分生物的起始信号，GUG 只是少数，由蛋白合成起始因子所识别。

性质相近的氨基酸的密码子分布在相近位置。如表 3-2 中第一纵行的苯丙氨酸、亮氨酸、异亮氨酸、甲硫氨酸、缬氨酸，以及第二纵行的脯氨酸和丙氨酸均为疏水氨基酸，遗传密码的这种特性，可使发生突变时，对蛋白质的性质不会产生太大影响。

在 mRNA 模板上的密码子是连续的，在前一个密码子与后一个密码子之间没有间隔，即没有一个间断的讯号。因此，在进行翻译时，解读的框架决定于起始的碱基。如果在解读开始时移动了 1 个或 2 个碱基，发生移码现象，便会产生不完全的蛋白质。

按照 1 个密码子由三个核苷酸组成的原则，4 种核苷酸可组成 64 个密码子，现在知道其中 61 个是氨基酸的密码子，另外 3 个即 UAA，UGA 和 UAG 并不代表任何氨基酸。它们是终止密码子或终止子（termination codon），不能与 tRNA 的反密码子配对，但能被终止因子识别，终止肽链的合成。蛋白质合成终止，分别由终止识别因子 RF1 和 RF2 所识别。其中，UAA 叫赭石密码，UAG 叫琥珀密码，UGA 叫蛋白石密码。

三、遗传密码的性质

（一）简并性

因为存在 61 种密码子而只有 20 种氨基酸，所以许多氨基酸有多个密码子，由一种以上密码子编码同一个氨基酸的现象，称为简并性（degeneracy），对应于同一氨基酸的密码子称为同义密码子（synonymous codon）。

（二）普遍性与特殊性

遗传密码对于大多数生物都是适用的，具有普遍性；但也有例外，存在它的特殊性，如在支原体中，终止密码子 UGA 被用来编码色氨酸。

（三）摆动性

由于携带氨基酸的 tRNA 是以其反密码子与 mRNA 上的密码子碱基配对的，那么看来必须有 61 种 tRNA 与 61 个密码子配对，但人们发现有些 tRNA 可以和几种密码子配对，而且还发现有些 tRNA 的反密码子含有稀有碱基次黄嘌呤，它是由腺嘌呤的 6 位 C 上生成 6-酮基而形成的，次黄嘌呤可以与 A、U 或 C 配对。

1966 年，Francis Crick 提出"摆动假说"（wobble hypothesis）解释了某些稀有碱基的配对，这个假说内容如下：mRNA 上的密码子的第一个、第二个碱基与 tRNA 上的反密码子相应的碱基严格遵守碱基配对原则，形成强的配对，密码的专一性主要是由于这两个碱基对的作用，第三个碱基有一定的自由度可以"摆动"，因而使某些 tRNA 可以识别 1 个以上的密码子（图 3-26）。

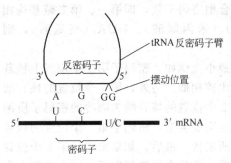

图 3-26　摆动假说示意

反密码子的第一个碱基决定一个 tRNA 所能识别的密码子数。这第一个碱基是按 tRNA 5′→3′方向所确定的，与密码子的第三个碱基配对。当反密码子的第一个碱基是 C 或 A 时，则只能和一个密码子结合，但当反密码子上的第一个碱基是 U 或 G 时，则可以与两个密码子结合，即 U 可以和 A 或 G 配对，G 可以和 C 或 U 配对；当反密码子第一个碱基是 I 时，便可以与 3 个密码子结合，即 I 可以和 A、U、G 配对。

当一种氨基酸由不同密码子编码时，如果这些密码子的前 2 个碱基的任意一个不同，便必须有不同的 tRNA。这样，至少要有 32 种 tRNA 来与 61 个密码子相结合（表 3-3）。

表 3-3　摆动假说下的密码子与反密码子的对应关系

5′端反密码子第 1 位碱基	3′端密码子第 3 位碱基	5′端反密码子第 1 位碱基	3′端密码子第 3 位碱基
G	U 或 C	U	A 或 G
C	G	I	U,C 或 A
A	U		

自 1966 年以后，几乎所有的实验证据均支持摆动假说。例如，根据摆动假说，预测到有 6 个密码子（UCU、UCC、UCA、UCG、AGU 和 AGC）的丝氨酸至少有 3 种 tRNA，事实也证明如此。

四、遗传密码的突变

（一）无义突变与错义突变

遗传密码会发生错义突变和无义突变。引起编码一种特异氨基酸的密码子成为编码另一种氨基酸的密码子的改变称为错义突变（missense mutation）。发生错义突变的基因其蛋白质中的一个氨基酸被另一个氨基酸所取代，如典型的人类遗传性疾病镰状红细胞贫血，其中血红蛋白的 β-珠蛋白亚基的第 6 位 Glu 被 Val 取代。

如果肽链终止密码子改变为有义密码子或有义密码子改变为终止密码子，便称为无义突变（nonsense mutation）。由于终止密码子只有 3 个（UAA，UAG，UGA），而编码氨基酸的密码子有 61 个，所以，如果只改变 1 个碱基称为点突变（point mutation），那么通常是发生错义突变，而无义突变的几率较少。由于错义突变产生的蛋白只改变 1 个氨基酸，仍具有原来的一些生物学活性。因此，发生错义突变对生成的蛋白质的性质往往没有大的影响，它们常能保持原来的蛋白质的某些活性。

在高温下，错义蛋白质会失去其原来的功能。因为在高温下，多肽链不能折叠成正常的构象，因而失去活性，这称为温度敏感突变型（temperature-sensitive mutation）。显现突变型性状的温度称为限制性温度（restrictive temperature），而保持原来正常性状的温度则称为许可温度（permissive temperature）。

当发生无义突变时，便会改变生成多肽的长度，视无义突变发生的位置而异，如果在靠近起始处不远处的有义密码子突变为无义密码子，则生成很短的片段；反之，如果是在靠近末端处，则生成的多肽链长度与正常的无大差异。如果无义密码子突变为有义密码子，则生成的多肽链比正常的长。

（二）移码突变

密码子中插入或者缺失一个或者几个碱基对，从而改变阅读框的突变称为移码突变

(frameshift mutation)。以一系列 Ala 的密码子框架中的串联重复序列 GCU 为例（为了清晰，密码子人为地用空格分开）：

Ala   Ala   Ala   Ala   Ala   Ala   Ala   Ala

5'-GCU GCU GCU GCU GCU GCU GCU GCU-3'

现假定在遗传信息中插入 1 个 A，而在插入位点上产生 1 个 Ser 的密码子（AGC）。引起的移码突变使插入位点下游的三联体密码子读成 Cys：

Ala   Ala   Ser   Cys   Cys   Cys   Cys   Cys

5'-GCU GCU AGC UGC UGC UGC UGC UGC-3'

因此插入或者缺失一个碱基，不但改变突变位点的遗传信息的编码能力，而且影响下游其他的遗传信息。同样，如果插入或者缺失两个碱基，结果会导致突变位置下游的所有序列有完全不同的阅读框。如果在遗传信息相近的 3 个位置其插入 3 个额外碱基，那么在这 3 个插入碱基位置和它们之间的遗传信息会有显著的变化。但由于密码子是以 3 个核苷酸为单位的，在 3 个插入碱基的下游，mRNA 将保持正常的阅读框而不发生改变。

（三）抑制基因突变

由突变产生的有害效果常可由第二次突变而使之恢复原来的性状，这称为抑制或校正（suppression）。第二次突变可以是简单地把第一次突变所改变了的核苷酸序列变回原来状态，但有些情况则较为复杂，它是在染色体的另一位点或另一个基因发生突变而消除了或抑制了第一次突变的效果，这称为抑制基因突变（suppressor mutation）。抑制基因突变可分为基因内抑制（intragenic suppression）和基因间抑制（intergenic suppression）两种类型。这两种类型的抑制均能使由第一次突变所产生的失活蛋白质回复至原来的具有活性的蛋白质。

1. 基因内抑制

基因内抑制是在同一基因内发生第二次突变，从而抑制或校正第一次突变所产生的伤害。这种可被基因内抑制所回复的第一次突变，常是由插入或缺失单个核苷酸引起的。

第一次突变使在突变位点以后的密码子的解读发生移码，生成一段氨基酸顺序不同的多肽，而且，这时的移码常会产生新的无义密码子，结果使翻译至此中断而生成较短的不成熟的多肽链。如果在第一次突变位点附近发生第二次突变（插入或缺失），便有可能使第一次突变位点以后的密码子回复至正常，从而抑制了第一次突变。虽然，这两次突变之间可能出现一些不正常的密码子，但由于密码子的简并性，很可能它们仍是编码同一氨基酸，如果是这样，便会产生具有正常功能的多肽链。也可能使其中部分氨基酸被置换，如果这种置换不是发生在要害部位，则多肽链仍保持部分或全部的活性（图 3-27）。

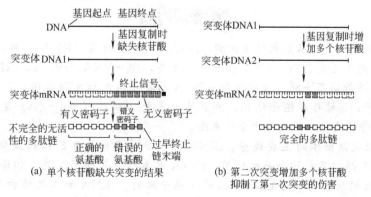

图 3-27　核苷酸缺失或插入突变的基因内抑制

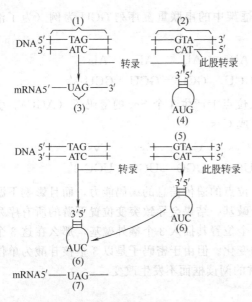

图 3-28 酪氨酸 tRNA 的无义抑制

(1) 基因突变使酪氨酸密码子变为无义密码子；(2) 编码
酪氨酸 tRNA 的基因；(3) 突变 mRNA 含无义密码子；
(4) 酪氨酸 tRNA；(5) 编码反密码子区发生突变；
(6) 突变产生的酪氨酸 tRNA；(7) 无义密码
子被抑制，解读为酪氨酸

2. 基因间抑制

基因间抑制比基因内抑制的情况更复杂，它是由在另一个基因内产生突变而抑制的。这另一基因称为抑制基因（suppressor gene）。抑制基因的作用并不是改变第一次突变基因上的碱基顺序，而是由下列不同方式产生抑制的。

（1）终止密码子的错读（misreading）3 个终止密码子都有抑制基因。这些抑制基因的作用是把终止密码子解读成某种氨基酸。已知 UAG 密码子有 3 个抑制基因：一个把 UAG 密码子解读为丝氨酸，另一个解读为谷氨酰胺，第三个解读为酪氨酸。这是因为抑制基因编码生成不正常的 tRNA，使携带这些氨基酸的 tRNA 的反密码子发生变化。如 tRNA^{Tyr}（酪氨酸的 tRNA）的基因发生突变，将反密码子 3'-AUG-5' 变为 3'-AUC-5'，这便使它可以识别 UAG 终止密码子，把它解读为酪氨酸（图 3-28）。

同样道理，其他 2 个抑制基因也使 tRNA 的反密码子的一个碱基改变，使它们将终止密码子 UAG 解读为丝氨酸或谷氨酰胺。UAA 终止密码可以通过 tRNA 反密码子的突变而被抑制，解读为酪氨酸（UAU）或赖氨酸。UGA 终止密码解读为色氨酸。

（2）错义突变的抑制 错义突变也可由 tRNA 突变而被抑制。

（3）移码抑制 mRNA 上的密码子是以 3 个核苷酸为一组，组成一个三联体，称为密码子组或一个读码框。如果发生突变，核苷酸增加了 1 个或 2 个，那么便会使以后的密码子组发生改变，发生移码突变，但如果插入或缺失的核苷酸是 3 个或是 3 的倍数，则不会发生移码突变。

由插入核苷酸而产生的移码突变，也可由抑制基因使之消除，也是由 tRNA 的突变起作用。例如，甘氨酸的密码子正常是 GGG，如果发生突变，多了一个碱基 G，那么甘氨酸（Gly）密码子变成了 GGGG。tRNA^{Gly} 的反密码子，由原来的 CCC 变为 CCCC，这是由编码 tRNA^{Gly} 的基因发生突变而得到的。这样移码甘氨酸-tRNA^{Gly} 便可以和 mRNA 上发生插入突变的 4 个碱基配对，一次移动 4 个碱基，以后的密码子便恢复正常。

本章小结

细胞中的遗传信息是从脱氧核糖核酸（DNA）到核糖核酸（RNA），再由 RNA 到蛋白质。RNA 分子起着重要作用。RNA 分子有 3 大类，即 mRNA，rRNA，tRNA。这三大类 RNA 的结构与功能均不一样。真核生物 mRNA 的特征与原核生物不同，真核生物 mRNA 一般为单顺反子，5' 端存在帽子结构，并且绝大多数 3' 端具有 poly（A）尾巴。具有 poly（A）尾巴这一特性已被广泛应用于分子克隆。

rRNA 是组成核糖体的主要成分。rRNA 并不单单是核糖体的结构成分，rRNA 可与 tRNA 和 mRNA 序列互补结合而起作用。tRNA 具有信息传递的功能。翻译阶段信息的转移靠的是 tRNA 的反密码子与 mRNA 上的密码子配对。tRNA 的二级结构是三叶草结构，有 L 形三级结构。

RNA 的合成一般分为起始、延伸和终止 3 个阶段。原核生物 RNA 聚合酶中大肠杆菌 RNA 聚合酶全酶（$\alpha_2\beta\beta'\sigma$）可以分为核心酶（$\alpha_2\beta\beta'$）和 σ 因子两个部分。α 亚基是装配核心酶所必需的。β 和 β' 亚基一起组成了催化中心。σ 因子具有识别启动子的能力，σ 因子在 RNA 聚合酶识别并结合启动子的过程中起着非常关键的作用。真核生物的 RNA 聚合酶分为三类，称之为 RNA 聚合酶 I、II、III。RNA 聚合酶 I 负责 rRNA（5.8S、18S 和 28S）的转录。RNA 聚合酶 II 负责 mRNA 的前体（hnRNA）和几种核内小 RNA 的转录。RNA 聚合酶 III 负责 tRNA、5S rRNA 和小 RNA（sRNA）等的转录。

启动子是控制转录起始的序列，并决定着某一基因的表达强度。启动子有相当保守的共有序列。原核生物和真核生物的启动子的结构存在差异。在原核生物的启动子中，有 4 个保守的序列特征：转录起始点、-10 区、-35 区和 -10 区与 -35 区之间的序列。真核生物的启动子根据 RNA 聚合酶的不同分为三类。RNA 聚和酶 I 和 RNA 聚合酶 II 的启动子基本上都位于转录起始点的上游，而 RNA 聚合酶 III 的部分启动子则位于转录起始点的下游。每一种启动子均包含一组特征性的短保守序列，能被相应的转录因子识别。

原核生物转录模板识别阶段，RNA 聚合酶在 σ 因子介导下与启动子结合形成一个封闭的二元复合物，然后转变为开放二元复合物。在转录起始中，会合成一些长度小于 10 个核苷酸的 RNA 分子，从 RNA 聚合酶上脱离。成功合成超过 10 个碱基的 RNA 后，RNA 聚合酶才能离开启动子，并释放出 σ 因子。形成核心酶、DNA 模板和新生的 RNA 链组成的延伸三元复合物。在延伸阶段，RNA 聚合酶沿着 DNA 双链移动，按 $5'\rightarrow3'$ 方向不断合成 RNA 链。

原核生物的 mRNA 一般不需要进行转录后加工，可以直接作为翻译的模板。原核生物的 rRNA 和 tRNA 比较稳定，需要进行转录后加工。

真核生物转录过程和原核生物是相同的，也分为起始、延伸和终止 3 个阶段。所不同是 RNA 聚合酶，启动子及所用到的起始因子有所不同。真核生物 rRNA、tRNA 和 mRNA 都要进行转录后加工过程。核酶是具有催化功能的 RNA。研究者们已对核酶开展疾病治疗进行研究。

真核生物的 mRNA 的 $5'$ 端被加帽子结构，是转录完成前被加上的，真核生物有三类帽子：$m^7GpppXpYp$ 为帽子 0；$m^7GpppXmpYp$ 为帽子 1；$m^7GpppXmpYmp$ 为帽子 2。真核生物的 mRNA 多数在 $3'$ 端加 poly（A）尾巴，是转录完成之后加上的，加尾之前需要 CPSF 识别并结合保守序列 AAUAAA。mRNA 的剪接中需将内含子除去，将外显子连接。mRNA 内含子在剪接位点具有保守序列，遵循 GU-AG 规则。mRNA 剪接时内含子形成一个套索结构，需要 snRNP 和 snRNA 形成的剪接体介导来完成，并将内含子去除。mRNA 编辑一般有脱氨基作用和尿嘧啶的插入或删除两种方式。

遗传密码的破译以均聚物和共聚物为模板指导多肽的合成及核糖体结合技术为基础。根据遗传密码及其相对应的氨基酸，制作遗传密码表，可以反应密码子与氨基酸的关系。遗传密码具有简并性，普遍性与特殊性和摆动性。遗传密码可以发生无义突变，错义突变和移码突变，通过 tRNA 的突变可以解决抑制基因突变的问题。

思 考 题

1. 简述 RNA 的种类及其生物学作用。
2. 简述转录的一般过程。
3. 真核生物的启动子与原核生物的启动子结构有哪些异同？
4. 增强子具有哪些特点？
5. 简述原核生物转录起始与转录终止过程中涉及的主要蛋白质和核酸结构及其作用。
6. 真核生物 mRNA 如何进行转录后加工？
7. 简述遗传密码表的特点和遗传密码的性质。

第四章 蛋 白 质

第一节 蛋白质合成的概述

蛋白质是生命活动的重要物质基础，并不断地进行代谢和更新，因此，蛋白质生物合成在细胞代谢中占有十分重要的地位。早期的研究工作是在大肠杆菌的无细胞体系进行。每个细胞中约有 3 000～4 000 种不同的蛋白质分子，而每种分子又几乎是无数的。大肠杆菌细胞分裂周期为 20min，可见蛋白质合成速度是快得惊人的。

目前已经完全清楚，蛋白质分子是由许多氨基酸组成的。在不同的蛋白质分子中，氨基酸有着特定的排列顺序。这种特定的排列顺序不是随机的，而是由蛋白质的编码基因中的碱基排列顺序决定的，即细胞内每种蛋白质分子的生物合成都受到细胞内 DNA 的指导。但是储存遗传信息的 DNA 并非蛋白质合成的直接模板，它是经转录作用把遗传信息传递到信使核糖核酸的结构中，所以 mRNA 才是蛋白质合成的直接模板。DNA 分子的脱氧核苷酸的排列顺序决定了 mRNA 中核糖核苷酸的排列顺序，mRNA 中核糖核苷酸的排列顺序又决定了氨基酸的排列顺序，氨基酸的排列顺序最终决定了蛋白质的结构和功能的特异性，从而使生物体表现出各种遗传性状（图 4-1）。这个过程十分复杂，几乎涉及细胞内所有种类的 RNA 和几十种蛋白质因子，其中包括 rRNA、mRNA、tRNA、氨基酸-tRNA 合成酶以及一些辅助因子，即起始因子、延伸因子、释放因子等。

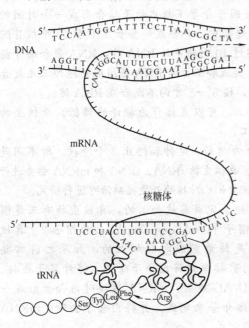

图 4-1 遗传信息传递

在蛋白质合成中，蛋白质的合成场所是核糖体，tRNA 按 mRNA 模板的要求将相应的氨基酸搬运到核糖体上，氨基酸之间以肽键连接，生成具有一定排列顺序的蛋白质。蛋白质合成的原料是氨基酸，反应所需能量由 ATP 和 GTP 提供。

蛋白质生物合成的早期研究工作都是以原核生物大肠杆菌的无细胞体系进行的。所以，对大肠杆菌的蛋白质合成机制了解最多。真核生物的蛋白质合成机制与大肠杆菌有许多相似之处，但也有不少差异。

一、蛋白质合成的主要元件

蛋白质的合成元件有 mRNA、tRNA 和核糖体，其中 mRNA、tRNA、遗传密码在第三章已经详细介绍过，本章主要介绍核糖体。

早在 1950 年，有人将放射性同位素标记的氨基酸注射到小鼠体内，经较短的一段时间后，取出肝脏，匀浆，离心，分成细胞核、线粒体、微粒体及上清液等部分。发现微粒体中的放射性强度最高。再用去污剂（如脱氧胆酸）处理微粒体，将核糖体从内质网中分离出来，发现核糖体的放射强度比微粒体的要高 7 倍。这就说明核糖体是合成蛋白质的部位。

核糖体是一个巨大的核糖核蛋白体。在原核细胞中，它可以游离形式存在，也可以与 mRNA 结合形成串状的多核糖体。平均每个细胞约有 2 000 个核糖体。在大肠杆菌细胞内约含有 200 000 个核糖体。真核细胞中的核糖体既可游离存在，也可与细胞内质网相结合，形成粗糙内质网。每个真核细胞所含核糖体的数目要多，为 $10^6 \sim 10^7$ 个。线粒体、叶绿体及细胞核内也有自己的核糖体。

1. 核糖体的构成

不同的细菌、真核生物细胞质和细胞器的核糖体组成情况有很大差别。其共同特征是 RNA 含量比蛋白质高。核糖体中的蛋白质也可表示为 r-proteins。一个菌体细胞中的核糖体是相同的。大肠杆菌的核糖体（70S）研究的最为清楚，小亚基（30S）由 16S rRNA 和 21 种蛋白质组成。大亚基（50S）由 23S、5S rRNA 和 31 种蛋白质组成。只有一种蛋白质有 4 个拷贝，其余的均为 1 个。这些蛋白以数字命名。50S 亚基中的蛋白分别命名为 L1，……，L31，30S 亚基中的蛋白分别标记为 S1，……，S21。高等生物的核糖体（80S）由 60S 大亚基和 40S 小亚基组成，大亚基包含 5S、5.8S 和 28S 三种 rRNA 以及 49 种蛋白质，小亚基包含 18S rRNA 和 33 种蛋白质。真核生物细胞质核糖体比细菌的要大，RNA 和蛋白质的总含量多，RNA 分子长，蛋白质种类多。细胞器的核糖体与细胞质中的核糖体有很大区别。细菌核糖体小亚基近似平台状，大亚基近似圆形。整个核糖体呈对称结构，大小亚基间有一定的缝隙，或称为通道（tunnel）。真核生物细胞质核糖体的结构与细菌相似。

核糖体 rRNA 与 mRNA 一样也是 DNA 转录的产物。在真核生物中 rRNA 的合成在细胞核的核仁区域进行。rRNA 基因转录首先形成 rRNA 前体，然后通过加工形成成熟 rRNA。在大肠杆菌中转录时先产生 30S 的 rRNA 前体，再切割为 5S、16S 和 23S 三种 rRNA 及一种 4S 的 tRNA。而在哺乳动物中，5.8S、18S 和 28S 三种 rRNA 由一个 45S rRNA 前体分割而成，而 5S rRNA 则由另外的基因转录而成。

核糖体中 RNA 的含量很高，rRNA 主要形成核糖体的骨架，像一根线将蛋白质串起来，并决定蛋白质的定位。每种 rRNA 都有二级结构，在 rRNA 这样的大分子中，互补区域较复杂，单纯通过分析碱基配对区域并不能正确的预测二级结构形成的情况。分析 rRNA 形成二级结构情况的一种途径是比较相似物种间相应 rRNA 的序列，形成二级结构的部分比较保守，以形成相同的功能区。用该方法已确定了 16S 和 23S rRNA 的结构模型，如图 4-2 所示。

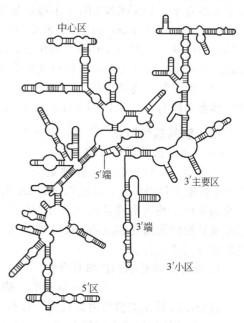

图 4-2　16S rRNA 的结构

在 16S rRNA 中，形成了 4 个区域，有不足一半碱基呈配对状态。双螺旋区较短，小于 8bp，并常含非配对碱基形成的泡状。线粒体和真核生物细胞质 rRNA 具有类似的结构。线粒体 rRNA 短些，功能区较少。真核生物细胞质 rRNA 较长，比细菌 rRNA 长出的部分形成了新的功能区，因此功能区较多。

20 世纪 60 年代以来，人们运用电镜及其他物理学方法，已经提出了大肠杆菌 30S、50S 及 70S 核糖体的结构模型（图 4-3）。70S 核糖体为一椭圆球体（13.5nm × 20.0nm × 40.0nm），30S 亚基的外形好像一个动物的胚胎样子，长轴上有一凹下去的颈部，将 30S 亚

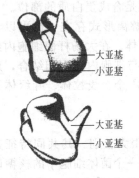

图 4-3　70S rRNA 的结构

大亚基
小亚基

大亚基
小亚基

基分成头部与躯干两部分。50S 亚基的外形很特别，好像一把特殊的椅子，三边带有突起，中间凹下去的部位有一个很大的空穴。当 30S 与 50S 亚基互相结合成 70S 核糖体时，30S 亚基水平地与 50S 亚基相结合，腹面与 50S 亚基的空穴相抱，它的头部与 50S 亚基中含蛋白质较多的一侧相结合。两亚基接合面上留有相当大的空隙，蛋白质生物合成可能就在这空隙中进行。

2. 原核生物核糖体的功能部位

核糖体大小亚基与 mRNA 有不同的结合特性。大肠杆菌的 30S 亚基能单独与 mRNA 结合形成 30S 核糖体-mRNA 复合体，后者又可与 tRNA 专一结合。50S 亚基不能单独与 mRNA 结合，但可与 tRNA 非专一结合，50S 亚基上有两个 tRNA 位点：A 位点和 P 位点。50S 亚基上还有一个在肽酰-tRNA 移位过程中使 GTP 水解的位点。在 50S 与 30S 亚基的接触面上有一个结合 mRNA 的位点。此外，核糖体上还有许多与起始因子、延伸因子、释放因子及与各种酶相结合的位点。

（1）mRNA 结合位点　位于 30S 亚基的头部。30S 亚基与 mRNA 的起始结合，必须有功能的 S1 蛋白参与。S1 蛋白具有狭长的形状，与单链核酸有高度的亲和力。S1 蛋白与 mRNA 的结合，防止 mRNA 链内碱基自身配对形成碱基对。这种链内碱基对不利于翻译作用的进行。

（2）P 位点（peptidyl tRNA site）　又叫做肽酰-tRNA 位或给位，是结合起始 tRNA 并向 A 位给出氨基酸的位置。通过亲和标记实验，发现 P 位点大部分位于 30S 亚基，小部分位于 50S 亚基。16S rRNA 的 3′末端区域也是 P 位点不可缺少的组成部分。

（3）A 位点（aminoacyl tRNA site）　叫做氨基酰-tRNA（简写为 AA-tRNA）位或受位，是结合一个新进入的 AA-tRNA 的位置。A 位点靠近 P 位点，但其精确位置尚不清楚。16S rRNA 是其构成成分之一。A 位点主要在 50S 亚基上。

（4）肽基转移酶活性位点　位于 P 位和 A 位的连接处，靠近 tRNA 的接受臂，涉及的核糖体蛋白质有 L2、L16 以及 L3、L4、L15，还有 23S rRNA。

二、氨基酸的活化

（一）氨基酸的活化过程

在蛋白质生物合成中，各种氨基酸在掺入肽链之前必须先经活化，然后再由其特异的 tRNA 携带至核糖体上，才能以 mRNA 为模板缩合成肽链。氨基酸活化后与相应的 tRNA 结合的反应，均是由特异的 AA-tRNA 合成酶（aminoacyl tRNA synthetase）催化完成的，催化氨基酸的羧基与相应的 tRNA 的 3′端核糖上的 3′-羟基之间形成酯键。生成 AA-tRNA 的反应分两步进行。

1. 形成氨基酸-AMP-酶复合物

$$ATP+氨基酸+酶 \longrightarrow 氨基酸\text{-}AMP\text{-}酶+PPi \tag{1}$$

这个反应是在细胞质内进行的，过程中需要消耗 ATP。ATP 水解后释放出无机焦磷酸（PPi），形成的氨酸腺苷酸复合物中，氨基酸的羧基通过酯键与 AMP 上的 5′-P 相连接，形成高能酸酐键，从而使氨基酸的羧基得到活化。氨酸腺苷酸本身是很不稳定的，但是与酶结合而变得较为稳定。

2. 形成 AA-tRNA

$$氨基酸\text{-}AMP\text{-}酶+tRNA \longrightarrow AA\text{-}tRNA+AMP+酶 \tag{2}$$

氨基酸从氨基酸-AMP-酶复合物上转移到相应的 tRNA 上，形成 AA-tRNA，这是蛋白质合成中的活化中间体。氨基酸转移到 tRNA 的 3′-端腺苷酸的 3′-羟基或 2′-羟基上，视各种生物而不同，但此活化的氨基酸能在 2′-羟基和 3′-羟基之间迅速转移。

反应（1）与反应（2）加成后的总反应是：

$$ATP＋氨基酸＋tRNA \longrightarrow AA\text{-}tRNA＋AMP＋PPi \qquad (3)$$

氨基酸一旦与 tRNA 形成 AA-tRNA 后进一步的去向就由 tRNA 来决定了，tRNA 凭借自身的反密码子与 mRNA 上的密码子相识别，从而把所携带的氨基酸送到肽链的一定位置上，使每一个密码子对应的肽链位置上都能掺入正确的氨基酸。

（二）AA-tRNA 合成酶

AA-tRNA 合成酶参与将氨基酸结合到其相应的 tRNA 上。这种结合有两个意义：①氨基酸与 tRNA 分子结合使氨基酸本身被活化，有利于下一步形成肽键的反应；②tRNA 可携带氨基酸到 mRNA 的指定部位，使氨基酸被掺入到肽链合适的位置。

AA-tRNA 合成酶存在于所有的生物体，定位于细胞浆。已从许多生物组织中提纯，有的由单一肽链组成，有的由几个亚基组成，通常称为 α 和 β 亚基。单个肽链的大小差别较大，且来源于不同生物的同种 AA-tRNA 合成酶其序列保守性也不同。

每个 AA-tRNA 合成酶可识别一个特定氨基酸和与此氨基酸对应的 tRNA 特定部位。虽然每个 AA-tRNA 合成酶在分子大小、亚基组成上都有所差异，但它们都有共同的结构特征。对应于 20 种氨基酸的每一种，大多数细胞都只含有一种与之对应的 AA-tRNA 合成酶，每种 AA-tRNA 合成酶既能够识别相应的氨基酸，又能识别与此氨基酸相对应的一个或多个 tRNA 分子。已有学者把 AA-tRNA 合成酶和与其对应的 tRNA 分子叫做"第二遗传密码"。

通过对 AA-tRNA 合成酶识别 tRNA 反密码子专一性的分析，将它们分为两类：一类可识别反密码子；另一类则不能。

AA-tRNA 合成酶还含有校正功能的活性部位，能水解非正确结合的氨基酸和 tRNA 间形成的共价键。例如，异亮氨酸-tRNA 合成酶。Ile 与 Val 之间有一个甲基的差异，较难区别。异亮氨酰-tRNA 合成酶能在酰化部位区分这两种氨基酸，但偶尔也生成缬氨酰-tRNA^{Ile}，此时异亮氨酰-tRNA 合成酶的水解活性部位能将其水解。Val 取代 Ile 的错误掺入即可通过该酶的水解活性得到避免。经专一的氨基酸化活性部位以及校正活性部位的共同作用，可使翻译过程的错误频率小于万分之一。

三、蛋白质合成的相关因子

仅有 mRNA 模板、各种氨基酸、tRNA 和核糖体组成的系统是不能合成蛋白质的，还必须在各种可溶性蛋白因子（包括起始因子、延长因子、终止因子等）的参与下才能合成多肽链。在原核和真核生物的蛋白质合成中各种蛋白因子的数量和功能有很大的差异。

（一）原核生物可溶性蛋白因子

1. 起始因子（initation factor，IF）

起始因子的作用见表 4-1A。由于 mRNA 并不能直接结合到核糖体上去指导核糖体起始蛋白质合成，所以起始时，需要首先形成核糖体·mRNA·起始 tRNA 三元复合物即起始复合物。而复合物必须在起始因子（IF）的帮助下才能形成。原核起始因子有三种：IF-1、IF-2 和 IF-3。其中 IF-3 是 30S 亚基与 mRNA 起始部位结合的必需因子。IF-3 还具有解离（使 30S 和 50S 解离）活性，故又叫做核糖体解离因子。IF-2 则专一地结合起始密码子所对应的 tRNA（fMet-tRNA），然后与 30S 亚基结合。IF-2 还具有很强的 GTPase 活性，可催化 GTP 水解，为合成提供能量。IF-1 没有专门的功能，但它结合到 30S 亚基上能增加 IF-2 和 IF-3 的作用，它是一个 G 蛋白，具有 GTPase 活性。起始因子只在起始复合物的形成过程起作用，它们不存在于 70S 核糖体上，所以在延伸阶段不起任何作用。

2. 延伸因子（elongation factor，EF）

延伸因子的作用见表 4-1B。原核生物含有 2 种延伸因子，分别命名为 EF-T 和 EF-G。其中 EF-T 由 EF-Tu 和 EF-Ts 两种成分组成，Tu 表示对热不稳定（unstable for temperature），Ts 表示对热稳定（stable for temperature）。EF-Tu、EF-Ts 和 EF-G 的大约相对分子量分别为 42kD、31kD 和 84kD。这三种因子与 GTP（或 GDP）均有亲和性。EF-Tu 在细胞内含量相当丰富，其拷贝数相当于细胞内 AA-tRNA 分子的数目。在原核生物中，EF-Tu 的功能是按照 mRNA 上的编码携带 AA-tRNA 进入 A 位，EF-Tu 专一地识别和结合除 fMet-tRNA^{fMet}（甲酰甲硫氨酸-tRNA）以外所有 AA-tRNA，形成 EF-Tu·GTP·AA-tRNA 三元复合物，而起始 tRNA 不能与 EF-Tu·GTP 形成复合物。这样保证起始 tRNA 携带的 fMet 不能进入肽链内部。EF-Ts 则是使 EF-Tu·GDP 再生为 EF-Tu·GTP，后者再参加肽链的延伸。接着肽基-tRNA 从 A 位移至 P 位需要 EF-G 和 GTP。EF-G 是一个依赖核糖体的 GTPase，在核糖体 50S 亚基存在下，GTP 水解的能量提供移位反应。

3. 终止因子（release factor，RF）

肽链合成的终止需终止因子或释放因子（releasing factor，RF）参与（见表 4-1C）。在 E. coli 中已分离出三种 RF：RF1、RF2 和 RF3。其中，只有 RF3 与 GTP（或 GDP）能结合。RF1 和 RF2 均具有识别 mRNA 链上终止密码子的作用，使肽链释放，核糖体解聚。RF3 的作用还不能肯定，可能具有加强 RF1 和 RF2 的终止作用。RF1 和 RF2 对终止密码子的识别具有一定特异性，RF1 可识别 UAA 和 UAG，RF2 识别 UAA 和 UGA。RF 与 EF 在核糖体上的结合部位是同一处，它们重叠的结合部位防止了 EF 与 RF 同时结合于核糖体上，而扰乱正常功能。

表 4-1　原核生物蛋白质合成的可溶性因子

因　子	相对分子质量/kD	结构	功　　能
A　起始因子			
IF-1	9.5	单体	无专门功能,增加 IF-2 和 IF-3 活性
IF-2	95～120	单体	使 fMet-tRNA 选择性地与 30S 亚基结合,需 GTP
IF-3	22	单体	与 30S 亚基结合,使 30S 亚基与 mRNA 起始部位连接,有螺旋酶活性,使核糖体亚基保持解离状态
B　延伸因子			
EF-Tu	42	单体	按 mRNA 编码序列携带 AA-tRNA 进入 A 位
EF-Ts	31	单体	使 EF-Tu、GTP 再生,参与肽链延伸
EF-G	84	单体	使肽酰-tRNA 从 A 位转移到 P 位
C　终止因子			
RF-1	44	单体	识别终止密码子 UAA,UAG
RF-2	47	单体	识别终止密码子 UAA,UGA
RF-3	46	单体	本身不识别密码子,增加 RF-1、RF-2 活性

（二）真核生物可溶性蛋白因子

1. 真核起始因子

真核起始因子（eIF）至少有 10 种以上（见表 4-2A），对于生成 80S 核糖体·mRNA·Met-tRNA^{Met} 三元复合物是必需的。其中 eIF-2 是真核生物中最重要的起始因子。它的作用是与 GTP 结合，促进 Met-tRNA^{Met}（起始 tRNA）与 40S 亚基结合。eIF-3 稳定 40S·Met-tRNA^{Met}·GTP 复合物，从而避免 60S 与 40S 亚基结合。eIF-4A、eIF-4B 和 eIF-1 等通过结合 mRNA 使之形成 40S·mRNA·Met-tRNA^{Met} 复合物。

在形成 40S 起始复合物之前，必须在生理条件下将聚合的 80S 核糖体解聚，参加的因子有 eIF-3A、eIF-IA 和 eIF-6。eIF-5A 除了促使 40S 和 60S 亚基结合成 80S 起始复合物外，还能促使肽链的形成。

2. 真核生物延伸因子（eEF）（见表 4-2B）

真核 eEF-1 与原核的 EF-Tu 的作用类似，即与所有的 AA-tRNA（但不识别起始

tRNA）和 GTP 形成三元复合物并进入核糖体 A 位。eEF-2 类似原核的 EF-G，促使肽酰-tRNA 从 A 位移向 P 位。

3. 真核生物释放因子（eRF）（见表 4-2C）

真核释放因子 eRF 目前只知一个，它能识别三种终止密码子，并促进肽酰-tRNA 的释放。

表 4-2　真核生物蛋白合成的可溶性因子

因子	相对分子质量/kD	结构	功　　能
A　起始因子			
eIF-1	15	单体	结合 mRNA,形成 40S 前起始复合物
eIF-2	130	α	与 GTP 结合
		β	循环因子
		γ	结合 Met-tRNA,促使它与 40S 亚基结合
eIF-3	700	9～10 个亚基	与 40S 亚基结合,稳定 40S·Met-tRNA·GTP
eIF-4C	19	单体	促进随后的步骤
CBP-I	24	单体	与 mRNA5′帽子结合
eIF-4A	44.4	单体	结合 mRNA,ATPase 活性,促使 mRNA 扫描至 AUG 定位
eIF-4B	80	单体	结合 mRNA,解链酶活性,ATPase 活性
eIF-4F(CBP-II)	220	单体	5′帽子结合蛋白,解链酶活性,促进翻译
eIF-3A	25	单体	核糖体解聚,结合 40S 亚基
eIF-1A	17.5	单体	核糖体解聚,结合 60S 亚基
eIF-5	150	单体	释放起始因子,使核糖体亚基结合
eIF-5A	16.7	单体	促使第一个肽链的形成,起始因子从 40S 亚基解离,使 40S 和 60S 亚基合成 80S 起始复合物
eIF-6	23	单体	使无活性 80S 核糖体解离为 40S 和 60S 亚基
B　延伸因子			
eEF-1α	51	单体	结合 AA-tRNA,GTPase 活性
eEF-1β	23	单体	与 eEF-1α 的 GTP:GDP 交换
eEF-1γ	49	单体	GTP:GDP 交换
eEF-2	100	单体	促进转位作用:GTPase 活性
C　释放因子			
eRF	150～250	单体	识别 UAA,UAG,UGA 终止密码子,促进肽基-tRNA 释放

第二节　原核生物的蛋白质合成

氨基酸在核糖体上缩合成多肽链是通过核糖体循环而实现的。此循环可分为肽链合成的起始、延伸和终止三个主要过程。原核生物（大肠杆菌）每秒钟可翻译 20 个氨基酸，而真核生物每分钟才大约翻译 50 个氨基酸。原核细胞的蛋白质合成过程以 *E. coli* 细胞为例。

一、肽链合成的起始

（1）形成 30S·mRNA·IF3 复合物　这一步需要起始因子 IF-3。IF-3 结合到 30S 亚基上有两个作用：一是稳定游离的核糖体亚基；二是 30S 亚基与 mRNA 的结合反应所必需。因为 30S 亚基如不与 IF-3 结合是不能与 mRNA 结合形成复合物的。30S 亚基能选择性地让 mRNA 起始密码子 AUG 进入 P 位，形成 30S·mRNA·IF3 复合物。

（2）形成 30S（小亚基）起始复合物　30S 亚基借助其上 16S rRNA3′端富含嘧啶区与 mRNA5′端非翻译区 SD 序列碱基配对而互补结合。mRNA 与 30S 亚基结合后，起始的 fMet-tRNAfMet 在结合了 GTP 的 IF-2 作用下进入核糖体 P 位，GTP 能稳定 IF-2 与核糖体的结合。每分子 IF-2 能结合 1 分子 GTP 和 1 分子 fMet-tRNAfMet，此时 IF-2 通过形成复合物，促使 fMet-tRNAfMet 上反密码子 3′-UAC-5′专一地识别处于 P 位的起始密码子 AUG，而其他的 AA-tRNA（即延伸-tRNA）只能与结合于 A 位上的第二个（和以后）密码子配对。

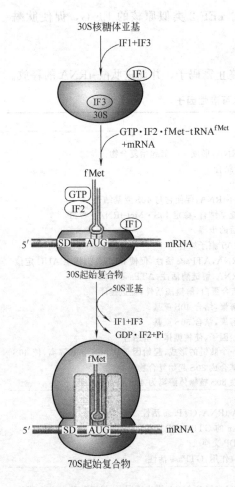

30S核糖体亚基
IF1+IF3
IF1
IF3
30S
GTP·IF2·fMet-tRNA^fMet
+mRNA
fMet
GTP
IF2
IF1
5' SD —AUG   mRNA
30S起始复合物
50S亚基
IF1+IF3
GDP·IF2+Pi
fMet
5' SD AUG   mRNA
70S起始复合物

图 4-4 翻译起始

（3）生成 70S 起始复合物 30S 亚基起始复合物与 50S 亚基结合后，IF-2 上的 GTP 被 IF-2（依赖核糖体的 GTPase 活性）水解为 GDP 和 Pi。IF-2 和 IF-3 从核糖体上解离。当 50S 亚基与 30S 亚基起始复合物结合时，用来结合 GTP 的 IF-2 与 50S 亚基上的 L7/L12 蛋白共价连接，随即生成完整的 70S 核糖体。GTP 水解可能与核糖体构象改变有关，同时还可活化核糖体内某些蛋白质，从而使 70S 核糖体具有活性。由于 IF1 有增强 IF2、IF3 活性的功能，所以在翻译起始过程中始终有 IF1 的参与，起始过程如图 4-4 所示。

二、肽链合成的延伸

（一）延伸的 AA-tRNA 进入核糖体的 A 位点

一旦完整的核糖体在起始密码子处形成，AA-tRNA 进入核糖体 A 位点（P 位点已由起始 fMet-tRNA^fMet 占据）的反应周期即开始。除了起始的 fMet-tRNA^fMet 之外的任何 AA-tRNA 都能进入 A 位点，这个过程由延伸因子（EF）介导。

延伸因子只在 AA-tRNA 进入核糖体位置时，才与核糖体连接，一旦 AA-tRNA 进入 A 位点后，延伸因子就离开核糖体，重新再同另一个 AA-tRNA 连接，这样，它就同核糖体有周期性的偶联，解偶联作用。

（二）延伸因子的功能

延伸因子 EF-Tu 带有鸟苷酸，延伸因子的活化形式带有 GTP。二元复合物 EF-Tu·GTP 结合 AA-tRNA 形成三元复合物（AA-tRNA·EF-Tu·GTP），这种三元复合物只结合到核糖体的 A 位点。Tu 的功能是保证 AA-tRNA 放到核糖体内正确位置上。AA-tRNA 和肽酰-tRNA 处于正确的位置，才能发生形成肽键的关键性反应。

AA-tRNA 放置在 A 位点之后，GTP 降解，然后释放无活性的二元复合物 EF-Tu·GDP，这种形式的 EF-Tu 不会有效地结合 AA-tRNA，鸟苷酸控制了 EF-Tu 的构象。EF-Tu·GDP 需要重新磷酸化成为活性形式。

EF-Ts 的功能是使 EF-Tu·GDP 再生成活化形式 EF-Tu·GTP。首先，EF-Ts 替代 EF-Tu·GDP 中的 GDP，形成复合物因子 EF-Tu·EF-Ts。然后，EF-Ts 再被 GTP 取代，重新形成 EF-Tu·GTP，这种二元复合物能结合 AA-tRNA。释放出的 EF-Ts 能够重新循环，所以 EF-Ts 的功能是使 EF-Tu 由非活化形式转变为活化形式。EF-Ts、EF-Tu 和 GTP 之间的相互作用是可逆的，同 AA-tRNA 的反应是不可逆的，这一不可逆步骤驱使反应向前进行。

（三）肽键的形成和肽酰-tRNA 从 A 移到 P 位点

当第 2 个 AA-tRNA 进入 A 位点之后，形成肽键，产生的二肽连接于第 2 个 tRNA 上。然后有一个转位过程，肽酰-tRNA 在核糖体内由 A 位点移到 P 位点，核糖体在 mRNA 模板向前移动一个三联密码子。氨基酸加长的过程再重复，每次循环加长一个氨基酸残基。

肽键的形成由肽酰转移酶催化，此酶的活性是由大亚基 rRNA（而不是蛋白质）催化的。在肽键形成之后，P 位点内的 tRNA 不载负荷，成为脱酰基的 tRNA，而 A 位点具有肽酰-tRNA。核糖体沿 mRNA 向前移动时，排出未负荷的 tRNA，同时肽酰-tRNA 从 A 移到 P 位点，这是转位反应。核糖体具有空缺的 A 位点，准备接受下一个 AA-tRNA。转位反应需要延伸因子 EF-G 和 GTP。EF-G 结合于核糖体，发起转位反应。也许还需要 4.5S rRNA，它与 EF-G 偶联。核糖体不能同时结合 EF-Tu 和 EF-G，两者有着交替结合和释放的循环过程。翻译延伸过程见图 4-5。

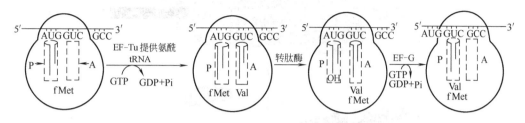

图 4-5 肽链的延伸过程

三、肽链合成的终止

有三种终止密码子，UAG 称为琥珀密码子，UAA 称为赫石密码子，UGA 称为猫眼石密码子。在细菌中，UAA 使用频率最高，UGA 次之，UAG 最低。没有一种 tRNA 能识别终止密码子，而是由蛋白质因子来识别。大肠杆菌有两种释放因子。RF 必须在 P 位有肽酰-tRNA 时，才能识别 A 位的终止密码子。释放因子的数量比起始因子和延伸因子少得多。释放因子基因的突变可降低翻译终止的效率，表现为通读增强；过量的表达可增强终止的效率。这说明释放因子与误读终止密码子的 tRNA 间有竞争作用。

合成的终止包括肽链的释放、tRNA 的逐出和核糖体与 mRNA 的解离。新生肽链从 tRNA 的解离类似于延伸过程中的转肽反应，而释放因子可能改变了转肽反应的性质，使肽链释放。核糖体与 mRNA 是如何解离的，还不清楚，可能由释放因子引起核糖体构象的变化，也可能有其他的蛋白质因子参与。合成的终止如图 4-6 所示。

四、原核生物蛋白质生物合成的抑制剂

某些翻译抑制剂是人工合成的化合物，但大多数是从多种微生物培养液上清中提取出的抗生素，可以抗感染或抑制恶性肿瘤的生长。因为某些抗生素能特异地和原核生物核糖体反应，故广泛应用于抗感染。

（1）嘌呤霉素（puromycin） 嘌呤霉素的结构很类似 AA-tRNA，故能与后者相竞争作为转肽反应中氨基酰异常复合体，从而抑制蛋白质的生物合成。

（2）链霉素（streptomycin） 链霉素能与 30S 亚基结合从而抑制蛋白质的合成，此 30S-链霉素复合体是一种效率很低且很不稳定的起始解离而终止翻译的复合体。链霉素结合在 30S 亚基上时亦能改变 AA-tRNA 在 A 位点上与其对应的密码子配对的精确性和效率。

（3）四环素（tetracyclines） 四环素能阻断 AA-tRNA 进入 A 位点，从而抑制肽链的延长。新生的肽链存留在 P 位点上，并能与嘌呤霉素相反应。

（4）氯霉素（chloramphenicol） 氯霉素能阻断 70S 核糖体中的 50S 大亚基的肽酰转移酶的活性，从而抑制肽链的延长。

（5）红霉素（erythromycin） 红霉素与 50S 大亚基结合，并阻断移位作用因而将肽酰-tRNA "冻结" 在 A 位点上。

上述各种抗菌素对细菌的完整细胞或无细胞系统均有抑制作用，它们都作用于核糖体循环的起始或延伸步骤。四环素族类（包括四环素、土霉素、金霉素等）对真核细胞的无细胞

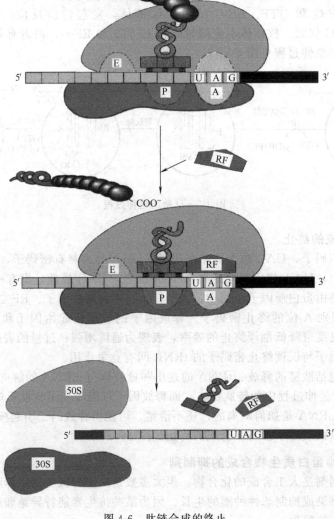

图 4-6　肽链合成的终止

系统蛋白质合成具有抑制作用，但对完整的真核细胞无抑制作用，这是由于四环素族类抗菌素不易透入真核细胞膜。

第三节　真核生物蛋白质的合成

与原核生物一样，真核生物 mRNA 的翻译也可分为 3 个阶段：起始、延伸和终止。主要过程和环节十分类似，同时它们又存在很大差别。真核生物的翻译比原核生物需要更多的蛋白质，核糖体 40S 亚基与 mRNA 结合之前，先与起始 tRNA 结合，mRNA 模板 5′帽子结构和二级结构也具有重要的作用。由于涉及的蛋白质、核苷酸组分众多，对蛋白质生物合成的工作模型了解还不十分确切。

一、肽链合成起始

真核生物蛋白质生物合成起始过程中，需要 Met-tRNA$_i^{Met}$（识别起始密码的甲硫氨酰-tRNA）、GTP、ATP 和十几种起始因子（eIF）参与，其具体过程如下（图 4-7）。

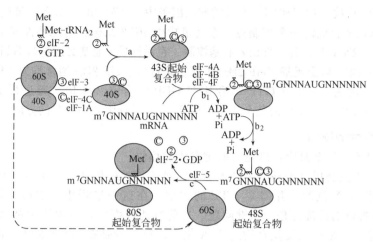

图 4-7 真核生物蛋白质合成起始

（1）80S 核糖体的解离 在 Mg^{2+} 生理浓度（大于 1mol/L）下，80S 核糖体处于解离状态平衡之中，倾向于结合状态。两种起始因子 eIF-1A 和 eIF-3，结合于 40S 亚基，使平衡趋向解离的方向。多亚基因子 eIF-3 可与 40S 亚基结合，形成 43S 亚基。另一种因子 eIF-1A 结合于 60S 亚基，阻止两亚基之间的偶联。eIF-4C 促使 eIF-3 与 40S 亚基结合更稳定，从而促使整个起始反应的进行。

（2）三元复合物和 43S 前起始复合物的形成 Met-tRNA$_i^{Met}$ 可识别起始密码子 AUG。Met-tRNA$_i^{Met}$ 首先与 GTP 和 eIF-2 形成三元复合物（三元复合物是十分容易鉴定和分离的中间产物），而后与 43S 亚基形成前起始复合物。在起始过程结束后，eIF-2·GDP 复合物释放。GDP 须变换成 GTP，方能重新进入下一个起始过程。eIF-2·GTP 复合物不稳定，与 Met-tRNA$_i^{Met}$ 结合后，形成稳定的三元复合物，再与 43S 亚基结合形成 43S 前起始复合物。该结合过程需 eIF-1A 和 eIF-3 参与，43S 前起始复合物的形成不需要 GTP。

（3）43S 前起始复合物与 mRNA 的结合 在结合 mRNA 前，有三种 eIF 共同作用，消除 mRNA 的 5′非编码区域的分子内二级结构，即 eIF-4F、eIF-4B 和 eIF-4A。在此基础上 43S 前起始复合物与 mRNA 结合成 48S 前起始复合物。

（4）起始密码子 AUG 的选择 40S 亚基与 mRNA 的结合并不能使 Met-tRNA$_i^{Met}$ 正好与 AUG 结合。AUG 一般位于帽子结构下游的 50～100 个核苷酸。Kozak 提出了一种识别 AUG 的机制，已在很多的研究中得到了证实。43S 前起始复合物包括 eIF-3 和 eIF-2·GTP·Met-tRNA 由帽子结构处沿 5′UTR（untranslated region, UTR）移动，直至第一个 AUG 处。

对 AUG 的识别可能是反密码子与密码子间的碱基配对。但还有其他的因素参与，因为对不同 AUG 的识别效率不同。无论真核生物还是原核生物，在 AUG 前后（−4 到 +1）有一保守序列（A/G）CCAUGG，同核糖体小亚基的 RNA 的一保守序列互补性很强。特别是 ssrRNA（核糖体小亚基 RNA）与 mRNA 中 AUG 上游的三个碱基间的稳定结合，造成了 43S 复合物移动的缓慢，为 Met-tRNA$_i^{Met}$ 识别 AUG 提供了时间。

除 Met-tRNA$_i^{Met}$ 和 rRNA 外，还有其他一些因素在 AUG 的选择上都有重要的作用。eIF-2 的 α 或 β 亚基的突变可致使选择 UUG 为起始密码子。eIF-2/mRNA 的比例较低可引起利用 3′远端的 AUG 为起始密码子。这说明 eIF-2 在起始密码子的正确选择上有重要作用。

（5）48S 起始复合物与 60S 亚基结合 在 eIF-5 的作用下，48S 前起始复合物释放出所有 eIF，并与 60S 大亚基结合，最终形成 80S 起始复合物，即 40S 亚基-mRNA-Met-tRNA$_i^{Met}$-60S 亚基。

（6）eIF-2 的释放和重新使用　真核的起始因子中，eIF-2 由 α、β 和 γ 等亚基构成。eIF-2 的参与可能是蛋白质合成的一个控制点。在动植物中 eIF-2 结构、功能特性都十分类似。γ 亚基直接结合 Met-tRNA$_i^{Met}$，其活性由 α 亚基控制。有活性的 α 亚基必须携带 GTP，在起始反应中 GTP 水解成 GDP，再由亚基（eIF-2B）作用生成 GTP。eIF-2B（通常称为 GEF）与 eIF-2·GDP 相互作用。因为 eIF-2 与 GTP 结合比与 GDP 结合强 400 倍，通过形成三元复合物（eIF-2·Met-tRNA$_i^{Met}$·GTP）使整个交换反应趋向于形成 eIF-2·GTP 的方向。

二、肽链合成的延伸

延伸循环可分为三个阶段：进位、肽键形成和移位。

（1）进位　进位是指 AA-tRNA 进入 A 位。AA-tRNA 是以 eEF-1α·GTP·AA-tRNA 复合物的形式进入 A 位的，并需要 GTP 的水解。在这一过程中，如何保证正确的 AA-tRNA 的进入即翻译的准确性是一关键问题。目前有两种模型，一种认为对 AA-tRNA 经过了二步选择，第一步是在三元复合物进入 A 位时；第二步是在 GTP 水解后和肽键形成前。另一种是三位点模型，认为除 A 和 P 位外，还存在一个 AA-tRNA 结合位点。

（2）肽键形成　AA-tRNA 进位后，立即形成肽键。肽键形成是在核糖体大亚基的肽酰转移酶中心的催化下完成的。A 位与 P 位间的距离要比两种 AA-tRNA 发生反应所需距离大，因此推测在形成肽键时核糖体的空间构象要发生扭曲。AA-tRNA 的 α 氨基对肽酰-tRNA 羧基发动亲核攻击，从而形成肽键。

（3）移位　移位是指肽键形成后，核糖体沿 mRNA 向 $3'$ 方向移动一个密码子的距离。对真核生物的移位过程了解还不十分清楚，可能与原核生物相似。移位需 eEF-2 参与，移位后可使 eEF-2 的构象发生变化，从而水解 GTP，对核糖体亲和力下降并游离下来。

三、肽链合成的终止

真核细胞只有一种释放因子 eRF，负责识别 3 种终止密码子，使肽链合成到 3 种终止密码子位点时停止向前。eRF 结合到核糖体上需要 GTP，而 GTP 的水解是在终止步骤之后进行的，使 eRF 从核糖体上解离。

当 mRNA 上的终止密码子出现在核糖体 A 位点时，无相应的 AA-tRNA 与之结合，而释放因子 eRF 在 GTP 存在条件下能识别这种无意义终止信号，结合到 A 位点上，并激活肽基转移酶，催化 P 位点上的 tRNA 与肽链之间的酯键水解，使多肽从核糖体上释放。终止反应还包括已完成的多肽链与最后一个 tRNA 从核糖体上排出，核糖体从 mRNA 解离等方面。

四、真核生物蛋白质生物合成的特异抑制剂

一些能够抑制原核细胞蛋白质生物合成的抑制剂同样也能抑制真核细胞的蛋白质生物合成。如 AA-tRNA 的类似物嘌呤霉素可提前终止肽链翻译。又如梭孢酸不仅可阻止完成功能后的原核细胞 EF-G 从核糖体释放，也能阻止真核细胞 EF2 的释放。有一些抑制剂对真核细胞的翻译过程是特异的，这主要是由于真核细胞翻译系统装置的特殊性。如 7-甲基鸟苷酸（m^{7}Gp）在体外抑制真核细胞的翻译起始，就是因为 m^{7}Gp 与帽结合蛋白质竞争性地与 mRNA5 端帽结合。同样，其他多数真核细胞蛋白质生物合成的特异性抑制剂亦可与不同的翻译装置（成分）结合。

上述这些特异性抑制剂大多数是小分子，有的是多肽，如蓖麻蛋白。蓖麻蛋白是一种特异的核酸酶，能够通过使 60S 亚基水解失活而中止延长步骤。由白喉杆菌所产生的致死性毒素是研究得较为清楚的真核细胞蛋白质合成抑制剂。白喉毒素是一种 65kD 的蛋白质，它不是由细菌基因组编码的，而是由一种寄生于白喉杆菌体内的溶源性噬菌体 β（phage β）编码的。该毒素只是经白喉杆菌转运分泌出来，然后进入组织细胞内。一旦进入真核内，白喉毒素就催化 ADP-核糖与 EF-2 连接。ADP-核糖由烟酰胺腺嘌呤二核苷酸（NAD$^+$）提供，它

与 EF-2 分子中修饰的组氨酸残基结合。在体外，这种结合很容易在加入尼克酰胺的条件下逆转。一旦 EF-2 被 ADP-核糖化，EF-2 就完全失活。由于白喉毒素是起催化作用，因此只需微量（也许少至一个分子）就能有效地抑制细胞的整个蛋白质合成，而导致细胞死亡。EF-2 中修饰的组氨酸残基亦称为白喉酰胺。假如在 EF-2 中不存在白喉酰胺，白喉毒素就不会杀死哺乳动物细胞。

第四节　蛋白质的加工与修饰

一、蛋白质的折叠

在蛋白生物合成过程中，新生的蛋白质分子如何形成有生物学功能的三维结构？一个完整的蛋白质分子具有特定的三维结构，这种特定空间结构受到轻微破坏时，生物学功能就受影响或丧失，它又如何可以复性成有活性的分子？蛋白质折叠是一个双重意义的过程。在结构上，这个过程使伸展的肽链成为特定的三维结构；在功能上，它使无活性的分子成为具有特定生物学功能的蛋白质分子。

（一）折叠过程是动力学驱动过程

蛋白质分子可由 20 种氨基酸组成，远比核酸分子复杂。一个由 100 个氨基酸残基组成蛋白质至少有 10^{30} 种可能的构象。但最后只形成一种特定的结构，并且有生物学活性，这是一个谜。尽管数以百计蛋白质的三维结构已经研究得非常清楚，但其折叠、天然构象的形成途径仍待研究。折叠过程是动力学驱动的过程，蛋白质的天然构象不一定是能量最低态，往往只是一个亚稳态，是一个动力学上很容易达到的亚稳态。与之相对应，折叠的途径不应该是唯一的，而是多途径的。如果某一突变堵塞了相应的折叠途径，也不至于妨碍肽链按另外的途径折叠成天然构象。

（二）折叠是个动态过程

在介质中一条肽链局部区域先通过短程相互作用，主要是主链之间形成氢键，形成一些二级结构区域，这些二级结构可以在以后的蛋白质结构中保留下来，也可以最后不被保留。这种二级结构的形成不需要很多能量，所以不太稳定，类似于一种涨落过程，它们不断形成，又不断消失，半衰期在微秒数量级内。

（三）蛋白质分子的结构域与折叠

正在合成、延伸的新生肽链内一级结构上相邻的有限的几种二级结构基本形式能够有效地聚集在一起，形成较大的结构单位，如 $\beta\alpha\beta$，$\alpha\beta\alpha$，$\alpha\alpha$，$\beta\beta\beta$ 等超二级结构。肽链上相邻部分紧密折叠、卷曲的局部性区域成为蛋白质基本部分，一个蛋白质分子往往由几个或多个结构域组成，它们可以有不同组成且彼此有很不相同的立体结构。

结构域可以把肽链的折叠、盘曲简化成个别的简单步骤。新生肽合成后，肽链首先以结构域为单位，在核心微区反复碰撞，通过涨落过程选择最佳结构，折叠、盘曲形成结构域。这种功能对于分子量很大的蛋白质结构来说显得特别重要。结构域之间能够活动，共价连接的结构域之间存在一定程度的灵活性。这对于底物的结合，变构控制以及巨大结构的装配具有决定性意义。蛋白质的活性部位往往位于两个结构域之间的空隙中，分子的挠性至关重要。

研究离体条件下从完整肽链开始的再折叠，对折叠机理有了新的认识，尽管离体不同于体内的情况，但可以从不同的角度加深对它的理解。有的理论认为折叠过程起源于二级结构，肽链上某些扭曲、转角或不同部位之间相互作用，形成局部微区的稳定或不稳定的亚结构，进而以它们为"种子"，围绕着它们形成较稳定的紧密区域，再进一步形成二级结构和折叠。有的理论认为折叠起始于疏水作用，局部微小的疏水核心引起疏水坍塌，疏水侧链集中于分子内部，极性侧链趋向于分子表面。有的理论认为折叠起源共价键相互作用，主要是二硫键使伸展的肽链形成稳定的二级结构。概括起来，体外蛋白质的折叠可能是：或者始于疏水倒塌，或者始于形成稳定的二级结构，或者始于共价键的相互作用如二硫键的形成。在折叠早期阶段，可能这三种方式联合起作用。接着折叠反应可能沿着有限的多途径形成中间态。中间态结构松散，疏水基团向外分布，二级结构含量很高，但缺乏明确的三级结构。最后由中间态进入天然态。

新生肽的折叠除了有类似的过程之外，更重要的有分子伴侣的参与。

（四）蛋白质折叠和分子伴侣

整个蛋白质生物合成是相当快的过程，仅数十秒钟内完成肽链的延伸和折叠成生物功能所必需的三维结构。高级结构的形成只占其中一小部分时间。体内折叠效率高的主要原因是至少有两类蛋白质（酶）的参与，使错误折叠和聚集作用大大降低。第一类是酶，第二类是分子伴侣（molecular chaperonin）。

分子伴侣能与其他蛋白质结合，并使它稳定处于非天然的构象，然后有控制地释放，从而促进这些蛋白质的正确折叠，但自身并不成为被折叠蛋白质的一部分，已有许多分子伴侣被鉴定，其中有两个伴侣家族是 Hsp70 和 Hsp60。

1. Hsp70 在蛋白质折叠中的作用

Hsp70 即热休克蛋白，含两个结构域：N 端结构域具有 ATPase 活性，C 端结构域可变性强，是能结合伸展的肽链，大肠杆菌的 DnaK 即 Hsp70，它使蛋白质折叠的功能需要辅助因子 DnaJ 和 GrpE 协同作用，其过程是首先由 DnaJ 与新生伸展的肽链相互作用以便让肽链与 DnaK 结合并形成三联体。三联体形成所需的 ATP 由 DnaK 的 N 端结构域催化，DnaJ 则稳住 DnaK-ADP 状态，以使与伸展的肽链高亲和结合，而不进一步折叠，避免发生错误的折叠。由此被折叠成天然状态的蛋白质。第二步由辅助因子 GrpE 促进此多肽链从 Dnak-ADP 上释放出来，并使三联体解体，所释放的多肽链折叠成天然状态蛋白质，或被转移给另一个分子伴侣，直至获得天然折叠状态，如折叠未完成则被捕获进入下轮循环。

2. Hsp70 和 Hsp60 在蛋白质折叠中的协同作用

Hsp70 的作用在于与未折叠的肽链结合并使之不发生错误的折叠和聚集，以及不与其他蛋白质结合，而 Hsp60 则是专捕捉从 Hsp70 上释放的未折叠的肽链，并促使其完成折叠。DnaK 和 DnaJ 与在核糖体上出现的新生肽链结合，一旦肽链合成结束便可形成稳定的多肽链·DnaK·DnaJ 三联体：DnaK·ADP 是稳定的状态，GrpE 促使 ADP 从 DnaK 上解离；随即 ATP 与 DnaK 结合，导致与 DnaK 结合的多肽链被释放；GroEL（相当于 Hsp60）是由 41 个相同的亚基组成的双层薄饼状结构，具有多个结合肽链的位点。GroES（Hsp10）由 7 个相同亚基形成单层薄饼。二者结合形成复合物，呈带帽中空筒状，可容纳 90kD 大小的肽链，用来捕提从 DnaK 释放的未折叠的多肽链，并相互作用使之折叠成具有特定的空间结构和生物学功能的天然蛋白质分子。

二、蛋白质生物合成初始产物的后加工

由核糖体释放的新生肽链并不是一个完整的、有生物学功能的蛋白质分子，必须经过后加工，才具有生物学活性，包括形成高级结构、与其他亚基缔合及其他的共价修饰。

（一）肽链中氨基酸残基的化学修饰

对新生肽链中某些氨基酸残基进行共价修饰，是翻译后处理的重要内容。反应的主要类型有以下几种。

（1）羟基化 肽链中某些氨基酸的侧链被修饰，这都是在翻译后的加工过程中被专一的酶催化而形成的。例如脯氨酸被羟基化生成羟脯氨酸，胶原蛋白在合成后，其中的某些脯氨酸和赖氨酸残基发生羟基化。在 X-Pro-Gly（X 代表除 Gly 外的任何氨基酸）序列中的脯氨酸羟基化为 4-羟脯氨酸，也可生成 3-羟脯氨酸，但较少。脯氨酸的羟基化有助于胶原蛋白

螺旋的稳定。有一些赖氨酸则再被糖基化。

（2）乙酰化　主要发生在 N 末端的 α 氨基和赖氨酸的 ε 氨基上。蛋白质的乙酰化普遍存在于原核生物和真核生物中。乙酰化有两个类型：一类是由结合于核糖体的乙酰基转移酶将乙酰-CoA 的乙酰基转移至正在合成的多肽链上，当将 N 端的甲硫氨酸除去后，便乙酰化；另一类型是在翻译后由细胞质的酶催化发生的乙酰化。此外，细胞核内的组蛋白中的赖氨酸也可以被乙酰化。

（3）甲基化　发生在 α 氨基、ε 氨基、精氨酸的胍基和 C 末端的 α 羧基和侧链的羧基上。在一些蛋白质中赖氨酸被甲基化，如肌肉蛋白和细胞色素 C 中含有一甲基和二甲基赖氨酸。

（4）磷酸化　主要发生在丝氨酸和苏氨酸及酪氨酸的羟基上。酶、受体、介体（mediator）和调节因子等蛋白质的可逆磷酸化使普遍存在的蛋白质在细胞生长和代谢调节中有重要功能。这种磷酸化的过程受细胞内一种蛋白激酶催化。

（5）羧基化　发生在 α 氨基和 ε 氨基上。一些蛋白质的谷氨酸和天冬氨酸可发生羧化作用。例如，血液凝固蛋白原（prothrombin）的谷氨酸在翻译后羧化成 γ-羧基谷氨酸，后者可以与 Ca^{2+} 整合。这依赖于维生素 K 的羧化酶的催化作用。

（6）转氨基作用　主要发生在 N 末端的 α 氨基上。

（7）糖基化　可以通过 N 糖苷键连接于天冬氨酸的酰氨基上，可以通过 O 糖苷键连接于丝氨酸和苏氨酸的羟基上以及羟赖氨酸和羟脯氨酸的羟基上，也可以通过 S 糖苷键连接于半胱氨酸的巯基上。在多肽链合成过程中或在合成之后常以共价键与单糖或寡糖侧链连接，生成糖蛋白。这些糖可连接在天冬酰胺的酰胺键上（N-连接寡糖）或连接在丝氨酸、苏氨酸或羟赖氨酸的羟基上（O-连接寡糖）。糖基化是多种多样的，可以在同一条肽链上的同一位点连接上不同的寡糖，也可以在不同位点上连接上寡糖。糖基化是在酶催化反应下进行的。

（二）肽链N端甲硫氨酸或甲酰甲硫氨酸的除去

在原核生物中，蛋白质起始合成的第一个氨基酸为甲酰甲硫氨酸，真核生物为甲硫氨酸。而成熟的蛋白质 N 末端大部分不是甲硫氨酸，故必须切去 N 端的一个或几个氨基酸。该氨基酸的甲酰基可由脱甲酰酶催化下而被去除。在多数情况下，当肽链的 N 端游离出核糖体后，立即进行脱甲酰化。N 端的甲硫氨酸的去除也可在合成起始后不久发生，但这一过程受肽链折叠的影响。

（三）切除前体中功能不必需肽段

在蛋白质的前体分子中，有些肽段是功能所不需要的，在成熟分子中不存在。肽段的切除是在专一性的蛋白水解酶的作用下完成的。如前胰岛素原的加工过程中就去除了分子内部的连接肽（C 肽）。多种多肽激素和酶的前体大都要经过这一加工过程。

（四）二硫键的形成

在 mRNA 分子中，没有胱氨酸的密码子，而不少蛋白质分子中含有胱氨酸二硫键，有的还有多个。且二硫键是蛋白质的功能基团。二硫键是通过两个半胱氨酸的巯基氧化形成的，有的在切除肽段前就已形成。

（五）多肽链N端和C端的修饰

在少数情况下，合成的多肽两端存在修饰氨基酸，如微管蛋白的 α 链在酶的作用下，C 端能被酪氨酸修饰。还发现一种能从活化的 tRNA 上将氨基酸残基转移到成熟的蛋白质 N 端上。在病毒和细菌中，有些蛋白质的 N 端氨基被乙酰化。而在真核生物中，细胞中有半数以上的蛋白质 N 端被乙酰化。乙酰化受 N 乙酰转移酶催化，该酶对 N 端氨基酸有选择性，能被修饰的有：甘氨酸、丙氨酸、丝氨酸、甲硫氨酸和天冬氨酸。多数多肽的 C 端被酰氨化，特别是多肽激素，如催产素、加压素、促胃液素、缩胆囊素和分泌素。酰氨化能保护多肽免受外切酶的水解。

第五节　蛋白质运转机制

在真核生物体内，蛋白质的合成位点与功能位点常常被一层或多层生物膜所隔开，这样就产生了蛋白质运转的问题。核糖体是真核生物细胞内合成蛋白质的场所，几乎在任何时候，都有数以百计或千计的蛋白质离开核糖体并被输送到细胞质、细胞核、线粒体、内质网和溶酶体、叶绿体等各个部分，用来进行新陈代谢以及组成成分的更替和补充。由于细胞各部分都有特定的蛋白质组分，因此合成的蛋白质必须准确无误地定向运送才能保证生命活动的正常进行。

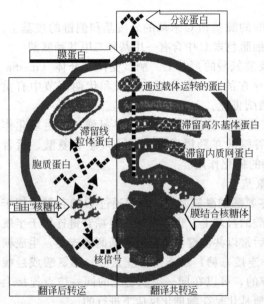

图 4-8　蛋白质合成和转运过程示意图

这种蛋白质穿越过生物膜而进入某种细胞器的过程就被称为蛋白质转运（protein translocatoion）。细胞中蛋白质的转运有两种类型：翻译-转运同步机制和翻译后转运（图 4-8）。翻译-转运同步机制是由信号肽将蛋白质导向内质网，继而运向高尔基体、溶酶体、囊泡、质膜及分泌到细胞外。翻译后转运是由导肽将蛋白质导向细胞核、线粒体、叶绿体及其他细胞器。表 4-3 表示细胞中蛋白质合成的地方以及合成后蛋白质的定位及转运。

表 4-3　几类主要蛋白质的运转机制

蛋白质性质	运 转 机 制	主 要 类 型
分泌	蛋白质在结合核糖体上合成，并以翻译转运同步机制运输	免疫球蛋白、卵蛋白、水解酶、激素等
细胞器发育	蛋白质在游离核糖体上合成，以翻译后转运机制运输	细胞核、叶绿体、线粒体、过氧化物酶体等细胞器中的蛋白质
膜的形成	两种机制兼有	质膜、内质网、类囊体中的蛋白质

一、翻译-转运同步机制

（一）新生肽进入内质网

定位在膜中的、溶酶体的或分泌的蛋白质前体的 N 端含有信号肽。现已有上百种信号肽被测序。信号肽含约 13～36 个氨基酸残基，在靠近其 N 端有一至多个带正电荷的氨基酸，在信号肽的中部为由 10～15 个氨基酸（大部分或全部是疏水性的）组成的疏水核。在信号肽的 C 端靠近断裂位点也有一段短序列，含侧链较短的和较具极性的氨基酸（如丙氨酸）疏水核有助于新合成的肽链附着于内质网的膜上。少数蛋白如卵清蛋白含有和信号肽功能相同的内序列，但在易位后不被切除。

一旦新生肽链从核糖体出现并延伸时，信号肽便被信号识别颗粒（signal recognition particle，SRP）所识别（图 4-9）。SRP 与携带新生多肽链的核糖体相互作用，引起翻译暂时的终止。SRP 的功能就是将暂停翻译的新生肽链和内质网膜靠近。然后，SRP-核糖体与内质网上一个 SRP 受体（又称停泊蛋白，docking protein，DP）结合，通过一个 GTP 依赖过程，打开一个通道。另一个内质网膜蛋白即信号序列受体（signal sequence receptor，

SSR）与信号肽结合，并促进新生多肽链进入易位通道。此外，在内质网膜上，还有核糖体的受体，这样，通过这3个受体的多重识别，信号肽可以准确无误地与内质网专一地结合。同时，SRP释放入细胞质，多肽链易位到内质网的内腔。被释放出的SRP再用于另一个蛋白质的转运。信号肽在多肽链合成完成之前，由信号肽酶切除掉。在易位时会发生多肽链的修饰，如膜蛋白的脂肪酸的酰基化作用。

SRP是由1种含300个核苷酸的7SL RNA与6个不同多肽链组成。6个不同多肽链的相对分子量分别是9kD，14kD，19kD，54kD，68kD，72kD。前2个组分的功能是抑制翻译。含有一个GTP结合结构域的54kD蛋白的功能是与信号肽相互作用。68kD/72kD是杂二聚体，由它们与停泊蛋白结合。

停泊蛋白含有2个亚基，70kD的α与30kD的β多肽链。α亚基整合于内质网膜内，它的一级结构中，有多个疏水区，中间是一个富含正电荷的肽段。正是此肽段与SRP的TSL-RNA作用，使SRP结合于α亚基上。α亚基具有GTP/GDP的结合能力，这一结合能

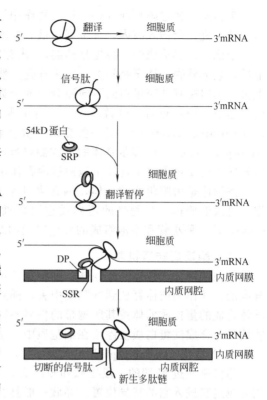

图4-9 新生肽链进入内质网的过程

力调节了停泊蛋白与SRP的结合。β亚基的功能不清楚。SSR为一个六聚体，含有各为34kD与23kD的糖蛋白。它们可以与信号肽和新生肽链的其他部分相互作用。促进新生肽链穿越内质网，它们还可以在新生肽链易位与切除信号肽过程中起作用。

现在知道在新生肽链的C端也存在一些影响肽链穿越内质网膜的肽段，使穿越膜的过程终止。这部分称为终止转移序列，也可认为是一种信号序列。

（二）蛋白质在内质网内的滞留

进入内质网腔的蛋白质一部分滞留在内质网内，但大多数蛋白质则在内质网腔内被加工，然后转入高尔基体，最终转送到细胞其他位置，或是由胞泌作用被排出。如果某些分泌蛋白不具有正确的空间构象，肽链是不能通过内质网的，此时，常常会被重链结合蛋白（热休克蛋白的一种）Bip结合，先被滞留然后进一步会被降解。

（三）蛋白质在内质网内的加工

在内质网内的蛋白质发生两种重要的变化：折叠和糖基化修饰。修饰与折叠是相联系的，正确的折叠必须加上糖基。同时，在蛋白质二硫键异构酶的作用下，发生二硫键的重排。

重链结合蛋白Bip参与了折叠过程。它是属于Hsp70家族的一种分子伴侣。它在内质网腔内促进蛋白质寡聚化和折叠。蛋白质的寡聚化对以后的转运是重要的。Bip也起着除去错误折叠的蛋白质的作用。

高尔基体是有极性的，其顺式侧朝向内质网，反式侧朝向质膜。上述的糖基化步骤是严格依次在高尔基体内各个囊泡（cisterna）之间由顺式侧向反式侧方向逐步进行的。当到达反式侧之后，便分别转移到不同的终点位置。

（四）蛋白质的定位和分泌

蛋白质进入高尔基体后，便分别运送至不同的目的地，如溶酶体、质膜或分泌出细胞

外。蛋白质是通过膜小泡（vesicle）的作用，在其中运送的。蛋白质一旦进入内质网的膜后，便一直保留插入膜内，直至到达最后目的地。

小泡是由膜形成的，膜先是凸起，"出芽"，以后捏断，便形成圆形小泡。小泡由膜上脱下后，包上外壳，移至靶膜上，脱去外壳，然后与靶膜融合，其中的蛋白质即运送到该靶膜上去。小泡视其外壳蛋白的不同而分为两个类型，分别负责两个不同途径的运送。一个类型的小泡由一种未知的蛋白做外壳，负责由内质网—高尔基体—质膜的运送，称为组成分泌（constitutive secretion）；另一类型的外壳蛋白是网格蛋白（clathrin），称为分泌小泡（secretory vesicles），由高尔基体的反式侧将蛋白质通过胞吐作用（exocytosis）分泌出去。细胞外的蛋白质也可以由这种小泡通过内吞作用（endocytosis）进入细胞内。

溶酶体是由膜包着的小体，内含多种水解酶。蛋白质可以由高尔基体反式侧生成的小泡，进入溶酶体。细胞外的蛋白质也可以通过内吞作用，由小泡运送，通过内体（endosome，是一种小管和小泡组成的外包以膜的结构）而进入溶酶体。

二、翻译后转运机制

细胞器例如线粒体、叶绿体、细胞核、过氧物酶体的许多组成蛋白质是由游离的核糖体合成的，并作为前体释放到细胞质中去，随后为细胞器所接受，最终成为结构蛋白质。由核糖体合成的蛋白质前体按其所携带的信号不同而分别转运到不同的细胞器去。如果缺乏这些信号，合成的蛋白质便停留在细胞质中，呈似溶解（quasi-soluble）态。

（一）导肽（leader peptide）

蛋白质通过 N 端的一段导肽和膜结合，这种与膜相互作用的内在的保守顺序负责蛋白质穿越过膜进入它的特异位置。导肽一般具有如下特性：通常是疏水的，由非电负性（即不带电荷）氨基酸构成，中间夹有带正电荷的碱性氨基酸，缺少带负电荷的酸性氨基酸，羟基氨基酸含量高（特别是 Ser），易形成双亲（既有亲水又有疏水部分）α 螺旋结构。带正电荷的碱性氨基酸在导肽中有重要的作用。如果它们被不带电荷的氨基酸所取代，就不能发挥牵引蛋白质过膜的作用。

不同的前导顺序缺乏同源性，这意味着和识别有关的信号不是一级结构，而是二级、三级结构。表 4-4 表示由游离核糖体合成的蛋白所用的信号顺序。通常被导入线粒体和叶绿体，在其 N 端有长约 25 个氨基酸残基的特殊顺序，此顺序可被细胞器被膜上的受体所识别，且在越膜后常被切断。进入核中的蛋白，这段氨基酸顺序更短。这些核定位信号（nuclear localization signals）可穿越核孔。转运到过氧化物酶体的蛋白是通过一个非常短的 C 端顺序引导的。

表 4-4　导肽引导蛋白进入的细胞器及其特点

细　胞　器	信号的位置	类　　型	信号顺序的长度
线粒体	N 端	带电荷	12～30AA
叶绿体	N 端	带电荷	25AA
细胞核	中部	碱性氨基酸	7～9AA
过氧化物酶体	C 端	SKL(Ser-Lys-Leu)	3AA

（二）线粒体中的蛋白定位

线粒体由一种含有两层膜的外被所包被。蛋白质转运到线粒体中可能被定位在外膜、内外膜的间隔、内膜或基质中。若一种蛋白是膜的一种成分，那么它可被定位在膜的外侧或内侧表面。

一种蛋白质定位在膜间质中或在内膜需要一个附加的信号，此信号对于其在细胞器中的定位是特异的。蛋白质需穿越两层膜而进入基质。此特点是由导肽 N 端所赋予的。导肽部分被合成后即被细胞质中的分子伴侣（又称 Hsp70 蛋白家族）识别并结合，肽链完全合成后被释放到细胞质中，分子伴侣的作用是保持合成的蛋白质处于非折叠状态。Hsp70是将非折叠的新生肽链转运到线粒体外膜上的运输受体蛋白，受体蛋白沿着膜滑动到达线粒体内外膜相接触的部位，新生肽链穿过该处转位蛋白形成的蛋白通道进入线粒体，进入线粒体的新生肽链被线粒体Hsp60结合，接着线粒体Hsp60替换Hsp70，并帮助新生蛋白正确折叠成活性状态。

蛋白质向线粒体内膜或膜间隙的定位需要双重信号，分别负责不同层次的定位功能。导肽的第一部分负责将蛋白质运送到线粒体基质，然后在导肽的第二部分信号的作用下返回定位到内膜或膜间隙。导肽的这两个部分可被连续切除。

含有两种信号的导肽其两个部分构成不同，细胞色素C1就是个例子。它结合在内膜和膜间质的表面，其导肽含61AA且可分为不同的功能区。前32AA甚至此区域N端的一半就可将DHFR转运到基质中，因此导肽的第一部分（N端的32AA，非负电性氨基酸含量很高）构成了基质导向信号（matrix-targeting signal）。在基质导向信号区域的后面连接着19个连续的非负电性氨基酸构成的另一功能区，称为膜导向信号（membrane-targeting signal），它将蛋白定位在内膜或在膜的间隔区。

N端的基质导向信号的功能可能在所有线粒体蛋白中都是相同的，被外膜受体识别，导致蛋白穿越过两层膜。因此所有进入线粒体的蛋白转运开始都是相同的，而导肽的特点决定了随后的转运和定位，位于基质中的蛋白除基质导向信号外没有其他的信号。如有膜导向信号需要切除掉基质导向信号后才能显示其功能，切除后导肽保留的部分（新的N端）即膜导向信号就将蛋白导入外膜膜间隔或内膜的合适位置。

基质导向信号的剪切是一个单独加工的过程，该过程涉及的酶是水溶性、Mg^{2+}依赖性的，且定位于基质中。因此即使是定位于膜间质的蛋白质其N端序列也必须到达基质。可剪切的导肽作为一种可接受的信息形式，使蛋白质定位于细胞器中。有的线粒体蛋白是以成熟的形式被识别的。它们有一段膜序列位于N端或中部，这段顺序无需剪切就可发动跨膜。在任何情况下剪切都不与细胞器的识别机制相关，因此剪切位点的突变也并不阻止蛋白的输入。

（三）叶绿体蛋白的转运

叶绿体的导向信号和线粒体的相似。导肽由50AA组成，N端的一半是叶绿体外被识别所需，决定该蛋白质能否进入叶绿体基质。在穿越外被时或穿越后在20～25AA位点之间发生剪切。定位在类囊或腔中的蛋白由N端余下的一半指导类囊膜的识别。

叶绿体蛋白质转运过程有如下特点。

（1）活性蛋白水解酶位于叶绿体基质内，这是鉴别翻译后运转的指标之一。在叶绿体蛋白质的翻译后运转机制中，活性蛋白酶是可溶性的，这一点也不同于分泌蛋白质的翻译-运转同步机制，因为后者活性蛋白酶位于运转膜上。因此，可根据蛋白水解酶的可溶性特征来区别这两种不同的转运机制。

（2）叶绿体膜能够特异地与叶绿体蛋白的前体结合。从豌豆叶片中提取poly（A）mRNA，置于麦胚提取物的上清液中合成蛋白质，并与分离的叶绿体膜共温育，发现RuBP羧化酶小亚基前体和聚光叶绿素a、b结合蛋白质的前体都能与叶绿体膜结合，而提取物中的其他蛋白质不与膜结合，说明叶绿体蛋白质前体与膜之间存在着特异性相互作用，或者说叶绿体膜上有识别叶绿体蛋白质的特异性受体。这种受体保证叶绿体蛋白质只能进入叶绿体内，而不是其他细胞器中。

（四）核定位蛋白的转运机制

细胞核内全部的蛋白质都是由细胞质输入的。在细胞核的核膜上有核孔，是细胞核与细胞质交换大分子的通道。高等真核生物的核孔复合物由约100种不同多肽组成，其相对分子质量达$125\times10^3 kD$。但其孔径只有约9nm，分子较小的蛋白质如细胞色素C可以自由扩散通过，较大分子的牛血清蛋白则不能通过，所以，大分子的蛋白质进入细胞核是一个主动过程，而且要求有信号指引。细胞核定位序列（nuclear localization sequence，NLS）由一至多个碱性氨基酸簇组成。蛋白质进入细胞核分二步：先是携带 NLS 信号的蛋白质与在细胞质中的"输入蛋白"（importin，又称 karyopherin 或 NLS 受体）结合。输入蛋白由 α，β 两个亚基组成。蛋白质先与 α 亚基结合，然后通过输入蛋白-β 结合域（importin-β binding domain，IBB）与 β 亚基结合。由 β 亚基介导此蛋白复合物停泊于核孔复合物。下一步是在小 GTP 酶 Ran（Ras-related nuclear protein）作用下水解 GTP，并使蛋白复合物通过核孔进入核内，输入蛋白的两个亚基则释放出再回到细胞质中。

（五）过氧化物酶体的蛋白转运

过氧化物酶体（peroxisomes）是一种由单层膜包被的小体，含有与氧利用有关的酶。它们通过从底物中除去氧原子将氧变成为过氧化氢（hydrogen peroxide），然后催化过氧化氢氧化其他各种底物的反应。在过氧化物酶体中的所有酶都是从胞液中输入的。就像转运到核中一样，转运到过氧化物酶体的过程依赖一段短的顺序在翻译后进行。各种氢化物酶体的酶都有 C 端顺序 SKL（Ser-Lys-Leu），加在这种很短的顺序作为一种运输的工具。

本 章 小 结

细菌 70S 核糖体由 30S 和 50S 亚基组成。哺乳动物 80S 核糖体由 40S 和 60S 亚基组成。核糖体约由 60%RNA 和 40%蛋白质组成。

在原核生物多肽链的起始中，fMet-tRNA 首先与结合在核糖体 30S 亚基上的 mRNA 起始密码结合，形成的 30S 起始复合物，再与核糖体 50S 亚基形成 70S 起始复合物。这一过程需 GTP 和起始因子 IF-1，IF-2，IF-3，在多顺反子 mRNA 中能在几个不同的起始位点自动进行。在多肽链的延伸中，AA-tRNA 与核糖体的 A 位点结合，然后它与位于 P 位点的肽酰 tRNA 或 fMet-tRNA 反应。tRNA 移位到 P 位点，在 mRNA 发生移动的同时，脱甲酰化的 tRNA 也脱离核糖体，从而为下一个 AA-tRNA 空出 A 位点。在多肽链的终止中，肽酰-tRNA 间的酯键被水解。

真核生物具有与原核生物相似的核糖体上的蛋白质合成过程，尽管对真核蛋白合成的细节并不完全清楚，但与原核蛋白质合成相比，在链的延伸和终止上的差别相对是很小的，但在起始时的差别却较大。

不论是原核生物还是真核生物，直接翻译出来的蛋白质通常没有生物学功能，必须经历适当的加工和修饰后，才能最终成为有特定三维结构的功能分子。这些加工和修饰主要有蛋白质的折叠、肽链中氨基酸残基的化学修饰、肽链 N 端甲硫氨酸或甲酰甲硫氨酸的除去、切除前体中功能不必需肽段、二硫键的形成、多肽链 N 端和 C 端的修饰等。

许多蛋白质要从它们合成的地方转移至其他位置。真核生物，大多数蛋白质由细胞质核糖体合成，有一部分保留在细胞质中，其他蛋白质进入细胞器与膜或是分泌出细胞。线粒体和叶绿体能合成少量蛋白质，仍需从细胞质转移入蛋白质。原核生物合成的蛋白质也有一部分要分泌到细胞外。这些过程都涉及蛋白质的转运。

思 考 题

1. 简述蛋白质合成三个阶段的主要事件。
2. 翻译因子在原核生物和真核生物的翻译过程中各具有什么功能？
3. 简述原核生物和真核生物翻译的主要区别。
4. 简述 SRP 的结构和功能。
5. 简述分子伴侣在蛋白质折叠中的作用。

第五章　基因表达调控

第一节　原核生物基因表达调控

一、概述

原核生物及单细胞真核生物在其生长繁殖过程，往往直接暴露在变化莫测的自然环境中，其食物供应多样且无保障，因此只能随同环境条件的改变，来合成各种不同的蛋白质，使其代谢过程能够适应环境的变化，维持自身的生存乃至繁衍。高等真核生物代谢途径以及食物来源相对于原核生物而言比较稳定，但由于它们是多细胞的有机体，在个体发育过程中出现细胞分化，形成各种组织和器官，不同的细胞所合成的蛋白质在质和量上是不同的。因此，不论是真核细胞还是原核细胞，都必须有一套准确的调节基因表达和蛋白质合成的机制。

生物的遗传信息是以基因的形式储藏在细胞内的 DNA（或 RNA）分子中的，随着个体的发育，DNA 有序地将遗传信息通过转录和翻译的过程转变成蛋白质，执行各种生理生化功能，完成生命的全过程。从 DNA 到蛋白质的过程，叫做基因表达（gene expression）对这个过程的调节就称为基因表达调控（regulation of gene expression or gene control）。对于原核生物，以营养状况（nutritional status）和环境因素（environmental factor）为主要的基因表达影响因素。在真核生物尤其是高等真核生物中，激素水平（hormone level）和发育阶段（developmental stage）是基因表达调控的最主要手段和体现，而营养和环境因素的影响力大为下降。

（一）细菌细胞对营养的适应

为了生存，细菌必须能够适应广泛变化的环境条件。这些环境条件包括营养、水分、溶液浓度、温度、pH 等。而这些条件又必须通过细胞内的各种生化反应途径，为细胞的生长繁殖提供能量和构建细胞组分所需的小分子化合物。一般细菌如大肠杆菌所需的碳源首先是葡萄糖，利用葡萄糖发酵获得能量，维持生存。在缺乏葡萄糖时细菌也可以利用其他糖类（如乳糖）作为碳源维持生存。

（二）结构基因和调节基因

结构基因（structural gene）是编码蛋白质或功能 RNA 的基因。细菌的结构基因一般成簇排列，多个结构基因受单一启动子共同控制，使整套基因都表达或者都不表达。结构基因编码大量功能各异的蛋白质，其中有组成细胞和组织器官基本成分的结构蛋白、有催化活性的酶和各种调节蛋白等。调节基因（regulator gene）是编码合成那些参与基因表达调控的 RNA 和蛋白质的特异 DNA 序列。调节基因编码的调节物通过与 DNA 上的特定位点结合控制转录是调控的关键。调节物与 DNA 特定位点的相互作用能以正调控的方式（启动或增强基因表达活性）调节靶基因，也能以负调控的方式（关闭或降低基因表达活性）调节靶基因。它们通常位于受调节基因的上游，但有时也有例外。

（三）正调控与负调控

在正转录调控系统中，调节基因的产物是激活蛋白（activator），激活蛋白结合启动子及 RNA 聚合酶后，转录才会进行。在负转录调控系统中，调节基因的产物是阻遏蛋白（repressor），阻止结构基因转录，其作用部位是操纵区，它与操纵区结合转录受阻。

（四）可诱导的操纵子（inducible operon）与可阻遏的操纵子（repressible operon）

根据操纵子对于能调节它们表达的小分子的应答反应的性质，可将操纵子分为可诱导的操纵子和可阻遏的操纵子两大类。在可诱导的操纵子中，加入这种对基因表达有调节作用的小分子后，则开启基因的转录活性。这种作用及其过程叫做诱导（induction）。产生诱导作用的小分子物质叫做诱导物（inducer）。在可阻遏的操纵子中，加入对基因表达有调节作用的小分子物质后，则关闭基因的转录活性。这种作用及其过程叫做阻遏（repression）。产生阻遏作用的小分子物质叫做辅阻遏物（corepressor）。

二、转录水平调控

细菌能随环境的变化迅速改变某些基因表达的状态，这就是很好的基因表达调控的实例。人们就是从研究这种现象开始，打开认识基因表达调控分子机理的窗口的。针对大肠杆菌利用乳糖的适应现象，法国的 Jacob 和 Monod 等人做了一系列遗传学和生化学研究实验，于 1961 年提出乳糖操纵子学说，这个模型是人们在科学实验的基础上第一次开始认识基因表达调控的分子机理。

（一）乳糖操纵子（lactose operon）

1. 组成与结构

大肠杆菌的乳糖操纵子长约 5 000 个碱基对，是目前对操纵子研究最详尽的例子，也是研究转录水平调控规律的基本模式。大肠杆菌乳糖操纵子有 3 个与乳糖分解代谢相关的结构基因，即 lacZ、lacY 和 lacA，在乳糖操纵子中成簇排列，编码的 3 种酶可催化乳糖的分解，产生葡萄糖和半乳糖。大肠杆菌的乳糖操纵子结构如图 5-1 所示。

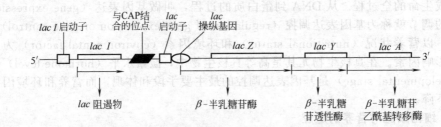

图 5-1 大肠杆菌乳糖操纵子各功能区组织排列示意图

三个结构基因的功能如下：lacZ 基因编码 β-半乳糖苷酶，为 500kD 的四聚体构成。在分解代谢中可水解乳糖的半乳糖苷键，从而产生半乳糖和葡萄糖。lacY 基因编码 β-半乳糖苷透性酶，这种酶是一种分子质量为 30kD 的膜结合蛋白，它构成了转运系统，负责将半乳糖转运到细胞中。lacA 基因编码 β-半乳糖苷乙酰转移酶，其功能是将乙酰辅酶 A 上的乙酰基转移到 β-半乳糖苷上。

除此之外，乳糖操纵子还包括处在结构基因上游的调节基因 lacI。lacZ、lacY、lacA 基因的转录是由 lacI 基因指令合成的阻遏蛋白所控制的。lacI 一般和结构基因相邻，但其本身有自己的启动子和终止子而形成独立的转录单位。乳糖操纵子的阻遏蛋白是由 4 个亚基组成的四聚体，主要结合在结构基因 lacZ、lacY 和 lacA 上游的操纵基因（lacO），阻止启动子的转录起始，对操纵子形成负调控（negative regulation）。

2. 乳糖操纵子的调控机制

当培养基中没有乳糖时，调节基因编码的阻遏蛋白结合到操纵基因上，阻止了结构基因的表达。将大肠杆菌转到乳糖培养基中时，由于诱导物分子结合在阻遏蛋白的特异部位，引起阻遏蛋白构象改变，而不能结合到操纵基因上，操纵子被诱导表达。在这个系统中的诱导物分子不是乳糖本身，而是乳糖的同分异构体——异乳糖。乳糖进入大肠杆菌细胞后被转化成了异乳糖（图 5-2）。

3. 小分子效应物的作用

细菌要能在营养供给千变万化的自然环境中生存下来，就必须对环境的变化做出迅速的

不存在诱导物时抑制转录

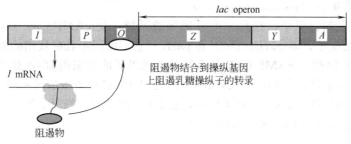

阻遏物结合到操纵基因
上阻遏乳糖操纵子的转录

存在诱导物时正常转录

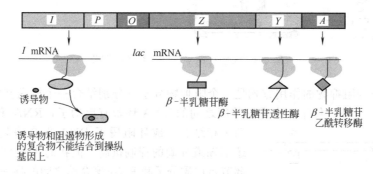

图 5-2　乳糖操纵子负调控模型

反应，并具备可交换不同代谢底物的能力。因此当缺乏底物的时候，细菌就阻断相关酶的合成途径，但同时也留有余地，当底物存在之时可立刻快速大量地合成相关酶类。这种机制反映在原核生物的操纵子上，即是通过调节蛋白与小分子物质相互作用达到诱导状态或阻遏状态。这些小分子或是代谢途径的底物或是产物，属于基因表达的调节物质，称为效应物。细菌细胞有两种类型的效应物，简述如下：

（1）诱导物　在自然状态下有些阻遏蛋白一般结合在 DNA 分子上，当诱导物缺乏时，阻遏蛋白与操纵基因牢固结合，阻止 RNA 聚合酶进入启动子区域，操纵子被关闭，结构基因不能转录。当有诱导物存在时，诱导物与阻遏蛋白结合，促使后者空间构象变化，使阻遏蛋白与操纵基因亲和力下降而解离下来，RNA 聚合酶能够进入启动子区域，开启了结构基因的转录表达。

（2）辅阻遏物　有些阻遏蛋白本身不具有结合操纵基因的活性，在自然状态下操纵子是开放的，能正常表达，当细胞中有辅阻遏物存在时，它可以结合到阻遏蛋白分子上，提高阻遏蛋白与操纵基因的亲和性。

4. 降解物对基因活性的调节

有葡萄糖存在的情况下，即使在培养基中加入乳糖、半乳糖、阿拉伯糖或麦芽糖等诱导物，与其相对应的操纵子也不会启动产生代谢这些糖的酶。这是因为葡萄糖是最常用的碳源，细菌所需要的能量主要从葡萄糖获得，在这种情况下，细菌无需开动一些不常用的基因去利用这些稀有的糖类。葡萄糖的存在可抑制细菌细胞中的腺苷酸环化酶，减少环腺苷酸（cAMP）的合成，与它结合的受体蛋白质 CAP 因找不到配体而不能形成 cAMP-CAP 复合物。cAMP-CAP 是一个重要的正调节物质，可以与操纵子上的启动子区结合，启动基因转录，所以如果培养基中葡萄糖的含量下降，腺苷酸环化酶活力就会相应提高，cAMP 合成增加，cAMP 与 CAP 形成复合物并与启动子结合，促进乳糖操纵子的表达。葡萄糖等降解物的这种抑制的作用称为葡萄糖效应或称为降解物抑制作用。

（二）半乳糖操纵子 （galactose operon）

大肠杆菌的半乳糖操纵子，也是一个可诱导的系统，受 cAMP-CRP 和阻抑物的调节。gal 操纵子有 3 个顺反子，即 *galE*、*galT* 和 *galK*，它们编码半乳糖代谢的酶。这个操纵子含有 2 个启动子 *P1* 和 *P2*。cAMP-CRP 复合物结合操纵子的非编码 DNA 位点以相反的方式从 2 个启动子开始调节转录起始，即 cAMP-CRP 通过 *P1* 启动子激活转录但通过 *P2* 启动子抑制转录。因此，当细胞内 cAMP 浓度高时，在 *P1* 启动子起始操纵子的转录但是当 cAMP 水平低时，从 *P2* 启动子起始转录（如图 5-3）。

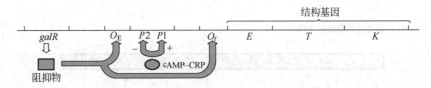

图 5-3　大肠杆菌半乳糖操纵子的调节

gal 操纵子的阻抑物的作用方式是 2 个阻抑物分子（分别结合一个操纵基因）相互作用，使 DNA 形成一个环。位于 2 个操纵基因之间的 DNA 环含有启动子，RNA 聚合酶与这些启动子相结合。成环阻碍了 RNA 聚合酶起始转录。尽管还不知道准确的抑制机制，但我们相信 DNA 环的形成使调节蛋白质分子和 RNA 聚合酶之间的物理接触成为可能，RNA 聚合酶结合 DNA 分子上已解旋的区域，这种接触在某种程度上调节了转录效率和转录速度（图 5-4）。

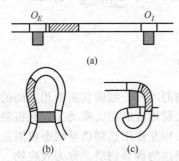

图 5-4　大肠杆菌半乳糖操纵子的 DNA 成环

(a) 阻遏物二聚体分别结合两个操纵基因；通过机制 (b) 或 (c) 二聚体结合到一起，产生一个居间 DNA 环。斜线为 gal 启动子区

（三）阿拉伯糖操纵子 （arabinose operon）

阿拉伯糖是另一个能为细菌细胞代谢提供碳源的五碳糖。大肠杆菌中阿拉伯糖的降解利用需要 3 个基因：*araB*、*araA* 和 *araD*，在阿拉伯糖操纵子上形成基因簇（*araBAD*）。另外，阿拉伯糖操纵子还包括调节基因 *araC*、操纵基因 *araO*、启动子 P_{BAD}，以及离这个基因簇较远的 2 个负责将阿拉伯糖运入细胞的蛋白基因 *araE* 和 *araF*。*araE* 和 *araF* 属于另一个操纵子，由同一启动子起始转录。三个结构基因 *araB*、*araA*、*araD* 由共同的启动子 P_{BAD} 起始转录。激活区 *araI* 位于 P_{BAD} 启动子的上游。*araBAD* 和 *araC* 基因的转录分别在 DNA 的两条链上反向进行，*araBAD* 基因簇从启动子 P_{BAD} 开始向右进行转录，而 *araC* 基因则是从 *Pc* 向左进行转录。

AraC 蛋白同时显正、负调节因子的功能。阿拉伯糖操纵子的操纵基因受 AraC 蛋白调节。AraC 蛋白具有两种不同的功能构象，即正、负调节因子的双重功能构象。一般认为，Pr 是起阻遏作用的构象形式，可与操纵区位点相结合，Pi 是起诱导作用的构象形式，通过与 P_{BAD} 启动子结合进行调节。Pr 和 Pi 两种构象处于动态平衡之中。当缺乏诱导物阿拉伯糖时，AraC 处于 Pr 状态，不结合 *araI* 而是结合操纵基因位点，阻碍 *araBAD* 的表达。当阿拉伯糖存在时，由 *araC* 编码的激活蛋白 AraC 与其结合，改变了 AraC 的构象显出 Pi，该复合物结合于 *araI* 区后可激活 P_{BAD} 转录（图 5-5）。

（四）色氨酸操纵子 （tryptophan operon）

大肠杆菌的乳糖操纵子是一个诱导系统，控制的是分解代谢。其底物小分子的存在诱导

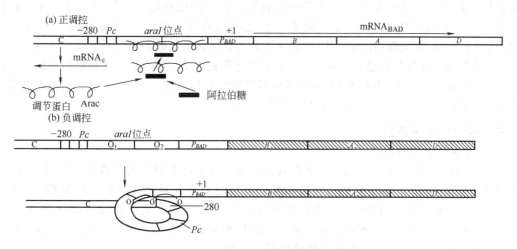

图 5-5　阿拉伯糖对 ara 操纵子 araL 位点的调控作用

操纵子打开而合成一系列酶系,从而催化乳糖的分解。色氨酸操纵子作用则正好相反,其控制的是合成代谢,最终合成产物是色氨酸。在培养基中缺乏色氨酸时操纵子打开,而加入色氨酸后将促进操纵子的关闭,也就是代谢途径的最终产物色氨酸或某种物质对转录起到阻遏而非诱导的作用(图 5-6)。

1. 色氨酸操纵子的阻遏系统

trp 操纵子中编码阻遏物的基因 $trpR$ 距 trp 基因簇较远,编码合成一个相对分子质量为 58 000kD 的阻遏蛋白。当这个阻遏蛋白以游离形式存在时,不能结合到操纵基因上,此时后者能够转录和表达,使细菌细胞合成色氨酸。但当在培养基中的色氨酸过量时,它能与阻遏蛋白形成复合物,并结合到操纵基因上阻止结构基因转录,这种以代谢终产物阻止基因转录的机理称

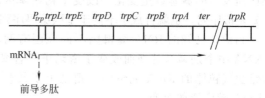

图 5-6　大肠杆菌色氨酸操纵子结构

结构基因 $trpEDCBA$ 从启动子 P_{trp} 开始转录。
结构基因的上游是编码称为 TrpL 前导肽的短序列。
$trpR$ 阻遏物基因是非连锁的,图中以断线表示

为反馈阻遏。此终产物(色氨酸)称为辅阻遏物。这种调控方式容易造成在色氨酸充足时,色氨酸-阻遏蛋白复合体结合操纵基因,完全阻断转录;而当色氨酸水平很低时,阻遏被消除,转录开放,合成色氨酸(图 5-7)。

2. 色氨酸操纵子的弱化系统

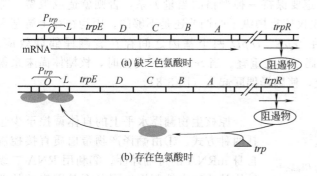

图 5-7　色氨酸操纵子负调控过程

色氨酸操纵子的阻遏系统是色氨酸生物合成途径的第一水平调控,它主要调节转录的启动与否。色氨酸操纵子的第二水平调控是色氨酸操纵子的弱化系统,它决定着已经启动的转录是否能够继续进行下去。

在色氨酸 mRNA5′端 $trpE$ 起始密码子前有一段 162 个碱基的 DNA 序列和核糖体结合位点,称为前导序列(leader sequence)。当 mRNA 转

录起始后，如果培养基中存在一定水平的色氨酸，转录能够被启动，但到达这个区域就停止，产生一个 140nt 的 RNA 分子，如果没有色氨酸存在，则转录继续进行，合成 trpE mRNA。当 mRNA 合成起始以后，除非培养基中完全没有色氨酸，否则转录总是在这个区域终止。因为转录终止发生在这一区域，并且这种终止能被调节，因此这个区域被称为弱化子或衰减子（attenuator）。对引起终止的 mRNA 碱基序列的研究发现，这一区域的 mRNA 碱基序列可通过自我配对形成茎-环结构，可以导致转录终结。

三、转录后水平调控

（一）RNA 干扰的影响

RNA 干扰（RNA interference）是在研究反义 RNA 技术中首先发现的，与反义 RNA 的作用既有联系又有一定的差别。反义 RNA 是利用完全互补的 RNA 与同源性 mRNA/DNA 杂交，封闭 mRNA/DNA，以阻断基因的表达。RNA 干扰是外源或内源性双链 RNA（dsRNA）触发同源 mRNA 的特异性降解，从而使相应基因表达沉默。因 RNA 干扰所致的基因沉默发生在转录后水平，亦称为转录后基因沉默。

（二）RNA 编辑的影响

RNA 编辑发生在转录后的 mRNA 中，其编辑区出现碱基插入、删除或转换等变化，从而改变了初始物的编码特性。RNA 编辑同人们已知的 hnRNA 选择剪接一样，使得一个基因序列有可能产生几种不同的蛋白质。但二者的区别也是显而易见的：剪接是在切除内含子后得到成熟的 mRNA，其编码信息都存在于所转录的原初基因中；经过编辑的 mRNA 其编码区所发生的碱基数量变化，改变了初始基因的编码特性，翻译生成不同于 DNA 模板规定的氨基酸序列，也就合成了不同于基因编码序列的蛋白质分子。

目前，已知的 RNA 编辑因不同原因有两种不同情况。在哺乳动物细胞中，常是由于 mRNA 中个别碱基替换而改变了密码子的含义，导致了蛋白质中氨基酸序列的改变。而在像锥虫线粒体的 RNA 编辑中，则是由于某些基因转录物中碱基系统地插入或删除，引起 mRNA 较广泛的改变。

四、翻译水平调控

翻译的几个主要的步骤：起始，延伸和终止都出现了不同方式的调控，以达到某种产物的平衡，既满足细胞的需要，同时又不造成浪费。

（一）翻译起始的调控

1. 重叠核苷酸与翻译调控

在原核生物常常出现操纵子中相邻的基因有少量的 DNA 顺序发生重叠，这不仅可以充分利用有限的碱基，而且有时可以起到调控的作用。

色氨酸操纵子的 5 个基因中 trpE 和 trpD 分别编码邻氨基苯甲酸合成酶的不同亚基，组成四聚体。trpE、trpD 产物的量一定要保持一种严格的当量关系，否则就造成浪费。那么如何来保证这种产量的一致性呢？仅仅依靠操纵子的调节还是不够的，因为往往上游基因表达的量总会大于下游基因。原来在 trpE、trpD 两个基因之间存在着翻译偶联效应。TrpE 的终止密码子和 trpD 的起始密码子相互重叠。当 trpE 翻译终止时，核糖体尚未来得及解离，已处于 trpD 的起始密码子上，使翻译偶联起来（图 5-8）。

2. 翻译水平的自体调控

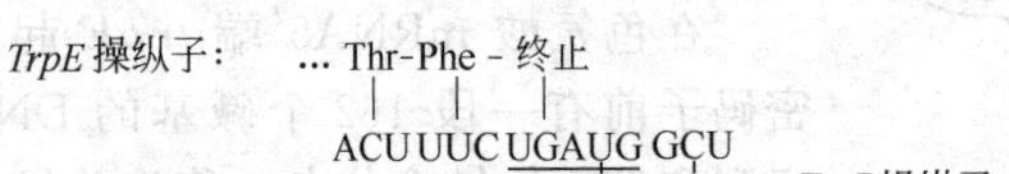

TrpE 操纵子：　...Thr-Phe - 终止

<u>ACU UUC</u> UGAUG GCU

　　　　　　Met-Ala...：TrpD 操纵子

图 5-8　色氨酸重叠核苷酸

原核生物翻译水平上的自体调控至少包括两种方式：①由翻译产物蛋白质直接控制自身 mRNA 的可翻译性。②利用 RNA 二级结构的改变来控制操纵子各个基因表达的差异性，这是另一种自体调控。

（1）RNA 噬菌体 mRNA 翻译的自体调控　这类自体调控的特点是 mRNA 翻译产物作为一种阻遏物起调控作用的。例如 RNA 噬菌体 R17 外壳蛋白基因表达就是受到自体调控系统控制的，当体内不需要此外壳蛋白时，R17 外壳蛋白与其 mRNA 含有的核糖体结合位点的发夹结合，从而阻遏 mRNA 的翻译。又如 T4 RegA 蛋白与 T4 早期几种 mRNA 上 AUG 起始密码子的一致序列结合，以及噬菌体 T4 DNA 聚合酶作为阻遏物与自身 mRNA 上的 SD 序列结合，这些都是典型的自调系统。

（2）核糖体蛋白翻译系统的自体调控　组成原核细胞的核糖体蛋白有近 70 种，rRNA 约 3 种，却占整个核糖体 66%，蛋白质占 34%。各种核糖体蛋白的数目不同，功能各异，半衰期不同。然而核糖体蛋白和一些辅因子以及 RNA 聚合酶等的基因掺杂在一起组成 6 个操纵子。这样一些基因组成的操纵子则必然存在一种差异表达的机制，用以保持核糖体各种蛋白质一定数目和配比，并适应核糖体组装的需要。

按照核糖体装配的需要，假设自体调节剂核糖体蛋白对 rRNA 结合位点的亲和力比对 mRNA 结合位点的亲和力更强，那么只要有游离的 rRNA 可被利用，新合成的核糖体蛋白立即与之结合，此时由于没有游离的核糖体蛋白与 mRNA 结合，于是 mRNA 的翻译继续进行，随即 rRNA 合成减慢或停止。随着时间的推移，游离的核糖体蛋白开始积累，那些可利用的核糖体蛋白与 mRNA 结合阻遏下一轮的翻译。另一方面，一旦 rRNA 过量，核糖体蛋白结合到 rRNA 位点上，于是 rRNA 合成被阻遏，如此周而复始形成一条自调循环路线。

（3）mRNA 二级结构对翻译的调控　在一些 RNA 噬菌体 mRNA 上有两个翻译的起始位点（含 AUG 密码子），只有一个起始位点是可被利用的，因为第二个起始位点被包含在茎环二级结构中，因而核糖体不能识别它。但当第一个顺反子翻译的核糖体破坏了这种二级结构后，AUG 被暴露，核糖体很易结合到下一个顺反子起始位点上，结果使第二个起始点成为可利用的。许多 RNA 噬菌体常利用其 mRNA 中的二级结构来控制它的可翻译性。

3. 反义 RNA 的调控

有时小分子 RNA 也可调节基因的表达，和蛋白质调节物一样，此 RNA 是独立合成的分子，与靶位点的特殊序列是分开的。靶序列常是单链核苷酸序列，调节物 RNA 的功能是和靶序列互补，形成一个双链区。此调节物 RNA 的作用可能有两种机制：①和靶核苷酸序列形成双链区，直接阻碍其功能，如翻译的起始。②在靶分子的部分区域形成双链区，改变其他区域的构象，这样直接影响其功能。在控制翻译的反义调控中意味着 RNA-RNA 的相互作用。

（二）翻译的延伸调控

1. 稀有密码子的调控

在原核生物中，有时同一个操纵子中的基因其功能并不相关，那么它们的产量就不可能要求一致，但又同在一个操纵子中，如何来进行调节呢？除自我调控外还可以利用别的途径，如利用稀有密码子进行调控就是有效的方法之一。

所谓的稀有密码子是在一般的编码中利用频率很低的密码子。如 25 种非调控蛋白中 Ile 的几种密码子中 AUA 使用频率仅有 1%，它就是一种稀有的密码子。这就意味着在一般情况下，细菌中相应于 AUA 的 tRNA 比较少。

E.coli 的 rpsU 操纵子，由 *rpsU*，*dnaG* 和 *rpoD* 三个基因组成簇（图 5-9）。rpsU 指令合成核糖体小亚基蛋白 S21，在每个细胞中有 4 万个分子，产量很高。与其相邻的 *dnaG* 基因编码引物酶，催化合成冈崎片段的引物，每个细胞中含 50 拷贝，相对的产量是很低的。*rpoD* 编码

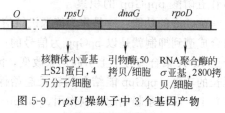

图 5-9　*rpsU* 操纵子中 3 个基因产物的拷贝数各不相同

RNA 聚合酶的 σ 亚基，每个细胞中有 2 800 个拷贝，产量界于前二者之间。这三个基因连锁在同一操纵子上，它们产物的量何以能差异如此之大？编码 Ile 的 AUA 在一般情况使用频率仅有 1%，而在 dnaG 基因中它占有的频率是 32%，几乎占了 1/3，但细胞中其相应的 tRNA 含量很少，不易获得，这样就延长了核糖体在 mRNA 上行经的时间，从而降低了翻译的速度。rpoD 基因正好与此相反 AUA 的分布频率为 0。根本就不使用这个稀有密码子，所以合成 σ 亚基不受其影响，而使用最多的密码子 AUC 其 tRNA 也是细胞中含量最丰富的，正好可以满足其需要，因此其产量可以高达 2 800 个拷贝。

2. 二级结构对翻译的调控

弱化作用是原核生物利用 RNA 的二级结构来调控转录。利用相似的机制还可以对翻译进行调控，较典型的例子就是抗红霉素基因利用 mRNA 二级结构的改变来调控甲基化酶的表达，以对环境中是否存在红霉素作出反应。抗红霉素基因的 mRNA 前导序列中有 4 段 RNA 序列，就像弱化子一样，可以相互配对形成二级结构。当无红霉素存在时，核糖体顺利地翻译了前导肽，并从 mRNA 上释放下来，使得 1-2，3-4 相互配对，形成了二级结构。

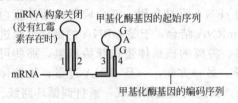

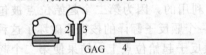

图 5-10　红霉素甲基化基因的表达受到前导肽和 RNA 二级结构的调控

而其编码甲基化酶区域的 SD 顺序正好处在 3-4 区之间，位于二级结构中，无法在翻译起始中发挥作用。因此甲基化酶不能产生，此时的 mRNA 呈现的是关闭构象。当红霉素存在时，它能与核糖体大亚基的 23S rRNA 结合，抑制了前导肽的翻译，因此核糖体停留在 mRNA 的 1 区，使 2 区和 3 区得以相互配对形成发夹结构，这样甲基化酶的 SD 顺序就游离出来，可以和第二个核糖体结合，翻译出甲基化酶。此酶的作用是使 23S rRNA 上的腺苷酸甲基化，结果红霉素就无法与其结合，从而达到抗红霉素的作用（图 5-10）。

（三）翻译终止调控

1. 严紧控制

细菌生长在贫瘠的条件下（如氨基酸不足），它们立即大范围地将基因活性关闭，表现为 rRNA 和 tRNA 合成减少 80%～90%，总 RNA 合成减少到原水平的 5%～10%，某些 mRNA 合成减少到 3%。蛋白质合成减少而降解速度增大，许多代谢发生调整。这种受控于氨基酸饥饿产生一系列的反应称为严紧反应（stringent reaction）。

曾经观察到任何一种氨基酸的缺乏和引起任何一种氨酰-tRNA 合成酶失活的突变都能触发严紧反应。这说明细胞内必有一个触发严紧反应的触发器，后来的研究表明触发器就是位于核糖体 A 位上的无负载的 tRNA。这种无负载的 tRNA 以 tRNA·EF-Tu·GTP 复合物进入 A 位，当没有可利用的特异的氨酰-tRNA 去对应 mRNA 特异的密码子时，此种无负载 tRNA 进到入口处。它的存在使肽酰-tRNA 和氨酰-tRNA 之间无法形成肽键，而 GTP 却照常水解，这就是所谓的空转（idling）反应。空转反应的结果出现了鸟苷四磷酸 ppGpp 和鸟苷五磷酸 pppGpp 的积累。

ppGpp 的功能：一是作为能源饥饿信号分子，许多细菌在氮源饥饿时，rRNA 和核糖体蛋白合成遭到抑制就是以 ppGpp 为信号的；二是抑制 16S rRNA 聚合酶的活性，由于 ppGpp 结合于 RNA 聚合酶分子上引起构象改变，因此能抑制 rRNA 的合成；三是具有抑制转录启动和延长的功能，ppGpp 能结合到转录起始保守序列 CGCCNCC（N 代表四种核苷酸中的任意一种）上，对转录起始起抑制作用。ppGpp 还能使 RNA 聚合酶中途停顿导致转录速度缓慢。

2. mRNA 的寿命对翻译的调节

一般来说，原核生物的 mRNA 寿命很短，大多数 mRNA 的半衰期为 2～3 min，这样就能够使细菌迅速适应环境的变化。但是，细菌中各种 mRNA 在寿命上还是有相当大差异的。决定 mRNA 寿命的许多因素都影响到基因的表达。

降解 mRNA 的酶主要是 3′外切核酸酶。而 mRNA 在分子末端的二级结构可能阻止了 3′外切酶的进攻。不依赖 ρ 因子的终止子结构使其 mRNA 更为稳定。通过基因融合试验发现，这种终止子序列经融合基因带来更大的稳定性。凡是降低终止子中发夹结构强度的突变都造成 mRNA 稳定性的降低。由此可见，终止子结构的意义不仅在于转录的终止，而且决定了 mRNA 的寿命。在细胞内，决定 mRNA 稳定性的因素可能更为复杂，因为具有不依赖于 ρ 因子的终止子结构的某些 mRNA 仍然是不稳定的。这就表明，可能存在着具有一定序列专一性的核酸内切酶能够影响 mRNA 的稳定性。

第二节　真核生物基因表达调控

一、概述

真核生物基因表达调控的许多基本原理与原核生物基因相同。主要表现在：①与原核基因的调控一样，真核基因表达调控也有转录水平调控和转录后的调控，并且也以转录水平调控为最重；②在真核结构基因的上游和下游（甚至内部）也存在着许多特异的调控成分，并依靠特异蛋白因子与这些调控成分的结合与否调控基因的转录。

由于真核生物与原核生物的基本生活方式不同，真核生物与原核生物染色质结构、基因组结构特点不同，以及真核基因与原核基因表达的时空特点不同等，真核基因表达调控中至少有 4 个方面与原核基因表达调控不同。

（1）真核基因表达受到更多层次的调控　由于真核基因的转录与翻译在时空上是分开进行的，而且真核基因是断裂基因，转录后需经过剪接去除内含子、拼接外显子以及加"头"（GpppmG），加"尾"（polyA）等修饰过程才具有翻译模板活性，使得真核基因的表达有多种调控机制，其中许多机制是原核细胞所没有的。真核基因表达调控包括 DNA 和染色体水平的调控、转录水平的调控、转录后水平的调控、翻译水平的调控、蛋白质加工水平的调控等多种层次。

（2）顺式作用元件与反式作用因子的转录调节模式　转录起始的调节是真核基因表达调控的关键环节，这一过程主要通过顺式作用元件（*cis*-acting element）与反式作用因子（*trans*-acting factor）的相互作用而实现。顺式作用元件是指对基因表达有调节活性的 DNA 序列，其活性只影响与其自身同处在一个 DNA 分子上的基因。这种 DNA 序列通常不编码蛋白质，多位于基因旁侧或内含子中，如位于转录单位开始和结束位置上的启动子和终止子、增强子和沉默子等。反式作用因子指其编码基因与其识别或结合的靶核苷酸序列不在同一个 DNA 分子上的一类蛋白调节因子（又称上游调节因子），包括激活因子和阻遏因子等。

（3）正调控占主导　真核细胞中虽然也像原核细胞一样有正调控和负调控成分，但目前已知的主要是正调控。而且一个真核基因通常都有多个调控序列，必须有多个激活物同时特异地与之结合才能调节基因的转录。

（4）细胞特异性或组织特异性表达　真核生物都为多细胞生物，在个体发育过程中发生细胞分化后，不同细胞的功能不同，基因表达的情况也就不一样。某些基因仅特异地在某种细胞中表达，称为细胞特异性或组织特异性表达。真核生物的细胞特异性或组织特异性表达显示其具有调控这种特异性表达的机制。

二、DNA 和染色体水平

真核生物基因组不是环状或线状近于裸露的 DNA，而是由多条染色体组成，染色体本身也是以核小体为单位形成的多级结构，因此真核生物的基因调控是从 DNA 到染色体多层次的。

（一）基因丢失

有的生物在个体发育的早期，在体细胞中要丢失部分染色体，而在生殖细胞中保持全部的基因组，被丢失的染色体其上的遗传信息可能对体细胞来说没有什么意义，而对生殖细胞的发育也许是不可缺少的。

马蛔虫（*Parascaris equoorum*）受精卵细胞内只有一对染色体（2n＝2）（另一亚种 2n＝4），第一次卵裂是横裂，产生上下两个子细胞，由于受精卵中含有的各种物质并不是均一分布，而是从上面的动物极到下面的植物极呈一种梯度分布，它影响到分裂的方向和染色体的丢失。第二次卵裂时下面的子细胞仍进行横裂，保持着原有的基因组，而上面的子细胞却进行纵裂，丢失了部分染色体。最下面的子细胞总是保持了全套的基因组，将发育成生殖细胞，其余丢失了部分染色体片段的细胞分化为体细胞。

（二）基因扩增

基因扩增其本质是指细胞内特定基因拷贝数专一性大量增加的现象。可分为几种情况：

1. 组织中整个染色体组都进行扩增

例如果蝇的唾腺中，细胞不分裂但染色体却多轮复制，产生巨大的多线染色体（polytenne chromosomes）含 1 000 多条染色单体。

2. 发育中的编程扩增

（1）特定的基因簇的染色体外扩增　非洲爪蟾的每条染色体上有约 450 个拷贝编码 18S、5.8S 和 28S rRNA 的串联重复单位，它们成簇存在，形成核仁形成区。可是在卵母细胞中 rDNA 串联重复单位被剪切下来后环化，以滚环复制的形式进行扩增，使拷贝数扩大了 1 000 倍以上，为胚胎的发育提供大量的合成装置，直到发育成蝌蚪阶段。在四膜虫中，剪切的 rDNA 是通过发夹引导复制的，产生一个线性的反向重复元件。

（2）特定的基因簇原位扩增　黑腹果蝇卵壳蛋白是由多倍体的卵泡细胞合成和分泌的。昆虫的卵壳基因成簇排列，在黑腹果蝇中已鉴别出两组。其中一组位于 X 染色体上的基因，在表达之前经 4 次重复，扩增了 16 倍；另一组基因在第 Ⅲ 染色体上，它们经 6 次重复，扩增了 64 倍。这样通过在卵泡细胞中选择性扩增来满足在短期中对卵壳蛋白的大量需要。

（3）哺乳动物培养细胞中定向基因的应激性扩增　某些试剂可使那些对其产生抗性的基因大量扩增。当用药物处理培养的哺乳类细胞来抑制特定的酶时，抗性细胞可以被分离并大量生长。

（三）基因重排

一个基因可以通过从远离其启动子的地方移到距它很近的位点而被启动转录，这种方式称基因重排。通过基因重排调节基因活性的典型例子是小鼠免疫球蛋白结构基因的表达。我们知道，免疫球蛋白的肽链主要是由可变区（V 区）、恒定区（C 区）以及两者之间的连接区（J 区）组成的，而且 V 基因、C 基因和 J 基因在小鼠胚胎细胞中是相隔较远的。当免疫球蛋白形成细胞（如淋巴细胞）发育分化时，能通过染色体内重组，把 3 个远离的基因紧密地连接在一起，从而产生免疫球蛋白（图 5-11）。

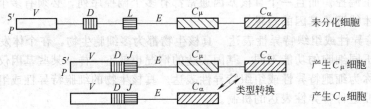

图 5-11　免疫球蛋白重链基因的组织特异性表达与基因重排

V-可变区基因；D-多态区基因；J-接合区基因

（四）染色质水平调控

（1）异染色质化　染色质可分为常染色质（euchromatin）和异染色质（heterochromatin），它们在细胞中凝聚的时期不同，异染色质是包装成 20～30nm，不具有转录活性的染色质。异染色质又分为组成性异染色质（constitutive heterochromatin）和兼性异染色质（facultative heterochromatin）。前者是指在各种细胞中，在整个细胞周期内都处于凝聚状态的染色质，如着丝粒，端粒等。后者指在某些特定的细胞中，或在一定的发育时期和生理条件下凝聚，由异染色质变成常染色质，这本身也是真核生物的一种表达调控的途经。异染色质化致使连锁在一起的大量基因同时丧失转录活性，从而起到遗传平衡的作用。如水蜡虫（*Pseudococcus nipae*）（2n＝10）在体细胞里来自父本的 5 条染色体依次被异染色质化，在精子形成时丢失，只保留来自母本的 5 条染色体。在正常女性的细胞核核膜附近有一团高度凝聚的染色质，而在正常男性的细胞核中都没有。在正常的女性个体中有两条 XX 染色体，而在它们的体细胞中有一个巴尔小体（一个失活或大部分失活的 X 染色体），在正常男性个体中只有一条 X 染色体和一条 Y 染色体，而没有巴尔小体。在带有多条 X 染色体的个体中，只有一条 X 染色体是有活性的，巴尔小体的数目为 X 染色体的条数减 1（n_x-1）。两条 X 染色体中的一条异染色质化，使得雌、雄哺乳动物之间虽 X 染色体的数量不同，但 X 染色体上基因产物的剂量是平衡的，这个过程就称为剂量补偿。

（2）DNase 的敏感性和基因表达　当一个基因处于转录活性状态时，含有这个基因的染色质区域对 DNaseⅠ（一种内切酶）降解的敏感性要比无转录活性区域高得多。这是由于此区域染色质的 DNA 蛋白质结构变得松散，DNaseⅠ易于接触到 DNA 之故。DNaseⅠ敏感区的范围随着基因序列的不同而变化，从基因周围几个 kb 到两侧 20kb 大小不等。仔细分析具有转录活性基因周围的 DNA 区域，表明有一个中心区域存在，称为超敏感区域（hypersensitive region）或超敏感位点（hypersensitive site），它对 DNaseⅠ是高敏感的。超敏感位点是一段长 200bp 左右的 DNA 序列，这些区域是低甲基化区，并可能有局部解链的存在，不存在核小体结构或结构不同寻常，此区因裸露的 DNA 易和多种酶或特异的蛋白质结合，也就是说易于和反式作用因子结合。这些位点或区域将首先受到 DNaseⅠ的剪切。由于对 DNaseⅠ的敏感性反映了染色质中 DNA 的活性，我们将这些位点描述为染色质中特殊 DNA 暴露区域，一般在转录起始点附近，即 5′端启动子区域，少部分位于其他部位如转录单元的下游。

（3）组蛋白的乙酰化和去乙酰化控制染色质活性　真核生物的染色体是由 DNA 与组蛋白、非组蛋白构成的复合物。从进化的意义上说组蛋白是极端保守的，在各种真核生物中它们的氨基酸顺序，结构和功能都十分相似。此外在生物体中从细胞到 5 种不同类型的组蛋白都是以恒定的方式沿着 DNA 排列。显然组蛋白沿着 DNA 均匀分布所产生的系统不可能对成千上万个基因的表达进行特异控制。虽然如此，组蛋白仍可被修饰，如甲基化，乙酰基化和磷酸化。若被组蛋白覆盖的基因将要表达，那么组蛋白必须要被修饰，使其和 DNA 的结合由紧变松，这样 DNA 链才能和 RNA 聚合酶或调节蛋白相互作用。组蛋白的乙酰化和基因表达的状态相关，所有的核心组蛋白都是被乙酰化的。组蛋白的乙酰化扩大了活性基因的功能区。乙酰化的染色质对 DNaseⅠ是敏感的。去乙酰化和基因活性的阻遏有关。失去乙酰基是染色质凝聚和失活的前提。

非组蛋白是一组高度不均一的组织特异性蛋白，与核内 DNA 相结合，相对分子质量 10～15kD，据认为在控制基因表达中发挥功能。如高迁移率簇蛋白（high mobility group protein，HMG）。这类蛋白在染色质结构组成以及基因调控中发挥着重要的作用。其中两种高丰度小分子量（30kD）的高迁移率簇泳动蛋白 14/17（HMG14/17）家族可聚集于活化的染色质上，这一现象表明它们可能有助于染色质高级结构的解聚。

（五）DNA 甲基化与去甲基化

　　DNA 甲基化作用是真核生物基因表达调控的一种重要方式，通过影响基因转录水平而参与细胞分化的调控过程。已有大量研究表明，DNA 甲基化作用可以影响 DNA 分子构象，从而改变某些基因上游调控区和各种与基因转录相关的蛋白因子之间的相互作用。在较高等的真核细胞 DNA 中有少量胞嘧啶残基（2%～7%）被甲基化，其中卫星 DNA 序列最为强烈。一般说来，甲基化多发生在 CG 二核苷酸对，大多数 CG 二核苷酸对都是甲基化的。甲基化达到一定程度时会发生从常规的 B 构象向 Z 构象的转变。由于 Z 构象结构收缩，螺旋加深，使许多蛋白质因子赖以结合的元件缩入大沟而不利于基因转录的起始。甲基化作用通过两种方式抑制转录：一是通过干扰转录因子对 DNA 结合位点的识别。二是将转录因子识别的 DNA 序列转换为转录抑制物的结合点。但是，DNA 甲基化和去甲基化与基因活性的关系并不是绝对的，DNA 甲基化也不是使基因表达失活的一种普遍机制。甲基化和去甲基化在基因表达活性调控中的意义依生物不同而有差异，即使同一种生物，甲基化对不同基因活性也有不同的效应。

三、转录水平

　　真核生物基因表达研究的主要目的之一是阐明真核生物有机体如何调控大约数十万个基因，以适当的时空模式进行转录，使其在特定的时间和特定的细胞内激活或者抑制特定的基因，从而实现预定的、有序的、不可逆的分化发育过程，或使特定的组织器官行使不同的功能，而转录水平的调节是基因表达调控过程中最重要、复杂的环节。

（一）顺式作用元件

　　顺式作用元件是指 DNA 上对基因表达有调节活性的某些特定的调节序列，其活性仅影响与其自身处于同一分子的基因。这种序列多位于基因旁侧或内含子中，不编码蛋白质，真核基因的顺式作用元件按其功能可以分为启动子、增强子、沉默子、绝缘子、应答原件。

　　（1）启动子　启动子是作用细胞基因转录起始，能被聚合酶所识别并结合的特异性 DNA 序列，是基因准确和有效地进行转录所必需的结构。真核基因启动子有三种 RNA 聚合酶（Ⅰ、Ⅱ、Ⅲ），分别启动 tRNA，mRNA 和 rRNA 的转录。研究表明，三种不同的 RNA 聚合酶催化 RNA 基因转录的启动子各具有结构特点。由于 tRNA 和 rRNA 转录调节蛋白的生物合成都涉及 mRNA 转录，讨论 mRNA 转录调节具有普遍意义。通过对多数真核生物在 RNA 聚合酶Ⅱ作用下编码蛋白质基因启动子的分析发现，整个启动子由核心启动子和上游启动子元件两个部分组成。核心启动子是保证 RNA 聚合酶Ⅱ转录正常起始所必需的最少 DNA 序列，包括起始位点及其上游 $-30 \sim -25 \mathrm{bp}$ 处的高保守的 TATA box（TATA-AAA 是核心启动子的关键序列，它能保证转录准确在起始点开始）；上游启动子元件（upstream promoter element，UPE），包括位于 -75 处左右有一个恒定的 GGTCCAATCT 序列——CAAT box（CAAT 框）以及位于 $-200 \sim -100$ 处稳定 GGGCGGG 序列（GC 框）。其中 CAAT 框并非所有的真核基因都具有该序列，但对维持某些种类的基因转录是必需的；GC 框也非在所有的真核基因都存在，但是某些转录因子（如 SP1）可与 GC 框识别并与之结合。CAAT 框和 GC 框主要通过控制转录起始频率，基本不参与起始位点的确定。CAAT 框对转录起始频率的影响最大，该区任何一个碱基的改变都将极大地影响靶基因的转录强度，在转录起始调控中发挥作用。

　　（2）增强子　增强子是指能使与它连锁的基因转录频率明显增加的 DNA 序列，一般位于靶基因上游或下游远端 1～4kb 处，个别可远离转录起始点 30kb。在病毒与真核细胞基因中均发现增强子的存在。基因调节区通常有多个增强子，长度可为 50bp～1.5kb，但是一般为 100～200bp。增强子特征如下：①可以通过启动子提高同一条链上靶基因的转录效率；②没有基因的专一性，可在不同的基因组合上表现增强效应；③增强效应与位置和取向无关，可在基因 5′端上游、基因内部或其 3′下游序列中；④增强子可以远距离发挥作用，通常 1～4 kb 都可以，个别可达到 30kb；⑤多为重复对称序列，一般长度为 50bp，适合与某些蛋白因子结合，其内部常含有一个核心序列（G）TGGA/TA/TA/T（G），该序列是在另一个基因附近产生增强效应时所必需的；⑥增强子具有组织和细胞特异性，说明增强子发挥功能可能需要蛋白因子的参与。

（3）绝缘子　绝缘子是一段 DNA 序列，能阻断经过它的正或者负调节信号，是一种中性的转录调节的顺式作用元件，又称为边缘元件（boundary element）。它具有两种特性：①当处于启动子和增强子之间时，会阻断增强子对启动子的激活，这就可以解释增强子被限制只与特殊的启动子相互作用；②当处于激活基因与异源基因之间时，提供了一种保护装置阻断来自异源基因的转录抑制信息。从它的特性就可得知边缘元件在转录调控中所起的作用，能够阻止增强子与启动子不分选择的结合，很多增强子能够作用邻近的许多启动子，而由于边缘元件的存在，使得增强子特异性地只与和它配对的启动子结合。同样，边缘元件能够阻止异源基因中抑制子的负性调节。

（4）沉默子或静止子　沉默子是真核生物中的一种负调控转录顺式元件，其序列长短不一，短者仅数十个碱基对，长者超过 1kb。它们之间没有明显的同源性，沉默子与相应的反式因子结合后可以使正调控系统失效。有些沉默子的作用机制可能与增强子类似，只是效应相反。同时这种负调控元件可不受距离和方向的限制并可对异源基因的表达起促进作用。

（5）应答元件　在真核生物中，具有类似特点的一组基因共用一个受转录因子调控的启动子或增强子元件，这种 DNA 序列称为应答元件（response element）。它们含有较短的保守序列，在不同的基因中应答元件拷贝数不完全相同但很接近，调控因子的结合区是其保守序列中不长的一段。在启动子中，应答元件的位置并不固定，一般位于转录起始点上游-200bp 内，且通常由多个拷贝的应答元件存在，但单个应答元件已足以受调控因子的调控。应答元件既可位于启动子内也可位于增强子内，但通常只存在于二者之一。所有的应答元件都以相同的原理发挥其功能，即基因受识别启动子或增强子中应答元件的特定蛋白因子调控，这种特定蛋白转录因子是 RNA 聚合酶Ⅱ启动转录所必需的。

（二）反式作用因子

反式作用因子与顺式作用元件中的上游激活序列特异性结合，使邻近基因开放（正调控）或关闭（负调控），即对转录起促进或阻遏作用。反式作用因子影响转录，因而也称为转录因子（transcription factors，TF）。

1. 转录因子的分类

依其功能，可将转录因子分为两类：一类是通用或基本转录因子（general transcription factor），这是 RNA 聚合酶结合启动子所必需的一组蛋白因子，决定三种 RNA 转录的类别。另一类是特异转录因子（special transcription factor）这是个别基因转录所必需的转录因子，决定该基因的时间、空间特异性表达，包括转录激活因子和抑制因子。

2. 转录因子的结构

所有转录因子至少包括两个结构域：DNA 结合域（DNA-binding domain）和转录激活域（transcriptional activation domain）。此外，很多转录因子还包含一个介导蛋白质-蛋白质相互作用的结构域，最常见的是二聚化结构域。

（1）DNA 结合域　在调节蛋白与 DNA 链之间存在着复杂的相互作用，尽管这些调节蛋白的结构千差万别，但根据 DNA 结合域的氨基酸序列和肽链的空间排布，仍可归纳出若干具有典型特征的结构模式。DNA 结合域通常由 60～100 个氨基酸残基组成。最常见的 DNA 结合域结构形式是螺旋-转角-螺旋（helix-turn-helix，HTH）结构、锌指（zinc finger，ZF）结构、碱性螺旋-突环-螺旋（helix-loop-helix，HLH）结构和亮氨酸拉链（leucine zipper）结构。

① 螺旋-转角-螺旋结构 螺旋-转角-螺旋结构（图 5-12）是最简单的结构之一。果蝇同源异型基因编码的具有同源异型域（homeodomain，HD）蛋白是真核细胞中第一个被证实的螺旋-转角-螺旋蛋白，含 HD 结构的蛋白存在于从酵母到人几乎所有的真核细胞中。螺旋-转角-螺旋结构由两段 α 螺旋及连接它们的 β 转角结构组成，一般长约 20 个氨基酸残基，由其中靠近 C 端的一段螺旋与 DNA 大沟中的碱基直接接触，该螺旋称为识别 α 螺旋，另一段螺旋没有特异性，与 DNA 骨架相接触。HTH 蛋白与 DNA 结合时可形成对称的同二聚体。

② 锌指结构 锌指结构（图 5-13）主要见于真核生物的调节因子，具有锌指结构的蛋白质都作为 DNA 结合蛋白参与转录调节。非洲蟾 RNA 聚合酶Ⅲ催化 5S rRNA 基因转录需要的转录因子 TFⅢA，是第一个被发现的锌指蛋白。每个 TFⅢA 分子含有 7~11 个 Zn^{2+} 和 9 个有规律的重复单位，每个单位由约 30 个氨基酸残基组成一个独立的结构域，其中 23 个残基构成锌指的突起部分，包括 Cys、His 各 1 对及其他保守残基，基部突起的环形肽段回折成手指状，锌离子是形成和维持这一结构的关键。分子中的锌指头部可埋进 DNA 分子大、小沟中，每个锌指头部约结合 5 个碱基对，相当于双螺旋的半转。9 个锌指共结合 45bp，与 5S rRNA 基因的启动子（在基因的内部）长度接近。后来，相继在许多真核转录因子中证实了锌指结构的存在，但每一种蛋白所含锌指结构的数量差异很大，从 1 个到几十个不等。

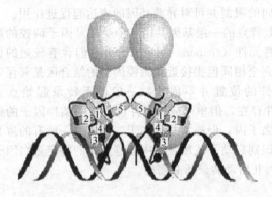

图 5-12 螺旋-转角-螺旋结构

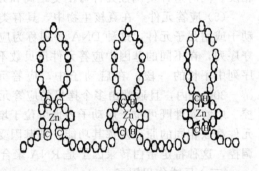

图 5-13 锌指结构
C 代表 Cys；H 代表 His

③ 螺旋-突环-螺旋结构 螺旋-突环-螺旋型 DNA 结合蛋白（图 5-14）是近年来发现的一种新型 DNA 结合蛋白，由 40~50 个氨基酸残基分开成两个两性的 α 螺旋，其间由线形区相连，α 螺旋的氨基端一侧也由碱性区相连。因在其分子中包含与 DNA 结合的碱性区和形成二聚体的两性螺旋区，故常被称为碱性螺旋-突环-螺旋。

④ 亮氨酸拉链结构 亮氨酸拉链（图 5-15）中，α 螺旋的突出特点是每隔 7 个氨基酸残基出现 1 个亮氨酸。这种出现频率使亮氨酸大都集中排列在 α 螺旋的一侧，借助亮氨酸侧链的疏水相互作用而形成同向平行的拉链状，进而形成二聚体结构。现在已知 2 个 α 螺旋相互作用的模式是亮氨酸肩并肩排列，相互作用的 2 个 α 螺旋彼此缠绕。在拉链区的氨基酸有约 30 个残基的序列富含赖氨酸、精氨酸，是与 DNA 结合的碱性区域，因此亮氨酸拉链区的作用是将其自身的一对二聚体蛋白分子拉在一起，以便结合 2 个相邻的 DNA 序列（多数为回文序列）。

（2）转录激活结构域 由 30~100 个氨基酸组成，其结构特点因转录因子而异。根据氨基酸组成的特点，转录激活结构域主要包括 3 种类型：①酸性激活结构域，是含酸性氨基酸的保守序列，形成带负电荷的螺旋区。②富含谷氨酰胺结构域（glutamine-rich domain），N

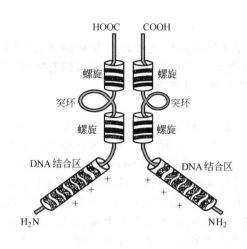

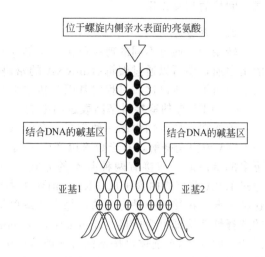

图 5-14　螺旋-突环-螺旋结构　　　　　　　图 5-15　亮氨酸拉链结构

端有 2 个转录激活区，其中谷氨酰胺残基含量达 25%，主要结合 GC 框。③富含脯氨酸结构域（proline-rich domain），如 CTF 家族（主要识别 CCAAT 框）的 C 端区域，脯氨酸残基达 20%～30%，与转录的激活有关。

（3）介导二聚化的结构域　蛋白质分子之间的相互作用对于转录复合体的正确组装以及基因的正确表达和调控都有很大的影响。在大多数的情况下，转录因子在模板 DNA 链上形成同源或异源二聚体的能力决定了基因的表达与否。二聚化作用与亮氨酸拉链、螺旋-突环-螺旋结构有关。

（三）激素的调节

多细胞真核生物的一些表达常受体内外激素的控制，许多甾类激素如糖皮质激素，盐皮质激素，雌激素，雄激素，孕酮和一些多肽激素等都可以诱导某些基因的转录。激素是通过与它们对应的受体蛋白结合才起作用的。激素在细胞中与其相应的受体蛋白结合成复合物，在细胞核内能识别其靶基因 DNA 上的顺式作用成分——激素应答元件（HRE），并与之结合，再和其他因子协同作用来调控该基因的转录。核膜上的核受体作为一种序列特异性转录因子。可以通过募集共调节子参与目标基因的表达调控。这些共调节蛋白一方面是染色质重建因子或具有组蛋白乙酰酶活性，可以使染色质去致密化从而解除转录抑制；另一方面可以直接与基本的转录元件相互作用使转录激活。激活的核受体通过与靶基因上的特异 DNA 序列，激素反应元件结合来调节转录少数核受体，可以直接以单体形式与激素反应元件结合，多数核受体以同源二聚体或异源二聚体形式与激素反应元件结合。核受体也可以和 RXR 形成异源二聚体，通过与共抑制子解离从而解除抑制功能，通过共激活子募集而获得转录激活功能。

（四）协同作用

1969 年，Britten 和 Davidson 提出了真核生物单拷贝基因的转录调控模型即 Britten-Davidson 模型。1973 年和 1979 年进行了修改，他们认为在个体发育中，许多基因可以被协同调控，且重复序列在调控中具有重要作用。转录激活协同性的 3 种产生机制：①激活蛋白之间的相互作用；②激活蛋白与多个 DNA 位点的协同性结合；③激活蛋白与转录机器的协同性结合。基因芯片和计算机搜索的方法都表明真核生物的一种激活蛋白往往调控着功能相关的一组基因的转录。转录协同的本质是结合在 DNA 调控位点上的多个激活蛋白之间的直接或者间接的相互作用。

四、转录后水平

转录后，通过不同的剪接可由一个转录单位产生不同的成熟 mRNA，从而翻译出不同的蛋白质，还可以通过编辑后 mRNA 的密码子发生改变，产生出与原始基因编码有所不同的蛋白质等。所以这些过程对基因表达水平都有着非常重要的意义。

（一）RNA 的剪接对基因表达的影响

剪接在真核生物中是一种广泛存在的 RNA 加工机制。据估计，剪接过程中有半数以上的 RNA 被完全降解，有半数可以产生不同形式的剪接产物，这样一个基因可以编码两个或更多的蛋白质。剪接有两种基本的方式：一种方式是组成型剪接（constitutive splicing），通过 RNA 剪接将内含子从 mRNA 前体中去除，然后规范地将外显子连接成成熟的 mRNA，这种情况下拼接改变是有限的，每个转录单位一般只产生一种蛋白质；另一种方式是可调控的选择性剪接即可变剪接（alternative splicing），这是多数情况下采用的剪接方式。有些基因产生的 mRNA 前体可按不同方式剪接产生出两种或更多种 mRNA，即可变剪接。在这种情况下一个转录单位可以产生几种不同的成熟 mRNA，翻译产生不同的蛋白质。不过，一般情况下通过可变剪接所导致的外显子改变并不产生根本不同的蛋白质，而是产生一套结构相关、功能相似的蛋白质家族，即同工型蛋白（protein isoforms）。

RNA 剪接也是受调控的，并且还可有正和负调控之分。在核内存在一种剪接激活蛋白，剪接不能在某一位点直接进行，但激活蛋白可以结合在该位点附近而使剪接得以在该点上进行，这是一种正的调控。同时相对于激活蛋白还存在着一种抑制蛋白，一旦该蛋白结合 RNA 剪接位点上，就会使本来可以发生的剪接不能进行。不同类型的细胞根据自己对某一基因产物的需要产生剪接加工的激活蛋白或抑制蛋白。

（二）RNA 的编辑对基因表达的影响

RNA 编辑是在 RNA 分子上的一种修饰行为，主要指转录后的 mRNA 中单个核苷酸被删除、替换或插入，利用这些方式来改变 mRNA 的编码序列，从而产生不同的蛋白质。1986 年 R. Bonne 等人在研究锥虫线粒体细胞色素 C 氧化酶亚基 Ⅱ（Co Ⅱ）基因的转录产物时，发现在其 5′端有几个非基因编码的尿苷酸。进一步的研究证实，这些额外的尿苷酸的出现正好形成完整的开放阅读框，校正了基因分子内部的移码突变。这是首先发现 RNA 编辑现象。在后来的研究中，发现锥虫线粒体 mRNA 存在广泛的 RNA 编辑，使得最终 mRNA 中超过一半的尿嘧啶来自于编辑过程。

（三）mRNA 从核内运输到细胞质的调控

在合成的 RNA 总量中，大概只有一半的 RNA 被运送出细胞核到细胞质中，其中在细胞核内被完全降解就有 50%左右。剩下的 RNA 能否被运输出细胞核还要取决于其序列。有些 RNA 含有一些使它们决不会成为 mRNA 的序列，当然这些 RNA 是不会被送出细胞核的；另一些为潜在的 mRNA，在某些类型细胞中有功能，而在另一些类型细胞中则不能被运出核。因此，细胞可以在不同情况下选择性地将 mRNA 运至细胞质。这种运输是一种通过核孔的主动运输方式，RNA 运出细胞核是受控制的。mRNA 从核内运出的可能机制有三种：①选择性输出，依赖于核孔复合体上受体蛋白对 RNA 分子的特异性识别，缺少识别信号便保留在核内；②选择性保留，不需要识别信号，除被特别保留在核内的 RNA 外，其余 RNA 都自动地输出细胞核；③存在选择输出和选择保留的联合机制。这样不同类型的细胞就可以根据各自的需要决定哪些 RNA 能够运输出核进行翻译，从而表达不同的蛋白质，产生细胞差异等。

五、翻译水平的调控

在蛋白质合成水平上的调控是基因表达调控的重要环节。同一细胞中同时出现的不同

mRNA，即使数目接近相等，产生的蛋白质的多少可以差别很大。这主要取决于 mRNA 的稳定性和翻译的速率。

（一）mRNA 的稳定性

真核生物能否长时间地利用成熟的 mRNA 分子翻译出蛋白质以供生长发育所需，与 mRNA 的稳定性密切相关。不像原核细胞的 mRNA 边转录边翻译，甚至在它们的 $3'$ 还未完全合成之前而 $5'$ 就已经开始降解，大部分的真核细胞的 mRNA 有相当长的寿命。mRNA 的稳定性既取决于其自身的二级结构，又跟转录后的修饰有关，如所加帽子的种类、多聚腺苷酸化和 poly（A）的长短以及参与 mRNA 翻译的作用因子。

真核生物 mRNA $5'$ 端的帽子结构对 mRNA 的稳定性非常重要，可使之免遭核酸外切酶的降解。帽子结构中鸟苷酸的 N^7 总是甲基化的，是 mRNA 不被核酸外切酶水解的关键所在。同时帽子结构在 mRNA 作为模板翻译成蛋白质的过程中具有促进核糖体与 mRNA 的结合，这样可以增强 mRNA 的稳定性，还可起到加速翻译起始速度的作用。一般真核生物 mRNA $3'$ 端有一长为 30～200 个腺嘌呤核苷酸的 poly（A），poly（A）对于 mRNA 的稳定性是需要的。细胞可以对不同的 mRNA 的 poly（A）选择性加长、快速截短或去除。那些被去除 poly（A）的 mRNA 很快被降解，那些被加长 poly（A）的保持稳定、寿命长、可多次翻译。poly（A）并非裸露的核苷酸，而是与 poly（A）结合蛋白结合的，每个 poly（A）结合蛋白分子与大约 430 个核苷酸残基结合。poly（A）结合蛋白被认为有双重作用：一方面保护 poly（A）不受普通核酸酶降解；另一方面 poly（A）结合蛋白似乎增加 poly（A）对特异的 poly（A）核糖核酸酶的敏感性。但是，在体外 poly（A）结合蛋白可以被竞争性地挤掉，失去保护的 mRNA 虽然具有 poly（A），但仍然很容易发生降解。组蛋白 mRNA 的 $3'$ 末端没有 poly（A），但组蛋白 mRNA $3'$ 端存在一段短的茎环结构可以像 poly（A）一样保持其 mRNA 的稳定，这一末端是被 RNA 聚合酶在合成后通过特异性切割产生的。

（二）mRNA 翻译起始的调控

1. 翻译起始因子对翻译起始的调控

蛋白质的生物合成过程可分为肽链的起始、延伸和终止 3 个阶段。其中尤以起始阶段最为重要，是翻译水平调控的主要时期。真核生物翻译过程的各个阶段都有一些蛋白因子的参与，其中最重要且研究得较多的就是蛋白质合成的翻译起始因子 eIF，它们可以通过磷酸化作用来调控翻译的起始。目前对起始因子磷酸化与翻译的关系了解较多的是 eIF-2 和 eIF-4F。

eIF-2 磷酸化抑制或选择性地加强蛋白质的合成。当真核细胞处于饥饿、热休克、去除某些生长因子和重金属处理等异常情况下时，大部分蛋白质的合成受到抑制，而少数蛋白质的合成反而加强，这时可以检测到细胞内 eIF-2 的磷酸化作用。eIF-2 由 3 个亚单位组成，与 GTP 形成的复合物可以介导核糖体 40S 小亚基与甲硫氨酸 tRNA 结合，然后这种复合物进入 mRNA $5'$ 端起始翻译。只要复合物移动到 AUG，eIF-2·GTP 立即转变成无活性的 eIF-2·GDP 并从复合物上释放出来，60S 核糖体亚基这时和 40S 小亚基装配，蛋白质进行合成。此后，GDP 从 eIF-2 中释放出来，GTP 重新与 eIF-2 结合，eIF-2 被重新利用。

eIF-4F 磷酸化对翻译起始的激活。eIF-4F 是识别和结合于 mRNA $5'$-m^7G 帽子结构的起始因子，只有当它们结合后，40S·eIF-2·GTP·Met·tRNA 才能与 mRNA 相连并起始翻译。eIF-4F 由 α、β、γ 3 个亚单位组成，即 eIF-4E、eIF-4A 和 P220 蛋白聚合而成。分子质量最小的 α 亚单位（24kD）能直接和 mRNA $5'$-m^7G 帽子相结合；β 亚单位分子质量为 46kD，是依赖于 RNA 的 ATP 酶，为 mRNA 与 40S 亚基结合时所必需；至于分子质量 220kD 的最大亚单位的确切作用则还有待进一步研究。

2. mRNA 非翻译区的结构对翻译起始的调控

除了起始因子外，mRNA 的帽子近端序列（cap-proximal sequence）对特殊 mRNA 的翻译起始调控有着重要作用。它一般位于 5′ 帽子结构后，其互补序列可形成稳定的茎环结构，又通过 RNA 结合蛋白的覆盖，完全抑制核糖体预起始复合物沿着 mRNA 的运动，干扰了起始复合物的扫描。5′ 前导序列形成茎环结构降低翻译水平或抑制蛋白结合。5′ 端阻止 mRNA 的翻译是阻止翻译的起始，即阻止核糖体小亚基向 AUG 移动而达到降低或封闭 mRNA 的翻译。另有一种战略同样能降低从正确的 AUG 开始的翻译，就是在功能蛋白的编码区上游另有一个 AUG，核糖体小亚基必须漏掉这个 AUG，从第二个 AUG 开始翻译才能获得有功能的蛋白，而核糖体常从第一个 AUG 开始翻译，产生 10～20 个氨基酸后即终止。这样，第一个 AUG 对 mRNA 的正确翻译起干扰或弱化作用。

（三）真核生物蛋白质合成的自体调控

真核生物的蛋白质的合成与原核生物一样，存在许多自体调控机制。如 α-微管蛋白与 β-微管蛋白的异二聚体，通过识别新生的 β-微管蛋白的 N 端氨基酸而促进 β-微管蛋白 mRNA 的降解，便是真核生物蛋白合成的自体调控的一个典型例子，但是该机制在原核生物中还没有发现。

本章小结

基因表达调控是细胞中基因表达过程在时间、空间上处于有序状态，并对环境条件的变化做出适当反应的复杂过程。原核生物的转录主要以操纵子为单位而进行，产生多顺反子的 mRNA 进行翻译。操纵子作为原核生物在分子水平上基因表达调控的单位，由调节基因、启动子、操纵基因和结构基因等序列组成。通过调节基因编码的调节蛋白，或其与诱导物、辅阻遏物协同作用，开启或关闭操纵基因，对操纵子结构基因的表达进行正、负控制。根据调节机制和代谢机制的不同，原核生物的操纵子主要包括乳糖操纵子、半乳糖操纵子、色氨酸操纵子、阿拉伯糖操纵子、组氨酸操纵子等类型。

相对于原核生物而言，真核生物的基因表达调控更加复杂、精细和精妙。真核基因表达在 DNA 和染色体水平上的调控主要有：DNA 碱基修饰（如甲基化）变化、组蛋白变化、染色质的结构变化、基因扩增、基因重排、基因丢失等。转录水平的调控是真核基因表达调控的众多过程中最为重要的调控。真核基因转录水平的调节控制主要通过顺式作用元件、反式作用因子相互作用实现，主要是反式作用因子结合顺式作用元件后影响转录起始复合物的形成过程。真核基因顺式作用元件分为启动子、增强子、沉默子和绝缘子等类型。反式作用因子影响转录，因而也被称为转录因子。真核基因表达的转录后水平调控包括 hnRNA 合成后在核内进行加工修饰、mRNA 运输和胞浆内定位等的调控。翻译水平的调控是真核基因表达多级调节的一个重要环节。调节过程通常涉及 mRNA 和多种蛋白因子的相互作用，mRNA 5′ 端 3′ 端所含有的非翻译区是影响翻译过程的主要调节位点。翻译后的加工过程是真核基因表达调控的一个重要组成部分。

思 考 题

1. 结合 lac 操纵子的结构，如何理解操纵子模型在基因表达中的作用与意义？
2. 真核生物在 DNA 和染色体水平的调控包括哪些？
3. 在翻译水平上，自体调控的意义是什么？
4. 反义 RNA 如何调控翻译的水平？
5. 真核生物基因表达调控的特点是什么？
6. 原核生物基因表达调控的特点是什么？
7. 转录因子的分类与结构是什么？

第六章　基因与基因组

第一节　基　因

一、基因的概念

（一）基因的经典概念

基因是 gene 的音译，它的概念是不断变化和发展的。一个多世纪前，孟德尔（G. Mendel，1857～1864）根据豌豆杂交试验，创立了遗传因子的分离定律和独立分配定律，总结出生物的遗传性状是由遗传因子控制的，从而提出了"遗传因子（genetic factor）"的概念。1909 年，丹麦生物学家约翰逊（W. Johansen）根据希腊文"给予生命"之义创造而产生了"基因"一词，并用这个术语来代替孟德尔的"遗传因子"，并初步阐明了基因与性状之间的关系。但此时的"基因"，并不是实体，而是一种抽象的单位，还没有涉及基因的物质概念。1926 年，美国著名的遗传学家摩尔根（T. H. Morgan）和他的学生通过对果蝇性状与染色体之间关系的研究，创立了基因学说。认为基因是组成染色体的遗传单位，并得出如下要点：基因在染色体上具有一定位置且呈直线排列；基因是遗传物质的基本单位和突变单位；基因是控制性状的功能单位，可以使有机体产生一定的表型，这意味着基因是染色体上的一个特定区段。这就是 20 世纪 40 年代之前流行的"功能、交换、突变"三位一体的基因概念。

（二）基因的现代概念

尽管由于 Morgan 等人的出色工作，使基因学说得到了普遍的承认，但直到 1953 年 Watson 和 Crick 提出 DNA 双螺旋结构模型之前，人们对基因并未有深入的理解，只是停留在简单的性状关系分析上。

为了揭开基因的化学本质，科学家们为此做出了很多的工作。1928 年，Griffith 首先发现了肺炎双球菌的转化现象。1944 年，Avery 等证实肺炎双球菌的转化因子是 DNA，并首次证明基因是由 DNA 构成的。后来人们又通过研究发现有些只含有 RNA 的病毒（如烟草花叶病毒）的遗传物质是 RNA，而非 DNA，进一步揭示了遗传物质的化学本质是核酸。

随着微生物和生化遗传学的发展，认识到基因相当于编码一个蛋白质的 DNA 区域，因而基因被认为是蛋白质编码功能的单位，提出了"一个基因一个酶"的假设。后来发现有些蛋白质（如血红蛋白和胰岛素）不只由一种肽链组成，不同的肽链由不同基因编码，因而又提出"一个基因一条多肽链"的假设。这种假说不仅沟通了生物化学中蛋白质合成的研究与遗传学中基因功能的研究，也为遗传密码的解码和细胞内大分子之间信息传递过程的揭示奠定了基础。之后本泽（Benzer）在 1955 年通过噬菌体的顺反子研究，由顺反子试验把基因与顺反子联系起来。

随着分子生物学的发展，人们对基因概念的认识正在逐步深化。现代的基因被定义为是转录功能单位，是编码一种可扩散产物的一段 DNA 序列，其产物可以是蛋白质或 RNA。一个完整的基因应该由两部分组成，即编码区和调控区。编码区的产物可以游离扩散，因而是反式作用的。调控区是不形成产物的 DNA 序列，而是接受调控蛋白的作用，对物理上连锁的编码区实行调控，因而是顺式作用的。基因不仅可以重叠（重叠基因），而且可以被分离（断裂基因），还有一些基因可以在个体之间甚至种间移动（转座子）等。有的基因并不被转录或不完全转录，而作为一个单位转录的也往往不是一个基因。以前认为基因是在染色体上成直线排列的独立单元，现已发现一些相关的基因在染色体上的排列并不是随意的，而是由相关功能的基因构成一个小的"家族"或基因群。

（三）分子生物学上基因的概念

现在我们知道，一个完整的基因，不但包括编码区，还包括 5′端和 3′端长度不等的特异性序列，它们虽然不编码氨基酸，却在基因表达的过程中起着重要作用，所以，在分子生物学上基因的定义为：产生一条多肽链或功能 RNA 所必需的全部核苷酸序列，即一个基因包括一个蛋白质或 RNA 的全部编码序列和编码区之外对编码区转录功能所必要的非编码的调控区。

二、基因的结构与种类

（一）基因的结构（organization of the gene）

分子生物学的深入研究使我们对基因的认识更加精细。到了上世纪 70 年代，随着分子生物学、现代遗传学及基因工程，特别是 DNA 序列分析技术的发展与应用，人们才真正从碱基组成水平上了解了基因的基本结构。

1. 基因的组成部分

在 mRNA 链上，由蛋白质合成的起始密码子开始，到终止密码子为止的一个连续编码序列，叫做一个开放阅读框架（open reading frame，ORF）。无论是真核生物还是原核生物，从大的方面讲它们的基因都可以划分为如下几个基本的组成部分：（1）编码区（coding region），包含有大量的遗传密码，包括起始密码子和终止密码子，以及外显子；（2）非编码区（noncoding region），指那些存在于基因的分子结构中，是遗传信息表达所必需的，但却不能翻译成蛋白质或多肽的 DNA 序列，主要有：5′-UTR、3′-UTR 和内含子；（3）启动区（promoter region），指启动子所在的区段，通过与 RNA 聚合酶的结合而启动基因的转录；（4）终止区（terminator），也称终止子，是位于基因 3′端下游外侧与终止密码子相连的一段非编码的核苷酸短序列区，具有终止转录信号的功能。

2. 原核基因的结构

（1）原核基因的概念 所谓原核基因（prokaryotic gene），是指由原核生物基因组编码的基因，以及高等植物叶绿体基因组编码的基因，还有线粒体基因组编码的基因，都是属于原核基因。

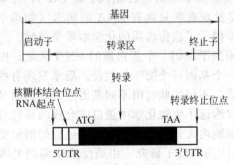

图 6-1 典型原核基因结构示意图

（2）原核基因的结构 原核基因的 DNA 序列结构包括如下 3 个组成部分：①启动子序列；②编码区，即转录区序列或 cDNA 序列区；③终止子序列。如图 6-1 所示典型的原核基因结构示意图。

（3）原核基因 mRNA 的结构 原核基因的 mRNA 序列结构包括如下 3 个组成部分：①连续不间断的编码区序列；②转录而不翻译的 5′-UTR；③转录而不翻译的 3′-UTR。

3. 真核基因的结构

真核生物的基因在结构上要更复杂些，这是真核生物基因组复杂性所决定的。

（1）真核基因的概念 所谓真核基因（eukaryotic gene），是指由真核细胞基因组编码的基因，感染真核细胞的 DNA 病毒及反转录病毒基因组编码的基因也属于真核基因的范畴。

（2）真核基因的结构 真核基因 DNA 序列结构包括如下 3 个部分：①启动子序列区；

②转录序列区；③终止子序列区。除此之外，还具有原核基因所没有的一些特征：真核基因往往具有大量的内含子，这些序列可位于整个基因的上、下游区和编码区等；真核基因是单顺反子，而原核基因则往往组成大的转录单位——多顺反子。如图 6-2 所示典型的真核基因结构示意图。

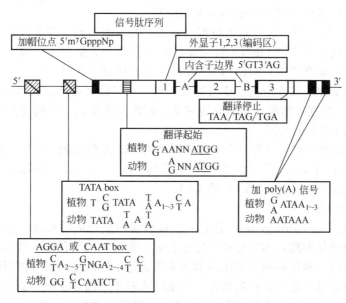

图 6-2　典型的真核基因结构示意图

（3）真核基因 mRNA 的结构　真核基因的初级转录本包括如下 4 个部分结构：①5′-UTR 序列区；②3′-UTR 序列区；③外显子；④内含子。

初级转录本经过可变剪切，即去掉内含子，连接外显子，并加上 5′-帽的结构和 3′-poly（A）尾巴结构，此时由细胞核输向细胞质，形成成熟 mRNA 后，其结构包括如下几个部分：①5′端帽的结构；②5′-UTR 序列；③编码序列区；④3′-UTR 序列；⑤3′端 poly（A）尾巴。

（4）真核基因的结构特点　真核细胞与原核细胞在基因转录、翻译及 DNA 的空间结构方面存在很大的差异，主要表现在以下几个方面：①在真核细胞中，一条成熟的 mRNA 链只能翻译出一条多肽链，不存在原核生物中常见的多基因操纵子形式；②真核细胞 DNA 与大量组蛋白和非组蛋白相结合，只有一小部分 DNA 是裸露的；③真核生物中含有大量重复序列，大多数是不编码蛋白质的，只有很少一部分编码蛋白质；④真核生物能够有序地根据生长发育阶段的需要进行 DNA 片段重排，还能在需要时增加细胞内某些基因的拷贝数；⑤在原核生物中，转录的调节区都很小，大都位于启动子上游不远处，调控蛋白结合到调节位点上可直接促进或抑制 RNA 聚合酶对它的结合；在真核生物中，基因转录的调节区则大得多，它们远离启动子达几百个甚至上千个碱基，虽然这些调节区也能与蛋白质结合，但是并不直接影响启动子区对于 RNA 聚合酶的接受度，而是通过改变整个所控制基因 5′上游区 DNA 构型来影响它与 RNA 聚合酶的结合能力；⑥真核生物的 RNA 在细胞核中合成，只有经转运穿过核膜，到达细胞质后，才能被翻译成蛋白质，在原核生物中不存在这样严格的空间间隔；⑦许多真核生物的基因只有经过复杂的成熟和剪接过程，才能顺利地翻译成蛋白质；⑧真核生物的线粒体和叶绿体等细胞器中的基因组与核基因组不同。

（二）基因的种类（type of the gene）

生物的一切表型，包括结构与功能均由基因所决定。由于基因的复杂性以及在生物体中行使的具体功能的不同，基因的分类存在多种不同的方法，下面简单介绍几种常用的分类。

1. 根据表达的最终产物划分

（1）编码蛋白质的基因　真核基因所有编码蛋白质的基因均由 RNA 聚合酶 II 转录，因此它们都具有相似的控制基因转录起始与终止的机制。这些基因在生物体内一般只有 1~2 个拷贝，有时也称单拷贝基因（single-copy gene）。

（2）编码 RNA 的基因　这些基因与编码蛋白质的基因不同，大多数都是多拷贝。因为编码蛋白质的基因的转录产物 mRNA 可以反复用于指令合成蛋白质，或者说，这些基因每转录一次可产生多个最终产物，而编码 RNA 的基因每转录一次只产生一个最终产物。而细胞为了满足在短时期内合成大量蛋白质的需要，就必须提供大量的编码 RNA 的基因（如编码 rRNA 的基因），特别在细胞旺盛的分裂时期。因此无论是原核生物还是真核生物基因组都含有大量的编码 RNA 的基因。

编码 RNA 的基因大致可分为 5 个类群，即编码 rRNA 的基因、编码 tRNA 的基因、编码 scRNA（small cytoplasmic RNA）的基因、编码 snRNA（small nuclear RNA）的基因和编码 snoRNA（small nucleolar RNA）的基因。

2. 根据产物的类型划分

（1）调节基因（regulator gene）　这是一类调解蛋白质合成的基因。它能使结构基因在需要某种酶时就合成某种酶，不需要时则停止合成，它对不同染色体上的结构基因有调节作用。从广义上讲任何一种能够调节或限制其他基因表达活性的基因都可以叫做调节基因，但在一般情况下则是指其产物能够控制另外一个基因或若干基因表达效率的基因。例如大肠杆菌 lac 操纵子的 I 基因，其编码蛋白质能够控制 lac 操纵子结构基因的表达。

（2）结构基因（structural gene）　除了调节基因以外的编码任何 RNA 或蛋白质产物的基因，都叫做结构基因。

（3）操纵基因（operator gene）　该基因位于结构基因的一端，它的作用是操纵结构基因。当操纵基因"开动"时，处于同一染色体上的由它所控制的结构基因就开始转录、翻译和合成蛋白质。当其"关闭"时，结构基因就停止转录与翻译。操纵基因与一系列受它操纵的结构基因和调节基因合起来就形成一个操纵子。

3. 根据表达的时空特异性划分

（1）组成基因（constitutive gene）　又叫做持家基因/管家基因/看家基因（housekeeping gene），有时也称组成型基因，是一类理论上在所有细胞类型中都能进行表达、并为所有类型细胞生存提供必需的基本功能的基因。

（2）奢侈基因（luxury gene）　相对于组成型基因而言的一类仅在某种类型的细胞中表达的基因。

（3）诱导基因（inducible gene）　因环境中某种特殊物质的存在或原有的生存环境发生改变时而被诱导表达的基因，叫做"诱导型基因"，简称"诱导基因"。

4. 根据排列组合特点划分

（1）基因家族（gene family）　真核生物基因组中来源相同、结构相似、功能相关的一组基因可归为一个基因家族，一个基因家族的成员本质上是由一个祖先基因经重复和变异所产生的一组同源基因，又称为多基因家族（multi gene family）。因此，基因家族的成员彼此在结构和功能上是相似的，但也包括在结构上相似而没有功能的假基因。基因家族主要产生于祖先基因的重复及其突变，是增加基因组复杂性的途径之一，但基因家族不同成员之间序列差异毕竟要比重复序列的大一些，也就是说同源性还是较低一些。

基因家族往往编码着一个由许多种相关多肽组成的蛋白质家族，属于同一多家族的各个成员，可以存在于不同的染色体上，也可以位于同一条染色体上。如人类珠蛋白基因家族就是分散的基因家族，它的成员不在同一基因簇内，而组蛋白基因家族就成簇地集中在第 7 号染色体长臂 3 区 2 带到 3 区 6 带区域内。

（2）基因簇（gene cluster）　真核生物基因组中，一个基因家族的成员可以在染色体上紧密地排列在一起成为一簇，称为基因簇，这是一个特殊的组合排列方式。同一基因簇的各个基因在遗传上往往是紧密连链的，它们可以是属于同一操纵子的不同结构基因，也可以是属于不同操纵子的不同结构基因；它们可以来自同一基因家族的不同成员，也可以是来自不同基因家族的不同成员。在人类基因组中有 12 个大的基因簇，如 α 珠蛋白基因簇、β 珠蛋白基因簇、组蛋白基因簇等。

（3）孤独基因（orphon gene）　指与串联排列的基因簇成员相关，但在位置是彼此分离的一类基因。孤独基因在功能上与串联基因是有差别的。

5. 根据结构组成特点划分

（1）断裂基因（split gene）　绝大多数真核生物蛋白质基因的编码序列（外显子）在 DNA 分子上是不连续的，都被或长或短的与氨基酸编码无关的 DNA 间隔区序列（内含子）分隔成若干个不连续的区段，因而称为断裂基因。当基因转录时，外显子和内含子一并从 DNA 模板上拷贝形成初级转录物，即核内不均一 RNA（heterogenous nuclear RNA，hnRNA），又称前体 mRNA，随后在 mRNA 的加工过程中，内含子被切除，外显子彼此连接形成成熟的 mRNA，并进一步被运送到细胞质中。

真核基因断裂结构的另一个重要特点是外显子-内含子连接区（exon-intron junction）的高度保守性和特异性碱基序列。

（2）假基因（pseudogene）　所谓假基因是指一类同野生型基因序列大部分同源，但由于突变而失去活性的 DNA 序列。产生假基因的原因很多，如编码序列出现终止密码子突变，或者插入和缺失某些核苷酸使 mRNA 移码，造成翻译中途停止或异常延伸，合成无活性的蛋白质。

第一类假基因是由重复产生的假基因，在复制过程中由于插入或缺失而产生移码突变产生无活性的蛋白质，其位置一般与起源的基因拷贝邻近排列，保留着祖先基因的组成特点。如人的珠蛋白基因家族中的 5 个假基因。

第二类假基因称为加工的假基因（processed pseudogene）。这类假基因由 RNA 反转录为 cDNA 后再整合到基因组中。这类假基因与前面的假基因有如下区别：①由于经过剪切，已不再含原来基因的内含子以及两侧顺序；②分散在整个基因组中，很少与起源的基因邻近排列；③大多数为 $5'$ 残缺，缺少启动子区，因而不能进行表达。

第三类假基因为基因的残留物，有残缺基因（truncated gene）和基因片段（gene fragment）两种，它们缺失了或长或短的基因片段，常常位于基因家族内部，由不等交换及重排产生。

（3）重叠基因（overlapping gene）　这种基因指核苷酸编码序列彼此重叠的、编码不同蛋白质的 2 个或多个基因。在十分紧凑的病毒基因组和某些高等生物线粒体基因组中偶然见到，而大多在原核基因组中发现。重叠基因的 mRNA 有 2 种蛋白质读框，如大肠杆菌噬菌体 ΦX174 的 D 和 E 基因含有重叠的编码顺序。最近已有报道，在人类核基因组中已发现 2 个蛋白质的编码基因共享部分外显子，INK4a/ARF 座位有 2 个蛋白质产物 p19 和 p16，它们利用同一座位的不同的启动子，第一个外显子各不相同，但却共享第二和第三个外显子，产生 2 个不同读框的 mRNA。

（4）重复基因（repeat gene）　在真核生物基因组中发现重复基因现象，是指基因组中有多个拷贝的基因，真核生物中的重复基因可以达到 30%。重复基因可以分成两类：不变的重复（invariant repeat）和变异的重复（variant repeat）。如翻译过程中不可缺少的编码 rRNA 的基因和编码 tRNA 的基因以及染色体结构不可缺少的组蛋白的基因等都是重复基因。

(5) 基因内基因（gene-within-gene） 这种基因结构形式在核基因组中比较普遍，常常1个基因的内含子中包含其他基因。如人类基因组神经成纤维细胞瘤（neurofibromatosis）Ⅰ型基因的1个内含子中含有3个较短的基因，分别为 *OGMP*，*EV12A* 和 *EV128*。这3个基因也分别含有外显子与内含子。最近发现许多 snoRNA 也由内含子中的基因编码。

(6) 移动基因（movable gene） 又叫跳跃基因或转位因子，是指一种可以在染色体基因组上移动，甚至在不同染色体之间、噬菌体及质粒 DNA 之间跃迁的 DNA 短片段。最常见的机制是转座（transposition），包括简单转座、复制型转座和反转录转座。

此外根据细胞类型不同划分，可将基因分为原核基因和真核基因。根据实验需要可划分为选择基因（selectable gene），如一些抗生素基因：新霉素磷酸转移酶基因（*neo*）、膦丝菌素乙酰转移酶基因（*bar*）；标记基因（marker gene）和报告基因（reporter gene），如 β-葡萄糖醛酸糖苷酶基因（*gus*），以及荧光素酶基因（*lux*）等。

第二节 基因组

一、基因组的概念

（一）基因组（genome）

基因组这个名词最早出现在 1922 年的遗传学文件中，由英文"基因"和"全部"得来。近年来，随着基因组序列的测定，基因组的概念有所扩大，指一种生物染色体内全部遗传物质的总和，包括组成基因和基因之间区域的所有 DNA。生命是由基因组决定的，不同生物的基因组大小及复杂性不同，进化程度越高，基因组越复杂，但基因在基因组上的排列是有一定规律的。因此，基因组所谓全部遗传物质的总和，还应该包括该物种的不同 DNA 功能区域在 DNA 分子上结构分布和排列情况。人类基因组常指 23 对染色体上的所有基因。而细胞线粒体中还有一小套线粒体基因组，相对于线粒体基因组，细胞核内的基因组称为核基因组（nuclear genome）。

原核生物和真核生物的基因组在复杂性和基因组织特异性上都有很大差异。一般来说，原核细胞常为单倍体（haploid）细胞，其基因组就是原核细胞内构成染色体的一个 DNA 分子；而真核生物的基因组包括核基因组和细胞器基因组，真核细胞常为二倍体（diploid）细胞，所以真核生物的核基因组是指单倍体细胞内整套染色体所含的 DNA 分子。

（二）C-值与C-值悖理

通常情况下，一个物种单倍体基因组的 DNA 含量总是恒定不变的。我们将单倍体基因组所包含的全部 DNA 量，称为该物种的 C-值（C-value）。C-值是每种生物的一个特性，C 来自"Constant"（常数）或"Characteristic"（特征），表示单倍体基因组的大小在任何一个物种中都是相当恒定的。

真核生物基因组较原核生物大得多，真核生物基因组来源不同，分子质量差别也很大。每个物种的 C-值是相对恒定的，不同物种的 C-值差异极大。一般而言，C-值随生物复杂性增加而增加。例如最小的原核生物支原体（*mycoplasma*）基因组小于 10^6 bp，某些植物和两栖类基因组大于 10^{11} bp。在两栖类中，最小的基因组 DNA 长度低于 10^9 bp，最高达到 10^{11} bp。图 6-3 显示了进化中不同门类生物的 C-值范围。

虽然 DNA 的含量与物种间复杂性的差异有一定相关

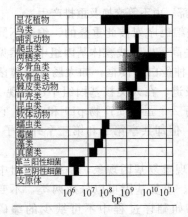
图 6-3 不同门类生物的 C-值范围

性，但并没有严格的对应关系。在某些情况下却出现反常，C-值出乎意料的大。例如肺鱼和百合属植物，具有比人类大得多的染色体基因组，肺鱼的 C-值比哺乳动物大 $10\sim15$ 倍。再如昆虫的 C-值大约是 $10^9\,bp$，而两栖类动物如两栖鲵（$amphiuma$）的 C-值是 $8.6\times10^{10}\,bp$，在昆虫与两栖类之间，C-值相差近百倍，而且两栖类的 C-值竟然比包括人类在内的哺乳类（$3\times10^9\,bp$）的 C-值还高。所以不难看出生物基因组的大小同生物在进化上所处地位的高低无关，物种的基因组大小与遗传复杂性并不是线性相关的。

我们从另外一个角度来看，真核生物 DNA 的长度远远大于编码蛋白质所需的量。如果假设一个基因的长度为 10kb（已超过大多数基因的长度），那么长度为 $3\times10^9\,bp$ 的人类基因组 DNA 就应该编码 300 万个基因，而到目前为止人类基因组计划所公布的基因数目还不到 3 万个。实际情况也是如此，根据简单的估算，哺乳动物基因组 DNA 的量大约是全部编码基因长度的 10 倍，对于 90% 以上额外 DNA 的功能目前尚无很好的解释。

上面这种形态学的复杂程度与 C-值的大小不一致的现象，称为 C-值悖理（C-value paradox）。这暗示着真核生物基因组中必然存在大量的不编码基因产物的 DNA 序列，这些序列的功能很可能就是对基因的表达进行调控，但是还没有形成一套完整的理论。

二、原核生物基因组的结构与特征

原核生物基因组相对较小，许多细菌和古细菌的全基因组序列在过去几年就已公布。因此我们对原核生物基因组结构有更深入的了解，在许多方面比对真核生物了解要多。这里我们以大肠杆菌和噬菌体为例来说明原核生物基因组结构特点。

（一）原核生物基因组的特征

原核生物的基因组虽小，但其利用率却很高。其主要特征有以下几个方面：（1）基因组分子量较小，通常由一条环状双链 DNA 分子组成（病毒特殊），相对聚集在细胞的中央形成为类核（nucleoid）结构，没有核膜包裹；（2）基因组中存在操纵子结构，如乳糖操纵子、色氨酸操纵子等；（3）DNA 分子绝大部分用于编码蛋白质，不编码的 DNA 部分所占比例比真核生物基因组少得多，通常为控制基因表达的序列，如噬菌体 ΦX174 中只有 5% 是非编码区；（4）多数情况下，结构基因都是单拷贝的（除 rRNA 的基因之外，这有利于核糖体的快速组装，便于细胞在短时间内有大量的核糖体生成，以利于蛋白质的合成）；（5）基因是连续的，基本不存在内含子成分，因此在转录后不需要剪接加工，并且绝大多数区域都无重复序列；（6）存在着基因重叠的现象，即同一段 DNA 序列能编码两种甚至三种不同的蛋白质；（7）基因组具有单个复制起点，为单复制子结构，但每个复制子的长度较大。

（二）大肠杆菌基因组

大肠杆菌是 1885 年由德国细菌学家 Theodor Escherich 首次发现的，由于它的基因组较小，而且它是目前分子生物学研究中非常重要的工具，因而它的基因组是研究最清楚的原核生物基因组。

1. 大肠杆菌的 DNA

关于大肠杆菌 DNA 的相关知识在第二章已经介绍过。大肠杆菌本身的长度只有几个微米，这就意味着基因组 DNA 必须折叠、凝聚以适应细胞的容量。这种折叠、凝聚的结构集中分布在称为核质体或类核的区域。在核质体中 DNA 成分占 80%，其余为 RNA 和蛋白质。

2. 大肠杆菌的 DNA 结合蛋白

一直以来，人们认为 $E.coli$ 染色体是完全裸露的 DNA 分子，用 RNA 酶或蛋白酶处理类核时，发现类核可由致密变得松散，这说明 RNA 和某些蛋白质分子起到了稳定类核的作用。在 $E.coli$ 中现已分离到几种表面上像真核细胞染色体蛋白质的若干种 DNA 结合蛋白（见表 6-1）。

表 6-1 目前发现的 *E. coli* 中的各种 DNA 结合蛋白及其功能

蛋白质	组 成	功 能	含量/每细胞	基因位点	真核生物的相关蛋白质
HU	α 和 β 亚基,每个 9kD	使 DNA 压缩、类核凝聚,刺激复制,和 IHF 有关	40 000 个二聚体	*hupA.B*	H_2B
H	两个相同亚基,各 28kD	促使双链的互补、复性	30 000 个二聚体	未知	H_2A
IHF	α:10.5kD β:9.5kD	有助于 att 位点(attattchment sites)配对重组	未知	*himA.D.*	未知
H_1 (H-NS)	15kD 亚基	和 DNA 结合有关,与 DNA 拓扑结构有关	10 000 个二聚体	*osmZ* *bglY* *pilG*	未知
HLP_1	17kD 单体	未知	20 000 个单体	*firA*	未知
P	3kD 亚基	未知	未知	未知	鱼精蛋白 (DNA 结合蛋白)

注:IHF 即整合宿主因子(integration host factor)。

3. 基因组中基因的分布情况

大肠杆菌基因组早已测序完成。基因组中已知的基因多是编码一些酶类的基因（如氨基酸、嘌呤、嘧啶、脂肪酸和维生素合成代谢的一些酶类的基因）以及大多数碳、氮化合物分解代谢酶类的基因。大肠杆菌的基因结构具有以下一些特点:

(1) 蛋白质基因在基因组内通常是单拷贝的,但还是有重叠基因的存在。因为多拷贝基因在同一条染色体上很不稳定,常常引起非均等交换,从而使重叠的基因序列丢失或倒位。

(2) 功能上相关的基因集中在一个区域,形成一个转录单元,即形成一个操纵子结构,由一个启动子转录。其中突出的例子是 *E. coli* 的乳糖操纵子和色氨酸操纵子。每个操纵子都有一种或几种调节蛋白,这些蛋白是由它自己的基因即调节基因编码的。

(3) *E. coli* 的 rRNA 基因串联在一起,以 16S rRNA-23S rRNA-5S rRNA 的顺序为单元,有 7 个拷贝存在于基因组 DNA 的不同位点中(图 6-4)。在 7 个 rRNA 操纵子中有 6 个位于 DNA 复制起始点附近,同样的这些基因位于复制起始点附近的表达量几乎是复制终点的两倍,这种位置有利于基因在早期复制后马上作为模板进行 rRNA 的合成以便进行核糖体组装和蛋白质的合成。

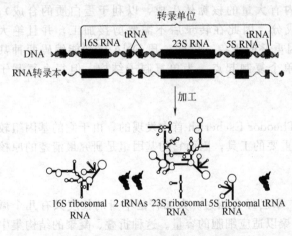

图 6-4 大肠杆菌的 rRNA 基因

(三)噬菌体基因组

噬菌体基因组一般都比较简单,大小为 2～200kb,需要利用宿主细胞的酶系统进行 DNA 复制、RNA 以及蛋白质合成,因此它们像所有病毒一样不具有独立生活的能力。噬菌体只有寄生在微生物细胞内,借助细胞的功能完成它的生活周期,因而生长繁殖严重依赖于宿主细胞,而噬菌体基因组主要编码噬菌体的结构蛋白和少量的调控蛋白。

ΦX174 噬菌体基因组（图 6-5）含有 11 个基因，构成 3 个转录单位。3 个转录启动子 Pa、Pb 和 Pd 分别开始转录基因 A，B，D。在基因 A 和基因 H 之间有一个强终止信号，所有转录都将终止。在基因 J 和基因 F 之间有一个弱终止信号，部分转录被终止，一部分 mRNA 继续往下转录到基因 H 结束。基因 D-（E)-F-G-H 都转录在同一 mRNA 分子上。

ΦX174 感染大肠杆菌后合成的蛋白质分子都已被分离，共有 11 种蛋白质分子，总分子量为 262kD，相当于 6078 个核苷酸所容纳的信息量，已经超出 ΦX174 这个很小基因组的编码容量。进一步通过 DNA 序列和蛋白质编码序列比较分析，发现了 ΦX174 的基因组存在部分

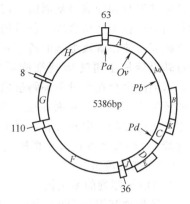

图 6-5　ΦX174 噬菌体基因组示意图

基因重叠的现象。例如 B 基因包含在 A 基因之中，E 基因包含在 D 基因之中（图 6-6），虽然它们的 DNA 重叠，但从 Pa 和 Pb 仍可分别有序地启动 mRNA 合成并以不同的框架翻译出不同的蛋白质。还有基因前后部分重叠，如基因 K 和基因 A 及基因 C 的一部分基因重叠，基因 D 的终止密码子的最后一个碱基是基因 J 起始密码子的第一个碱基。类似的在 G_4、微小病毒和 SV40 噬菌体中也有发现。

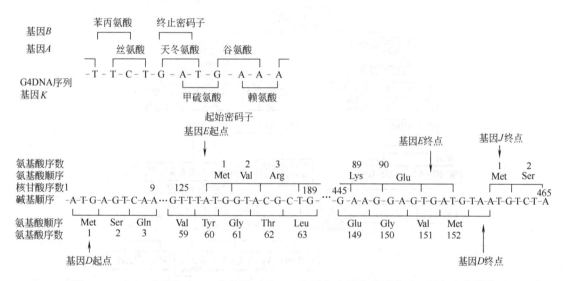

图 6-6　ΦX174 噬菌体 DNA 中基因 D 和 E（以及相应的编码蛋白质）的起点与终点

除上述特点之外，ΦX174 噬菌体基因组内基因之间的间隔区很小，例如基因 H 和基因 A 之间的间隔区有 63nt，其中含有 RNA 聚合酶的结合位点、转录终止信号、合成蛋白 A 的核糖体结合位点等调控区域。非转录的间隔区已缩小到非常精简的程度。

三、真核生物基因组的结构与特征

真核生物在基因结构、表达方式、过程以及功能等方面都远比原核生物复杂。复杂的功能也表现在基因组的复杂性上。遗传物质主要集中在细胞核中，也称核基因组。在真核细胞中存在的一些特殊的细胞器中也含有 DNA，习惯上称为细胞器基因组。

（一）真核生物基因组的特征

与原核生物基因组相比，真核生物基因组结构具有如下特点：（1）基因组比较大，低等真核生物大约 $10^7 \sim 10^8$ bp，比原核细胞大 10 倍以上，而有些高等真核生物可达到 10^{11} bp，

包括核基因组和细胞器基因组；（2）基因组一般由多条染色体组成，DNA与组蛋白和大量的非组蛋白稳定地结合成染色质的复杂结构，含多个复制起点，属多复制子结构；（3）由于存在核膜，使得真核细胞的转录和翻译在时间上和空间上都是分隔的、不偶联的，即在核中经过转录后加工再转运到细胞质中完成翻译，而原核生物的基因转录和翻译是同步的；（4）基因组中存在大量不编码蛋白质的DNA序列，而且还存在有大量的重复程度及频率不同的重复序列；（5）基因往往以单拷贝形式存在，而且转录产物为单顺反子mRNA；（6）基因是不连续的，中间含有内含子序列（断裂基因），而原核生物几乎每一个基因都是完整的连续的DNA片段；（7）真核生物中缺少明显的操纵子结构。

（二）核基因组

1. DNA序列的复杂性

真核生物基因组DNA序列根据其结构和功能的不同可以有不同的分类。从编码产物来分，可以分为编码序列和非编码序列；从拷贝数上来分，可以分为单拷贝序列和重复序列（多拷贝序列）；从概念上来分，又可以分为基因序列和非基因序列等。

2. 真核生物基因组的序列分类

根据真核生物DNA的复性动力学，以复性DNA的分数对C_0t作图，得到DNA复性的C_0t曲线。根据C_0t曲线，可以把真核生物基因组DNA分为4类：单拷贝序列、低度重复序列、中度重复序列和高度重复序列，如图6-7所示。

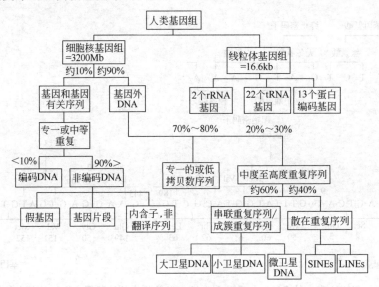

图 6-7　人类基因组DNA

（1）单拷贝序列（single copy sequence）又称非重复序列（nonrepetitive sequence），只有一个拷贝的基因序列，由于通常研究的细胞是二倍体，所谓单拷贝序列，实际上存在着两个拷贝。单拷贝序列最重要的作用是具有编码功能，储存了大量遗传信息，但不是所有的单拷贝序列都具有编码功能。真核生物基因组中单拷贝序列约占50%～70%，而编码序列只占单拷贝序列的一小部分，所以单拷贝序列除了编码以外还应有其他功能。

（2）低度重复序列（slightly repetitive sequence）在基因组中只有2～10个拷贝，主要是一些编码蛋白质的基因。最典型的例子就是细胞骨架蛋白和珠蛋白基因，它们都由结构相似、同源性较高的不同成员组成，这类低度重复序列在真核生物中存在较多。低度重复序列包括2种不同的情况：一是重复序列中的基因是有功能的，只是在氨基酸组成上存在一定的差异；二是序列中往往出现假基因。而假基因在真核生物基因组中相当普遍。

（3）中度重复序列（moderately repetitive sequence）　中度重复序列一般都是不编码的序列，也有编码序列，而且属于编码序列的中度重复在真核细胞中比较多，例如 rRNA 基因和 tRNA 基因以及组蛋白基因等。在基因组中有 10 至上千个拷贝，个别可达到 $10^5 \sim 10^6$ 个拷贝，占整个基因组的 $25\% \sim 40\%$，复性速度仅慢于高度重复序列。目前认为，大部分中度重复序列与基因表达的调控有关，它们可能是与 DNA 复制、转录起始和终止有关的酶及蛋白质因子的识别位点。在人基因组中已知有两大家族，即长散在重复（long interspersed nucleotide element，LINE）和短散在重复（short interspersed nucleotide element，SINE）。

① LINE：LINE 在人类基因组中约有 10^5 个拷贝，占总 DNA 的 $2\% \sim 3\%$，长度为 $6 \sim 7kb$，其中 95% 的序列 $5'$ 端是截断的，但大多数含有相同的 $3'$ 端及长短不等的 poly（A）。代表家族为 Kpn I 家族，这一家族的 DNA 序列可以被 Kpn I 酶切。可能由于内部缺失或重排，每个长散在重复序列与同源序列约有 13% 的差异。

② SINE：Alu I 序列家族是 SINE 的典型代表，该序列中有一个限制性核酸内切酶 Alu I（识别序列为 ACCT）的识别位点。广泛存在于哺乳动物中，占人类基因组总 DNA 量 5% 左右，高达 9×10^5 个拷贝，大部分属非编码 DNA，但也有一部分位于 mRNA 的非翻译区，甚至位于编码区内。

人类 Alu I 序列长度约 300bp，本身又由 120bp 和 170bp 的两个重复序列组成，两者之间由富含 A 的区域分开，两端又有一段 $7 \sim 10bp$ 的正向重复序列。它可能是由 7S RNA 降解形成并反转录后整合于基因组中，从而在体外对许多启动子发挥正向或负向调节作用，但这些序列在体内条件下可能由于 DNA 甲基化或处于核糖体部位等原因而不能转录。Alu I 序列在体细胞中几乎完全甲基化而在精子中处于低甲基化状态。

（4）高度重复序列（highly repetitive sequence）　高度重复序列中常有一些 AT 含量很高的简单串联重复序列，因此这类 DNA 复性极快，由数种不太长的核苷酸序列重复排列，长度从几个 bp 到几百 bp 或更长，重复次数大于 10^6，占总含量 $10\% \sim 50\%$，人类基因组中约占 20%。这些序列大部分集中在异染色质区，特别是在着丝粒和端粒附近。

（5）卫星 DNA　基因组中由寡核苷酸串联、重复排列而成的 DNA 序列构成数目可变的串联重复序列（variable number of tandem repeats polymorphism，VNTR），由于该区富含 AT，如果将基因组 DNA 切成片段后，放在氯化铯溶液中进行密度梯度离心时，可以在一个主区带以外形成小的区带，称为卫星 DNA（satellite DNA）。如果核心序列由 $6 \sim 70bp$ 组成则称为小卫星 DNA（minisatellite DNA），如果核心序列由 $2 \sim 6bp$ 组成则称为微卫星 DNA（microsatellite DNA），也叫短串联重复序列（short tandem repeat，STR）或简单序列重复（simple sequence repeats，SSRs）。微卫星 DNA 一般重复 $10 \sim 60$ 次而形成一个 VNTR，小卫星 DNA 一般重复约几次到几百次而形成一个 VNTR。微卫星 DNA 形成的 VNTR 分布广泛，整个基因组约有 $5 \sim 10$ 万个，并以平均隔 50kb 有一个的频率均匀穿插于基因组中，而小卫星 DNA 形成的 VNTR 分布较有限，多数位于染色体端粒位置，小卫星 DNA 与微卫星 DNA 的区别见表 6-2。

表 6-2　小卫星 DNA 与微卫星 DNA 的区别

特　　征	微卫星 DNA	小卫星 DNA
存在部位	染色体的任何部位	染色体的近端粒和着丝粒区
重复单位长度	$2 \sim 6bp$	$6 \sim 70bp$
重复次数	$10 \sim 60$ 次	几次到几百次
总序列长度	约 200bp	$0.5 \sim 30kb$
重复单位的差异	重复单位的变异性低，可看成结构相同	重复单位组成稍有差异，如单个碱基置换
存在数量	很多	有限

一个群体中，在基因组的相同位点，由于出现的数目和频率不同，不同个体小卫星序列的长度变动很大，因而表现出高度的多态性（polymorphism）。每个个体基因组中许多位点处的小卫星片段长度称为该个体的 DNA 指纹图（DNA fingerprint），之所以叫这个名字，是因为它和人的指纹类似，能够用以区分每个个体，因为同一位点的每个个体的小卫星长度是高度变异的，DNA 指纹图已在法医学上得到了广泛的应用。

3. 真核生物基因组的复杂性

真核生物基因组的复杂性表现在多个方面，主要包括基因结构的复杂性、基因家族和基因簇以及各种形式的基因等。这里着重介绍基因结构的复杂性这一方面。真核生物基因组的结构并不是如此简单的，而是表现出多方面的复杂性。如图 6-8 所示人类基因的结构。

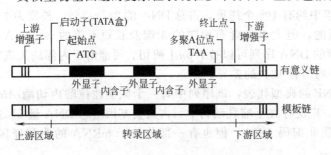

图 6-8　人类基因的结构示意图

（1）内含子与外显子的互变性　真核生物基因组的不连续基因，在不同组织中无论表达与否，其序列一般都保持不变。但是不同基因中内含子的数目、位置和大小区别很大，而且是可变的。有时候从同一基因序列可以得到一种以上的 mRNA，这主要是因为内含子的剪接在很多真核生物基因中表现出多样性。一个基因的初始转录产物如何产生两种或更多的mRNA，翻译成两种或多种蛋白质呢？初级转录本加工形成成熟的 mRNA，可以有几种不同情况：①利用多个 5′端转录起始位点；②多个 3′端加 poly（A）位点；③利用不同内含子的交替剪接方式；④以上 3 种情况的综合运用。正是由于内含子剪接方式的不同，使得内含子与外显子之间可以互变。产生结果有：①个别内含子中包含基因（基因内基因）；②一个基因的内含子可能是另外一个基因的外显子；③几乎所有的结构基因的首位两个外显子都只有部分核苷酸序列编码氨基酸；④有的外显子不编码氨基酸；⑤tRNA 和 rRNA 的基因不编码蛋白质产物等。

（2）内含子　内含子根据其内部保守的序列组分、二级结构以及剪接机制可以分为Ⅰ、Ⅱ和Ⅲ类内含子三种类型。Ⅰ类内含子出现在细菌、低等真核生物 rRNA 基因中，在真菌线粒体中也很普遍。它的主要特点是具有自我剪接能力。Ⅱ类内含子的主要特点是转录初始产物 RNA自我剪接时，内含子 RNA 形成套索结构。Ⅰ类内含子比Ⅱ类内含子普遍。Ⅲ类内含子存在于广大的真核生物蛋白质基因中，它们的 RNA 产物剪接时需要有酶和蛋白质参与。

高等生物中内含子的大量存在，消耗了大量的资源和能量，如果对机体没有任何益处，进化是不会选择包含有内含子的断裂基因的。所以内含子序列并不是一无是处的，现在人们认为内含子可能具有如下功能：①内含子中可能包含有完整的 ORF，可以编码酶或蛋白质，已经知道的有逆转录酶、成熟酶；②内含子中可能含有增强子、启动子等调控序列，在基因转录调控中起作用；③内含子可能在选择性剪接中具有一定的功能，各种剪接信号通过对外显子的选择性拼接，可以使一个基因产生多种基因产物（图 6-9）；④内含子可能对基因家族外显子起保护作用，可以抑制基因家族中相邻外显子的错配和不等交换；⑤内含子可以改变蛋白质的进化程度，提高物种进化速率。

（3）外显子　外显子一般倾向于小分子，平均只编码 20～80 个氨基酸，约 150bp 左右。在对大量的蛋白质结构进行仔细分析后，人们认识到多肽链的某些区域形成规则的二级结构，然后与相邻的二级结构聚集成超二级结构，进而再形成三级结构。蛋白质分子内多肽链往往集合成两个以上相对独立的结构，即结构域（domain）。而外显子经常相当于多肽折叠

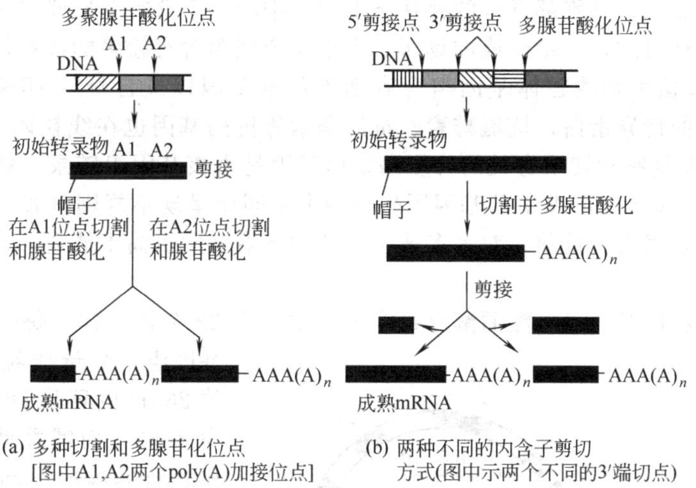
多聚腺苷酸化位点
A1 A2
DNA
初始转录物 A1 A2
剪接
帽子
在A1位点切割和腺苷酸化
在A2位点切割和腺苷酸化
AAA(A)n
AAA(A)n
成熟mRNA
(a) 多种切割和多腺苷化位点
[图中A1,A2两个poly(A)加接位点]
5′剪接点 3′剪接点 多腺苷酸化位点
DNA
初始转录物
帽子
切割并多腺苷酸化
AAA(A)n
剪接
AAA(A)n
AAA(A)n
成熟mRNA
(b) 两种不同的内含子剪切
方式(图中示两个不同的3′端切点)

图 6-9 真核生物复杂转录物的两种不同剪接机制

起来的结构域，即所谓的“一个外显子一个结构域”概念。

由于最终功能蛋白质分子是多个外显子序列经过转录加工连接在一起而产生功能的，那么外显子序列之间的重组很容易造成蛋白质结构域的新组合，也就产生了蛋白质的新的功能。人们预言，真核生物基因是通过重组形成外显子集合物而构成和表现出来的。新的外显子序列在进化过程中组合到结构基因内，导致了基因水平上进化，最终推动物种的进化。

（三）细胞器基因组

1. 细胞器基因组的一般性质

真核生物细胞主要以核内染色体 DNA 作为其遗传物质基础，但在核外的细胞器如线粒体、叶绿体中也存在少量的遗传物质，分别称为线粒体 DNA（mitochondrial DNA，mtDNA）和叶绿体 DNA（chloroplast DNA，cpDNA），被统称为核外遗传因子（extranuclear genetic element）。核外遗传因子是由一个亲本而来，不经过有丝分裂或减数分裂，即与纺锤丝的运动无关，其控制性状常不表现为确切的孟德尔遗传。它们不与细胞核内任何染色体中的任一已知基因相连锁。它是细胞质传递的，由于在生殖细胞融合成合子时，精细胞多只单独提供细胞核，而合子细胞的细胞质主要由卵细胞提供，造成核外遗传因子源于卵细胞，也可能由于某种尚未明了的机制造成合子中父方来源的核外遗传因子失活丢失。

迄今已鉴定的细胞器基因组大多数以环状双链 DNA 分子的形式存在。在每个细胞器中一般有数个拷贝的基因组，而每个细胞中又有多个细胞器，所以在每个细胞中有很多个细胞器基因组，例如，在高等植物中，每个叶绿体中通常有 20～40 个拷贝的基因组，每个细胞中有 20～40 个叶绿体。酵母线粒体的基因组更大，每个细胞含有 22 个线粒体，每个线粒体有 4 个基因组。

细胞器 DNA 就在该细胞器中进行复制、转录和翻译（与核 DNA 不同，核 DNA 是在核中转录，到细胞质中进行翻译）细胞器基因组编码其所需要的全部 rRNA 和 tRNA，所以说细胞器内的各种 RNA 都是自己合成的。线粒体和叶绿体都是与能量有关的细胞器，因而它们的基因组除了编码 rRNA 和 tRNA 外，主要编码它们所需要的与能量有关的蛋白质。然而，细胞器只产生它所需要的蛋白质的部分，另一部分则来自细胞质，是由核基因编码产生的。

2. 线粒体基因组

线粒体是所有真核细胞都具有的存在于细胞质中的一个含有双层膜的重要细胞器，是细胞的氧化中心和动力站，能量合成的场所。由于每个细胞含有较多的线粒体，故含有多拷贝线粒体 DNA。真核生物线粒体基因组含有细胞色素基因以及自身的 tRNA、rRNA 基因，因而能合成自身的特异蛋白，抗氯霉素、抗红霉素等抗药基因也在线粒体 DNA 上，但是线粒体内包括 DNA 复制和转录有关的许多酶蛋白基因是由核基因组转录，然后进入线粒体发挥催化功能的。线粒体 DNA 中的基因因生物种类不同而呈现不规则分布。由于不同生物的细胞器基因组差别很大，目前，对大多数生物的细胞器基因组尚不清楚，下面仅举几个研究比较清楚的例子。

　　(1) 酵母线粒体基因组　酿酒酵母每个细胞中约含 22 个线粒体，每个线粒体约含 4 个基因组，酵母线粒体基因组是周长约 26μm 的环状 DNA 分子，一般约为 84kb，而哺乳动物的约为 16kb。在酿酒酵母的不同株系中，线粒体基因组的大小差别很大，生长中的酵母细胞线粒体 DNA 占细胞总 DNA 量的比例可高达 18%。

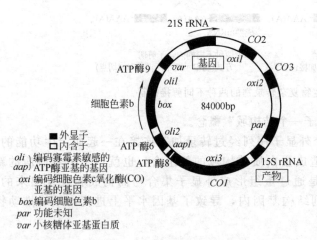

图 6-10　酵母线粒体的基因图谱

　　图 6-10 是酵母线粒体的基因图谱：该图谱指明了主要的 RNA 和蛋白质产物，但没有指出约 22 个 tRNA 分子，因为它们没有完全被定位。核糖体大亚基 15S rRNA 和 21S rRNA 基因是分开的，两个基因相距 24kb。酵母线粒体基因组 24% 左右是由短的富含 AT 碱基对的序列所组成，它们没有任何编码功能。

　　(2) 人类线粒体基因组　mtDNA 是人类第二套基因组 DNA，也是人细胞中除核之外唯一含有 DNA 的细胞器，具有自己的蛋白质翻译系统和遗传密码。剑桥大学的 Anderson 等人于 1980 年完成了对线粒体基因组的全序列测定，共含 16569 个碱基对（其中 5122A，5180C，2171G，4096T），为一条双链环状的 DNA 分子。双链中有一条为重链（H），即富含嘌呤链；另一条为轻链（L），即富含嘧啶链。这是根据它们的转录产物在 CsCl 中密度的不同而区分的。重链和轻链上的编码产物各不相同（图 6-11），线粒体基因组共编码 37 个基因，其中 22 种基因编码 tRNA 分子（用于线粒体 mRNA 的翻译），2 种编码 rRNA 分子（用于构成线粒体的核糖体 12S 和 16S rRNA），另外还有 13 个编码氧化磷酸化电子传递链和 ATP 产生涉及的蛋白质和酶。

　　近些年的研究发现，哺乳动物 mtDNA 的遗传密码与通用的遗传密码有以下区别：①UGA 不是终止信号，而是色氨酸的密码。因此，线粒体的 Trp-tRNA 可以识别 UGG 和 UGA 两个密码子。②多肽内部的甲硫氨酸由 AUG 和 AUA 两个密码子编码；而起始甲硫氨酸由 AUG、AUA、AUU 和 AUC 四个密码子编码。③AGA、AGG 不是精氨酸的密码子，而是终止密码子，因而，在线粒体密码系统中有四个终止密码（UAA、UAG、AGA、AGG）。

　　3. 叶绿体基因组

　　叶绿体基因组（chloroplast genome）是 1962 年在藻类中发现的。叶绿体基因组的情况与线粒体类似，除编码其合成蛋白质所需要的所有 rRNA 和 tRNA，还编码 50 种蛋白质，主要包括 RNA 聚合酶，进行光合作用的各种光系统（Ⅰ、Ⅱ）酶、蛋白质及细胞色素 b 等。大多数植物叶绿体 DNA 都有数万碱基对的两个反向重复序列，将 DNA 环状分子隔成两个大小不同的单拷贝区：大单拷贝区（large single copy，LSC），长度在78～100kb之间；小单拷贝区（small single copy，SSC），在此反向重复之内的基因是每个基因组两个拷贝。大多数rRNA基因（4.5S、5S、16S、23S）都位于反向重复序列区内。叶绿体核糖体为原核型核糖体，其rRNA由23S、16S、5S和4.5S组成，按16S、23S、4.5S以及5S顺序排列，并处在同一转录单位中。

与线粒体类似，叶绿体基因组是与核基因组协同作用的。根据叶绿体基因组rRNA基因拷贝数，分为Ⅰ、Ⅱ、Ⅲ型叶绿体基因组。

Ⅰ型叶绿体基因组：只含有单拷贝rRNA基因，如碗豆、蚕豆叶绿体基因组。

Ⅱ型叶绿体基因组：rRNA基因在叶绿体基因组中以两个反向重复序列形式存在，即rRNA基因有两个拷贝，如菠菜、玉米、水稻叶绿叶体基因组（图6-12）。

Ⅲ型叶绿体基因组：rRNA基因有3个拷贝，如低等植物、裸藻叶绿体基因组。

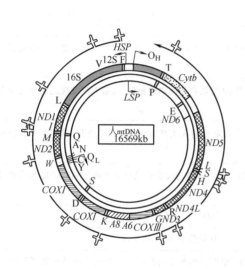

图6-11　人类线粒体DNA基因组示意图

（最外面为重链转录体；A—ATP复合酶；

COX—细胞色素氧化酶；ND—ANADH氧化酶；

HSP—重链转录启动子；LSP—轻链转录启动子）

图6-12　水稻叶绿体基因组

四、人类基因组计划

（一）人类基因组计划简介

人类基因组计划（human genome project，HGP）就是测定人类基因组全序列。HGP与曼哈顿原子弹计划和阿波罗登月计划一起被称为20世纪三大科学工程。HGP的孕育，经历了长达5年的时间。1985年5月，在加利福尼亚州Santa Cruz由美国能源部负责召开，由时任加利福尼亚州大学校长R. Sinsheirn主持的会议上提出了测定人类基因组全序列的建议。并由此形成了"人类基因组计划"草案。1988年美国成立"国家人类基因组研究中心"，DNA分子双螺旋模型提出者J. Waston出任第一任主任。历经5年辩论之后，美国国会批准美国的"人类基因组计划"于1990年10月1日正式启动。

我国的"人类基因组计划"于1994年开始启动。在2000年6月26日宣布的人类基因组计划"工作框架图（working draft）"中完成了其中1%的绘制任务。在"框架图"完成后，人类基因组研究进入绘制"完成图（complete draft）"的阶段。与"框架图"相比，"完成图"的覆盖率从90%扩展到100%，准确率从99%上升到99.99%。"完成图"将为人们提供更详尽、更准确的基因图谱，借此可以更加深入地研究疾病等人类各种功能基因。

表 6-3　人类基因组研究大事记表

1985.5	在美国加州的一次会上,美国能源部提出了测定人类基因组全序列的动议
1986.3	美国能源部宣布实施人类基因组计划草案
1986.3	著名诺贝尔奖获得者 R. Dulbecco 在 Science 上发表一篇有关开展人类基因组计划的短文,后被称为"人类基因组计划标书"
1988.6	美国成立"国家人类基因组研究中心"。DNA 分子双螺旋模型提出者 J. Waston 出任第一任主任
1990.1	国际人类基因组计划启动
1998.5	一批科学家在美国组建 Celera Genomics 公司,目标是到 2001 年绘制出完整的人体基因组图谱,与国际人类基因组计划展开竞争
1998.10	美国国家人类基因组研究所在 Science 杂志上发表声明说,HGP 的全部基因测序工作将比原计划提前两年,即在 2003 年完成
1999.3	英国韦尔科姆基金会宣布,由于科学家加快工作步伐,人类基因组工作草图将提前至 2000 年绘出
1999.9	中国获准加入 HGP,负责测定人类基因组全部序列的 1%,即 3 号染色体上的三千万个碱基对。中国是参与这一计划的唯一发展中国家
1999.12	国际 HGP 联合研究小组宣布,完整地破译出人体第 22 对染色体的遗传密码,这是人类首次成功地完成人体染色体基因完整序列的测定
2000.3	时任美国总统克林顿和英国首相贝理雅发表联合声明,呼吁将人类基因组研究成果公开,以便世界各国的科学家都能自由地使用这些成果
2000.4	Celera 公司宣布破译出一名实验者的完整遗传密码。因为该公司没有提供有关基因序列的长度和完整性的可靠参数,因而不少欧美科学家对此表示质疑
2000.4	中国科学家按照国际 HGP 的部署,完成了 1% 人类基因组的工作框架图
2000.5	国际 HGP 完成时间再度提前,预计从原定的 2003 年 6 月提前至 2001 年 6 月
2000.5	由德国和日本等国科学家组成的国际科研小组宣布,他们已基本完成了人体第 21 对染色体的测序工作
2000.6	科学家公布人类基因组工作草图
2001.2	Science 和 Nature 杂志分别发表人类基因组草图序列
2001.8	国际 HGP 中国部分"完成图"提前两年绘制完成
2002.1	第 9 届美国能源部基因组承担人会议(DOE Genome Contractor-Grantee Meeting)召开
2003.4	中、美、日、德、法、英 6 国科学家宣布人类基因组序列图绘制成功,人类基因组计划的所有目标全部实现
2004.10	人类基因组完成图公布
2005.3	人类 X 染色体测序工作基本完成,并公布了该染色体基因草图
2006.5	人类 1 号染色体测序完成——人类"生命之书"的破译完成

　　基因组计划研究以及它在应用方面初现的曙光使专家们纷纷预言:21 世纪将是生物学的世纪。这不仅是生物学领域内的革命,同时也极大地推动了生命科学不断增强的生产力和影响力。已有的和潜在的对基因组研究的应用使政府能对分子药物应用,废弃物管理,环境保护,生物技术,能源及风险评估等方面的需求做出分析。

　　人类基因组计划的完成以及人类基因组单体型图计划的实施,标志着人类用遗传学语言来阐明生命的本质和各种生命现象,促进了从整体到细胞水平的全面深入研究,并将逐步揭示人类自身的奥秘,对于人们从分子水平认识正常生物学结构和功能,阐明各种疾病发生的机理具有十分重要的意义(表 6-3)。

（二）基因组计划的发展方向

① 进一步绘制精细图谱。即完成每条染色体的基因图谱。

② 蛋白质研究将成为后基因组时代的主角。随着人类基因组计划的完成，一个以蛋白质和药物基因学为研究重点的后基因组时代已经拉开序幕，并将对科学家提出更为严峻的挑战。蛋白质将是他们今后的重点研究方向之一。有关人类蛋白组的研究将是艰巨的，其原因在于蛋白质的鉴定和分离较 DNA 和它包含的基因的识别和分离要困难得多，目前测定蛋白质的技术远远落后于破译基因组的工具。

③ 对更多的生物基因组进行序列测定将成为新的研究热点。由于不同物种之间大部分基因是相同的，因此其他物种基因图谱的绘制也会对人类基因图谱有借鉴作用。目前已经完成了一些模式生物的测序工作，更多的与人类生活息息相关的生物的基因组测序将越来越多的提到工作日程上来。

④ 功能基因组学已经成为 21 世纪生物学的新方向。尽管基因图谱非常重要，但基因序列本身并不能为科学家提供基因功能的有用信息，而如何了解这些基因的功能和特性就成为各研究机构下一步的主要目标。

第三节　基 因 组 学

基因组学（genomics）是由 Thomas Roderick 在 1986 年提出的。近年来，随着基因组计划的发展，在新技术和新发现的推动下，基因组学已发展成为在基础生物学范畴占有重要地位的分支学科。它是指对所有基因进行基因组作图（包括遗传图谱、物理图谱、转录本图谱）、核苷酸序列分析、基因定位和基因功能分析的一门科学。基因组学研究的内容包括基因组组分动力学、基因组的进化、基因组多态性、基因产物的系统功能和相互作用，概括起来即两个方面：以全基因组测序为目标的结构基因组学（structural genomics）和以基因功能鉴定为目标的功能基因组学（functional genomics）。

一、结构基因组学

结构基因组学是基因组学的一个重要组成部分和研究领域，它是一门通过基因作图、核苷酸序列分析确定基因组成及基因定位的科学。由于染色体个体较大，不能直接用来测序，必须将基因组这一巨大的研究对象进行分解，使之成为较易操作的小的结构区域，这个过程就是基因作图。根据使用的标志和手段不同，作图有 4 种类型，即构建生物体基因组高分辨率的遗传图谱、物理图谱、序列图谱以及转录图谱。

结构基因组的研究使"结构实验室"转向"结构工厂"。巨大的结构工厂将以一种前所未有的规模，将线性的基因组数据转化为最终的蛋白结构。与传统的结构解析方法相比，结构基因组研究中的生产线增添了自动化操作，使整个过程得以快速完成，这也使得大规模解析蛋白质结构得以实现。

结构基因组学研究的目标将以减小工作量为前提，测定一些经过认真选择可能代表所有的折叠类型的蛋白，进而通过计算机技术模建其他蛋白质的结构为目标，这对分析蛋白质结构特征在系统发生上的分布是有价值的。同时，还要测定相当数量的来自几种模式生物的蛋白质表达谱或与疾病相关的蛋白质表达谱来测定蛋白质的结构，这种方式能提供更精确的结构信息，为阐明生物大分子的结构与功能提供更详实的资料。尤其是，从与疾病相关的蛋白表达谱去测定蛋白质结构，可以为疾病机制的阐明和疾病治疗提供重要依据。

二、功能基因组学

功能基因组学往往又被称为后基因组学（postgenomics）。它侧重包括生化功能、细胞功能、发育功能和适应功能等的研究，主要是利用结构基因组学提供的信息和产物，发展和应用新的实验手段，系统地研究基因功能，在基因组或系统水平上全面分析基因的功能。它以高通量、大规模实验方法以及统计与计算机分析为特征，使得生物学研究从对单一基因或蛋白质的研究转向多个基因或蛋白质同时进行系统的研究，代表基因组分析的新阶段。

　　研究内容主要包括基因功能发现、基因表达分析及突变检测。基因的功能包括：生物学功能，如作为蛋白质激酶对特异蛋白质进行磷酸化修饰；细胞学功能，如参与细胞间和细胞内信号传递途径；发育上功能，如参与形态建成等。主要的方法包括微阵列（microarray）或 DNA 芯片（DNA chip）、表达序列标签（expressed sequence tag，EST）法、基因表达系列分析（serial analysis of gene expression，SAGE）法、蛋白质组学分析法、反向遗传学（epigenetics）技术以及生物信息学等新的技术手段。

三、与基因组学相关的几个概念

　　从中心法则可知，DNA、RNA、蛋白质是遗传的三大物质基础。基因表达的第一步就是转录，然而随着细胞类型的不同，即使是同一类型细胞在不同发育阶段或不同生理状态下，所产生的转录物的种类或数量是不同的。因此随着基因组学的发展，出现了研究某一细胞基因组转录产生的全部转录物的种类、结构和功能的转录物组学（transcriptomics）。基因表达的最终产物是蛋白质，蛋白质是表型的主要决定者，从 mRNA 翻译成蛋白质后，还需要经过加工和修饰才能成为功能蛋白，于是 1994 年又提出了以研究细胞内全部蛋白质（即蛋白质组，proteome）的组成及其活动规律的蛋白质组学（proteomics）的概念。最后蛋白质通过各种作用方式体现生物的性状，即表型，因此也就诞生了以研究生物体整个表型形成的机制为主的表型组学（phenomics）。

　　基因组学、转录物组学、蛋白质组学及表型组学等一系列新学科的出现都是与遗传学密切相关，由遗传学衍生而来的，它们只不过在整体层次上从 DNA、RNA、蛋白质及表型等不同的水平上进一步发展研究遗传学的核心命题：基因型＋环境＝表型。因此所有这些新学科的发展都离不开遗传学，譬如说离开了遗传学对所有具体基因的结构与功能的研究，对基因组的整体阐明也是不可能的。当然遗传学的发展也依赖于这些相关学科的发展，如迄今为止关于疾病的遗传研究大多是从单个基因入手的，很少从整个基因组及其功能状态来考虑，但是随着基因组研究的逐步进展，有可能描绘在某一疾病发病时或发育阶段中多个基因位点甚至整个基因组的状态。

本 章 小 结

　　基因的概念是不断变化和发展的，从孟德尔的豌豆杂交实验开始，科学家们针对基因提出了很多，但直到沃森和克里克提出 DNA 双螺旋结构模型后，人们才从分子水平上真正了解了基因的实质。现代基因的概念是产生一条多肽链或功能 RNA 所必需的全部核苷酸序列。原核基因与真核基因在结构上差别不大，只是真核基因多了许多非编码序列，在基因组的利用效率上较原核基因更低些。根据基因的不同特点列举了几种不同的分类方式，如根据产物的类型可分为调节基因、结构基因和操纵基因；根据结构组成特点可分为断裂基因、假基因、重叠基因、重复基因、基因内基因和移动基因等。基因组包括核基因组与细胞器基因组，真核生物的基因组是指单倍体细胞内整套染色体所含的 DNA 分子。通常情况下，一个物种单倍体基因组的 DNA 含量（即 C-值）总是恒定不变的，而且随着物种复杂性的增加而增加。原核生物和真核生物的基因组结构存在很大的区别，各有其特点。原核生物基因组比较简单，而真核生物中存在大量的重复序列，如 LINE 家族和 SINE 家族，除此之外还存在大量的卫星 DNA 序列，并表现出高度的多态性，目前在法医学中有很好的应用。细胞器基因组主要有线粒体基因组和叶绿体基因组。随着人类基因组计划的开展，基因组学得到了迅猛的发展，目前已经获得了大量生物的基因组序列信息。基因组学研究的内容包括基因组组分动力学、基因组的进化、基因组多态性、基因产物的系统功能和相互作用，概括起来即两个方面：以全基因组测序为目标的结构基因组学和以基因功能鉴定为目标的功能基因组学。随着研究的深入，蛋白质组学、表型组学等相关学科也得到了发展。

思　考　题

1. 基因的分类方法有几种？
2. 比较原核生物与真核生物基因与基因组结构的不同。
3. 什么是人类基因组计划？人类基因组计划完成的科学意义是什么？
4. 结构基因组与功能基因组的区别是什么？
5. 阐明基因组与蛋白质组的概念以及二者的区别和联系。
6. 说明真核生物基因组中重复序列的分类和可能的生物学意义以及在基因组研究中这些序列的具体应用。

第七章　生物信息学基础

第一节　生物信息学资源简介

生物信息学（bioinformatics）是现代生命科学与计算机科学、数理科学、化学等领域相互交叉而形成的一门新兴学科。它通过对分子生物学实验数据的获取、加工、存储、检索与分析，进而达到揭示这些数据所蕴含的生物学意义的目的。随着人类基因组计划（HGP）的不断推进，生物信息学已经成为当今生命科学和自然科学的核心领域和最具活力的前沿领域之一。

一、基本数据库

分子生物信息数据库种类繁多。归纳起来，大体可以分为 4 个大类，即基因组数据库、核酸和蛋白质一级结构数据库、生物大分子（主要是蛋白质）三维空间结构数据库，以及由上述 3 类数据库和文献资料为基础构建的二次数据库。

基因组数据库来自基因组作图，序列数据库来自序列测定，结构数据库来自 X 射线衍射和核磁共振等结构测定。这些数据库是分子生物学的基本数据资源，通常称为基本数据库、初始数据库，也称一次数据库。

二、DNA 数据库

DNA 序列数据资源，包括 GenBank，EMBL、DDBJ 等一级数据库（primary database），以及某些特定的基因组信息资源，重点介绍 GenBank 数据库。

（一）EMBL

EMBL 是欧洲生物信息学研究所（European Bioinformatics Institute，EBI）创建的一个核酸序列数据库。EMBL 的数据来源主要有两部分，一部分由科研人员或某些基因组测序机构通过计算机网络直接提交，另一部分则来自科技文献或专利。

近年来，DNA 数据库的规模正在以指数方式增长，平均不到 9 个月就增加一倍。可以利用序列查询系统 SRS（Sequence Retrieval System）从 EMBL 数据库中提取有关信息。SRS 序列查询系统通过超文本链接将 DNA 序列数据库和蛋白质序列、功能位点、结构、基因图谱以及文献摘要 MEDLINE 等各种数据库联系在一起。利用 EBI 网站提供的 BLAST 或 FASTA 程序，可以对 EMBL 数据库进行未知序列同源性搜索。

（二）DDBJ

DDBJ 是 DNA Data Bank of Japan 的简称，始建于 1986 年，由日本国立遗传学研究院负责数据库的建设，维护及数据的传播，并与 EMBL 和 GenBank 合作；可以从世界各地通过网络把序列直接提交该数据库。DDBJ 网页上也提供了包括 FASTA 和 BLAST 在内的数据库查询工具。

（三）GenBank

GenBank 是美国国家生物技术信息中心（National Center for Biotechnology Information，NCBI）建立的 DNA 序列数据库，从公共资源中获取序列数据，主要是科研人员直接提供或来源于大规模基因组测序计划。为保证数据尽可能的完全，GenBank 与 EMBL、DDBJ 建立了相互交换数据的合作关系。

大型数据库分成若干子库，有许多好处。首先，它可以把数据库查询限定在某一特定部分，以便加快查询速度。其次，基因组计划快速测序得到的大量序列尚未加以注释，将它们单独分类，有利于数据库查询和搜索时"有的放矢"。GenBank 将这些数据按高通量基因组序列（High Throughput Genomic Sequences，HTG）、表达序列标记（Expressed Sequence Tags，EST）、序列标记位点（Sequence Tagged Sites，STS）和基因组概览序列（Genome Survey Sequences，GSS）单独分类。尽管这些数据尚未加以注释，它们依然是 GenBank 的重要的组成部分。

（1）GenBank 数据记录检索查询　GenBank 数据可用文本检索系统和 ENTREZ 高级检索系统进行检索。其中 ENTREZ 系统是由 NCBI 开发的一个数据库检索系统，它包括核酸、蛋白质、基因组、MMDB 分子结构模型以及 MEDLINE 文摘数据库，并在数据库之间建立了非常完善的联系。因此，可以从一个 DNA 序列查询到蛋白产物以及相关文献，而且，每个条目均有一个类邻（neighboring）信息，给出与查询条目接近的信息。GenBank 最常用的查询是序列局部相似性查询（BLAST）系统，包括一系列查询程序，将未知序列与数据库中的所有序列进行比较，以寻找与待查序列有足够相似性的序列，提供功能相似的评估，是十分方便、强大的查询工具。可通过 www 或 E-mail 途径进行。

（2）向 GenBank 递交数据　GenBank 数据的一个主要来源是作者直接递交，而且目前许多期刊也希望刊登的文章中的 DNA 或氨基酸序列能在发表前输入数据库。NCBI 为此设计了方便、快捷的数据递交方式：BankIt 和 Sequino。

BankIt：直接通过 NCBI 提供的 www 形式的表格进行简便、快捷的递交，适合于少量和短序列的递交。

Sequin：可供 Mac，PC/Windows，UNIX 用户使用的递交软件，在输入有关数据的详细资料后通过 E-mail 发送到 NCBI，也可以将数据文件拷贝到软盘上邮寄给 NCBI。这种方式十分便于大量序列及长序列的输入。数据递交后，作者将收到一个数据存取号，表明递交的数据已被接收，此存取号可作为以后向数据库查询时的凭据，作者可将其列入发表文章中。NCBI 也允许作者通过 BankIt，Sequin 或 E-mail 方式，对已被收入数据库的数据进行修改、添加或删减。由于三大核酸数据库 GenBank、EMBL、DDBJ 之间每日都互相交换数据，因此作者向其中任意一个数据库递交数据即可。

（四）dbEST

EST 数据存储在 dbEST 数据库内，该数据库有自己的格式和识别代码系统。序列信息以及 dbEST 的注释摘要，也按 DNA 的分类分成了若干子数据库。

（五）GSDB

这个基因组序列数据库由位于新墨西哥州 Santa Fe 的国家基因组资源中心创建。GSDB 收集、管理并且发送完整的 DNA 序列及其相关信息，以满足主要基因组测序机构的需要。这一资源是以在线服务器-客户式关系数据库的形式进行工作的，为远端的大规模测序机构向其提交数据提供了方便。以这种方式获取的数据，在被发送之前会先对数据进行检查以确保数据的质量。

GSDB 中条目的格式与 GenBank 中的基本一致。这两种条目的主要区别是 GSDB 中有名为 GSDBID 的一项。

这个数据库可以通过万维网，或使用服务器-客户式关系数据库来使用；无论用哪种方法，熟悉数据库语言，SQL（结构化查询语言）会有所帮助。

（六）特定基因组资源

除了涵盖从完整基因组到单个基因各个方面的综合 DNA 序列数据库，还有些更有针对性的基因组资源，或称专用数据库。在一定程度上，可以认为这些数据库既连接了一些基本的 DNA 数据库，把它们的数据抽调出来填充到自己的数据库中；又连接了一些经常调用这些数据库的查询结果的其他数据库。这种独特数据资源存在的意义在于强调：①特定物种的基因组；②特殊的测序技术。

每类包含的序列信息对这类数据库也许并不重要，一般情况下，它们主要的目的是为某一特定的物种提供一个更为完整的数据库资源，如模式生酵母（*Saccharomyces cerevisiae*）、线虫（*Caenorhabditis elegans*）、果蝇（*Drosophilamelanogaster*）、拟南芥（*Arabidopsis thaliana*）、幽门螺杆菌（*Helicobacter pylori*）等。

（七）UniGene

人类基因组计划的主要任务是对人类基因组进行全测序，（整个基因组估计有30亿对碱基），然而这里面只有大约3％可以编码蛋白质，其余部分的生物学功能还不清楚。转录图谱可以把基因组中实际表达的部分集中起来，因此是一种重要资源。UniGene 希望通过从 GeneBank 中调出一些不包括多余部分、面向基因的序列串组成一个转录图谱。这个库涵盖了多种生物的基因，每个序列串与唯一一个基因及其相关信息建立联系。

除了研究的已经很清楚的基因序列外，大量新发现的 EST 也包括在内。这就意味着，大部分序列只是片段序列，相应基因并没有搞清楚。因此，这个数据库的另一个价值就是发现新基因。在描绘基因图谱及大规模基因表达分析等项目中，UniGene 还可以帮助实验设计者选择试剂。

三、基因组数据库

基因组数据库是分子生物信息数据库的重要组成部分。基因组数据库内容丰富、名目繁多、格式不一，分布在世界各地的信息中心、测序中心以及和医学、生物学、农业等有关的研究机构和大学。基因组数据库的主体是模式生物基因组数据库，其中最主要的是由世界各国的人类基因组研究中心、测序中心构建的各种人类基因组数据库。下面介绍两个重要的基因组数据库。

（一）GDB

由美国 Johns Hopkins 大学于 1990 年建立的 GDB 是重要的人类基因组数据库，现由加拿大儿童医院生物信息中心负责管理。GDB 数据库用表格方式给出基因组结构数据，包括基因单位、PCR 位点、细胞遗传标记、EST、叠连群（contig）、重复片段等；并可显示基因组图谱，其中包括细胞遗传图、连锁图、放射杂交图、叠连群图、转录图等；并给出等位基因等基因多态性数据库。此外，GDB 数据库还包括了与核酸序列数据库 GenBank 和 EMBL、遗传疾病数据库 OMIM、文献摘要数据库 MEDLINE 等其他网络信息资源的超文本链接。

GDB 数据库是用大型商业软件 Sybase 数据库管理系统开发的，并用 Java 语言编写基因图谱显示程序，为用户提供了很好的界面，缺点是传输速度受到一定限制（图 7-1）。

（二）AceDB

AceDB 是线虫基因组数据库。AceDB 既是一个数据库，又是一个数据库管理系统。AceDB 基于面向对象的程序设计技术，是一个相当灵活和通用的数据库系统，可用于其他基因组计划的数据分析。它提供很好的图形界面，用户能够从大到整个基因组小到序列的各个层次观察和分析基因组数据（图 7-2）。新开发的 WebAce 和 AceBrowser 则是基于网络的浏览器。Sanger 中心已经将其用于线虫和人类基因组数据库的浏览和搜索。

库内的资源包括限制性图谱，基因结构信息，质粒图谱，序列数据，参考文献等。

（三）SGD

酵母基因组数据库 SGD 是已经完成基因组全序列测定的啤酒酵母基因组数据库资源，包括啤酒酵母的分子生物学及遗传学等大量信息。通过因特网可以访问该数据库的全基因组

图 7-1　GDB 数据库主页（网址：http://gdbwww.gdb.org/）

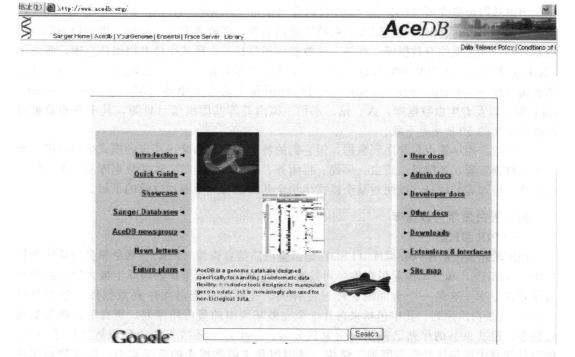

图 7-2　AceDB 数据库主页（网址：http://www.acedb.org/）

信息资源，包括基因及其产物，一些突变体的表型，以及各种有关的注释信息。酵母基因组是于 1998 年完成基因组全序列测定的第一个真核生物基因组。SGD 将各种功能集成在一起，生物学家可通过该数据库进行序列的同源性搜索，对基因序列进行分析，注册酵母基因名称，查看基因组的各类图谱，显示蛋白质分子的三维结构，设计能够有效克隆酵母基因的

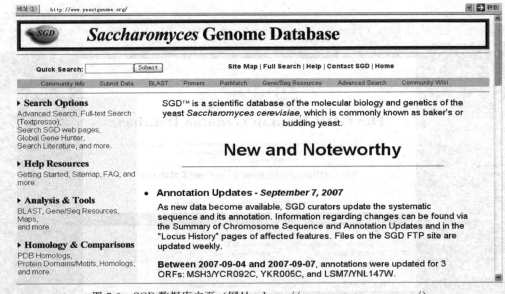

SGD *Saccharomyces* **Genome Database**

Quick Search: [____] [Submit]   Site Map | Full Search | Help | Contact SGD | Home

Community Info   Submit Data   BLAST   Primers   PatMatch   Gene/Seq Resources   Advanced Search   Community Wiki

▶ **Search Options**
Advanced Search, Full-text Search (Textpresso),
Search SGD web pages,
Global Gene Hunter,
Search Literature, and more.

▶ **Help Resources**
Getting Started, Sitemap, FAQ, and more.

▶ **Analysis & Tools**
BLAST, Gene/Seq Resources,
Maps,
and more.

▶ **Homology & Comparisons**
PDB Homologs,
Protein Domains/Motifs, Homologs,
and more.

SGD™ is a scientific database of the molecular biology and genetics of the yeast *Saccharomyces cerevisiae*, which is commonly known as baker's or budding yeast.

New and Noteworthy

- **Annotation Updates - *September 7, 2007***
  As new data become available, SGD curators update the systematic sequence and its annotation. Information regarding changes can be found via the Summary of Chromosome Sequence and Annotation Updates and in the "Locus History" pages of affected features. Files on the SGD FTP site are updated weekly.

  Between 2007-09-04 and 2007-09-07, annotations were updated for 3 ORFs: MSH3/YCR092C, YKR005C, and LSM7/YNL147W.

图 7-3　SGD 数据库主页（网址：http://www.yeastgenome.org/）

引物序列等。该数据库可以通过方便实用、形象生动的图形界面为用户提供酵母基因组的物理图谱、遗传图谱和序列特性图谱等信息（图 7-3）。

（四）TDB

美国基因组研究所 TIGR 的 TDB 数据库（http://www.tigr.org/）包括 DNA 及蛋白质序列、基因表达、细胞功能以及蛋白质家族信息等，并收录有人、植物、微生物等的分类信息，是一套大型综合数据库。此外，该数据库还包括一个模式生物基因组信息库，收录了 TIGR 世界各地微生物基因组信息，包括致 Lyme 病螺旋体（*Borrelia burgdorferi*）、流感嗜血菌（*Haemophilus Influenzae*）、幽门螺杆菌和生殖道支原体（*Mycoplasma genitalium*）等，以及寄生虫数据库，人、鼠、水稻、拟南芥等基因组信息资源，其中有些数据可以由 TIGR 的 FTP 站点下载。

这类数据库尽管也包含序列数据，但它们的特色主要是为某一特定的模式生物提供一个完整的数据资源，如酵母、线虫、果蝇、拟南芥、幽门螺杆菌等。这些数据库从各个不同层次上搜集整理有关信息，以便对某个模式生物全基因组有一个更加完整的了解。

四、蛋白质序列数据库

（一）PIR 和PSD

PIR 国际蛋白质序列数据库（PSD）是由蛋白质信息资源（PIR）、慕尼黑蛋白质序列信息中心（MIPS）和日本国际蛋白质序列数据库（JIPID）共同维护的国际上最大的公共蛋白质序列数据库。这是一个全面的、经过注释的、非冗余的蛋白质序列数据库，包含超过142 000 条蛋白质序列，其中包括来自几十个完整基因组的蛋白质序列。所有序列数据都经过整理，超过 99% 的序列已按蛋白质家族分类，一半以上还按蛋白质超家族进行了分类。PSD 的注释中还包括对许多序列、结构、基因组和文献数据库的交叉索引，以及数据库内部条目之间的索引，这些内部索引帮助用户在包括复合物、酶-底物相互作用、活化和调控级联和具有共同特征的条目之间方便的检索。而且每季度都发行一次完整的数据库，每周可以得到更新部分。

PSD 数据库有几个辅助数据库，如基于超家族的非冗余库等。PIR 提供三类序列搜索服务：基于文本的交互式检索；标准的序列相似性搜索，包括 BLAST、FASTA 等；结合序列相似性、注释信息和蛋白质家族信息的高级搜索，包括按注释分类的相似性搜索、结构域搜索 GeneFIND 等。

PIR 和 PSD 的网址是：http://pir.georgetown.edu/。

数据库下载地址是：ftp://nbrfa.georgetown.edu/pir/。

（二）SWISS-PROT

SWISS-PROT 是经过注释的蛋白质序列数据库，由欧洲生物信息学研究所（EBI）维护。数据库由蛋白质序列条目构成，每个条目包含蛋白质序列、引用文献信息、分类学信息、注释等，注释中包括蛋白质的功能、转录后修饰、特殊位点和区域、二级结构、四级结构、与其他序列的相似性、序列残缺与疾病的关系、序列变异体和冲突等信息。SWISS-PROT 中尽可能减少了冗余序列，并与其他 30 多个数据建立了交叉引用，其中包括核酸序列库、蛋白质序列库和蛋白质结构库等。利用序列提取系统（SRS）可以方便地检索 SWISS-PROT 和其他 EBI 的数据库。SWISS-PROT 只接受直接测序获得的蛋白质序列，序列提交可以在其 Web 页面上完成。

SWISS-PROT 的网址是：http://www.ebi.ac.uk/swissprot/。

（三）PROSITE

PROSITE 数据库是收集了生物学有显著意义的蛋白质位点和序列模式，并能根据这些位点和模式快速和可靠地鉴别一个未知功能的蛋白质序列应该属于哪一个蛋白质家族的数据库。有的情况下，某个蛋白质与已知功能蛋白质的整体序列相似性很低，但由于功能的需要保留了与功能密切相关的序列模式，这样就可能通过 PROSITE 的搜索找到隐含的功能基序（motif）；因此是序列分析的有效工具。PROSITE 中涉及的序列模式包括酶的催化位点、配体结合位点、与金属离子结合的残基、二硫键的半胱氨酸、与小分子或其他蛋白质结合的区域等；除了序列模式之外，PROSITE 还包括由多序列比对构建的配置文件（profile），能更加敏感地发现序列与配置文件（profile）的相似性。PROSITE 的主页上提供各种相关检索服务。

PROSITE 的网址是：http://www.expasy.ch/prosite/。

（四）PDB

蛋白质数据库（PDB）是国际上唯一的生物大分子结构数据档案库，由美国 Brookhaven 国家实验室建立。PDB 收集的数据来源于 X 光晶体衍射和核磁共振（NMR）的数据，经过整理和确认后存档而成。目前 PDB 数据库的维护由结构生物信息学研究合作组织（RCSB）负责。RCSB 的主服务器和世界各地的镜像服务器提供数据库的检索和下载服务，以及关于 PDB 数据文件格式和其他文档的说明，PDB 数据还可以从发行的光盘获得。使用 Rasmol 等软件可以在计算机上按 PDB 文件显示生物大分子的三维结构。

RCSB 的 PDB 数据库网址是：http://www.rcsb.org/pdb/。

（五）SCOP

蛋白质结构分类（SCOP）数据库详细描述了已知的蛋白质结构之间的关系。分类基于若干层次：家族，描述相近的进化关系；超家族，描述远源的进化关系；折叠子，描述空间几何结构的关系；折叠类，所有折叠子被归于全 α、全 β、α/β、$\alpha+\beta$ 和多结构域等几个大类。SCOP 还提供一个非冗余的 ASTRAIL 序列库，这个库通常被用来评估各种序列比对算法。此外，SCOP 还提供一个 PDB-ISL 中介序列库，通过与这个库中序列的两两比对，可以找到与未知结构序列远缘的已知结构序列。

SCOP 的网址是：http://scop.mrc-lmb.cam.ac.uk/scop/。

（六）COG

蛋白质直系同源簇（COGs）数据库是对细菌、藻类和真核生物的 21 个完整基因组的编码蛋白，根据系统进化关系分类构建而成。COG 库对于预测单个蛋白质的功能和整个新基因组中蛋白质的功能都很有用。利用 COGNITOR 程序，可以把某个蛋白质与所有 COGs 中的蛋白质进行比对，并把它归入适当的 COG 簇。COG 库提供了对 COG 分类数据的检索和查询，基于 Web 的 COGNITOR 服务，系统进化模式的查询服务等。

COG 库的网址是：http://www.ncbi.nlm.nih.gov/COG。

下载 COG 库和 COGNITOR 程序在：ftp://ncbi.nlm.nih.gov/pub/COG。

五、结构数据库

结构数据库主要包括蛋白质结构、核酸结构、小分子数据库等，这里就重要的蛋白质结构数据库加以介绍。PDB (protein data bank) 是最为详尽的蛋白质结构数据库。它收录由 X 射线晶体衍射和核磁共振得到的三维结构数据。可以从 PDB 检索得到原子坐标数据。然后通过 RasMol.Chime 等浏览器插件进行三维图像显示。结构分类数据库主要是 SCOP (structural classification of proteins)，它将已知蛋白质的结构按照进化与结构关系进行了全面的分类。SCOP 将蛋白质结构域按家族 (families)、超家族 (super families)、折叠家族 (fold families)、折叠类 (fold classes) 进行了分类，并且 SCOP 的分类还在不断完善中。

（一）蛋白质结构数据库 PDB

早在序列数据库诞生之前的 70 年代，蛋白质结构数据库 (Protein Data Bank, PDB) 就已经问世。PDB 数据库原来由美国 Brookhaven 国家实验室负责维护和管理。为适应结构基因组和生物信息学研究的需要，1998 年，由美国国家科学基金委员会、能源部和卫生研究院资助，成立了结构生物信息学合作研究协会 (Research Collaboratory for Structural Bioinformatics, RCSB)。PDB 数据库改由 RCSB 管理，目前主要成员为 Rutger 大学、圣地亚哥超级计算中心 (San Diego Supercomputer Center, SDSC) 和国家标准化研究所 (National Institutes of Standards and Technology, NIST)。和核酸序列数据库一样，可以通过网络直接向 PDB 数据库递交数据。

PDB 是目前最主要的蛋白质分子结构数据库。随着晶体衍射技术的不断改进，结构测定的速度和精度也逐步提高。90 年代以来，多维核磁共振溶液构象测定方法的成熟，使那些难以结晶的蛋白质分子的结构测定成为可能。蛋白质分子结构数据库的数据量迅速上升。据 2000 年 5 月统计，PDB 数据库中已经存放了 1 万 2 千多套原子坐标，其中大部分为蛋白质，包括多肽和病毒，共 1 万多套。此外，还有核酸、蛋白和核酸复合物以及少量多糖分子。近年来，核酸三维结构测定进展迅速，PDB 数据库中已经收集了 800 多套核酸结构数据。

PDB 数据库以文本文件的方式存放数据，每个分子各用一个独立的文件。除了原子坐标外，还包括物种来源、化合物名称、结构递交者以及有关文献等基本注释信息。此外，还给出分辨率、结构因子，温度系数、蛋白质主链数目、配体分子式、金属离子、二级结构信息、二硫键位置等和结构有关的数据。PDB 数据库以文本文件格式存放，可以用文字编辑软件查看。显然，用文字编辑软件查看注释信息不太方便，更无法直观地了解分子的空间结构。RCSB 开发的基于 Web 的 PDB 数据库概要显示系统，只列出主要信息。用户如须进一步了解详细信息，或查询其他蛋白质结构信息资源，可点击该页面左侧窗口中的按钮。此外，英国伦敦大学开发的 PDBsum 数据库是基于网络的 PDB 注释信息综合数据库，用于对 PDB 数据库的检索，使用十分方便。并将 RasMol、CN3D 等分子图形软件综合在一起，同时具有分析和图形显示功能。

（二）蛋白质结构分类数据库 SCOP 和 CATH

蛋白质结构分类是蛋白质结构研究的一个重要方向。蛋白质结构分类数据库，是三维结构数据库的重要组成部分。蛋白质结构分类可以包括不同层次，如折叠类型、拓扑结构、家族、超家族、结构域、二级结构、超二级结构等。已经上网的蛋白质分类数据库很多，此处简单介绍两个主要的蛋白质结构分类数据库 SCOP 和 CATH。

1. SCOP 分类数据库

蛋白质结构分类数据库 SCOP（Structural Classification Of Proteins）是由英国医学研究委员会（Medical Research Council，MRC）的分子生物学实验室和蛋白质工程研究中心开发和维护。该数据库对已知三维结构的蛋白质进行分类，并描述了它们之间的结构和进化关系。鉴于目前结构自动比较程序尚不能可靠地鉴别所有的结构和进化关系，SCOP 数据库的构建除了使用计算机程序外，主要依赖于人工验证。由于蛋白质结构种类繁多，大小不一，有的只有一个结构域，有的则有许多结构域组成，构建结构分类数据库是一项十分复杂的工作。对于某些蛋白质，有时需要同时从单个结构域和多个结构域水平加以考虑。

SCOP 数据库从不同层次对蛋白质结构进行分类，以反映它们结构和进化的相关性。可以把蛋白质分成许多层次，但通常将它们分成家族、超家族和折叠类型。当然，不同层次之间的界限并不十分严格，但通常层次越高，越能清晰地反映结构的相似性。

家族　SCOP 数据库的第一个分类层次为家族，其依据为序列相似性程度。通常将相似性程度在 30％ 以上的蛋白质归入同一家族，即它们之间有比较明确的进化关系。当然这一指标也并非绝对。某些情况下，尽管序列的相似性低于这一标准，例如某些球蛋白家族的序列相似性只有 15％，也可以从结构和功能相似性推断它们来自共同祖先。

超家族　如果序列相似性较低，但其结构和功能特性表明它们有共同的进化起源，则将其视作超家族。

折叠类型　无论有无共同的进化起源，只要二级结构单元具有相同的排列和拓扑结构，即认为这些蛋白质具有相同的折叠方式。在这些情况下，结构的相似性主要依赖于二级结构单元的排列方式或拓扑结构。

SCOP 数据库可以通过 MRC 实验室的网络服务器查询。

2. CATH 蛋白质结构分类数据库

CATH 是另一个著名的蛋白质结构分类数据库，其含义为类型（Class）、构架（Architecture）、拓扑结构（Topology）和同源性（Homology），它由英国伦敦大学 UCL 开发和维护。与 SCOP 数据库一样，CATH 数据库的构建既使用计算机程序，也进行人工检查。CATH 数据库的分类基础是蛋白质结构域。与 SCOP 不同的是，CATH 把蛋白质分为 4 类，即 a 主类、b 主类，a-b 类（a/b 型和 a+b 型）和低二级结构类。低二级结构类是指二级结构成分含量很低的蛋白质分子。CATH 数据库的第二个分类依据为由 α 螺旋和 β 折叠形成的超二级结构排列方式，而不考虑它们之间的连接关系。形象地说来，就是蛋白质分子的构架，如同建筑物的立柱、横梁等主要部件，这一层次的分类主要依靠人工方法。第三个层次为拓扑结构，即二级结构的形状和二级结构间的联系。第四个层次为结构的同源性，它是先通过序列比较然后再用结构比较来确定的。CATH 数据库的最后一个层次为序列（Sequence）层次，在这一层次上，只要结构域中的序列同源性大于 35％，就被认为具有高度的结构和功能的相似性。对于较大的结构域，则至少要有 60％ 与小的结构域相同。

CATH 数据库可以通过 UCL 的生物分子结构和模拟实验室的网络服务器来查询。通过该服务器还可以查询 PDB 数据库，PDB 数据库包含了重要的结构信息，由 UCL 维护。PDB 数据库提供对 PDB 数据库中所有结构信息的总结和分析。每个总结给出了与 PDB 库中条目相关的简要信息，如分辨率、R 因子，蛋白质主链数目，配体，金属离子，二级结构，折叠图和配体相互作用等。这不但对了解 PDB 数据库中包含的结构信息有帮助，而且提供了获取一维序列，二维序列模体和三维结构信息的统一的用户界面。随着计算机图形技术的发展，这种图文并茂的网络资源会越来越多，新一代的计算机软件可以使用户更方便地利用这些信息资源。

六、WEB 中的重要搜索工具

（一）NCBI-PubMed

随着近年来 Internet 的普及，一些机构就通过 Internet 提供 MEDLINE（联机医学文献分析和检索系统）数据库免费检索服务。其中，美国国立卫生研究院提供的 PubMed 检索系统由于更新速度快，系统比较完善而深受欢迎。

其网址是：http://www.ncbi.nlm.nih.gov/sites/entrez。

PubMed（public medline）是美国国立卫生研究院提供的由美国国家医学图书馆（National Library of Medicine，NLM）中的 NCBI 支持，其检索系统为 Entrez 检索系统。PubMed 包含 70 多个国家出版的 4 300 多种生物医学杂志，收集了从 20 世纪 50 年代中至今的 1 700 多万条的文献引文记录，涉及了生物、医药学、分子生物学、生命科学、护理、牙科、兽医、保健制度和预防科学等方面的文献。

下面是 PubMed 的界面（图 7-4）

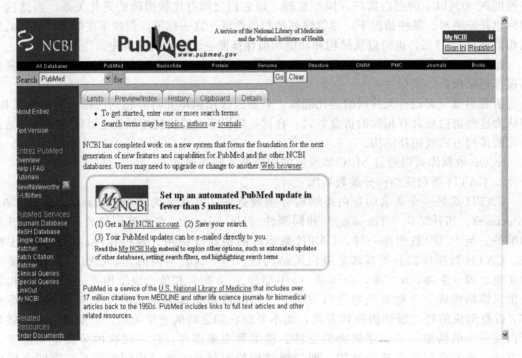

图 7-4　PubMed 数据库主页

下面我们先举例来介绍命令式检索。

假设我们从人们的口头交流中获得 "RNAi" 这个概念并想对它进行研究，如何根据这个零次文献来检索相关的文献呢？以 PubMed 为例说明。

（1）一般检索步骤　由于对这个课题一无所知，所以开始只能以 "RNAi" 为检索词，输入 PubMed 的检索式提问框中执行检索。检索结果 PubMed 会给出击中的结果总数目及页数。一般 PubMed 将检索出的文献记录按每页 20 条显示（缺省值），但可用 "Show" 下拉框改变数字，也可利用 "Sort" 下拉框选择引文排列顺序，以上两个操作以 "Display" 按钮执行命令。PubMed 的引文记录信息包括：著者、文章题目、来源出版物名称、出版日期、页码、PubMed 识别号和该文献的相关文献。检索结果中并非所有的题目都含有"RNAi"这个词，这是由于检索时没有限定检索入口，在这种情况下，PubMed 工作时利用"自动词语匹配"功能，将输入的检索词根据 MeSH（medical subject headings，MeSH）注释表、期刊名注释表、常用词组表（来自 MeSH、物质名称、题名和文摘中多次出现的常用词组表）和作者索引进行匹配，将匹配结果全部列出。一般检索步骤如下。

① 确定检索入口/检索字段　也可以选择特定的检索入口检索，比如在提问框中输入：RANi［title］或者 RNAi［title/abstract］，其中方括号表示规定检索词的检索入口，即检索字段条件，里面的检索字段大小写都可以。

② 分析课题，重新提取关键词　当然，在不了解这个课题的情况下，也不能盲目的确定检索入口。一般来说，应该随机选择几篇文献的摘要阅读，了解 RNAi 的概念及涵义，并分析、重新提取关键词。这一步也就是初步分析研究课题。

③ 布尔逻辑运算　这样产生一个问题：这几个检索词所得出的结果是否会重复呢？我们可以利用布尔逻辑运算符（AND、OR、NOT）来检验，这几个运算符的意义如下。

AND（与）：检索结果中同时含有所输入的两个检索词。

OR（或）：检索结果中包含所输入的两个检索词中的一个。

NOT（非）：检索结果中包含第一个检索词而不包含第二个检索词。

布尔逻辑符号 AND、OR、NOT 必须大写，例如："RNAi" OR "RNA interference" OR "RNA-mediated interference"。

布尔逻辑运算一般是从左至右进行，也可以通过加圆括号改变运算顺序。

（2）检索中心文献　根据上述分析课题，提取相关的检索词等方法所得到的文献数量比较多且较杂乱。文献太多无疑增加了检索者的阅读量，缩小检索范围比较容易找到中心文献或者原始文献就显得很重要。

① 检索作用机制文献　研究这个新课题必须先弄清楚 RNAi 的作用机制。在没有任何线索的情况下，建议分析题目，找出可能讲述机制的文章，通常找综述较为合适。

② 检索研究进展文献　研究一个课题不但要清楚它的作用机制，也要了解它目前的研究进展。检索者如果能在网上得到 PDF 格式的全文，往往可以在文末看到这样的链接"This article has been cited by other articles:"表明这篇文章被哪些文献引用过，即时间顺序上比已知文献更晚。可以利用这样的链接来查找这方面的最新研究进展。

还有一种检索研究进展的方法就是检索近两年的文献。这一点可以用时间作为检索入口来实现，如：RNAi AND plant AND 2002［dp］。

③ 其他文献检索　阅读这些文献，即可发现 RNAi 的发现及运用已经涉及很多种物种。假设检索者正是要研究这些物种的话，可以把物种名也定义为一个检索词。例如：C. elegans AND（RNAi OR RNA interference）或者 C. elegans［orgn］AND（RNAi OR RNA interference）。

阅读文章，比较多篇文献的参考文献，然后做一交集处理就会发现很多篇文献同时引用了同一篇或者几篇文献，它们可能就是这个课题的最原始文献。比如在植物中 RNAi 的研究文献中发现 Chiou-Fen Chuang 的文献被多次引用。我们一样可以用此人的名字作为检索词检索他的文献。这里注意，输入作者姓名时应采用姓＋名（名的首字母缩写，不用标点符号）的格式。以上例子即应写成：Chuang C F［author］AND RNAi。

（二）中国期刊网中文数据库

中国期刊网全文数据库是中国学术期刊中的一个数据库。《中国学术期刊》是我国第一部集成化全文电子期刊，收录我国学术类中文全文期刊达 5 000 种以上，分 9 种专辑，按月与印刷版期刊基本同步发行。

除中国期刊全文数据库以外，中国学术期刊还包括其他 13 个数据库：中国重要报纸全文数据库，中国优秀博、硕士论文全文数据库、中国专利数据和中国期刊题录数据库，等等。

期刊网全文数据库收录从 1994 年至今的学术类核心与专业特色期刊全文，累计全文为 400 多万篇，内容覆盖全面，并且网上每日更新。它采用大型智能内容管理系统（KNS），该系统的核心为智能全文检索引擎，对检索结果进行相关度排列，同时提供中英文混合检索。KNS 提供专用的 CAJ 浏览器 CAJ Viewer。CAJ 文件以较小的空间，支持原版的显示和输出结果。这对于网络带宽较小的地区是很重要的。

中国期刊网全文数据库的网址是：www. cnki. net。

中国期刊全文数据库分为初级检索和高级检索两个部分。从检索界面来看，左边是检索工具栏，右边是检索结果。下面以"激活蛋白"为例来介绍中国期刊全文数据库的检索方法。

1. 初级检索

首先选择初级检索，并选择好检索入口，输入检索词为"激活蛋白"，并在目录栏中做专业选择（见图 7-5），然后执行检索。

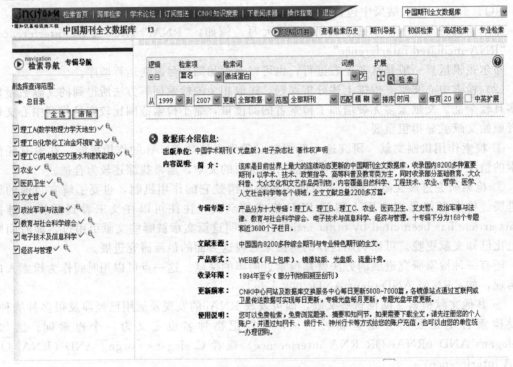

图 7-5 中国期刊网全文数据库检索页面

在检索式提问框中输入检索词"激活蛋白"，选择检索项"篇名"，时间范围从 1999 到 2007，范围"全部期刊"，匹配"模糊"，排序"时间"可以根据需要选择

要注意以下事项。

（1）检索的时间范围的选择根据检索者需要而定。

（2）检索工具栏左侧的每个专业目录下还有子目录。

（3）"排序"的意思是数据库检索结果的排列，有"无"、"相关度"、"时间"三个选项。无：无序，即结果无序排列。相关度：按检索词在检索字段内容里出现的命中次数排序，次数越多越靠前。时间：按更新数据日期远近排列，更新日期越近越靠前。

我们分别用"激活蛋白"和"反式激活蛋白"为检索词，分别以"篇名"、"关键词"和"中文摘要"为检索入口检索，得到不同的检索结果（按 2007 年 9 月 6 日）。

2. 高级检索

初级检索虽然简单明了，但不能进行逻辑检索，不能同时选择多个检索入口，且步骤繁多，还可能导致检索结果冗余或者查准率低。高级检索可避免这些不足。

高级检索的页面可如图 7-6 所示，在这里可以根据需要选择逻辑关系。

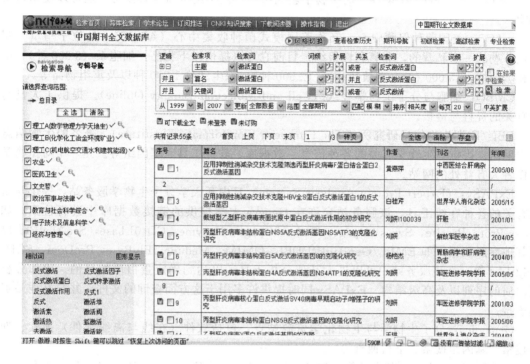

图 7-6　高级检索界面

3. 二次检索

全文数据库还有一种"二次检索"，即在第一次检索结果中再次检索，以缩小范围。见图 7-7。

"二次检索"在初级和高级检索结果中都可以使用。这样可以逐步缩小检索范围，使检

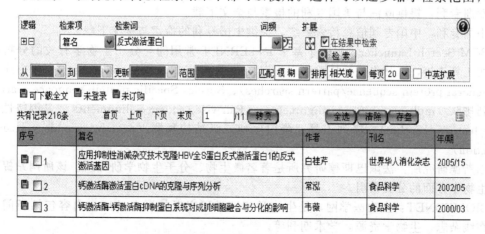

图 7-7　初级检索结果界面中的二次检索栏

索结果越来越接近自己的期待结果。

4. 检索结果

左边的检索结果界面有复选框，序号可以选择。在这里可以做"下载"、"存盘"、"打印"等操作。

七、WEB 部分生物信息学相关新闻组资源

BIOSCI/bionet：www 界面的生物学新闻组，直接用浏览器观看便可，还可以使用检索功能。

ATCC：美国菌种保藏中心，又称美国模式菌种收集中心（ATCC），是位于马里兰州洛克菲勒的一家私营的，非赢利性组织。目前它可以提供以下物品：细胞系（3 000 种）；细菌和噬菌体（15 000 种）；动植物病毒（2 500 种）；原生动物 1 200 种以及重组物品等。

CMBO：细胞与分子生物学在线（Cell and Molecular Biology Online）。提供了大量与之有关的资料与链接。

EBI：欧洲生物信息研究所（The European Bioinformatics Institute），著名的生物信息门户网站，提供与生物学有关的各种信息、数据库、软件工具、基因组等。是一个对生物学工作者大有益处的网站。

ExPASy：（Expert Protein Analysis System）日内瓦大学分子生物学服务站，提供与蛋白有关的各种在线工具。该服务站允许在 Geneva 大学提供的链接数据库中进行检索，如 Swiss-Prot，Prosite，Swiss-2Dpage，Swiss-3Dpage，Enzyme，CD40Lbase，SeqAnalRef 以及其他参照数据库如 EMBL/GenBank/DDBJ，OMIM，Medline，FlyBase，ProDom，SGD，SubtiList 等。在该服务站中可以进入其他分析工具，以达到确定蛋白质的目的。比如分析蛋白质的序列以及高级结构。ExPASy 同时提供许多用于这方面查询的文件，并与其他站点相连接。

Genamics：分子生物学与生物化学资源站点，包括软件（在线与离线软件）搜索、期刊搜索、基因组搜索、书籍搜索等。

NCBI：美国国立生物技术信息中心（The National Center for Biotechnology Information），分子生物学信息中心，网站设立公共数据库，开发软件工具分析基因组数据，提供了大量与基因、蛋白序列有关的信息与文献资料。是许多生物学工作者常去的网站。

NLM：美国国立医学图书馆（The National Library of Medicine）。世界上最大的医学图书馆，提供著名的 MEDLINE 文献检索，PubMed 检索中文使用手册。

美国专利：提供美国专利的检索与全文下载。

欧洲专利：提供欧洲与美国专利的检索与全文下载。

中国专利：中国专利信息检索系统，提供中国专利的检索与全文下载。

BCM Search Launcher：提供了基于 INTERNET 常用的与分子生物学有关的分析与研究在线工具连接，工具集包括核酸序列查询（nucleic acid sequence searches）、蛋白序列查询（general protein sequence/pattern searches）、Species-Specific protein sequence searches、多序列排队（multiple sequence alignments）、Pairwise sequence alignments、基因特性查询（gene feature searches）、序列工具、蛋白序列二级结构预测（protein secondary structure prediction）。

巴斯德研究所：法国巴斯德研究所是著名微生物、分子生物学研究所。该所网站提供了一个生物学方面的分类索引。

BIOMEDNET：生物医学网，是生物学与医学研究者的网上社区，内容包括新闻，检索，在线杂志，生物学资源，学术期刊等。

期刊网：该网站数据库中的文献是中国科技部西南信息中心重庆维普资讯公司十一年来

辛勤耕耘的结晶，从 1989 年至今累计全文文献 400 余万篇，各种期刊达 12 000 种。

八、常用工具的网址

NCBI	www. ncbi. nlm. nih. gov
EBI	www. ebi. ac. uk
CBI	www. cbi. pku. edu. cn
ClustalW	http://www. ebi. ac. uk/Tools/clustalw/index. html
WU-Blast	http://blast. wustl. edu/
SignalP	http://www. cbs. dtu. dk/services/SignalP/
PROSCAN	http://bimas. dcrt. nih. gov/molbio/proscan/

第二节　生物信息学方法与应用

一、电子克隆

电子克隆又称虚拟克隆（virtual cloning），其原理是根据大量 EST 具有相互重叠的性质，通过计算机算法获得 cDNA 全长序列。换言之，电子克隆不采用传统的分子生物学实验方法，而是由一个查询序列开始，依靠 EST 数据库在计算机上对 EST 进行两端延伸，从而获得全长的 cDNA 序列。电子克隆需要综合多种 DNA 序列分析技术。

从部分序列得到全长 cDNA 的分子生物学实验方法通常有杂交筛选文库或 5′末端延伸法。电子克隆则以部分 cDNA 为起始，与 GenBank 的 EST 数据库 dbEST 进行 BLAST 检索，得到与 5′端或 3′端有相似序列的 EST，然后以该 EST 为模板，进一步搜索 EST 数据库，一直往前延伸，直到找到终止密码子，得到全长 cDNA。可见，该方法依赖于足够的末端重叠并且能够往前延伸的 EST 序列。

序列拼接软件通过计算序列中的每个位点上各种核苷酸可能出现的分值，找出调和序列。可以设置一些参数来约束每个位点允许出现的错配碱基数。通常，为确定序列拼接质量，需要对一个片段进行多次测序。正链和负链上每个位置至少有两次以上的测序结果一致，该位点的测序结果才比较可信；相反，序列中某一位点几次测序结果不一致，这一位点的可信度则较低。序列拼接示例见图 7-8。

```
AACCGTTACGAAACCAGGTGCGCGCCCGCGGGAAT

AACCGTTACGAACCCAGGTGC

AACCGTTACGAAACCAGGTGCGCGCCCGCGGGAATCCTAAAAA

              CGCGCCCGCGGGAATCCTAAAAA

              TGCGCGCCCGAGGGAATCCTAAAAA
```

图 7-8　序列拼接示例

图中用于拼接的序列包括 3 条正链和 2 条负链。5 个测序结果中，有 2 个位点出现了错误，这些错误将导致这两个位置碱基一致性程度降低，此时，需要用其他数据加以验证，或对测序过程中所得图谱进行人工分析。一般来说，必须利用全长正链和负链测序数据，才能保证拼接结果质量。

二、启动子分析

启动子是 DNA 分子可以与 RNA 聚合酶特异结合的部位，也就是使转录开始的部位。在基因表达的调控中，转录的起始是个关键。常常某个基因是否应当表达决定于特定的启动子的起始过程。启动子一般可分为两类。

一类是 RNA 聚合酶可以直接识别的启动子。这类启动子应当总是能被转录。但实际上也不都如此，外来蛋白质可对其有影响，即该蛋白质可直接阻断启动子，也可间接作用于邻近的 DNA 结构，使聚合酶不能和启动子结合。

另一类启动子在和聚合酶结合时需要有蛋白质辅助因子的存在。这种蛋白质因子能够识别与该启动子顺序相邻或甚至重叠的 DNA 顺序。因此，RNA 聚合酶能否与启动子相互作用是起始转录的关键问题。

启动子预测软件大体分为三类，第一类是启发式的方法，它利用模型描述几种转录因子结合部位定向及其侧翼结构特点，它具有很高的特异性，但未提供通用的启动子预测方法；第二类是根据启动子与转录因子结合的特性，从转录因子结合部位的密度推测出启动子区域，这方法存在较高的假阳性；另一类是根据启动子区自身的特征来进行测定，这种方法的准确性比较高。同时，还可以结合是否存在 CpG 岛，而对启动子预测的准确性做出辅助性的推测。

启动子预测软件有：PromoterScan、Promoter 2.0、NNPP、EMBOSS Cpgplot 和 CpG Prediction。

三、表达谱分析

虽然人类基因组的测序逐渐接近完成，科学家们发现即使获得了完整基因图谱，对了解生命活动还存在很大距离。我们从基因图谱不知道基因表达的产物是否出现与何时出现；基因表达产物的浓度是多少；是否存在翻译后的修饰过程，若存在是如何修饰的，等一系列问题。这些问题的实质是不了解按照特定的时间、空间进行的基因表达谱。获得基因表达的信息是比 DNA 序列测定艰巨得多的任务，因为基因表达是依赖于许多因素的动态过程。

国际上在核酸和蛋白质两个层次上发展了分析基因表达谱的新技术，即核酸层次上的cDNA 芯片（cDNA 微阵列）技术和蛋白质层次上的二维凝胶电泳和测序质谱技术，即蛋白质组（proteome）技术。DNA 芯片技术能够在基因组水平分析基因表达，检测许多基因的转录水平。

（一）实验室信息管理系统

cDNA 芯片实验的目的是要在一次实验中同时得到成千上万个基因的表达行为。设计构建检测基因表达的微阵列需要获得生物体基因的所有序列、注释和克隆。在杂交反应和扫描后，收集到的数据必须以某种方式保存，以便很容易进行图像处理和统计及生物学分析。因此需要建立与大规模高通量实验方法相匹配的实验材料和信息管理系统。该系统除用来定位和跟踪材料来源（例如，克隆，微阵列，探针）外，还必须管理实验前后大量的数据。

（二）基因表达公共数据库

1. 数据库用途

（1）基础研究　将来自各种生物的表达数据与其他各种分子生物学数据资源，如经注释的基因组序列、启动子、代谢途径数据库等结合，有助于理解基因调控网络、代谢途径、细胞分化和组织发育。

（2）医学及药学研究　如果特定的一些基因的高表达与某种肿瘤密切相关，可以研究这些或其他有相似表达谱的基因的表达的影响条件，或研究能降低表达水平的化合物（潜在药物）。

（3）诊断研究　通过对数据库数据进行基因表达谱的相似性比较对疾病早期诊断具有临床价值。

（4）毒理学研究　了解大鼠某种基因对特定毒剂的反应可帮助预测人的同源性基因的反应情况。

（5）实验质量控制和研究参考　实验室样本与数据库中标准对照样本比较能找出方法和设备问题。此外，还能提供其他研究者的研究现状，避免重复实验，节约经费。

2. 数据库的难点和特点

目前急需建立标准注释的公共数据库，但这是生物信息学迄今面临的最复杂且富有挑战性的工作之一。主要困难来自对实验条件细节的描述，不精确的表达水平相对定量方法以及不断增长的庞大数据量。

另一难点是对实验条件的描述，解决方法是对实验方法采用规范化的词汇文件进行描述：如基因名称、物种、发育阶段、组织或细胞系。还要考虑偶然的不受控制实验因素，它也可能影响表达：例如空气湿度，甚至实验室的噪音水平。

目前建立一种结构能对将来实验设计的所有细节进行描述显然是不可能的。比较现实的解决办法是大部分采用自由文本描述实验，同时尽可能加上有实用价值的结构。DNA 芯片实验的标准注释必须采用一致的术语，这有待时间去发展。

标准化的基因表达公共数据库要有五类必要的信息：（1）联系信息：提交数据的实验室或研究人员的信息。（2）杂交靶探针信息：对于阵列上的每个"点"，应有相应的 DNA 序列在公共数据库中的编号。（3）杂交样本：细胞类型和组织来源用标准语言描述。（4）mRNA 转录定量：这方面非常关键，很难通过一组"持家基因"做内参照进行标准化，有关的具体定量方法应提供。（5）统计学意义：理想地，应经济合理地有足够的次数重复一个实验以便给出基因表达测定的变异情况，最好能提供合理的可信度值。

上述表达数据记录的前两个要求是简单的，第三个要求较困难，需有标准术语协议，但这并不只是表达数据的要求，类似的要求已在公共序列数据库或专业化的数据库中得到成功解决。目前基因表达数据最富有挑战性的方面是最后两个方面。

3. 现状和计划

几个大的芯片实验室如斯坦福大学和麻省理工学院 Whitehead 研究所等，在发展实验室内部数据库；大的商业化芯片公司如 Affymetrix，Incyte，GeneLogic，正在开发基于 Affymetrix 芯片技术平台的商业化基因表达数据库。哈佛大学已经建立了一个的数据库，数据来自几个公共来源并统一格式。宾夕法尼亚大学计算生物学和信息学实验室正在整合描述样本的术语。

目前至少有 3 个大的公共基因表达数据库项目：美国基因组资源国家中心的 GeneX；美国国家生物技术信息中心（NCBI）的 Gene Expression Omnibus；欧洲生物信息学研究所（EBI）的 ArrayExpress。

（三）大规模基因表达谱数据分析方法

芯片分析能够检测不同条件下的基因转录变化，能够显示反映特征组织类型、发育阶段、环境条件应答、遗传改变的基因谱。基因制图及测序所面临的问题与大规模基因表达分析的数学问题相比要小的多。这种新类型的表达数据使我们直接面对生物系统和基因组水平功能的复杂性，从生物系统单个成分的定性发展到完整生物系统行为的描述上来，这方面困难很多，目前只有很少的分析工具。

1. 聚类分析

聚类通过把目标数据放入少数相对同源的组或"类"（cluster）里。分析表达数据。①通过一系列的检测将待测的一组基因的变异标准化，然后成对比较线性协方差。②通过最紧密关联的谱对基因进行样本聚类，例如用简单的层级聚类（hierarchical clustering）方法。这种聚类亦可扩展到每个实验样本，利用一组基因总的线性相关进行聚类。③多维等级分析（multidimensional scaling analysis，MDS）是一种在二维 Euclidean "距离"中显示实验样本相关的大约程度。④K-means 方法聚类，通过重复再分配类成员来使"类"内分散度最小化的方法。CLUSTER 下载网址：http://www.genome.standford.edu。

2. 基于知识挖掘的机器学习方法

最近发展了一种的有监督的机器学习方法——支持向量机（support vector machines，

SVMs）来分析表达数据，它通过训练一种"分类器"来辨识与已知的共调控基因表达类型相似的的新基因。与经典的无监督聚类方法（unsupervised clustering）和自组织图（self-organizing maps，SOMs）不同，该方法建立在已有的知识上并有改进现有知识的潜力。

无监督的聚类方法，例如层级（hierarchical）和 K-means 聚类，假设每个基因仅属于一"类"。这在生物学意义上当然不是真实的。而且，事实上同一类基因不是必然意味着有相似的表达类型。与无监督的方法产生基因的"类"相比，有监督的学习方法是向已知的"类"学习。训练者必须提供 SVMs 以每个"类"正反两方面的例子。SVMs 提供一种层级的方法来分析芯片数据。首先，对每个基因，应询问最近的邻居是否它与它们的关系是有生物学意义的。其次，对已知共调控基因，应该询问它们的表达类型是否相似，如果是这样，还有哪些其他的基因有相同类型。这些在监督阶段可通过 SVMs 或优化的 SOMs 来判断。第三，应该通过无监督的学习方法进行基因分类并询问是否聚类有生物学意义并且包括外围基因。最后，"类"可通过每个无监督的"类"的核心基因训练 SVMs 的方法来检测和优化。

3. 可视化

大规模基因表达数据挖掘另一重要方面是发展有力的数据可视化方法和工具。对大规模基因表达原始数据的进行不失真的可视化并链接的标注过的序列数据库，可为基因表达分析提供非常有价值的工具，有助于从新的视角看待基因组水平的转录调控并建立模型。

四、基因调控网络构建

Wyrick 给出了一个基因表达调控网络的定义：一组调控因子如何调控一套基因表达的过程称为基因表达调控网络。基因表达调控网络是基因调控网络的一个重要部分。

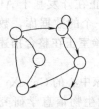

参与基因表达调控网络的元素主要包括 cDNA、mRNA、蛋白、小分子等。从元素间相互联系的角度来看，基因表达调控网络是一个由节点（调控元素）、边（调控作用）组成的一个有向图结构。见图 7-9。

图中每一个圆圈代表一个节点，也就是调控网络的元素，如基因。有向箭头表示表达增强作用，末端断线表示表达抑制作用。在基因网络中，存在基因对自身表达的自调控的现象。

图 7-9 基因表达调控网络结构图

总的来说表达调控网络有如下特点：

（1）网络结构复杂 网络中节点和边的数目庞大。在人体中总共有 3 万～4 万左右的基因，而且真核生物中大多数的基因会同时被两个和两个以上的基因调控，这就使网络形成了一个非常复杂的结构。

（2）网络结构变化 生物学的实验表明，相同的基因在人和动物的细胞周期中可以参加不同的生理过程，实现不同的生理功能。还有一些基因只在某些时刻和特定的外界条件下是有相互作用的，在其他条件下不会发生作用。简单地说就是两个基因间的那条边（调控作用）是否存在及作用的方向在不同时期是可能不一样的。

（3）相互作用类型多变 在生物体中，基因间相互作用可以有很多类型，包括了很多作用的特征：两个基因间谁影响谁、影响的方式、增强还是抑制作用、影响产生的条件、影响的强弱量级、被调控基因的表达量和调控基因的表达量直接的关系等。目前的研究表明，基因间的相互作用可能是一种非线形的作用关系。在多因子调控模式中还要考虑不同的调控因子对同一个目标调控基因产生作用时的某种逻辑关系，这种逻辑关系是由调控模式中各调控因子的相互关系决定。

（4）节点类型多样 网络节点的元素可以是 DNA、mRNA、蛋白、分子、大分子、外界环境等。

（5）节点状态变化　在细胞周期过程中，每一个基因的表达量不是固定的，会随着条件的变化而变化、蛋白质在不断的合成，同时也在不断的被降解。在不同的调控模式下，蛋白合成和降解的比率会发生变化，从而会使蛋白处在不同的水平上。基因的表达量的变化会影响到相互作用的变化，会引起网络结构的变化。

（6）有向循环结构　在生物体中各种生理上的周期现象，我们很容易理解生物体中的相互作用存在周期性，至少在网络的局部上是循环的。

本 章 小 结

本章阐述了生物信息学资源以及生物信息学方法与应用。着重介绍了生物信息学的资源，理解大量生物学数据所包括的生物学意义已成为后基因组时代极其重要的课题。生物信息学的作用将日益重要。我们相信，今天的生物学数据的巨大积累将会使重大生物学规律得以发现。生物信息学的发展在国内、外基本上都处在起步阶段。因此，这是我国生物学赶超世界先进水平的一个百年一遇的极好机会。

思 考 题

1. 登陆到 NCBI 网站上，查看它共搜集了多少个基因组的数据，并查阅有关科学论文，了解人类基因组的规模和组成。
2. 哪些信息可用于发现基因？
3. 叙述 SCOP 数据库对蛋白质分类的主要依据。
4. 什么叫电子克隆？
5. 生物信息学目前的主要研究内容是什么？

下篇　基因工程

第八章　基因工程的工具酶

第一节　限制性核酸内切酶

限制性核酸内切酶（restriction endonuclease），简称限制酶，有时也称限制性内切酶，它是一类能够识别双链 DNA 分子中某些特定的核苷酸序列，并在该序列切割 DNA 双链结构的核酸内切酶。与一般 DNA 水解酶不同之处在于，限制性核酸内切酶对碱基作用的专一性以及在磷酸二酯键的断裂方式上具有一些特殊性质。限制性核酸内切酶在基因的分离、DNA 物理作图、载体的改造和 DNA 的体外重组中发挥着重要作用。

一、限制性核酸内切酶的发现

早在 20 世纪 50 年代初期，人们就发现这样一个现象：那些在大肠杆菌 C 菌株（E. coli C）中生长得很好的 λ 噬菌体（λ.C），在 K 菌株（E. coli K）中却生长得很差，成斑率（efficiency of plate，EOP）会由 1 下降到 10^{-4}。但当那些在 E. coli K 中幸存下来并进行繁殖的子代 λ 噬菌体（λ.K）再次连续感染 E. coli K 时，却会在 E. coli K 上生长得很旺盛（EOP＝1）；而在 E. coli C 菌株中的成斑率又会大大下降（EOP＝10^{-4}）（图 8-1）。好像 E. coli C 和 E. coli K 都具有一种降低噬菌体 DNA 生物活性的功能，同时又具有对噬菌体 DNA 分子进行修饰使其在下一次重新感染该菌株过程中能够有效生长的功能，这两个功能前者称为"限制"（restriction），后者称为"修饰"（modification），由于二者都是由宿主控制的，统称为宿主控制的限制和修饰现象；而某些菌株对噬菌体侵染有"免疫力"的现象称为宿主控制性限制（host-controlled restriction）。

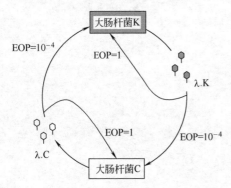

图 8-1　大肠杆菌宿主控制的限制与修饰系统

10 年后，人们终于清楚了细菌限制和修饰作用的分子机制。限制功能的产生是因为细菌能够生产一种酶，这种酶在噬菌体侵染细菌并向细菌细胞内注入 DNA 时发挥作用，迅速将噬菌体 DNA 降解，使之没有时间复制，无法合成新的噬菌体颗粒，而细菌本身的 DNA 分子由于其链上的某些碱基被甲基化修饰过，无法被这种酶降解而得以保存完整。如果侵染的噬菌体数量较大，在细菌限制性菌株的细胞中就会有少量"逃生"的噬菌体 DNA 未被降解，这些噬菌体 DNA 分子在宿主甲基化酶存在的条件下复制，因而新复制的噬菌体 DNA 分子也被甲基化了，这就是用它们对同种菌株进行重新侵染时，这些噬菌体 DNA 分子不但不被内切酶降解反而能够有效繁殖的原因。

一般认为，宿主控制的限制和修饰系统（简称 R/M 体系）构成了细菌抵抗有害 DNA 的防御机能：它们一方面对外源 DNA 进行限制性降解，另一方面对宿主本身的 DNA 进行限制性修饰而不被降解，这是噬菌体和其他病毒具有一定的宿主范围及病毒感染具有种属专一性的原因。也就是说，限制和修饰系统制造了细菌种属和菌株之间进行交叉繁殖的屏障，但允许异源 DNA 有某些通过，这有利于进化。

我们把细菌产生的执行限制功能的酶称为限制性核酸内切酶。在生物体内，实际上限制性核酸内切酶与修饰酶（主要是甲基化酶）是同时存在的。几乎所有的细菌都能产生限制性核酸内切酶，到 2006 年 2 月，共发现 4583 种限制性核酸内切酶和甲基化酶，其中限制性核酸内切酶有 3773 种，商品化的限制性核酸内切酶有 609 种。正是由于这些限制性核酸内切酶的发现使得基因工程成为可能，这是跨时代的突破。为此，在发现限制性核酸内切酶工作中做出关键性贡献的科学家 W. Arber、H. O. Smith 和 D. Nathans 获得了 1978 年诺贝尔生理医学奖。

二、限制性核酸内切酶的分类

通过切割相邻的两个核苷酸残基之间的磷酸二酯键，从而导致核酸分子多核苷酸链发生水解断裂的酶叫做核酸酶。其中专门水解断裂 RNA 分子的酶叫做核糖核酸酶（ribonuclease，*RNase*），而特异水解断裂 DNA 分子的酶则叫做脱氧核糖核酸酶（deoxyribonuclease，*DNase*）。按水解断裂分子的方式不同，核酸酶可分为 2 种类型：一类是从核酸分子的末端开始逐个消化降解多核苷酸链，叫做核酸外切酶（exonuclease）；另一类是从核酸分子内部切割磷酸二酯键使之断裂成小片段，叫做核酸内切酶（endonuclease）。科学家们根据酶分子结构和功能特性的差异，又把限制性核酸内切酶分成 3 种类型：Ⅰ型酶、Ⅱ型酶和Ⅲ型酶（表 8-1）。

表 8-1　限制性核酸内切酶的类型及其主要性质

性　质	Ⅰ型	Ⅱ型	Ⅲ型
酶分子	三亚基多功能酶	单一功能的酶	二亚基双功能酶
限制反应和甲基化反应	互相排斥	分开的反应	同时竞争
识别序列	特异性，非对称序列	特异性，4～8bp 的双重旋转对称序列	特异性，5～7bp 非对称序列
切割位点	距识别位点至少 1000bp 处	在识别位点或其附近	距识别位点 3'端 24～26bp
切割方式	随机切割	特异切割	特异切割
限制作用的辅助因子	ATP，Mg^{2+}，SAM	Mg^{2+}	ATP，Mg^{2+}，SAM
在基因克隆中的用途	无应用价值	应用广泛	很少采用

（一）Ⅰ型限制性核酸内切酶

M. Meselson 和 R. Yuan（1968）从 *E. coli* K 菌株中分离得到的第一种限制性核酸酶 *Eco*K，就是一种Ⅰ型限制性核酸内切酶。Ⅰ型限制性核酸内切酶属于复合核酸酶，既具有内切酶的活性又具有甲基化酶的活性。这类酶的种类较少，除 *Eco*K 外，另一个有代表性的是 *Eco*B（从 *E. coli* B 分离到的）。这类酶同时具有限制和修饰的功能，需要有 Mg^{2+}，ATP 和 *S*-腺苷甲硫氨酸（SAM）作为催化反应的辅助因子。

Ⅰ型限制性核酸内切酶识别的 DNA 序列长度约为十几个核苷酸，可在距该识别序列一端约 1000bp 的位置上随机切割 DNA，甲基化作用可以在 DNA 两条链上同时进行，甲基的供体是 *S*-腺苷甲硫氨酸。例如 *Eco*B 的识别序列是 $TGAN_8TGCT$（N＝任何一种核苷酸），甲基化位点是第 3 个腺嘌呤，在距识别序列 1000bp 处进行切割。

Eco B　5'-TGA* NNNNNNNNT GCT ···-3'
　　　　3'-ACT　MMMMMMMA* CGA ···-5'
　　　　　　　　　约1 000bp　　切割

由于Ⅰ型限制性核酸内切酶只特定地识别DNA序列，而切割位点却不特异，因而应用前景并不广。

（二）Ⅱ型限制性核酸内切酶

Ⅱ型限制性核酸内切酶所占比例最大，高达98%。Smith等人（1970）在流感嗜血杆菌d菌株中发现的 *Hind*Ⅱ就是一种Ⅱ型限制性核酸内切酶。与Ⅰ型和Ⅲ型酶不同，Ⅱ型酶不但能特异性地识别DNA序列，而且识别的DNA序列与酶切割DNA的位置是一致的，避免了酶切末端的不确定性和不可重复性，使DNA分子重组成为可能。因此，Ⅱ型限制性核酸内切酶是基因操作的有力工具，被誉为"分子手术刀"。如果没有专门说明，通常所说的"限制性核酸内切酶"指的就是Ⅱ型酶。

1. Ⅱ型限制性核酸内切酶的识别序列

（1）识别序列的长度　不同的限制性核酸内切酶，识别DNA序列的长度是不同的，一般为4~8个碱基，最常见的为6个碱基（表8-2）。

表8-2　几个有代表性的Ⅱ型限制性核酸内切酶的识别序列的长度

识别序列碱基数目	代 表 酶 举 例		序 列 特 征
4 个碱基	*Sau*3AⅠ	↓①GATC	
5 个碱基	*Eco*RⅡ	↓CCWGG	（W＝A 或 T）
5 个碱基	*Nci*Ⅰ	CC↓SGG	（S＝C 或 G）
6 个碱基	*Eco*RⅠ	G↓AATTC	
7 个碱基	*Bbv*CⅠ	CC↓TCAGC	
8 个碱基	*Not*Ⅰ	GC↓GGCCGC	

① "↓"表示酶切位点。

不同的限制性核酸内切酶能专一地识别不同的特异核苷酸序列。但对于一个特定的限制性核酸内切酶来说，它在一个已知序列的DNA分子上的酶切位点数目可以通过数学的方法计算出来。例如一个4碱基的识别序列（如ACGT），在每$4^4＝256$个核苷酸中就应该出现一次，这种计算的频率是以所有的核苷酸都随机排列和4种核苷酸含量相同这两个假设为基础的，但实际工作中这两个假设很难同时满足。例如λDNA（λ噬菌体的DNA）分子有49kb长，按理论计算应含有大约12个 *Bgl*Ⅱ（A/GATCT）酶切位点（$4^6＝4\,096$bp，$49\,000/4\,096≈12$），但事实上酶切位点只有6个。究其原因有2点：一是核苷酸并不完全随机排列；二是λDNA的GC含量不是50%（即GC量与AT量并不相等）。也就是说，在基因组中核苷酸的排列不是均匀的，由此产生了基因组中酶切位点分布的不均一性。

（2）识别序列的结构　虽然各种限制性核酸内切酶识别的核苷酸序列不尽相同，但大多数识别序列有一个共同的特征，那就是这些识别序列中的核苷酸都是呈双重旋转对称排列。也就是说，如果都从识别序列的5′末端向3′末端读序，在识别序列的两条核苷酸链中的碱基排列次序是完全相同的，这种结构形式称为回文结构（palindromic structure）。例如 *Eco*RⅠ的识别序列，按5′→3′方向读序，两条链的碱基排列顺序都是GAATTC。在DNA双螺旋结构中，碱基排列遵循A与T，G与C互补配对的原则，有趣的是当以限制性核酸内切酶识别序列的中心为对称轴时，其左右两侧碱基依次呈互补配对状，用线连接后呈现"回"宫格形状。

2. Ⅱ型限制性核酸内切酶的切割方式

绝大多数Ⅱ型限制性核酸内切酶在识别序列内切割DNA分子，切割后可以产生3种不同的DNA末端（图8-2）。

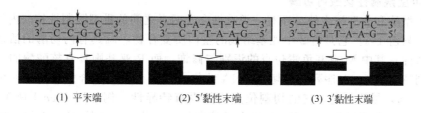

(1) 平末端   (2) 5′黏性末端   (3) 3′黏性末端

图8-2　Ⅱ型限制性核酸内切酶切割DNA的3种方式

（1）平末端　有些限制性核酸内切酶能够在识别序列中间的同一个位置将DNA双链切断，产生的DNA末端是平末端（blunt or flush end），例如 *Hae*Ⅲ 和 *Sma*Ⅰ。产生的平末端DNA可任意连接，但连接效率较低。

$$5′—G—G \overset{\downarrow}{|} C—C—3′$$
$$3′—C—C \underset{\uparrow}{|} G—G—5′$$
　　$\xrightarrow{\textit{Hae}\,Ⅲ}$　　
$$5′—G—G \qquad\qquad C—C—3′$$
$$3′—C—C \qquad + \qquad G—G—5′$$

$$5′—C—C—C \overset{\downarrow}{|} G—G—G—3′$$
$$3′—G—G—G \underset{\uparrow}{|} C—C—C—5′$$
　　$\xrightarrow{\textit{Sma}\,Ⅰ}$　　
$$5′—C—C—C \qquad\qquad G—G—G—3′$$
$$3′—G—G—G \qquad + \qquad C—C—C—5′$$

（2）黏性末端　大多数限制性核酸内切酶并不是在DNA两条链的同一个位置切断，而是在两条链错开2~4个核苷酸切断，这样产生的DNA末端会带有5′突出或是3′突出的DNA单链，这种末端称为黏性末端（sticky or cohesive end），意思是带有这种末端的DNA分子很容易通过碱基配对"黏"在一起。如果从5′末端切割双链DNA的两条链，产生的是5′黏性末端（例如 *Eco*RⅠ）。如果从3′末端切割双链DNA的两条链，产生的是3′黏性末端（例如 *Pst*Ⅰ）。

$$5′—G \underset{|}{\downarrow} A—A—T—T—C—3′$$
$$3′—C—T—T—A—A \overset{|}{\uparrow} G—5′$$
　　$\xrightarrow{\textit{Eco}\,\text{R}Ⅰ}$　　
$$5′—G \qquad\qquad A—A—T—T—C—3′$$
$$3′—C—T—T—A—A \qquad + \qquad G—5′$$

$$5′—C—T—G—C—A \underset{|}{\downarrow} G—3′$$
$$3′—G \overset{|}{\uparrow} A—C—G—T—C—5′$$
　　$\xrightarrow{\textit{Pst}\,Ⅰ}$　　
$$5′—C—T—G—C—A \qquad\qquad G—3′$$
$$3′—G \qquad\qquad + \qquad A—C—G—T—C—5′$$

3. 同裂酶

具有相同识别序列的限制性核酸内切酶称为同裂酶（isoschizomer），但它们的切割位点可能不同。有以下几种情况：（1）有些酶识别序列和切割位置都相同，如 *Hind*Ⅱ 与 *Hinc*Ⅱ 识别切割位点为 GTY/RAC（Y＝C 或 T；R＝A 或 G），*Mob*Ⅰ 和 *Sau*3AⅠ 识别切割位点为 /GATC，这类酶可称作"同序同裂酶"；（2）有些酶识别序列相同，但切割位点不同，如 *Kpn*Ⅰ 和 *Acc*65Ⅰ 识别序列都是 GGTACC，但切割位点分别为 GGTAC/C 和 G/GTACC，这类酶称作"同序异裂酶"；（3）有些识别简并序列的限制性核酸内切酶包含了另一种限制性核酸内切酶的功能。如 *Eco*RⅠ 识别和切割位点为 G/AATTC，*Apo*Ⅰ 除了可以切割 *Eco*RⅠ 的识别序列 G/AATTC 外，还可以切割 G/AATT、A/AATTC 和 A/AATTT。

4. 同尾酶

许多不同的限制性核酸内切酶识别序列虽然不完全相同，但切割DNA产生的末端是相同的，这些酶统称为同尾酶（isocaudamer）。同尾酶切割 DNA 得到的产物可以进行互补连接。如 *Eco*RⅠ和 *Mfe*Ⅰ互为同尾酶，它们的识别序列分别为 G/AATCC 和 C/AATTC；*Spe*Ⅰ和 *Nhe*Ⅰ互为同尾酶，它们的识别序列分别为 A/CTAGT 和 G/CTAGC。

（三）Ⅲ型限制性核酸内切酶

除了Ⅰ型酶和Ⅱ型酶之外，还有一类特性介于两者之间的Ⅲ型限制性核酸内切酶，其数量相当少，只占 1%。它是由 2 个亚基组成的蛋白质复合物，既具有内切酶的活性，又有甲基化酶的活性，其中 M 亚基负责位点的识别与修饰，而 R 亚基则具有核酸酶的活性。这类酶也可识别特定的 DNA 序列，但切割 DNA 的位点往往在识别结合位点相邻的位置而不是1000bp 那么远，尽管如此，它的切割位点仍然没有特异性。例如用 *Hga*Ⅰ酶解 ΦX174RF 的 DNA，有 14 个酶切位点，图 8-3 列出了其中的 3 个位点，虽然 *Hga*Ⅰ的识别序列都是 GACGC，但切割后产生的 5′突出末端不同。由于这些 5′突出末端的不确定性，所以 *Hga*Ⅰ 这些Ⅲ型限制性核酸内切酶也无法用于基因工程实验。

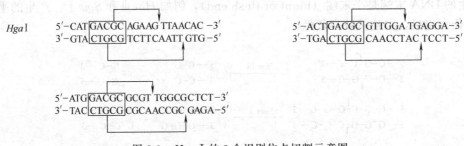

图 8-3 *Hga*Ⅰ的 3 个识别位点切割示意图

三、限制性核酸内切酶的命名

迄今为止，发现了大量的限制性核酸内切酶，并有很多酶已经应用于基因操作，因此需要有个统一的命名法则。1973 年，H. O. Smith 和 D. Nathans 提出了限制性核酸内切酶的命名法。他们主要是依据酶的来源菌株进行命名的，一般由 4～5 个字母组成。例如在流感嗜血杆菌（*Haemophilus influenzae*）的 d 菌株首次发现的一种限制性核酸内切酶命名为 *Hind*Ⅰ。其中"H"为宿主微生物属名（*Haemophilus*）的第一个字母（大写、斜体）；

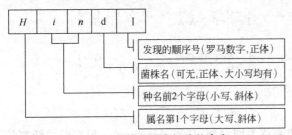

图 8-4 限制性核酸内切酶的命名

"*in*"为种名（*influenzae*）的前 2 个字母（小写、斜体），这 3 个字母的略语表示宿主菌的物种名；"d"为菌株名（大小写依菌株名而定，正体；没有特定菌株名称的可不写），如果限制与修饰系统在遗传上是由病毒或质粒引起的，此位置上的字母可以用质粒名代替（如 *Eco*RⅠ是在具有抗生素抗性 R 质粒的大肠杆菌中发现的）；"Ⅰ"表示在这个菌株中发现限制性核酸内切酶的顺序号（罗马数字，正体），如图 8-4 所示。

四、DNA 分子的片段化
（一）DNA 样品的制备

利用限制性核酸内切酶切割 DNA 分子可以得到片段化的 DNA，这样的 DNA 能用于连接重组实验。而 DNA 分子可以通过 2 个途径获得：一是提取天然的 DNA，二是人工合成DNA。其中，天然 DNA 包括：染色体 DNA、病毒 DNA（噬菌体 DNA）、质粒 DNA、线粒体 DNA 和叶绿体 DNA 等，这些都可以从不同的生物体中提取获得。由于生物种类的多样性，DNA 存在状态的复杂性以及实验要求的不同，现在已经开发出多种提取 DNA 的方法。不管使用哪种方法，一般都要经过准备合适的生物材料、裂解细胞、进一步分离和抽提 DNA 等步骤。此外，有些实验要求使用高纯度的 DNA，还需要对提取的 DNA 样品进一步纯化。DNA 样品纯化的方法也有很多种，如琼脂糖凝胶电泳洗脱法、树脂层析法和有机溶剂沉淀法等。当提取的 DNA 溶液浓度达不到实验要求时，还必须进行 DNA 溶液的浓缩。实验室经常采用的方法有乙醇沉淀法、正丁醇抽提法和聚乙二醇浓缩法等。因此，必须经过一系列复杂的操作才能得到满足实验需要的 DNA 样品。

（二）酶切反应条件

充分了解酶的反应条件和特性，才能做到对酶的正确使用。对任意一个限制性核酸内切酶来说，都有其各自的最佳反应条件。商品化的限制性核酸内切酶都会在产品上标明所需的最佳反应条件，如缓冲液（buffer）、反应温度等。

（1）缓冲液 常规缓冲液一般包括提供稳定 pH 的缓冲液、Mg^{2+}、DTT（二硫苏糖醇，用于稳定酶的空间结构）以及 BSA（牛血清白蛋白）。pH 通常为 7.0～7.9（25℃时），用 Tris-HCl 或乙酸调节；Mg^{2+} 作为酶的活性中心，由氯化镁或乙酸镁提供，浓度常为 10mmol/L；DTT 浓度常为 1mmol/L。有时缓冲液中还要加入 $100\mu g/mL$ 的 BSA，但只是少数反应需要。不同的酶对离子强度的要求差异很大，因此，可将限制性核酸内切酶的缓冲液按离子强度（以 NaCl 计）的差异分为 3 组：低盐组（0～50mmol/L）、中盐组（50～100mmol/L）和高盐组（100～150mmol/L）。盐浓度过高或过低均会大幅度影响酶的活性，最多可使酶的活性降低到只有原来酶活性的 10%。

商品化的限制性核酸内切酶一般会提供 3～4 种常用缓冲液，如高（H）、中（M）、低（L）3 种不同盐浓度的缓冲液（表 8-3）。进行酶切实验时可以选择合适的缓冲液，特别是在对 DNA 进行双酶切时，缓冲液的选择显得尤为重要。

表 8-3　限制性核酸内切酶的 3 种常用缓冲液成分比较

成 分 名 称	缓 冲 液		
	10×L buffer	10×M buffer	10×H buffer
Tris-HCl(pH7.5,mmol/L)	100	100	500
MgCl$_2$/(mmol/L)	100	100	100
DTT/(mmol/L)	10	10	10
NaCl/(mmol/L)	—	500	1000

（2）反应温度 限制性内切酶的反应温度一般为 37℃，一部分为 50～65℃，少数 25～30℃。高温作用的酶在 37℃下的活性会下降，如 Taq I 限制性核酸内切酶（正常反应温度为 65℃）在 37℃只有在 65℃时酶活性的 10%；Apo I（正常反应温度为 50℃）在 37℃只有在 50℃时酶活性的 50%。

（3）反应时间 反应时间通常为 1h 或更多，许多酶延长反应时间可以减少酶的用量。如 EcoR I 反应 16h 所需酶量为正常酶切时间酶用量的 1/8；Kpn I 反应 16h 所需酶量为正常酶切时间酶用量的 1/4。

（三）影响限制性核酸内切酶活性的因素

（1）星活性 在商品目录或某些论著中，有些酶被标记上星号（*），如 EcoR I*，这表示该酶具有星活性（star activity）。星活性是指在非最适的反应条件下，有些酶的识别特异性会降低，表现出松弛的专一性（relaxed specificity）。例如识别 6 个核苷酸序列的酶现在变成识别 5 个或 4 个核苷酸序列了，它的发生机制目前尚不清楚。引起星活性的因素有很多，例如甘油浓度高（>5%），酶过量（>100U/μL），离子强度过低（<25mmol/L），pH

过高（＞8.0），或是加了有机溶剂（乙醇、乙二醇、二甲基乙酸胺等），或是使用了其他二价阳离子（如 Mn^{2+}、Cu^{2+}、Co^{2+}、Zn^{2+}）代替了 Mg^{2+}。但不同的酶对上述条件的敏感性也不一样，如 Pst I 比 EcoR I 对高 pH 更敏感，但后者对甘油浓度更敏感。星活性的产生虽然可能"额外"增加酶切的活性，但识别序列的不确定性严重干扰了限制性核酸内切酶在 DNA 重组中的正常应用。因此，在实验中一定要防止星活性的出现。抑制星活性的措施有很多，如减少酶的用量（可避免过分酶切）、减少甘油浓度、保证反应体系中无有机溶剂、适当提高缓冲液的离子强度和控制酶切反应的 pH 等。

（2）DNA 样品的纯度　限制性核酸内切酶消化 DNA 底物的反应效率，在很大程度上取决于所使用 DNA 样品的纯度。污染在 DNA 样品中的某些物质，如蛋白质、酚、氯仿、乙醇、EDTA（乙二胺四乙酸）、SDS（十二烷基硫酸钠）以及高浓度的盐离子等，都有可能抑制限制性核酸内切酶的活性。为了最大发挥限制性核酸内切酶对低纯度 DNA 样品的作用效率，一般采用以下 4 种方法进行酶切：（1）增加限制性核酸内切酶的用量，对于每微克底物 DNA，酶的用量可高达 10 单位甚至更多些；（2）适当扩大酶切反应的体积，使潜在的抑制因素被相应地稀释掉；（3）延长酶催化反应的时间；（4）在反应混合物中加入适量的亚精胺（具有阳离子作用一般终浓度为 $1\sim2.5mmol/L$），但鉴于在 $4℃$ 下亚精胺会使 DNA 发生沉淀作用，所以，务必使反应混合物在适当的温度下保温数分钟之后再加入亚精胺。

（3）DNA 的甲基化程度　限制性核酸内切酶是原核生物 R/M 体系的组成部分，识别序列中特定核苷酸的甲基化作用会严重影响酶的活性。从正常的大肠杆菌菌株中分离出来的质粒 DNA，其分子上 CCA/TGG 序列内部的胞嘧啶残基已经被甲基化了，因此，这样的 DNA 样品只能被限制性核酸内切酶局部消化，甚至完全不被消化。为了避免这样的问题产生，在基因克隆中使用失去了甲基化酶的大肠杆菌菌株来制备质粒 DNA 样品。限制性核酸内切酶不能切割甲基化的核苷酸序列，这种特性在有些情况下是很有用的，例如在使用衔接体修饰 DNA 片段末端时，一个重要的处理是在衔接体被酶切之前，通过甲基化酶的作用将 DNA 片段内部的限制性核酸内切酶识别位点保护起来（参见第九章）。

（4）DNA 的分子结构　DNA 分子的不同构型对限制性核酸内切酶的活性也有很大影响。某些限制性核酸内切酶切割超螺旋的质粒 DNA 或病毒 DNA 所需的酶量，要比消化线性 DNA 高出很多倍（最高可达 20 倍）。某些限制性核酸内切酶对同一底物中的有些位点表现出偏爱切割的特性，即对不同位置的同一个识别序列表现出不同的切割效率，这种现象称作位点偏爱（site preference）。这是由识别序列的侧翼序列中核苷酸成分的差异造成的。在通常的实验中，这种差异是无关紧要的，但当涉及对 DNA 样品进行局部酶切消化时，这种原因导致的差距是必须考虑的。另外，DNA 分子中有些特定的限制位点，只有当其他的限制位点也同时被广泛切割的条件下，才能被有关的限制性核酸内切酶消化。

（5）侧翼序列长度　在限制性核酸内切酶切割 DNA 时，对识别序列两侧的非识别序列（简称侧翼序列）有长度的要求，也就是说在识别序列两侧必须有一定数量的核苷酸，否则限制性核酸内切酶很难发挥切割活性。例如，有人用 20U 的限制性核酸内切酶切割 $1\mu g$ 标记的寡核苷酸做测试，发现不同的酶对识别序列两侧的长度有不同的要求（表 8-4）。

相对来说，EcoR I 对两侧的序列长度要求较小，当识别序列外侧有一个碱基对时，在 2h 时的切割效率可达 90%；而 $Hind$Ⅲ 对两侧序列长度要求较大。了解这些可以指导我们更好地进行酶切反应。在设计 PCR 引物时，如果要在末端引入一个酶切位点，为确保能够顺利切割扩增后的 PCR 产物，应在设计的引物末端加上能够满足要求的碱基数目（这些多余的碱基称为保护性碱基）。另外，了解末端长度对切割的影响，在用两种酶切割多克隆位点时，能指导选择合适的酶切顺序。

表 8-4　靠近 DNA 片段末端的切割效率

限制性核酸内切酶	待测的寡核苷酸序列	酶切效率/%	
		2h	20h
Hind Ⅲ	CAAGCTTG	0	0
	CCAAGCTTGG	0	0
	CCCAAGCTTGGG	10	75
EcoR Ⅰ	GGAATTCC	>90	>90

此外，酶切反应缓冲液的组成、酶切反应的温度和时间也是影响酶切反应的重要因素，前面已经介绍过，不再赘述。

（四）限制性核酸内切酶的酶切方法

无论使用生物材料制备的天然 DNA，还是化学合成的 DNA，往往都需要用限制性核酸内切酶进行切割，使其成为可用于连接重组的 DNA 片段。常用的切割方法有单酶切、双酶切和部分酶切等几种。

（1）单酶切法　单酶切法是只用一种限制性核酸内切酶切割 DNA 样品，它是 DNA 片段化最常用的方法。如果 DNA 样品是环状 DNA 分子，完全酶切后产生与识别序列数（n）相同的 DNA 片段数，而且 DNA 片段的两个末端相同。如果 DNA 样品本来就是线形 DNA 分子，完全酶切后产生 $n+1$ 个 DNA 片段，其中有两个片段的一端仍保留原来的末端。

（2）双酶切法　在很多情况下，需要使用两种限制性核酸内切酶切割同一种 DNA 分子，这就是双酶切法。DNA 分子无论是环状 DNA 分子，还是线形 DNA 片段，酶切的结果是 DNA 片段的两个末端是不同的（使用同尾酶除外）。环状 DNA 分子被完全酶切后，产生的 DNA 片段数是两种限制性核酸内切酶识别序列数之和。线性的 DNA 被完全酶切后会产生两种限制性核酸内切酶识别序列数加 1 的 DNA 片段数。

如果两种酶对盐浓度要求相同，原则上可以将这两种酶同时加入反应体系中进行同步酶切；对于盐浓度要求差别不大的两种酶，比如，一种酶属于中盐组，另一种酶属于高盐组，一般也可以同时进行反应，只是选择对价格较贵的酶有利的盐浓度，而另一种酶可通过加大用酶量的方法来弥补因盐浓度不合适所造成的活性损失；对盐浓度要求差别较大的两种酶（如一个高盐，另一个低盐），一般不宜同时进行酶切反应。理想的操作方法有 3 种：（1）选择限制性核酸内切酶通用缓冲液；（2）低盐组的酶先切，然后加热灭活该酶，向反应系统中补加 NaCl 至合适的终浓度，再用高盐组的酶进行切割反应；（3）一种酶切反应结束后，将反应液中的 DNA 进行沉淀和重溶（纯化处理）后，重新加入另一种酶的缓冲液，再进行第二种酶切反应（这种方法不用考虑使用酶的先后顺序）。总之，每种方法各有利弊，要根据实验具体情况来选择合适的方法。

如果两种限制性核酸内切酶的最适反应温度不同，则应先用最适反应温度较低的酶进行切割，升温后再加入第二种酶进行切割。若两种限制性核酸内切酶的反应系统相差也很大，明显影响双酶切结果时，可在第一种酶切割后，用凝胶电泳回收所需要的 DNA 片段，再选用合适的反应系统和温度，进行第二种限制性核酸内切酶的切割。

（3）部分酶切　部分酶切是指选用限制性核酸内切酶对其在 DNA 分子上的全部识别序列进行不完全的切割。导致部分切割的原因有底物 DNA 的纯度低、识别序列的甲基化、酶用量的不足、反应缓冲液和温度不适宜和反应时间不足等。部分酶切会影响期望 DNA 片段的得率；但从另一方面看，根据 DNA 重组设计的需要，创造部分酶切反应条件，可以获得需要的 DNA 片段。例如，当某种限制性核酸内切酶在待切割的 DNA 分子上有多个识别序列，并且其中一个识别序列恰好在切割后需要回收待用的 DNA 片段上，若采用完全酶切，势必将此待用的 DNA 片段从中切断。在这种情况下，对 DNA 样品进行部分酶切，从概率角度分析，该待用 DNA 片段总会有一些没有被切割，经过凝胶电泳，根据片段的大小，可回收得到待用的 DNA 片段。

（五）酶切反应体系的建立

限制性核酸内切酶反应体系的建立主要取决于待酶切 DNA 的用量。由 DNA 的用量确定酶的用量，最后确定反应体积，因此，一个标准的酶切反应体系设计为：$5\mu L$ 的 DNA（$0.1 \sim 1.0ng$）、$10\times$ 缓冲液 $2\mu L$、酶 1U，无菌重蒸水 $12\mu L$，反应总体积为 $20\mu L$。商品化的酶，一般含有 50% 的甘油，为了确保甘油在反应体系中不对酶活性及专一性造成影响，酶的加入体积最好不要超过反应总体积的 1/10。有时由于待酶切 DNA 样品的纯度不够，可以适当扩大反应体积，以便降低 DNA 样品中杂质对酶活性的抑制作用。另外，整个反应体系应尽可能做到无菌，防止痕量存在的 *DNase* 对酶切产物的进一步降解。微量的金属离子往往会抑制限制性核酸内切酶的活性，这也是在酶切反应中使用重蒸水的原因。酶切反应结束后，有时需要将酶灭活，大多数限制性核酸内切酶可以在 68℃ 保温 10min 失活，某些酶（如 *Bam*H I）加热不易灭活，可用等体积的苯酚-氯仿溶液处理反应液，再用乙醚萃取残留的苯酚（苯酚是酶的强烈抑制剂），最后用乙醇沉淀回收 DNA。但在一般情况下（如酶切产物用于电泳），不需要进行酶的灭活操作。

第二节　DNA 聚合酶

DNA 聚合酶是指那些以 DNA 或 RNA 为模板催化合成互补新链的酶，这类酶大都需要一个引物来引发 DNA 的聚合作用。DNA 聚合酶的种类很多，它们在细胞中 DNA 复制和 DNA 损伤的修复过程中发挥着重要作用。

在基因工程操作中经常使用的 DNA 聚合酶有大肠杆菌 DNA 聚合酶 I（全酶）、大肠杆菌 DNA 聚合酶 I 的大片段（Klenow 酶）、T4 DNA 聚合酶、T7 DNA 聚合酶、修饰的 T7 DNA 聚合酶以及反转录酶等。根据模板和作用方式的不同，可以把 DNA 聚合酶分成 3 类：(1) 以 DNA 聚合酶 I 为代表的"合成型"；(2) 以 Klenow 聚合酶为代表的一类酶；(3) 逆转录酶类。

一、大肠杆菌 DNA 聚合酶 I（全酶）

利用基因工程手段，已经将大肠杆菌 DNA 聚合酶 I 的编码基因 *PolA* 成功地克隆到 λ 噬菌体上，通过温度诱发溶源性菌株就可以获得大量廉价的 DNA 聚合酶 I。这种酶具有 3 种不同的催化活性。

(1) $5' \rightarrow 3'$ DNA 聚合活性　即催化结合在 DNA 模板链上的引物的 $3'$-OH 与底物（dNTPs）的 $5'$-P 之间形成磷酸二酯键，释放出焦磷酸并使链延长，合成（延长）方向 $5' \rightarrow 3'$，新合成链的核苷酸顺序与模板链互补 [图 8-5 (a)]。只有同时具备以下 2 个条件，DNA 聚合酶 I 才能表现出这种聚合酶活性：(1) 同时存在 4 种脱氧核苷三磷酸（dATP、dGTP、dCTP、dTTP）和 Mg^{2+}；(2) 含有带 $3'$-OH 游离基团的引物链。

(2) $5' \rightarrow 3'$ 核酸酶外切活性　即从 $5'$ 末端降解双链 DNA 成单核苷酸或寡核苷酸 [图 8-5 (b)]。这一功能具有 3 个特征：(1) 待切除的核酸分子必须具有游离的 $5'$-P 基团；(2) 核苷酸在被切除之前必须是已经配对的；(3) 被切除的核苷酸既可以是脱氧的也可以是非脱氧的，也就是说，它可以降解 DNA-RNA 杂交链中的 RNA 链（即具有 *RNase*H 的活性）。

(3) $3' \rightarrow 5'$ 的核酸酶外切活性　从游离的 $3'$-OH 末端降解单链或双链 DNA 成单核苷酸。这种活性的意义在于识别并切除错配的核苷酸，通过这种校正作用保证 DNA 复制的准确性。

实际上，大肠杆菌 DNA 聚合酶 I 的这 3 种活性不是在任何条件下都同时表现出来的。当反应物中缺乏 dNTPs 时，大肠杆菌 DNA 聚合酶 I 的 $3' \rightarrow 5'$ 核酸外切酶活性，将会从游

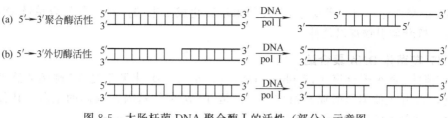

图 8-5 大肠杆菌 DNA 聚合酶 I 的活性（部分）示意图

离的 3′-OH 末端逐渐地降解单链或双链 DNA。但对于双链 DNA，在具有 dNTPs 时，这种降解活性则会被 5′→3′ 方向的聚合酶活性所抑制。

大肠杆菌 DNA 聚合酶 I 的用途：（1）利用大肠杆菌 DNA 聚合酶 I 的 5′→3′ 外切核酸酶活性，进行缺口平移法标记 DNA（参见第十章）；（2）利用其 5′→3′ 外切核酸酶活性降解寡核苷酸作为合成 cDNA 第二链的引物；（3）对 DNA 分子的 3′ 突出端进行末端标记，用于 DNA 序列分析。

二、Klenow DNA 聚合酶

大肠杆菌聚合酶 I 经枯草杆菌蛋白酶或胰蛋白酶处理后，会裂解为大小不同的 2 个活性片段，其中较大的片段（76kD）称为 Klenow 片段（Klenow fragment），或 Klenow DNA 聚合酶，它具有 5′→3′ 聚合活性和 3′→5′ 核酸外切酶活性。

在基因工程中，Klenow DNA 聚合酶的主要用途有：（1）补平 DNA 的 3′ 凹末端。利用聚合酶活性修补限制性核酸内切酶消化的 DNA 所形成的 3′ 凹端，使之成为平末端。值得注意的是，需要加入足够的 dNTPs，否则该酶会表现出外切酶活性。（2）切除 DNA 的 3′ 突出末端。在 3′→5′ 核酸外切酶活性作用下，可以切除 DNA 的 3′ 突出末端。此时也需要加入足够的 dNTPs，否则外切活性不会停止。（3）DNA 末端标记。利用缺口平移反应，使用带标记（如同位素）的 dNTPs 可以对 DNA 进行末端标记。（4）随机引物标记 DNA 时，可以利用 Klenow DNA 聚合酶进行 DNA 的合成反应。

三、T4 DNA 聚合酶

T4 DNA 聚合酶（T4 phage DNA polymerase）来源于 T4 噬菌体感染的大肠杆菌培养物。它是由噬菌体基因 43 编码的，分子质量为 114kD。T4 噬菌体 DNA 聚合酶与 Klenow 片段相似，都具有 5′→3′ 聚合酶活性和 3′→5′ 外切核酸酶活性，但它的外切核酸酶活性比 klenow 片段强 200 倍，而且该酶降解单链 DNA 的速度比降解双链 DNA 快得多。

T4 DNA 聚合酶具有以下 3 个特点：（1）在没有 dNTPs 存在的条件下，3′→5′ 外切酶活性成为 T4 DNA 聚合酶的独特功能。此时它作用于双链 DNA 片段，并按 3′→5′ 的方向从 3′-OH 末端开始降解 DNA。（2）如果反应混合物中只有一种 dNTP，那么这种降解作用进行到暴露出与反应物中唯一的 dNTP 互补的核苷酸时就会停止。这种降解速率的限制，使得 DNA 核苷酸的删除受到控制，从而产生出具有一定长度的 3′ 凹末端的 DNA 片段。（3）当反应物中加入足够的全部 4 种 dNTPs 后，这种局部消化的 DNA 片段便起到了引物-模板的作用，其聚合作用速率超过了外切作用的速率，表现出 DNA 净合成反应，重新合成完整的 DNA 分子。这时，如果加入的 4 种脱氧核苷三磷酸中含有标记（α-^{32}P）过的 dNTPs 时，通过 T4 DNA 聚合酶的作用，反应物中的 α-^{32}P-dNTP 逐渐取代了原有的核苷酸，因此，这种反应称为取代合成。应用取代合成法可以使平末端的 DNA 片段或具有 3′-凹末端的 DNA 片段带上末端标记。

T4 DNA 聚合酶的主要用途：（1）补平或标记限制性核酸内切酶消化 DNA 后产生的 3′

凹端；（2）对带有 3′突出端或平末端的 DNA 分子进行末端标记；（3）用取代合成法制备高效的 DNA 杂交探针；（4）将双链 DNA 的末端转化成平末端；（5）使结合单链 DNA 模板上的突变寡核苷酸引物得以延伸。

四、T7 噬菌体 DNA 聚合酶

T7 噬菌体 DNA 聚合酶（T7 phage DNA polymerase）来源于受 T7 噬菌体感染的大肠杆菌细胞，它由 2 种不同的亚基组成：一种是 T7 噬菌体基因 5 编码的蛋白，其分子量为84kD；另一种是大肠杆菌编码的硫氧还原蛋白，其分子量为 12kD。

商品化的 T7 噬菌体 DNA 聚合酶是基因 5 蛋白与硫氧还原蛋白组成的复合物。它是所有已知 DNA 聚合酶中持续合成能力最强的一个，能够在引物模板上延伸合成数千个核苷酸，而中间不发生任何解离现象；其活性不受 DNA 二级结构的影响，催化合成 DNA 的平均长度要比其他 DNA 聚合酶催化合成 DNA 的平均长度大得多，因此，可用于长片段模板的引物延伸反应；此外，该酶具有更强的 3′→5′核酸外切酶活性，约是 Klenow 片段的 1 000倍（但 T7 噬菌体 DNA 聚合酶没有 5′→3′外切酶活性）。

T7 噬菌体 DNA 聚合酶有以下几个方面的用途：（1）用于长段模板的引物延伸反应；（2）能够有效地催化低水平 dNTPs（<0.1μmol/L）的掺入，用于制备标记底物；（3）用来填补和标记 3′凹末端；（4）作为一种理想的 DNA 序列测定的工具酶。美国 United States Biochemical 公司将 T7 噬菌体 DNA 聚合酶成功地改造成理想的测序酶（sequenase），应用于测序反应。他们通过化学方法选择性地使 T7 噬菌体基因 5 蛋白的核酸外切酶区域失活，使之完全失去 3′→5′核酸外切酶活性。由于失去了核酸外切酶活性，使得该酶的聚合加工能力增加了 3 倍，又由于它的持续合成能力很强，因此，改造后 T7 噬菌体 DNA 聚合酶是利用双脱氧链终止法对长片段进行测序的理想用酶。

五、耐热 DNA 聚合酶

在 PCR 反应中使用的是耐高温的 DNA 聚合酶，这种酶在 90℃以上高温环境下仍然具有活性，正是由于耐热 DNA 聚合酶的应用才使得 PCR 技术得以推广。目前使用的高温 DNA 聚合酶有很多种，如 Taq DNA 聚合酶、Tth DNA 聚合酶、Pwo DNA 聚合酶、Pfu DNA 聚合酶和商用混合酶等。

（1）Taq DNA 聚合酶　Taq DNA 聚合酶是 PCR 中最常用的 DNA 聚合酶，来自古细菌嗜热水生菌（Thermus aquaticus）。Taq DNA 聚合酶分子质量大小为 94kD，在 75℃活性最强，具有 5′→3′聚合活性和 5′→3′外切酶活性，但是无 3′→5′外切酶活性。在 95℃的半衰期为 40min。启动 PCR 反应的能力很强，聚合速度快，在 72℃的聚合速度为每秒 30～100个碱基。由于没有 3′→5′外切酶活性，在扩增过程中有 $8.9 \times 10^{-5} \sim 1.1 \times 10^{-4}$ 的错配机率。现在使用的 Taq DNA 聚合酶都是基因工程产品，有些还作了遗传修饰，在扩增效率和保真度方面有一定提高。

（2）Tth DNA 聚合酶　Tth DNA 聚合酶来自嗜热热细菌（Thermus thermophilus）HB8 菌株，分子质量为 94kD，可在 74℃下进行扩增，95℃时的半衰期为 20min。在 Mg^{2+}存在时，能以 DNA 为模板合成 DNA；而有 $MnCl_2$ 存在时，能以 RNA 为模板合成 cDNA。因此，可以用来在高温环境下进行 RT-PCR、逆转录和引物延伸等反应，能避免 RNA 逆转录过程中形成二级结构。

（3）Pwo DNA 聚合酶　Pwo DNA 聚合酶来自嗜热细菌（Pyrococcus woesei），分子量为 90kD，在 100℃的半衰期大于 2h，出错率低。由于 Pwo DNA 聚合酶具有 3′→5′外切酶活性，因此具有较高的保真度。

（4）Pfu DNA 聚合酶　Pfu DNA 聚合酶来自激烈热球菌（Pyrococcu fariosus），具

有理想的扩增保真度和极高的热稳定性，是目前使用最广泛的 PCR 用酶，被认为是到目前为止发现的错配率最低的高温 DNA 聚合酶。

（5）商用混合酶　有些商用酶将 *Taq* DNA 聚合酶的强启动能力与具有 $3'→5'$ 外切酶活性的高温 DNA 聚合酶的高持续活性和校正功能结合起来，增加了 PCR 扩增片段长度的同时，也提高了扩增片段的保真度。

六、逆转录酶

逆转录酶（reverse transcriptase）也称为依赖于 RNA 的 DNA 聚合酶或 RNA 指导的 DNA 聚合酶。在该酶催化的反应中，遗传信息流动的方向是从 RNA 到 DNA，正好与转录过程相反，所以称之为逆转录酶。它是美国科学家 H. Temin 和 D. Baltimore（1970）在动物致癌 RNA 病毒中首先发现的，他们也因此获得了 1975 年度诺贝尔生理学奖。

（一）逆转录酶的特性

逆转录酶具有 2 种活性：（1）$5'→3'$ DNA 聚合酶活性（DNA 或 RNA 指导的 DNA 合成反应）；（2）$5'→3'$ 和 $3'→5'$ RNA 外切核酸酶活性（同 *RNase*H 活性一样，从 $5'$ 或 $3'$ 端连续地降解 RNA-DNA 杂合双链中的 RNA 部分），但没有 $3'→5'$ DNA 外切酶活性。在商品化的逆转录酶中，类似于 *RNase*H 的活性已经被去除，只保留聚合酶活性。

目前，已经商品化的逆转录酶有 2 种：一种来源于纯化的禽成髓细胞瘤病毒（avian myeloblastosis virus，AMV），称为禽源逆转录酶；另一种来源于大肠杆菌中表达的 Moloney 鼠白血病病毒（Moloney murine leukemia virus，Mo-MLV），称为鼠源逆转录酶，二者的比较见表 8-5。

表 8-5　禽源与鼠源逆转录酶特性比较

特　征	禽源逆转录酶	鼠源逆转录酶
酶分子	两条多肽链	单链多肽
酶活性	$5'→3'$ 聚合酶和较强的 *RNase*H 活性	$5'→3'$ 聚合酶和较弱的 *RNase*H 活性
最适温度	42℃（鸡的正常体温）	低于 42℃
最适 pH	8.3	7.6

值得注意的是：①为防止新合成的 DNA 提前终止，反应时需要高浓度 dNTPs 的参与；②逆转录酶无 $3'→5'$ 外切核酸酶校正作用，在高浓度 dNTPs 和 Mn^{2+} 存在时每合成 500 个碱基会有一个错误掺入；③该酶可用于单链复制，也可用于双链合成（以自身序列为引物），但效率较低，$50\mu g/mL$ 放线菌素 D 可抑制其第二链合成。

（二）逆转录酶的主要用途

逆转录酶是分子生物学中最重要的核酸酶之一，主要用于：①cDNA 克隆中第一链的合成，如将真核基因的 mRNA 转录成 cDNA，构建 cDNA 文库，进行克隆实验等；②测定 mRNA 转录起始点（引物延伸法）；③$5'$ 突出端的补平和标记；④双脱氧终止法测序；⑤用于 RT-PCR、测定 RNA 的二级结构等。

第三节　DNA 连接酶

一、连接酶反应
（一）DNA 连接酶

DNA 连接酶（DNA ligase）简称连接酶，是指在双链 DNA 分子单链间断处或是两条 DNA 片段接头位置上相邻的 $5'$-P 和 $3'$-OH 之间催化形成一个磷酸二酯键，使两个 DNA 片段或 DNA 单链间断连接起来的一种酶。在 DNA 复制、DNA 修复以及体内、体外重组过程中起重要作用。基因工程中常用的连接酶有很多种，按作用底物不同可分为 DNA 连接酶和 RNA 连接酶；根据来源不同可分为大肠杆菌 DNA 连接酶和 T4 DNA 连接酶。这些连接酶像"胶水"一样修补 DNA 链上的间断或是将两条 DNA 链连接起来（图 8-6）。

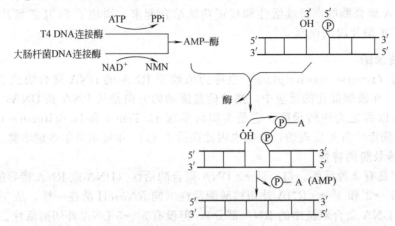

图 8-6　基因工程中常见的两种 DNA 连接酶的作用机制

（1）T4 DNA 连接酶　T4 DNA 连接酶（T4 DNA ligase）是由 T4 噬菌体基因 30 编码的，分子质量为 68kD。它可以连接 DNA 链，也可以连接 RNA 链；可以连接黏性末端分子，也可以连接平末端分子。因此，T4 DNA 连接酶是基因工程中应用最广泛的连接酶之一。其连接反应需要 ATP 提供能量，低浓度（一般为 10%）的聚乙二醇（PEG）和单价阳离子（15～200mmol/L NaCl）可以提高平末端连接速率。若在 16℃反应，大约需要 4h；若在 4℃反应，一般需要过夜。现在，许多试剂公司已经研制出 5min 连接的 T4 DNA 连接酶，在室温条件下短时间内可完成黏性末端或平末端的连接反应。

（2）大肠杆菌 DNA 连接酶　大肠杆菌 DNA 连接酶（E.coli DNA ligase）分子质量为 74kD，性质与 T4 DNA 连接酶活性相似，但其反应需要的不是 ATP，而是烟酸胺腺嘌呤二核苷酸（NAD$^+$），且其平末端连接效率要远远低于 T4 DNA 连接酶，不能连接 RNA 分子。

（3）T4 RNA 连接酶　T4 RNA 连接酶（T4 RNA ligase）可以催化单链 DNA 或 RNA 的 5′-P 与另一单链 DNA 或 RNA 的 3′-OH 之间形成共价连接。因此，T4 RNA 连接酶可用于单链 DNA 或 RNA 的连接、单链 RNA 或单链 DNA 的 3′-OH 末端标记（表 8-6）。

表 8-6　三种 DNA 连接酶特性的比较

连接酶种类	黏性末端	平末端	DNA		RNA		供能分子
			单链	双链	单链	双链	
T4 DNA 连接酶	√	√	×	√	×	√	ATP
大肠杆菌 DNA 连接酶	√	√①	×	√	×	×	NAD$^+$
T4 RNA 连接酶	×	×	√	×	√	×	ATP

① 在一定条件下，大肠杆菌 DNA 连接酶平末端连接活性，但要远远低于 T4 DNA 连接酶的活性。

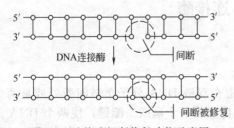

图 8-7　连接酶间断修复功能示意图

（二）连接酶反应

　　细胞中 DNA 连接酶的作用主要是修复 DNA 复制、转录等过程中出现在 DNA 单链上的间断（图 8-7）。此外，DNA 连接酶还可以将两条双链 DNA 分子连接在一起（图 8-8）。但需要说明的是，平末端的连接（图 8-8A）效率要远远低于具有相同黏性末端的 DNA 分子的连接效率。这是因为两个平末端分子相碰撞时，无退火现象发生，5′-P 基团与 3′-OH 处于并列的机会显著减少，而具有相同黏性末端的 DNA 分子很容易通过碱基配对的氢键形成一个相对稳定的结构（图 8-8B），连接酶利用这个相对稳定的结构，行使间断修复功能，很容易将两个 DNA 分子连在一起。

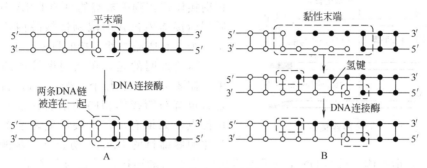

图 8-8　连接酶连接功能示意图

　　实际上，可以采取一些措施来提高平末端的连接速率：（1）增加连接酶用量，通常是黏性末端连接酶用量的十倍，但在实际操作中，这种方法并不多用，因为酶量加大，反应体系中甘油浓度提高，有时对连接反应未必有利；（2）增加 DNA 平末端的浓度，提高平末端之间的碰撞机率；（3）适当提高连接反应温度，平末端连接与退火无关，适当提高反应温度既可以提高底物末端或分子之间的碰撞机率，又可增加连接酶的反应活性，一般选择 20～25℃较为适宜；（4）适当延长连接反应的时间；（5）加入 NaCl 或 LiCl 以及 PEG。此外，连接体系中高浓度的 ATP 对平末端的连接极为不利。当 ATP 浓度超过 1mmol/L 时就会发生腺嘌呤核苷酸在连接位点的随机插入；当 ATP 浓度升至 2.5mmol/L 时，又会显著地抑制平末端连接反应。因此，除非需要特异性抑制平末端的连接，对大多数连接反应而言，0.5mmol/L 的 ATP 浓度是较为合适的。

　　连接酶连接反应缓冲系统组成为：50～100mmol/L Tris-HCl（pH7.5），10mmol/L $MgCl_2$，5mmol/L DTT 和 ATP（≤1mmol/L），过量的甘油对连接酶的活性也有抑制作用。与限制性内切酶酶切反应一样，以待连接的 DNA 量为基准设计连接反应体系。一般情况下，连接反应总体积在 10～15μL 范围内，1μL（1U）的连接酶已经足够用。

　　影响连接反应的因素还有很多，如温度、离子浓度、DNA 末端的性质及浓度、DNA 片段的大小等。如果待连接的 DNA 片段携带有限制性核酸内切酶产生的黏性末端，那么，在较低的温度下黏性末端退火形成含有两个交叉间断的互补双链结构。这时的连接酶反应可视为分子内反应，其连接速度比分子间的连接速度快得多。因此，从理论上来说，连接反应温度应以不高于黏性末端的熔点温度（T_m）为宜（否则，黏性末端 DNA 分子形成的配对结构极不稳定）。虽然 T_m 值随黏性末端的长度及碱基成分而变化，但大多数黏性末端的 T_m 值在 15℃以下，而连接酶反应最适温度却是 37℃（5℃以下活性大为减少）。这就需要找到一个最适温度，它既要有利于最大限度地发挥连接酶的活性，又要有助于形成稳定的黏性末端配对结构。因此，在实际操作中，连接反应温度与时间常采用下列 3 种组合：15℃，2h；12℃，8h；7℃过夜。

二、黏性末端连接技术

　　鉴于黏性末端比平末端具有更高的连接效率，在 DNA 重组实验中，人们往往优先选择黏性末端进行连接反应。但实际上，并不是所有实验材料都具备合适的黏性末端，例如大多数情况下一个是黏性末端分子，另一个是平末端 DNA；或是两个分子分别具有不同的黏性末端。在这些情况下，可以通过以下几种技术将实验材料改造成具有相同黏性末端的分子。

（一）衔接体技术

衔接体（linker）是指一类特别设计、人工合成的一段由 8～12 个核苷酸组成的、具有一个或多个限制性核酸内切酶切割位点的平末端双链 DNA 短片段。利用 T4 DNA 连接酶可以将衔接体连接到平末端的目的 DNA 分子上，然后用衔接体内包含的限制性核酸内切酶消化产生一个带有所需黏性末端的目的分子（图 8-9）。

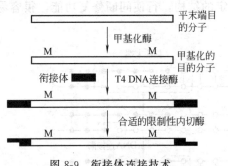

图 8-9 衔接体连接技术

需要说明的是，在利用衔接体的实验操作中，需要考虑以下几个问题：（1）目的分子中是否也有与衔接体相同的限制性核酸内切酶酶切位点，如果有，在连接反应之前要预先用甲基化酶修饰目的 DNA，防止下一步酶切操作时被切割；（2）衔接体与目的 DNA 分子的连接属于平末端连接，但它与两个平末端 DNA 分子间的连接又不完全相同，这是因为衔接体本身分子量很小，而且可以大量合成，所以连接时很容易达到 T4 DNA 连接酶连接平末端分子时的高浓度要求，所以即使是平末端的连接，其连接效率仍会较高；（3）由于 T4 DNA 连接酶的作用，衔接体自身也会叠连，不过这种结构对于后面的实验影响不是很大，因为在用限制性核酸内切酶切割时可被一并切去，不影响目的 DNA 分子末端的黏性末端结构；（4）如果使用衔接体与非平末端分子连接时，连接前必须预先修饰成平末端（可采用 Klenow DNA 聚合酶等进行修饰）。

（二）人工接头技术

人工接头（adaptor）是一些短的人工合成的 DNA 分子，与衔接体不同的是它一边是平末端，一边是黏性末端。一般情况下，人工接头序列是以单链形式存在的，使用之前需要将两条单链退火形成双链，然后再参与连接反应。这种方法看起来十分简单易行，平末端连接到平末端目的分子上，黏性末端向外以利于后边的连接，但实际上，由于人工接头含有黏性末端，在连接过程中人工接头本身极易形成像衔接体一样的二聚体乃至多聚体，这样的分子仍为平末端。当然可以像衔接体那样用限制性核酸内切酶消化，但这样有悖于使用人工接头的初衷，还不如一开始就使用衔接体。针对这一情况，科学家们对人工接头做了一个修饰，即将人工接头黏性末端的 5′-P 换成 5′-OH。通常情况下连接发生在 5′-P 和 3′-OH 两个基团之间，而在 5′-OH 和 3′-OH 之间是无法形成磷酸二酯键的，这就意味着人工接头之间无法通过黏性末端形成二聚体。这种黏性末端被修饰的 DNA 人工接头分子，虽然丧失了彼此连接的能力，但其平末端仍能与其他平末端连接。当然，连接上这种人工接头的目的分子新产生的黏性末端同样也无法同其他分子连接，还需要再通过多核苷酸激酶处理加上 5′-P 基团（图 8-10）。

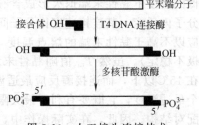

图 8-10 人工接头连接技术

（三）同聚物加尾技术

所谓的同聚物（homopolymer）就是指所含的核苷酸完全相同的多聚体，例如多聚脱氧鸟苷酸 olig（dG）。加尾的过程涉及末端转移酶，这种酶可以在双链 DNA 分子的 3′-OH 末端加上一系列核苷酸（详见本章第四节）。如果在反应体系中只加入一种脱氧核苷酸，就可以在双链 DNA 分子的 3′-OH 末端加上一个同聚物尾巴（homopolymeric tail），这就是同聚物加尾技术的原理。

如果两个平末端 DNA 分子分别在它们的 3′-OH 末端加上互补的同聚物尾巴，那么这两个 DNA 分子的连接就变成黏性末端连接了。在实际实验过程中两个 DNA 分子加的同聚物尾巴并不总是一样长，这样形成的重组体 DNA 分子上便会留有缺口或间断，因此需要用大肠杆菌 DNA 聚合酶 I 或 Klenow 大片段去填补，然后再由 DNA 连接酶合成磷酸二酯键封闭间断。

三、AFLP 技术

扩增片段长度多态性（amplified fragment length polymorphism，AFLP）技术是一种十分有效的 DNA 指纹图谱技术，由荷兰科学家 Zabeau 和 Vos（1992）提出并完善，被 Keygene 公司以专利的形式买下，但不久予以解密。它是限制性核酸内切酶酶切和人工接头黏性末端连接相结合的最好例证。

（一）基本原理

该方法结合了 RAPD 技术和限制性片段长度多态性（restriction fragment length polymorphism，RFLP）技术的特点。首先，对基因组 DNA 或 cDNA 用两个不同识别位点的限制性核酸内切酶进行酶切，再将酶切片段和与其末端互补的已知序列的人工接头连接，所形成的带人工接头的特异性片段作为随后 PCR 的模板，PCR 的引物与酶切片段两端的人工接头以及酶切位点互补，并且在引物的 3′端加上 1～3 个选择性碱基，从而能够保证经变性的聚丙烯酰胺凝胶电泳后有清晰的条带出现（图 8-11）。人工接头和引物的设计不需要预先知道被研究基因组的序列信息，它们之间巧妙灵活的搭配，使得采用少数几对引物的多种组合即可获得大量遗传信息。一般每进行一次选择性扩增可得到 50～100 个 DNA 片段，其中多态性片段可达 50% 左右。因此该反应可检测到大量的遗传变异，其效率之高是迄今为止任何一种分子标记技术无可比拟的。这些多态性源于 DNA 序列的改变，主要包括突变的消失或产生新的酶切位点，插入、缺失或两个酶切位点之间的倒位。

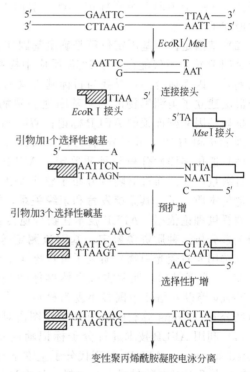

图 8-11　AFLP 原理示意图

（二）AFLP 技术的特点

从理论上讲，AFLP 不需要知道基因组 DNA 的序列就可构建其指纹图谱，可用来对无任何分子生物学研究基础的物种进行研究。由于 AFLP 采用的限制性核酸内切酶和选择性碱基的种类、数目较多，所以 AFLP 可产生的标记数目是无限的；基因型的 AFLP 分析，每次反应产物经非变性 PAGE 电泳检测到的谱带数在 50～100 条之间，所以该技术是 DNA 多态性检测的一个非常有用的技术；AFLP 标记是典型的孟德尔方式遗传，大多数扩增片段与基因组的单一位置相对应，能检测整个基因组的遗传变异，因此，AFLP 标记可以用于作为遗传图谱和物理图谱的位标；AFLP 既可以用于分析不同复杂程度的基因组 DNA，也可用于分析克隆的 DNA 大片段，因此，它不仅是一种 DNA 指纹技术，也是基因组研究的一个非常有用的工具；DNA 的随机扩增，受模板浓度的影响较大，而 AFLP 的一个重要特点是对模板浓度变化不够敏感。此外，在反应过程中，标记的引物会全部耗尽，当引物耗尽后，扩增带型将不受循环数的影响。由于AFLP对模板浓度不敏感，这样利用过剩的循环数，即使模板浓度存在一些差异，也会得到强度一致的谱带。因此，AFLP技术能够检测谱带强度的多态性。

（三）AFLP技术的应用

AFLP技术诞生以来，广泛用于生物的基因组分析。在分子遗传图谱的构建、基因的定位、遗传多样性与种质鉴定、分子标记辅助育种等方面发挥了重要的作用。

（1）构建分子遗传图谱　分子遗传连锁图谱表示各种标记所对应的DNA在染色体上的相对位置。图谱上包括的标记数越多，分布越均匀，基因定位就越精细。即使是未知基因组，AFLP技术也能产生覆盖全基因组范围的多态性标记，因此，它是构建遗传连锁作图的有力工具。利用AFLP技术可以填充RFLP和RAPD标记的空隙，使现有的遗传图谱得以延伸，大大缩短特征基因与连锁标记之间的距离。因此，AFLP构建的遗传图谱密度要远远高于RFLP和RAPD遗传图谱。荷兰Keygene公司的Pot Jerina利用AFLP技术构建了拟南芥高密度的遗传图谱，共得到700多个多态位点，该图覆盖了拟南芥整个基因组；Knorr等获得了204个AFLP分子标记位点，增加了东方兰辛鸡遗传连锁图的密度，使连锁图总长度增加了25%。

（2）基因定位　基因定位就是确定基因在染色体上的位置以及与之相连锁的分子标记。由于AFLP技术不仅能在一个PCR反应中检测大量的遗传位点，而且还能检测出DNA的细微差异，因而适合用作寻找与目标基因紧密连锁的分子标记。Maria Teresa Cervera等利用分群法建立了美洲黑杨的抗病基因池和感病基因池，对其进行了AFLP分析，得到了3个与抗病基因紧密连锁的AFLP标记；Wiekat等以小麦近等基因系为材料定位了小麦抗麦蝇基因 H6 和 H16，并且分别找到了与 H5、H6、H10、H16 紧密连锁的AFLP标记。

（3）遗传多样性分析与种质鉴定　AFLP分子标记广泛存在于基因组DNA的各个区域，且数量巨大。通过对随机分布于整个基因组的AFLP分子标记的多态性分析，能够揭示其遗传本质，了解其系统发育和亲缘关系，能够为制定合理的种质资源原地保存和异地保存计划提供理论依据。AFLP技术在物种遗传多样性检测、居群遗传结构和遗传分析、物种亲缘关系分析、种质资源鉴定、基因流测定等方面具有广泛的应用。李文英等利用AFLP技术（选用4对荧光引物）研究了蒙古栎4个天然群体的遗传多样性，群体间遗传分化系数为0.077，聚类结果表明蒙古栎自然群体间的遗传距离有随地理距离跨度增加而递增的趋势；Tracy等以6倍体中国春小麦为材料，结果发现AFLP技术可以将所有42个无性系清楚地区分开；Arens等利用AFLP指纹图谱对天然杨树杂种成功地进行了品种鉴定。

（4）利用AFLP技术进行分子标记辅助育种　分子标记辅助选择（molecular marker assisted selection，MAS）是现代分子生物学与传统遗传育种的结合，借助AFLP技术可以从DNA水平上对育种材料进行选择，从而达到作物产量、品质和抗性等综合性状的高效改良。美国Texas A&M大学的Reddy把长绒的海岛棉和高产的陆地棉进行远源杂交，利用计算机Genescan 672软件分析AFLP数据，在F2群体中找到300个标记与亲本的长绒和高产性状有关的标记。芬兰Satu Akerman利用AFLP技术研究了垂枝桦树的2个杂交组合后代30～32个个体，发现了3～12条有意义的多态性谱带。

第四节　基因工程的其他酶类

一、核酸修饰酶

（一）末端脱氧核苷酸转移酶

末端脱氧核苷酸转移酶（terminal deoxynucleotidyl transferase）简称末端转移酶，它来

源于小牛胸腺前淋巴细胞及分化早期的类淋巴样细胞，是一种分子量为 34kD 的碱性蛋白质。该酶在二价阳离子存在下，能够催化 $5'$ 脱氧核苷三磷酸进行 $5'\rightarrow3'$ 方向的聚合作用，逐个地将脱氧核苷酸分子加到线性 DNA 分子的 $3'$-OH 末端。若 dNTP 为 T 或 C，此二价阳离子首选 Co^{2+}；若 dNTP 为 A 或 G 此二价阳离子首选 Mg^{2+}。与 DNA 聚合酶不同，末端转移酶不需要模板的存在就可以催化 DNA 分子发生聚合作用。4 种 dNTPs 中的任何一种都可以作为它的前体物，因此，当反应混合物中只有一种 dNTP 时，就可以形成仅由一种核苷酸组成的 $3'$ 尾巴（同聚物尾巴）。在不同条件下，该酶所形成的同聚尾的长度是不同的，与 dNTP 和 $3'$-OH 的物质的量以及 dNTP 的种类有关（表 8-7）。

表 8-7　末端转移酶合成同聚尾的长度

$3'$-OH 和 dNTP 的物质的量之比（pmol：μmol/L）	末端转移酶合成同聚尾的长度(37℃,15min)			
	dA	dC	dG	dT
1：0.1	1～10	1～5	1～5	1～10
1：1.5	10～30	10～30	10～20	10～35
1：3.0	100～200	100～200	15～35	200～250
1：15	400～500	400～500	15～35	300～400

该酶作用底物 DNA 的链可长可短，最短的可短至 3 个核苷酸，对 $3'$-OH 突出末端的底物作用效率最高。在离子强度低时，带 $5'$ 突出端或平末端的 DNA 也可作为底物，但效率低。因此，该酶可在 cDNA 或载体 $3'$ 末端加上同聚物尾后用于克隆。

（二）碱性磷酸酶

碱性磷酸酶的来源有两种：（1）从大肠杆菌中纯化出来的，叫做细菌碱性磷酸酶（bacterial alkaline phosphatase，BAP）；（2）从小牛肠中纯化出来的，叫做小牛肠碱性磷酸酶（calf intestinal alkaline phosphatase，CIP）。它们的共同特性是能够催化核酸分子脱掉 $5'$-P 基团，从而使 DNA（或 RNA）片段的 $5'$-P 末端转换成 $5'$-OH 末端，这就是核酸分子的脱磷酸作用（图 8-12）。

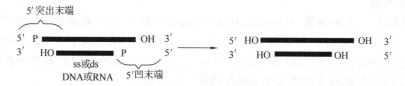

图 8-12　碱性磷酸酶的活性示意图

BAP 和 CIP 这两种酶在实际应用中有所差别：CIP 具有明显优势，其比活性比 BAP 要高出 10～20 倍，而且在 SDS 中加热到 68℃ 就可以完全灭活，而 BAP 是热抗性的酶，要终止 BAP 的作用很困难，即使去除 BAP 的微量活性，也需要用酚/氯仿反复抽提多次。因此，人们一般优先选用 CIP 酶。

碱性磷酸酶的主要用途是脱磷酸作用，其产物具有 $5'$-OH 末端。这种功能使得它在 DNA 分子克隆实验中发挥着重要作用，利用该酶可以有效防止黏性末端分子的自连。

（三）T4 多核苷酸激酶

T4 多核苷酸激酶（polynucleotide kinase）是从 T4 噬菌体感染的大肠杆菌细胞中分离纯化出来的，因此称为 T4 多核苷酸激酶。它是一种磷酸化酶，催化 γ-P 从 ATP 分子转移到 DNA 或 RNA 分子的 $5'$-OH 末端，这种作用不受底物分子的长度限制，甚至是单核苷酸也同样适用。现在，已经将编码该酶的基因（*PseT*）成功克隆到大肠杆菌中并获得了高效表达。

在分子克隆应用中，该酶呈现出 2 种反应：一种是正反应，就是将 ATP 的 γ-P 基团转移到无磷酸基团核酸分子的 5′端，用于对缺乏 5′-P 基团的 DNA 进行磷酸化；另一种是交换反应，在过量 ATP 存在的情况下，该激酶可将 DNA 的 5′-P 基团转移给 ADP，然后 DNA 从 ATP 中获得 γ-P 而重新磷酸化。在这两个反应中如果使用的 ATP 均为放射性同位素标记的［γ-32P］ATP，那么反应产物的末端将带有放射性标记（图 8-13）。实际上，由于天然产生的核酸其 5′端不是羟基，因此应该先用碱性磷酸酶处理，使其发生脱磷酸作用暴露出 5′-OH 基团后，才能同多核苷酸激酶从 γ-32P-ATP 分子中转移来的 γ-32P 基团键合，实现末端标记。

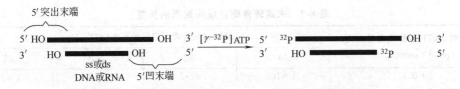

图 8-13　T4 多核苷酸激酶的活性与末端标记示意图

该酶不仅可以对缺乏 5′-P 基团的 DNA 或合成人工接头进行磷酸化，而且还可以用来标记核酸分子的 5′末端。通过交换反应标记 DNA 的 5′末端，可为 Maxam-Gilbert 化学法测序、S1 核酸酶分析以及其他需要使用末端标记 DNA 的操作提供材料。此酶在高浓度 ATP 时发挥最佳活性，NH$_4^+$ 是其强烈抑制剂。

二、核酸酶

（一）核酸内切酶

核酸内切酶，又称内切核酸酶，它是一类能够水解（切割）DNA 或 RNA 分子多核苷酸链内部磷酸二酯键的核酸酶。按作用特性的差异，可分为单链的核酸内切酶和双链的核酸内切酶。前者包括 S1 核酸酶和 Bal31 核酸酶等，后者有核糖核酸酶 A、脱氧核糖核酸酶 I 和核糖核酸酶 H 等。

1. S1 核酸酶

S1 核酸酶来自于米曲霉（Aspergillus oryzae），是一种高度单链特异的核酸内切酶，可降解单链 DNA 或 RNA，对双链 DNA、双链 RNA 和 DNA-RNA 杂交体不敏感。当酶浓度大时可完全消化双链，中等浓度可在缺口或间断处切割双链，但在最适的酶催反应条件下，降解单链 DNA 的速率要比双链 DNA 的快 75000 倍。

由于 S1 核酸酶不仅能催化 RNA 和单链 DNA 分子降解成为 5′单核苷酸，而且它也能作用于双链核酸分子的单链区，并从此处切断核酸分子，而且这种单链区可以小到只有一个碱基对的程度。假如两种不同来源的 DNA 分子之间仅有一个碱基对是非互补的，那么在它们变性-复性之后所形成的异源双链结构中，便只有一个碱基对是错配的，S1 核酸酶就能够在这个错配的碱基对位置使 DNA 分子断裂。而在在非极端条件下，它不能使天然构型的双链 DNA 和 RNA-DNA 杂种分子发生降解。由于具备这些特性，S1 核酸酶在测定杂种核酸分子（RNA-DNA）的杂交程度、给 RNA 分子定位、测定真核基因中间隔子序列的位置、探测双螺旋的 DNA 区域、从限制性核酸内切酶产生的黏性末端中移去单链突出序列以及打开在双链 cDNA 合成期间形成的发夹环结构等实验操作中发挥着重要作用。

2. Bal31 核酸酶

Bal31 核酸酶是从埃氏交替单胞菌（Alteromonas espejiana）Bal31 中分离而来的。它既具有单链特异的核酸内切酶活性，同时也具有双链特异的核酸外切酶活性。当底物是双链环形的 DNA，Bal31 的单链特异的核酸内切酶活性，通过对单链缺口或瞬时单链区（transient single stranded regions）的降解作用，将超螺旋的 DNA 切割成开环结构，进而成为线性双链 DNA 分子。而当底物是线性双链 DNA 分子时，*Bal*31 的双链特异的核酸外切酶活性，又会成功地从 5′和 3′两末端移去核苷酸，并且能够有效地控制这种 DNA 片段逐渐缩短的速度（图 8-14）。

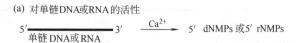

(a) 对单链DNA或RNA的活性

$$5'\ \underline{}\ 3' \xrightarrow{\ Ca^{2+}\ } 5'\ dNMPs\ 或\ 5'\ rNMPs$$
单链 DNA 或 RNA

(b) 对带缺口或裂口的双链DNA或RNA的活性

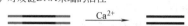

缺口的 DNA 或 RNA

(c) 对双链DNA末端的活性

图 8-14　*Bal*31 核酸酶的活性

由于 *Bal*31 核酸酶具有上述这些特殊的性能，因此，在分子克隆实验中它是一种十分有价值的工具酶。其主要用途包括：（1）诱发 DNA 发生缺失突变；（2）研究超螺旋 DNA 分子的二级结构，并改变因诱变剂处理所出现的双链 DNA 的螺旋结构；（3）定位和测定 DNA 片段中限制位点的分布。先用 *Bal*31 核酸酶处理待测的线性 DNA 片段，使之以渐进的速度从 5′和 3′两端同时降解 DNA，并在不同的时间间隔加入 EDTA 终止 *Bal*31 核酸酶的消化作用。用苯酚抽提消化样品，除去核酸酶，然后另外再加我们期望使用的限制性核酸内切酶进行消化。按不同时间取 DNA 消化样品，同只用核酸内切限制酶消化的对照组 DNA 样品一起进行凝胶电泳分析。DNA 片段从凝胶中消失的先后次序代表着这些片段在 DNA 分子中的前后排列顺序，并能确定出有关限制酶的识别位置。

3. 核糖核酸酶 A

核糖核酸酶 A （ribonuclease A，*RNase*A）是一种来源于牛胰的核酸内切酶，特异性攻击 RNA 上嘧啶残基的 3′端。能降解 DNA-RNA 中未杂交的 RNA 区，可以用来确定 DNA 或 RNA 中单碱基突变的位置。在基因克隆操作中，经常使用核糖核酸酶 A 来去除 DNA 样品中的 RNA，但由于有些核糖核酸酶 A 的商品制剂可能会污染其他酶（如 *DNase*），使用前注意阅读产品说明（是否标有 *DNase* free）。

4. 脱氧核糖核酸酶 I

脱氧核糖核酸酶 I （deoxyribonuclease I，*DNase* I）也是一种来源于牛胰的核酸内切酶，它可优先从嘧啶核苷酸的位置水解双链或单链 DNA。在 Mg^{2+} 存在下，独立作用于每条 DNA 链，且切割位点随机。在 Mn^{2+} 存在下，它可在两条链的大致同一位置切割双链 DNA，产生平末端或 1～2 个核苷酸突出的 DNA 片段。*DNase* I 用途广泛：（1）切口平移标记时在双链 DNA 上随机产生切口；（2）在闭环 DNA 上引入单切口，将分子截短；（3）建立随机缺失的嵌套缺失体，用于功能分析或测序；（4）在 DNA 酶足迹法（DNA foot-printing）中分析蛋白-DNA 复合物；（5）除去 RNA 样品中的 DNA。

5. 核糖核酸酶 H

核糖核酸酶 H （ribonuclease H，*RNase*H）是一种核酸内切酶，特异性水解与 DNA 杂交的 RNA 上的磷酸二酯键，产生带有 3′-OH 和 5′-P 末端的产物，不能降解单链核酸、双链 DNA 或双链 RNA。该酶主要用于在 cDNA 克隆合成第二链之前去除 RNA。许多酶附带有该酶的活性，如 AMV 逆转录酶。

（二）核酸外切酶

核酸外切酶是一类从多核苷酸链的一头开始按序催化降解核苷酸的酶。按作用特性的差异，可分为单链的核酸外切酶和双链的核酸外切酶。前者包括大肠杆菌核酸外切酶 I （*exo* I）和核酸外切酶 VII （*exo* VII）等，后者有大肠杆菌核酸外切酶 III （*exo* III）、λ 噬菌体核酸外切酶 （λ*exo*）以及 T7 噬菌体基因 6 核酸外切酶等（表 8-8）。

表 8-8 若干种核酸外切酶的基本特征

核酸酶	底物	切割位点	产 物
大肠杆菌核酸外切酶Ⅰ	ssDNA	5′-OH 末端	5′-单核苷酸,加末端二核苷酸
大肠杆菌核酸外切酶Ⅲ	dsDNA	3′-OH 末端	5′-单核苷酸
大肠杆菌核酸外切酶Ⅴ	DNA	3′-OH 末端	5′-单核苷酸
大肠杆菌核酸外切酶Ⅶ	ssDNA	3′-末端,5′-P 末端	2~12bp 的寡核酸短片段
λ 噬菌体核酸外切酶	dsDNA	5′-P 末端	5′-单核苷酸
T7 噬菌体基因 6 核酸外切酶	dsDNA	5′-P 末端	5′-单核苷酸

1. 核酸外切酶Ⅲ (exoⅢ)

它由大肠杆菌 $XthA$ 基因编码的单体蛋白质,分子量为 28kD。商品出售的 exoⅢ 是从含有超量 pSGR-3 质粒的大肠杆菌 BE257 菌株细胞中分离而来的。这种酶具有多种催化功能,除了按 $3'→5'$ 的方向催化双链 DNA 自 $3'$-OH 末端释放 $5'$ 单核苷酸外,还有对无嘌呤位点及无嘧啶位点有特异的核酸内切酶活性、$3'$ 磷酸酶活性和 $RNase$H 酶活性。在降解作用中,释放单核苷酸的速率取决于 DNA 分子中的碱基成分。因此,exoⅢ 酶对于不同的 DNA 末端具有不同的降解速率。

在分子生物学及基因克隆的研究工作中,exoⅢ 的主要应用是通过其 $3'→5'$ 外切酶活性使双链 DNA 分子产生出单链区。经过如此修饰的 DNA,配合使用 Klenow 酶,便可作为标记 DNA 的底物,制备链特异的放射性探针。同时,经过如此修饰的 DNA,也可作为双脱氧 DNA 序列分析法的反应底物。

2. 核酸外切酶Ⅶ (exoⅦ)

大肠杆菌 exoⅦ 包括 2 个亚基组成单位,分别为 $XseA$ 和 $XseB$ 基因的编码产物。exoⅦ 是一种促加工的单链核酸外切酶,与 exoⅠ 及 exoⅢ 具有不同的特性。它能够从 $5'$ 末端或 $3'$ 末端降解 DNA 分子,产生出寡核苷酸短片段,它的反应不需要 Mg^{2+} 参与,即使在 10mmol/L EDTA 环境中仍能保持着完全的酶活性,可以用来测定基因组 DNA 中的内含子和外显子的位置。

3. λ 核酸外切酶 (λ exo)

λ 核酸外切酶最初是从感染了 λ 噬菌体的大肠杆菌细胞中纯化出来的。这种酶催化双链 DNA 分子自 $5'$-P 末端进行逐步的加工和水解,释放出 $5'$ 单核苷酸,但它不能降解 $5'$-OH 末端。λ 核酸外切酶的用途有 2 个方面:(1) 将双链 DNA 转变成单链的 DNA,供双脱氧法进行 DNA 序列分析使用;(2) 从双链 DNA 中移去 $5'$ 突出末端,以便用末端转移酶进行加尾。

4. T7 基因 6 核酸外切酶

T7 基因 6 核酸外切酶是大肠杆菌 T7 噬菌体基因 6 编码的产物。基因 6 早已被克隆到质粒载体上,并在大肠杆菌细胞中获得了超量表达。这种核酸外切酶同 λexo 酶一样,也能催化双链 DNA 自 $5'$-P 末端逐步降解释放出 $5'$ 单核苷酸分子,但它还能从 $5'$-OH 和 $5'$-P 两个末端移去核苷酸。T7 基因 6 核酸外切酶与 λ 核酸外切酶具有同样的用途。不过由于它的加工活性要比 λ 核酸外切酶低,因此主要用于从 $5'$ 端开始的可控制的匀速降解反应。

三、琼脂糖酶

琼脂糖酶 (agarase) 是一种琼脂糖水解酶,可将琼脂糖亚单位——新琼脂二糖 (neoagarobiose) 水解为新琼脂寡糖 (neoagarooligosaccharide)。可用于从低熔点琼脂糖凝胶中分离纯化大片段 DNA 或 RNA 片段。该酶对热很稳定,反应时不需要缓冲液。

四、蛋白酶 K

蛋白酶 K (proteinase K) 是具有高活性的丝氨酸蛋白酶,属枯草芽孢杆菌蛋白酶,由

霉菌 *Tritirachium album* var. limber 产生。该蛋白可以水解角蛋白（kerain），从而为该霉菌提供碳源和氮源等营养成分，这就是以"K"命名的原因。蛋白酶 K 可以水解范围广泛的肽键，尤其适合水解羧基末端和芳香族氨基酸（或中性氨基酸）之间的肽键。成熟的蛋白酶 K 分子质量为 29kD，在 50℃ 的活性比在 37℃ 高很多倍。由于蛋白酶 K 可有效地降解内源蛋白，所以能快速水解细胞裂解物中的 DNA 酶和 RNA 酶，利于完整 DNA 和 RNA 的分离。

五、溶菌酶

溶菌酶（lysozyme）是由英国细菌学家 A. Fleming 于 1922 年在人的眼泪和唾液中首次发现的，因其具有溶菌作用，故命名为溶菌酶。它是一类水解细菌细胞壁中肽聚糖的酶，能够降解细胞壁中肽聚糖 N-乙酰胞壁酸的 C_1 与 N-乙酰葡萄糖胺的 C_4 之间形成的糖苷键。在分子克隆中常用的是卵清溶菌酶，分子量为 14kD，最适温度 35℃，最适 pH4.0～6.5。在质粒的提取、原生质体的制备等操作中常被用来破坏细胞壁。

本 章 小 结

基因工程操作是由一系列功能各异的工具酶来完成的，在本章主要介绍了目前基因工程操作中经常使用的一些工具酶。正是在这些工具酶的帮助下，实现了在体外对基因进行有目的的切割、连接、重组和改造。限制和修饰现象是在 20 世纪中期被人们发现的，到目前为止，人们已经发现了 3000 多种限制性核酸内切酶。限制性核酸内切酶被分成 3 种类型，但只有 II 型限制性核酸内切酶是基因操作的有力工具，被誉为"分子手术刀"。它具有特定的识别位点和切割位点，切割后可产生平末端或黏性末端。酶切有标准的反应体系，受多种因素的影响，如 DNA 的纯度和分子结构、DNA 的甲基化程度、侧翼序列长度等，在非标准条件下会产生星活性。可以根据实验要求选择使用完全酶切或是部分酶切、单酶切还是双酶切。酶切位点在基因组中的分布是不均匀的，但通过限制性酶酶切可以对基因组作图。基因操作常用的 DNA 聚合酶有大肠杆菌 DNA 聚合酶 I，T4 DNA 聚合酶、T7 DNA 聚合酶以及末端转移酶。为满足工作需要，还开发有 Klenow DNA 聚合酶，耐热 DNA 聚合酶以及反转录酶等。除限制性核酸内切酶和聚合酶以外，基因操作中还用到很多重要的酶，如连接酶、T4 多核苷酸激酶、碱性磷酸酶、核酸酶、琼脂糖酶、蛋白酶以及溶菌酶等。正是由于这些工具酶的出现，使得基因工程在最近 20 年里取得了突飞猛进的发展。

思 考 题

1. 细菌的限制与修饰作用有什么意义？
2. 限制性核酸内切酶的活性受哪些因素影响？
3. 当两种限制性核酸内切酶的反应条件不同时，如果要进行双酶切，应采取什么措施？为什么？
4. 如何进行 DNA 片段的末端标记？
5. 在基因克隆中，如何防止两端具有相同黏性末端的分子产生自身环化作用？
6. 采用那些方法可以将平末端的目的分子转变成黏性末端？需要注意些什么？

第九章 基因克隆载体

第一节 概 述

要把一个有用的基因通过基因工程手段导入到生物细胞中，需要运载工具。携带外源基因进入受体细胞的工具叫做载体（vector）。作为载体 DNA 分子，应该具备一些基本性质：（1）具有能够在某些宿主细胞内独立自我复制和表达的能力。因为只有这样，外源目的基因与载体连接后，才能在载体的带动下一起复制，达到无性繁殖的目的。（2）载体 DNA 的分子量应尽量小，并可在受体细胞内扩增较多的拷贝。这样便于结合较大的目的基因，在实验操作过程中不易被机械性剪切，易于从宿主细胞中分离、纯化。（3）载体上最好具有两个以上的容易检测的遗传标记（如抗生素抗性基因），以便赋予宿主细胞不同的表型。当载体分子上具有两种抗生素抗性基因时，可以用目的基因插入某一抗性基因而使其失活的方法来筛选重组体。（4）载体应该具有多个限制性核酸内切酶的单一切点。这些单一的酶切位点越多，越容易从中选出一种酶，使它在目的基因上没有切点，保持目的基因的完整性。载体上的单一酶切位点最好是位于检测表型的遗传标记基因之内，这样目的基因是否与载体连接就可以通过这一表型的改变与否而得知，利于筛选重组体。

到目前为止，用于基因克隆的载体有质粒载体、噬菌体载体（如 λ 噬菌体载体、M13 噬菌体载体和 P1 噬菌体载体等）、质粒-噬菌体杂合载体（如柯斯质粒载体、噬菌粒载体）和人工染色体载体（如酵母人工染色体载体、细菌人工染色体载体和 P1 人工染色体载体等）4 类。每类载体都有独特的生物学性质，适用于不同的应用目的。

第二节 质 粒 载 体

一、质粒的概念

质粒（plasmid）是一类亚细胞有机体，结构比病毒还要简单，既没有蛋白质外壳，也没有细胞外的生命周期，却能在宿主细胞内独立地增殖，并随着宿主细胞的分裂而被遗传下去。质粒是细菌染色体外的小型环状双链 DNA 分子（图 9-1），一般而言，质粒不是细菌生长繁殖所必需的结构，就细胞生存而言，质粒是可有可无的。由于质粒分子本身含有复制功能的遗传结构，所以能在细菌内独立自主地进行复制，并在细胞分裂时恒定地遗传给子代细

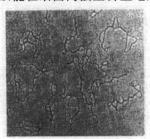

(a) 碱法提取的质粒DNA的电镜照片　(b) 电镜下细菌的染色体和细菌的质粒

图 9-1　质粒 DNA 的电镜照片

胞。而有些质粒依靠插入到宿主细胞染色体上，随着宿主染色体的复制而复制，这类质粒称为附加体（也称为整合质粒，integrative plasmid）。

二、质粒的基本性质

（一）质粒的特性

1. 质粒分子的构型和大小

除了酵母的杀伤质粒（killer plasmid）是一种 RNA 质粒外，目前发现的质粒都是以 DNA 方式存在的。质粒 DNA 分子具有 3 种不同的构型（图 9-2）：（1）共价封闭环状 DNA（covalently closed circle DNA，cccDNA），其两条多核苷酸链保持着完整的环状结构，通常呈现超螺旋（supercoil）构型，即 SC 构型；（2）开环 DNA（open circle DNA，OC DNA），其两条多核苷酸链中只有一条链保持着完整的环状结构，另一条链上有一个或几个切口，称作 OC 构型；（3）线形 DNA（linker DNA，L DNA），闭合环状 DNA 分子双链断裂后成线形 DNA 分子，即 L 构型。

由于空间构型不同，这 3 种 DNA 分子的电泳行为也不相同，根据这一特性，常用琼脂糖凝胶电泳将它们分开。不同构型的同一种质粒 DNA，尽管分子量相同，在琼脂糖凝胶电泳中仍有不同的迁移率，其中走在最前沿的是 SC DNA，其后依次是 L DNA 和 OC DNA（图 9-3）。

松弛线性的L构型

松弛开环的OC构型

超螺旋的SC构型

图 9-2　质粒 DNA 的分子构型图

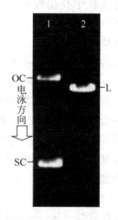

图 9-3　质粒 DNA 琼脂糖凝胶电泳图

多数质粒 DNA 分子小于 200kb，还有更大的质粒，但基因操作中使用的质粒，一般小于 10kb。因为如果质粒分子过大，不容易操作，纯化过程中容易被机械打断。表 9-1 列出了一些基因工程中经常使用的质粒。

表 9-1　基因工程中几种常用质粒的比较

质 粒 名 称	质 粒 来 源	核苷酸长度/kb	分子质量/kD
pTiAch5	土壤农杆菌	213	1.42×10^5
TOL	假单胞菌	117	7.8×10^4
F	大肠杆菌	95	6.3×10^4
RP4	假单胞菌	54	3.6×10^4
ColE1	大肠杆菌	6.36	4.2×10^3
pBR322	大肠杆菌	4.363	2.9×10^3
pBR345	大肠杆菌	0.7	4.6×10^2

2. 质粒的自主复制性和可扩增性

细菌的天然质粒种类很多，不同的质粒在细菌内的复制方式也不相同。根据质粒复制与宿主菌相关程度的不同，可将质粒分为严谨型质粒（stringent plasmid）和松弛型质粒（relaxed plasmid）两类。

由于质粒具备在细菌细胞内自主复制的能力，因此每种质粒至少有一个复制起始点。某种质粒在一个细菌细胞内的数目称为这种质粒的拷贝数（copy number），表 9-2 列出了几类不同质粒的复制子与拷贝数的大致关系。

表 9-2　质粒载体及其拷贝数

质粒载体类型	复制子的来源	质粒载体的拷贝数
pBR322 及其衍生质粒	pMB1	15～20
pUC 系列质粒及其衍生质粒	突变的 pMB1	500～700
pACYC 及其衍生质粒	p15A	10～212
pSC101 及其衍生质粒	pSC101	1～5
ColE1	ColE1	15～20

严谨型质粒通常是一些具有自身传递能力的大质粒，它们的复制与宿主菌密切相关。这种质粒在宿主菌内只有 1 到数个质粒拷贝存在，当宿主菌蛋白合成停止时，质粒 DNA 的复制也随之停止。松弛型质粒通常是分子量较小，不具传递能力的质粒，它在宿主菌内通常可含 10～200 个拷贝，而且不受宿主菌蛋白合成的影响。当宿主菌蛋白质合成停止时（如在细菌培养液中加入氯霉素），质粒 DNA 的复制仍可继续进行，直到细胞内达到 2000 或 3000 个拷贝。因此，通常选用松弛型质粒作为基因工程载体，在质粒内插入外源基因后，可在子代细菌的重组质粒中获得较高产量的目的基因。

3. 质粒的可转移性

质粒的转移性是指质粒从一个细胞转移到另一个细胞的特性。根据是否携带控制细菌配对和质粒接合转移的基因，质粒可分为接合型质粒（conjugative plasmid）和非接合型质粒（non-conjugative plasmid）两类。在细菌雌雄细胞通过性纤毛相互接触的过程中，接合型质粒可以从一个细胞自主地转移到原来不存在这种质粒的另一个细胞中。接合型质粒的分子比较大，含有一套控制质粒 DNA 转移的基因（移动基因 Mob、转移基因 Tra 等），转移过程是由接合型质粒上的 Tra 基因控制的。非接合型质粒，由于分子较小，没有转移体系所需要的全部编码基因，因而不能够自我转移，但在某些特殊情况下，它们也可以跟随接合型质粒一起从一个细胞转移至另一个细胞。

4. 质粒的不相容性

质粒的不相容性（incompatibility），有时也称质粒的不亲和性，它是指在没有选择压力的情况下，两种亲缘关系密切的不同质粒，不能在同一个宿主细胞系中稳定共存的现象，这样的两种质粒称为不亲和质粒。野生型质粒与其衍生的重组质粒往往属于不亲和性质粒。不亲和性质粒一般利用的是同一复制系统，这样，当两个不相容性质粒在同一个细胞中复制时，它们在复制功能上会相互干扰，在分配到子细胞的过程中会相互竞争，微小的差异最终被放大，其中必有一种会被逐渐排斥掉，从而导致在子细胞中只含有其中一种质粒，呈现出不相容性。

（二）构建质粒克隆载体的基本策略

细菌的野生型质粒存在着各种缺陷，往往不能满足作为基因工程载体的全部要求，需要加以修饰和改造，其基本策略是：（1）删除不必要的 DNA 区域，尽量缩小质粒的分子量，以提高外源 DNA 片段的装载容量。一般来说，选择分子量尽可能小、多拷贝，便于提取和纯化的松弛型质粒。实验证明，大于 20kb 的质粒很难导入受体细胞，而且容易被操作过程中的机械剪切力打断。（2）灭活某些质粒的编码基因，如促进质粒在细菌种间转移的 Mob 基因，杜绝重组质粒扩散污染环境，保证 DNA 重组实验的安全；同时灭活那些对质粒复制产生负调控效应的基因，提高质粒的拷贝数。（3）加入易于识别的选择标记基因，便于检测含有重组质粒的受体细胞。（4）在选择性标记基因内引入载体多克隆位点（multiple clone site，MCS）。它是一段由多种限制性核酸内切酶切割位点组成的 DNA 序列，便于多种外源基因的重组，并且在插入外源基因后不影响质粒自身复制但可以使选择性标记基因失活，从而便于筛选重组体；同时还删除了重复的酶切位点，使其单一化，以便环状质粒分子经酶处理后，只在一处断裂，保证外源基因的准确插入。(5) 根据外源基因克隆的不同要求，加装特殊的基因表达调控元件。

三、常用的质粒载体

随着基因工程的兴起，质粒载体的研制与发展大致经历了 3 个阶段：第一阶段，主要依赖天然存在的质粒，如 1973 年 Cohen 等最早使用的载体 pSC101；第二阶段，人工构建了一批分子量相对较小、拷贝数较多、具有特殊功能的质粒载体，如 pUC 系列质粒载体；第三阶段，主要借助于一些辅助序列引入新的功能，如在 pUC18/19 质粒载体中插入丝状噬菌体 M13 的基因间隔区构建具有单链复制功能的 pUC118/119 质粒载体。下面介绍基因克隆中常用的几种质粒载体。

（一）pBR322 质粒载体

pBR322 质粒是目前常规基因克隆实验中最普遍采用的载体，有万能质粒之称。其中"p"表明它是一种质粒（plasmid）；而"BR"分别取自该质粒的两位主要构建者 F. Bolivar 和 R. L. Rodriguez 姓氏的第一个字母，"322"是指实验编号。由于"BR"恰好与"细菌抗药性"（bacterial resistance）两个词的第一个英文字母等同，所以有不少人认为"pBR"是"细菌抗药性质粒"的英语缩写，这显然是一种容易使人信以为真的猜测，而事实上只是一种有趣的巧合。

1. pBR322 质粒载体的结构

图 9-4 是 pBR322 的物理图谱（GenBank 注册号为 V01119 和 J01749），其分子长度为 4 363bp，含有四环素抗性基因（Tet^r）和氨苄青霉素抗性基因（Amp^r），且在每个抗性选择基因上都有数个限制性内切酶单一酶切位点（如 Pst I、Pvu I 和 BamH I），其复制区来自 pMB1。目前广泛使用的质粒载体多数都是由 pBR322 质粒发展而来的。

2. pBR322 质粒载体的构建

在构建 pBR322 时，选用 pMB1 质粒作为出发质粒。由于该质粒的分子较大，在 pBR322 质粒载体的构建过程中的一个重要目标是缩小基因组的体积，这就需要从质粒

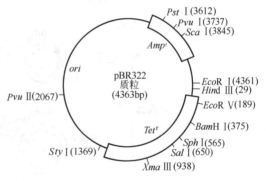

图 9-4　pBR322 质粒图谱

pMB1 上移去一些对基因克隆无关紧要的 DNA 片段，同时伴随着消除掉若干个对 DNA 克隆无用的限制性核酸内切酶识别位点。在得到了基因组体积变小的质粒之后，还要设法使质粒内存在的所有易位子都失去功能。此外，还需要加入载体必备的一些元件，如报告基因等。具体构建步骤（图 9-5）是：(1) 将野生型质粒 pRIdrd 上的 Amp^r 及相关 DNA 片段通过 Tn3 转座子的体内易位作用，分别转至松弛型质粒 pMB1 和 ColE1 上，分别得到衍生质粒 pMB3 和 pSF2124；(2) pMB3 经 EcoR I* 处理，删除不必要的 DNA 片段，形成一个小质粒 pMB8；(3) 利用同样的酶切方法将严紧型质粒 pSC101 上的 Tet^r 转至 pMB8 上，构成 pMB9；(4) 从重组质粒 pSF2124 中将其 Amp^r 基因通过体内易位作用插入到 pMB9 上；(5) 得到的重组质粒 pBR312 已含有 Amp^r 和 Tet^r 两个选择性标记基因，为了进一步缩小质粒的分子量，再经 EcoR I* 处理，形成 8.2kb 的 pBR313；(6) 以 pBR313 为蓝本，同时进行两步独立的酶切反应，删除多余的酶切位点，分别构成 pBR320 和 pBR318 两个衍生质粒；(7) 最后将两者重组成 pBR322 质粒。

因此，质粒 pBR322 是由 3 个不同来源的部分组成：(1) 来源于 pRIdrd 质粒的氨苄青霉素抗性基因（Amp^r）；(2) 来源于 pSC101 质粒的四环素抗性基因（Tet^r）；(3) 来源于 pMB1 的 DNA 复制起点（ori）。

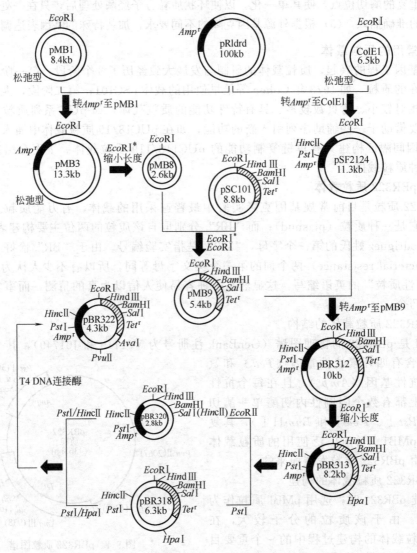

图 9-5　质粒载体 pBR322 的构建过程

3. pBR322 质粒载体的优点

（1）具有较小的分子量。为了避免在 DNA 的纯化过程中发生链的断裂，克隆载体长度最好不要超过 10kb。pBR322 载体即使克隆了一段长达 5kb 的外源 DNA 之后，其重组体分子的大小仍然在符合操作要求的范围之内。（2）具有两种抗生素抗性基因，可用作转化子的选择记号。已知共有 24 种限制性核酸内切酶对 pBR322 的 DNA 分子只具有单一的识别位点。其中，有 7 个位点位于四环素抗性基因内部，有 2 个识别位点存在于该基因的启动区内，在这 9 个位点上插入外源 DNA 都会导致 Tet^r 基因失活；还有 3 种限制性核酸内切酶在氨苄青霉素抗性基因（Amp^r）内具有单一的识别位点，在这些位点插入外源 DNA 会导致 Amp^r 基因的失活。这种失活效应，是检测重组体质粒的一种十分有效的方法。（3）具有较高的拷贝数（一般为 15 个拷贝），而且经过氯霉素抑制宿主菌蛋白质的合成可使质粒大量扩增，每个细胞中可累积 1 000～3 000 个质粒拷贝，便于重组体 DNA 的制备。

（二）pUC 系列质粒载体

"pUC"这一名称中的"p"来自于质粒（plasmid），"UC"的取名来自于加利福尼亚大学（University of California）一词的英文开头字母。这是因为它是由美国加利福尼亚大学的科学家 J. Messing 和 J. Vieria 于 1987 年首先构建成功的。pUC 质粒载体实际上是由 pBR322 质粒载体改造而来的一系列质粒载体的统称。

1. pUC 质粒载体的典型结构

pUC 质粒载体主要包括以下 4 个组成部分：（1）来自 pBR322 质粒的复制起点（*ori*）；（2）氨苄青霉素抗性基因（*Amp*r），但它的核苷酸序列已经发生了变化，不再含有原来的限制性核酸内切酶的单一识别位点；（3）大肠杆菌 β-半乳糖酶基因（*lacZ*）的启动子及其编码 α-肽链的 DNA 序列（此结构特称为 *lacZ'* 基因），可通过 α-互补作用形成的蓝色和白色菌落筛选重组质粒；（4）位于 *lacZ'* 基因中靠近 5' 端的一段多克隆位点区段，但它并不破坏该基因的功能。

2. 常用的 pUC 质粒载体

pUC7 是最早构建的一种 pUC 质粒载体，后来出现了 pUC8、pUC9、pUC12、pUC13 等多种质粒载体。目前，仍然广泛应用的有 pUC18/pUC19、pUC118/pUC119（详见"噬菌粒载体"部分）和 TA 克隆载体等。

（1）pUC18 和 pUC19 质粒载体　pUC18 和 pUC19 大小只有 2686bp，是最常用的质粒载体，其结构组成紧凑，几乎不含多余的 DNA 片段（图 9-6），GenBank 注册号为 L08752（pUC18）和 X02514（pUC19），其 *lacZ* 基因来自噬菌体载体 M13mp18/19。pUC18 和 pUC19 质粒的结构几乎完全一样，只是多克隆位点的排列方向相反。这些质粒缺乏控制拷贝数的 *Rop* 基因，因此其拷贝数可高达 500～700 个。

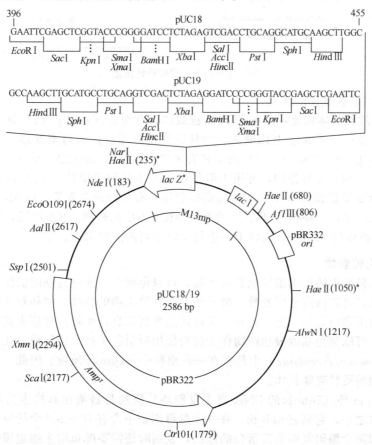

图 9-6　pUC18 质粒载体图谱

（2）TA 克隆载体　　*Taq* DNA 聚合酶具有一种非模板依赖的活性，这种活性可以在 PCR 产物的 3′端加上一个非配对的脱氧腺嘌呤核苷（A）。根据这一特点人们研制出了一种线性质粒，其两条链的 3′端各带一个不配对的脱氧胸腺嘧啶核苷（T），采用该质粒可以将 PCR 产物以 TA 连接的方式直接进行克隆，称作 TA 克隆（TA cloning）。用于 TA 克隆的载体称为 TA 克隆载体，它的出现使 PCR 产物的克隆更加简便快捷。现在，商品化的 TA 克隆载体有很多种，经常使用的有 pMD18-T、pGEM-T Easy 和 pSK-T 等。如 pMD18-T 载体由 pUC18 载体改建而成的，它是在 pUC18 载体的多克隆位点处的 *Xba* I 和 *Sal* I 识别位点之间插入了 *Eco*R V 的识别位点，用 *Eco*R V 进行酶切反应后，在切点两侧的 3′末端添加"T"而成（图 9-7）。

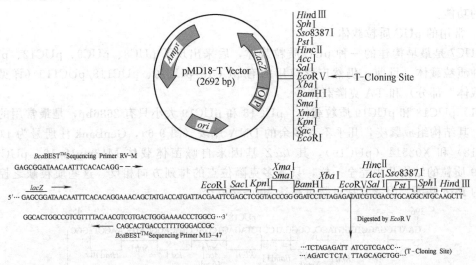

图 9-7　pMD18-T 质粒载体图谱

3. pUC 系列质粒载体的优点

与 pBR322 质粒载体相比，pUC 系列质粒载体具有很多优越性：（1）具有更小的分子量和更高的拷贝数。由于 *Rop* 基因缺失，即使该类质粒不经过氯霉素处理，在每个细胞中的拷贝数仍可高达 500～700 个。（2）由于具有来自大肠杆菌 *lac* 操纵子的 *lacZ*′基因，它所编码的 α-肽链可参与 α-互补作用，可用于组织化学方法检测重组体。（3）具有多克隆位点 MCS 区段。pUC8 质粒载体与 M13mp8 噬菌体载体具有相同的多克隆位点 MCS 区段，可以在这两类载体之间来回"穿梭"。因此，克隆在 MCS 当中的外源 DNA 片段，可以方便地从 pUC8 质粒载体转移到 M13mp8 载体上，进行克隆序列的测定工作。

四、酵母质粒载体

酵母是一种最简单的单细胞异氧真核生物，可以像细菌一样进行基因操作，能够在廉价的培养基上生长，可进行高密度发酵。酵母还具有真核生物的特性，例如对外源基因翻译后的蛋白质具有加工和修饰的功能。此外，酵母还能像高等真核生物一样移去基因表达产物的起始甲硫氨酸，可以避免基因表达产物作为药物使用时引起免疫反应问题。几乎所有的酿酒酵母（*Saccharomyces cerevisiae*）中都存在一种质粒——2μm 环质粒。因此，构建了一系列用于酵母转基因的质粒克隆载体。

酵母中的 2μm 环（2μm 长的 DNA 自主复制环）质粒是目前在真核生物细胞中发现的仅有的几个质粒之一。它只有 6kb 长，在一个酵母细胞中含有 70～200 个拷贝；环上有一个复制起始位点和两个编码复制所需蛋白的基因，复制时还需要酵母宿主细胞提供几种酶。通常使用 *leu2* 基因来作为选择标记，*leu2* 基因编码 β-异丙基苹果酸脱氢酶，该酶参与将丙酮酸变成亮氨酸的生化过程；使用 *leu2* 基因作选择标记时，宿主酵母菌必须是没有 *leu2* 基因的营养缺陷型突变株（*leu2⁻*）。这时，如果质粒上带有 *leu2* 基因，那么转化过的 *leu2⁻* 酵母可以在不含附加亮氨酸的培养基上生长，而非转化体则不能生长。

目前酵母 $2\mu m$ 环质粒衍生的克隆载体有很多种，例如酵母游离质粒（yeast episomal plasmids，YEps）、酵母整合质粒（yeast integrative plasmids，YIps）和酵母复制质粒（yeast replication plasmids，YRps）等。人们除了在 $2\mu m$ 环上装上 *leu2* 基因外，还将整个 pBR322 也融合进来形成 pDB219，它属于穿梭质粒载体（shuttle plasmid vector）。穿梭质粒载体是指一类由人工构建的具有两种不同复制起点和选择记号，因而可在两种不同的宿主细胞中存活和复制的质粒载体。由于这类质粒载体可以携带外源 DNA 序列在不同物种的细胞之间，特别是在原核和真核细胞之间往返穿梭，因此，用 pDB219 克隆的基因可以先在 *E.coli* 中筛选鉴定（因在酵母中操作重组 DNA 有一定困难），然后在转入酵母中进行表达。因此，这类载体在基因工程研究工作中十分有用。

对于一个克隆实验来说，要选择使用哪种类型的真菌质粒通常有 2 点需要考虑：（1）转化频率。YEps 的转化频率最高，每微克质粒 DNA 可以获得 $10^3 \sim 10^5$ 个转化子，而 YIps 则只能得到 $1 \sim 10$ 个转化子。（2）转化子的稳定性。YEps 的转化子不太稳定，重组质粒很容易失去，若在同一细胞中还存在另一个 $2\mu m$ 环的话，那么重组质粒还可以发生分子重排。YRps 转化子也不太稳定，而 YIps 转化子很稳定，因为它完成转化后就整合进酵母染色体 DNA 中去了。当然，选择使用的酵母质粒还要看实验的具体需要，需要大量重组子时就用 YEps 或 YRps；需要重组子稳定则可选用 YIps。

第三节　噬菌体载体

一、λ 噬菌体克隆载体

噬菌体（bacteriophage，phage）是一类细菌病毒的总称，其英文名来源于希腊文 "*phagos*"，是吞噬的意思。λ 噬菌体载体（lambda phage vector）是在 λ 噬菌体的基础上构建的克隆载体。

（一）λ 噬菌体的生物学特征

λ 噬菌体是感染大肠杆菌的溶源性噬菌体，在感染宿主后可进入溶源状态，也可进入裂解循环。λ 噬菌体由外壳蛋白和一个 48502bp 长的线性双螺旋 DNA 分子组成（GenBank 注册号为：J02459 或 M17233）。在噬菌体颗粒内，线性 DNA 分子两端各有一个 12 个碱基组成的互补单链（黏性末端），称为 *cos* 末端。当 λ 噬菌体 DNA 进入宿主细胞后，其两侧的黏性末端通过碱基配对形成环状 DNA 分子，而后在宿主细胞的 DNA 连接酶和促旋酶（gyrase）作用下，形成封闭的环状 DNA 分子，充当转录的模板。此时，λ 噬菌体可选择进入裂解生长状态（lytic growth state）或溶源状态（lysogenic state）。在进入溶源状态（lysogenic state）时，环状的 λ 噬菌体基因组 DNA 与宿主 DNA 在附着位点（*att* 位点）上发生联会、断开、交换并重新组合，结果整个 λDNA 整合（插入）到宿主的染色体 DNA 上，成为原噬菌体（prophage），并随宿主菌的繁殖传给子代。在这种状态下，只有 *cI* 基因（编码阻遏蛋白基因）得以表达，其表达产物 CI 可以使参与溶菌周期活动的所有基因失去活性。在进入细胞裂解生长状态时，环状 λDNA 先进行早期双向复制（"θ" 形复制）形成子代环状 DNA，再进行晚期环滚式复制，形成串连线性 λDNA 的多连体，在包装头部蛋白外壳时，多连体被切割酶切成单体线性 λDNA。大量复制的 λDNA 都会被组装成子代 λ 噬菌体颗粒，这时会产生溶菌酶，导致宿主细胞裂解，经过 $40 \sim 45 min$ 的生长循环，每个感染细胞可释放出约 100 个感染性噬菌体颗粒（图 9-8）。

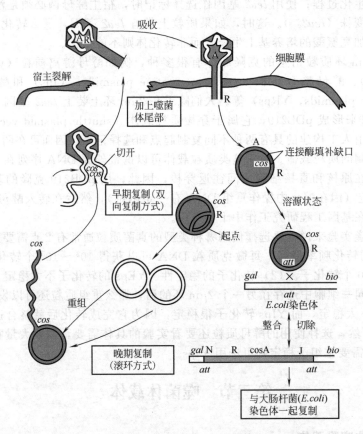

图 9-8　在裂解和溶源周期中 λ 噬菌体 DNA 的复制

λ 噬菌体基因组至少可编码 30 个基因，它们的分布和排列与其功能有一定关系。根据执行功能的不同可将基因组分为 3 个区段（图 9-9）。

（1）左侧区段　它包括从基因 A 到基因 J 之间的基因，约占 λ 噬菌体基因组的 40%，包括参与噬菌体头部和尾部蛋白质合成及装配所需要的全部基因。

（2）中间区段　它介于基因 J 与基因 N 之间，约占 λ 噬菌体基因组的 40%，包括编码基因调节、溶源状态的发生和维持以及遗传重组所需的基因。其中许多基因对裂解生长是非必需的，在构建载体时可以去掉（用外源 DNA 片段替代）。

（3）右边区段　它是从基因 N 右边至基因 Rz 的区段，包含噬菌体复制和裂解宿主菌所必需的基因，约占整个基因组的 20%。

（二）λ 噬菌体载体的构建

野生型的 λ 噬菌体 DNA 本身存在着种种缺陷，必须对它进行多方面的改造，才能满足理想载体的要求，这些改造包括以下 5 个方面。（1）缩短野生型 λDNA 的长度，提高外源 DNA 片段的有效装载量。位于 λDNA 中部的重组整合区以及部分的调控区约占整个分子的 40%（19.4kb），该区域的缺失并不影响 λDNA 的复制与裂解周期。因此，经过改造的 λ 噬菌体载体的最大装载量约为 22kb。（2）删除重复的酶切位点，引入载体多克隆位点，增加外源 DNA 片段克隆的可操作性。（3）灭活某些与裂解周期有关的基因，使 λDNA 载体只能在特殊的实验条件下感染裂解宿主细菌，避免可能出现的生物污染现象的发生。将无义突变引进 λ 噬菌体裂解周期所需的基因内（如 W、E、S、A 和 B 等），使 λ 噬菌体只能在大肠杆菌 K12 等少数菌株中繁殖（因这些菌株可以通过独有的校正 tRNA 来纠正无义突变）。（4）引入合适的选择标记基

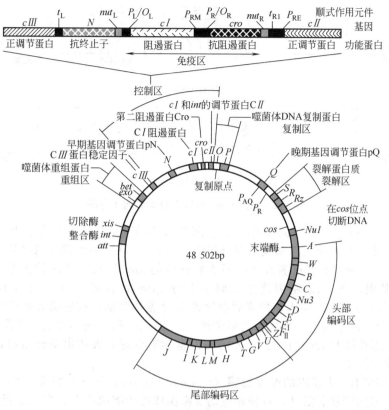

图 9-9　λ 噬菌体基因组结构示意图

因（如 *lacZ'*），便于重组噬菌体的检测。(5) 有些 λ 噬菌体载体中还引入了一些基因表达的调控元件，使外源基因可以直接在 λ 噬菌体载体上获得表达，利用免疫学方法筛选鉴定重组分子。

（三）常用的 λ 噬菌体载体

经过改造后构建的 λ 噬菌体载体有很多种，根据外源基因与 λ 噬菌体载体重组方式的不同，可以归纳成插入型载体（insertion vector）和置换型载体（replacement vector）两种类型。

1. 插入型载体

插入型载体是指缺失了 λ 噬菌体基因组的部分非必需基因，只含有一个可供外源 DNA 插入的限制性核酸内切酶位点的 λ 噬菌体载体。当外源 DNA 片段插入到这类载体的克隆位点时，会导致噬菌体某种功能的丧失。插入型的 λ 噬菌体载体又可以进一步分为免疫功能失活（inactivation of immunity function）和大肠杆菌的 β-半乳糖苷酶失活（inactivation of *E. coli* β-galactosidase）两种亚型。

（1）λgt10 载体　λgt10 载体大小为 43 340bp（GenBank 登录号为 U02447），是典型的免疫功能失活的插入型载体，主要用作 cDNA 克隆 [图 9-10（a）]，允许插入片段的大小为 0～7.6kb。当外源 DNA 的量十分有限时常使用这种载体。它缺失了含有溶源整合 *att* 位点的片段 *b*527，在基因 N 至基因 *c* II 间替换了一段来自 Φ434 噬菌体的 imm434 片段，基因组上只保留了基因 *c* I 内的一个 *Eco*R I 位点。基因 *c* I 内的 *Eco*R I 位点作为唯一位点，可用于外源 DNA 片段的插入，重组后的 λgt10 变为 *c* I⁻（阻遏蛋白基因 *c* I 失活）。用高频溶源化（high frequency lysogenization）突变的宿主菌 *hfl*A150 很容易筛选重组体。含有正常 *c* I 基因的 λ 噬菌体（*c* I⁺）在 *hfl*A150 宿主菌中发生极高效的溶源化，产生浑浊的噬菌斑；而 *c* I⁻ 的 λgt10 在 *hfl*A150 宿主菌中不发生溶源化，形成透明的噬菌斑。

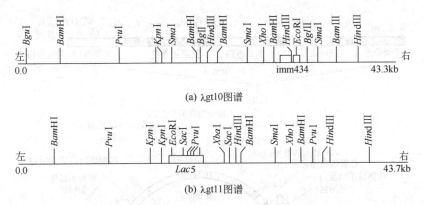

图 9-10 λgt10 和 λgt11 载体的结构示意图

（2）λgt11 λgt11 是常用的 β-半乳糖苷酶失活的插入型载体，其大小为 43.7kb，用于构建 cDNA 文库、基因组文库和表达融合蛋白。图 9-10（b）是该载体的结构示意图。它最大的特点是在最左侧可替代区置换了一段大肠杆菌的 lac5 区段，该区段含有编码 β-半乳糖苷酶的 lacZ 基因。在 lacZ 基因终止密码子上游 53bp 处有唯一的 EcoR I 位点，当外源 DNA 片段（最大 8.3kb）插入该位点后会导致 lacZ 基因失活，在感染大肠杆菌 lac⁻ 指示菌时，在 IPTG/X-gal 平板上产生无色的噬菌斑（重组噬菌斑）；而不含插入片段的 λgt11 形成蓝色噬菌斑。当外源 DNA 片段与 lacZ 的阅读框相吻合时，表达出融合蛋白，可用免疫学方法筛选阳性重组子。

λgt11 上还带有 c I 基因的温度敏感（temperature sensitivity）突变 c I ts857，在 32℃时，c I ts857 基因产物有活性，可使相应的 λ 噬菌体处于溶源状态；当温度提高到 42℃ 时，c I ts857 基因产物失去活性，导致 λ 噬菌体进入裂解生长。根据这一性质，可用来控制噬菌体的复制和融合蛋白的表达。

2. 置换型载体

置换型载体又叫做取代型载体（substitution vector），是一类在 λ 噬菌体基础上改建的

图 9-11 置换型载体的组成示意图

克隆载体，其中央部分含有一个可被外源插入 DNA 分子所取代的 DNA 填充片段（图 9-11）。一般情况下，置换型载体克隆外源片段的大小范围是 9～23kb，主要用来构建基因组文库。

（1）EMBL3 和 EMBL4 这两个载体大小均为 43kb，其左臂、右臂和填充片段的大小分别为 20kb、9kb 和 14kb，图 9-12 是 EMBL3 结构示意图，可以克隆 9～23kb 的 DNA 片段。填充片段中含有 Red 和 Gam 基因，它们的编码产物可抑制噬菌体载体在带有 P2 噬菌体的溶源性宿主菌中的正常生长。当该填充片段被外源片段替换后，重组体变成 Red⁻Gam⁻，能在 P2 的溶源性菌株中生长，这一现象称为 Spi⁻ 筛选，因此可用 Spi⁻ 筛选来筛选重组体。在填充片段两端带有对称的多克隆位点，这两个载体的差别是多克隆位点的排列位置相反。BamH I 位点适合克隆用 Sau3A I 部分消化的外源 DNA 片段，在得到阳性克隆子后，可用 Sal I 或 EcoR I 将外源片段从重组载体上切割出来。通过 GenBank 可以查找 EMBL3 的核苷酸序列（左臂和右臂的 GenBank 注册号分别为 U02425、U02453）。

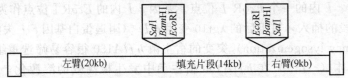

图 9-12 EMBL3 载体的结构示意图

（2）λGEM-11 载体　λGEM-11 载体（图 9-13）的左右臂来自 EMBL3 载体，填充片段来自 λ2001，它是一个多功能置换载体。其多克隆位点与上述置换载体稍有不同，但保留 Xho Ⅰ位点，同时在填充片段的最末端各有一个识别 8 个核苷酸序列的稀有酶切位点 Sfi Ⅰ。在获得阳性克隆后，通过 Sfi Ⅰ酶切位点可将外源片段从载体中切割下来进行亚克隆。

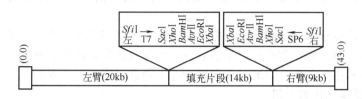

图 9-13　λGEM-11 载体的结构示意图

（四）噬菌体载体的克隆原理和步骤

1. λ 噬菌体载体的工作原理

将载体和外源 DNA 片段选用适当的限制性内切酶酶切后，外源 DNA 片段插入到载体的适当位置（或置换载体的填充片段）。这种连接后的重组 DNA 保留增殖性能，但由于分子量太大不能像重组质粒 DNA 那样通过转化方法进入大肠杆菌。所以只能通过提取 λ 噬菌体的蛋白质外壳，在体外将重组噬菌体 DNA 进行包装，形成噬菌体颗粒。这样的噬菌体颗粒保留对大肠杆菌的感染能力，可将被包装的重组噬菌体 DNA 注射到宿主菌中，通过裂解生长，增殖重组噬菌体。在构建基因文库时，不同的重组噬菌体 DNA 经过裂解生长过程最终形成大量的噬菌斑，这些噬菌斑的集合就构成了基因文库，如图 9-14 所示。

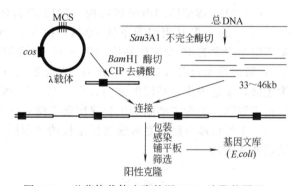

图 9-14　噬菌体载体克隆外源 DNA 片段的原理

2. 噬菌体载体克隆外源 DNA 片段的基本步骤

（1）λ 噬菌体载体的制备　与噬菌体有关的宿主菌中，有的适合用作基因文库构建的宿主；有的适用于富集提取噬菌体外壳蛋白（包装蛋白）；有的适用于增殖噬菌体。通过噬菌体的增殖可以获得富集的噬菌体颗粒，然后通过蛋白酶（链霉蛋白酶或蛋白酶 K）降解外壳蛋白，经苯酚抽提、乙醇沉淀等步骤，可获得 λ 噬菌体载体（DNA 分子）。

（2）载体与外源 DNA 的酶切　在对载体的酶切过程中，一般既要考虑提高载体与外源 DNA 片段的连接效率，还要考虑体外包装的效率。当然，如果选用的是可用遗传学方法进行筛选的载体（如 EMBL 系列载体），可以不必采取更多的步骤来降低非重组噬菌体的形成。对外源 DNA 酶切时，一般根据实验需要或载体的性质来确定限制性内切酶的种类，多数使用 $Sau3A$ Ⅰ进行部分酶切，回收载体所能容纳的片段（如 9～23kb），再与经 Bam H Ⅰ切割的载体连接。

（3）外源 DNA 与载体的连接　在连接过程中，除了要将外源片段与载体连接起来，还要通过载体的黏性末端将载体连接成多联体，模仿 λ 噬菌体复制过程中形成的多联体，以便利于将两个 cos 位点之间的片段包装到噬菌体颗粒中。

（4）重组噬菌体的体外包装　重组噬菌体的体外包装是指在体外试管中完成原本发生在宿主细胞内的全部包装过程。实验证明，λ 噬菌体头部和尾部的装配是分开进行的，利用特定的噬菌体材料，可制备噬菌体包装蛋白（外壳蛋白）。当连接产物与包装蛋白混合在一起时，即可完成包装反应（包装效率可达 108pfu/μgDNA），形成有感染力的噬菌体颗粒。

（5）包装噬菌体颗粒的感染　包装的噬菌体颗粒感染大肠杆菌后，可以进行扩增并以噬菌斑的形式呈现在平板上。感染复数（multiplicity of infection，MOI）是指吸附于细菌上的噬菌体数与培养中的细菌数之比。如果感染复数足够小（至少小于1），一个噬菌斑的所有噬菌体颗粒就只是由一个噬菌体颗粒扩增而来的，这样的一个噬菌斑就代表一个噬菌体颗粒。

（6）重组子的筛选　上述噬菌斑的群体构成了一个基因文库，下一步就要从中筛选出所要的重组噬菌体。对于那些带有启动子的载体，可通过抗原抗体反应鉴定出阳性重组子，但最常用的方法是利用核酸探针，通过噬菌斑杂交来筛选（详见第十章）。

（五）λ 噬菌体载体的应用

λ 噬菌体克隆载体主要用于建立 cDNA 文库。某种生物的一系列 cDNA 分子先通过置换或插入的方法与合适的 λ 噬菌体克隆载体重组，然后经体外包装成噬菌体颗粒后转导受体菌细胞，或者不经体外包装直接转染受体菌细胞。这样，所形成的噬菌斑群体就是该生物个体的 cDNA 基因。此外，λ 噬菌体克隆载体还可用于克隆外源目的基因。

二、M13 噬菌体载体

（一）M13 噬菌体的基本特性

（1）M13 噬菌体的组成和结构　M13 噬菌体颗粒外形呈丝状结构（图 9-15），大小为 900nm×9nm；其基因组为单链 DNA，由 6407 个碱基组成（GenBank 注册号为 V00604）。基因组至少含有 10 个编码基因（图 9-16），可编码 3 类蛋白质：复制蛋白（基因 II，V 和 X）；形态发生蛋白（基因 I，IV）；结构蛋白（基因 III、VI、VII、VIII 和 IX）。基因组 DNA 为正链，按基因 II 至基因 IV 方向合成。M13 噬菌体只感染雄性大肠杆菌，感染宿主后不裂解宿主细胞，但宿主细胞的生长速度要下降，噬菌体颗粒可以从感染的细胞中分泌出来。在平板上不形成噬菌斑而是形成缓慢生长的细菌圈（在未被感染细胞的背景下，呈现高度浑浊的噬菌斑状）。

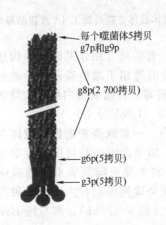
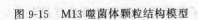

图 9-15　M13 噬菌体颗粒结构模型

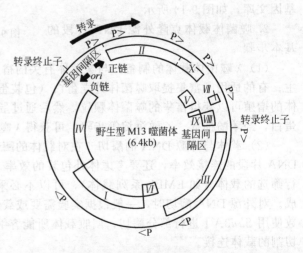

图 9-16　M13 噬菌体的遗传图谱

（2）M13 噬菌体的增殖　在感染宿主细胞时，M13 噬菌体首先吸附在雄性大肠杆菌 F 性菌毛的末端。在吸附过程中，噬菌体的基因 III 蛋白与性菌毛发生作用，随后丝状噬菌体钻入到性菌毛中，外壳蛋白脱落。在基因 III 编码蛋白的引导下，噬菌体 DNA（正链）进入宿主菌细胞内。然后，在宿主细胞内各种 DNA 复制相关酶的作用下，噬菌体 DNA（正链）

转变成环状双链 DNA，称为复制型 DNA（RFDNA）。RFDNA 通过"θ"复制方式进行几轮复制之后，基因 II 蛋白便会在 RF DNA 的正链特定位点上产生一个切口，在大肠杆菌 DNA 聚合酶 I 的作用下，以负链为模板在 M13 正链切口的 3' 末端逐个加入核苷酸，合成新的 M13 正链 DNA，新合成的正链 DNA 替换了原有的正链（滚环复制）。当复制叉环绕模板整整一周时，基因 II 蛋白便将被取代的正链（原有正链）切下来，环化后形成单位长度的 M13 基因组单链 DNA（子代正链 DNA）。这些子代正链 DNA 在宿主细胞相关酶的作用下，又转变成 RF DNA，然后以之为模板继续合成子代正链 DNA。另一方面，基因 V 编码的单链 DNA 特异结合蛋白与正链 DNA 结合形成特异的 DNA-蛋白质复合物，转移到宿主细胞膜后，结合蛋白便会脱落下来。在此过程中，正链 DNA 被外壳蛋白包装成 M13 子代噬菌体颗粒，并通过细胞壁分泌到胞外（图 9-17）。

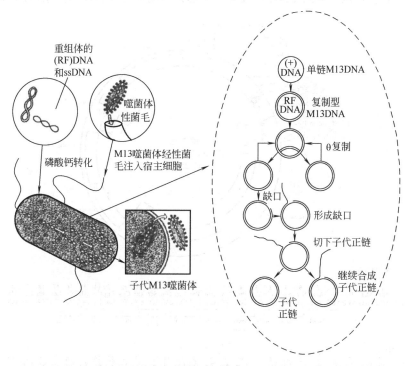

图 9-17　M13 噬菌体的生活周期和在感染细胞中的复制

（二）M13 噬菌体载体的构建

　　M13 DNA 上的所有基因都是噬菌体增殖所必需的，因此不能删除任何的 DNA 片段，只能通过定点诱变或在合适位点插入一段 DNA 片段的方法加以改造。M13 DNA 上的基因排列较为紧密，供 DNA 片段插入的区域仅限于基因 II 与基因 IV 之间的狭小区域。所以，M13 噬菌体载体改造的内容包括：（1）通过定点诱变技术封闭重复的重要限制性内切酶切口；（2）引入合适的选择性标记基因，如含有启动子、操作子和 β-半乳糖苷酶氨基端编码序列（*lacZ'*）的乳糖操纵子片段（*lac*）、组氨酸操纵子片段（*his*）以及抗生素抗性基因等；（3）将人工合成的载体多克隆位点片段插在 *lacZ'* 标记基因内部，使得含有重组子的噬菌斑呈白色，而只含有空载体 DNA 的混浊噬菌斑呈蓝色；（4）将多克隆位点两侧区域改为统一的 DNA 测序引物序列，使得重组 DNA 分子的单链形式经分离纯化后，可直接进行测序反应。

（三）常用的 M13 噬菌体载体

　　近年来，实验室中最常用的 M13 噬菌体载体为 M13mp 系列。它们往往成对出现，主要差别是多克隆位点的方向相反，这样就可以获得双链 DNA 中的任意一条链。事实上，目前实验室都在使用的是 M13mp18 和 M13mp19 载体。

M13mp18 和 M13mp19 这两个载体的 *lacZ′* 区内的多克隆位点内含有 13 个不同的酶切位点（二者多克隆位点的排列方向不同），可供插入由多种各不相同的限制性核酸内切酶切割而成的 DNA 片段（图 9-18）。M13mp18 和 M13mp19 DNA 的全序列已经测定完成（Gen-Bank 注册号分别为 M77815 和 L08821）。当 RF DNA 被两种不同的限制性核酸内切酶切割以后，M13mp18 和 M13mp19 轻易不能重新环化。仅当连接混合液中含有带匹配末端的外源双链 DNA 片段时，才可闭合成环。这一外源片段在 M13mp18 和 M13mp19 中是以两个互为相反的方向插入的。这样，在 M13mp18 的正链中含有外源 DNA 双链的其中一条链，而在 M13mp19 正链中则含有外源 DNA 的另一条链。所以，用 M13mp18 和 M13mp19 作为一对载体，可用一个引物（通用引物），从所插入 DNA 片段的任一端开始测定互为相反的两条链的 DNA 序列。

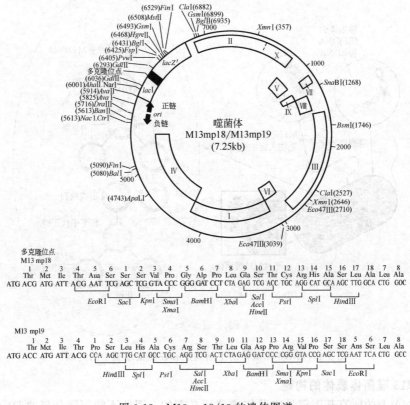

图 9-18　M13mp18/19 的遗传图谱

三、P1 噬菌体载体

尽管 P1 噬菌体和 λ 噬菌体都是在 1951 年发现的，但人们只对 λ 噬菌体投入了更多的研究。因此，对 λ 噬菌体的认识和应用比 P1 噬菌体更早、更广泛。λ 噬菌体载体系列是众多研究人员共同努力的结晶，而 P1 噬菌体载体却是美国杜邦公司 N. Sternberg 实验室独立开发出来的。

（一）P1 噬菌体的特性

P1 噬菌体基因组为双链线状 DNA，基因组大小约为 110kb，两端各有约 10kb 的末端冗余序列。当噬菌体基因组进入宿主细胞后，在冗余序列之间发生重组，从而形成环状基因组，然后在 *cI* 基因的调节下，噬菌体选择性地进入溶源状态或裂解状态。尽管含有 *cos* 位点，但 P1 噬菌体 DNA 包装进病毒头部时还需要 *pac* 位点（package，162bp）的参与。

（二）P1 噬菌体载体

（1）P1 噬菌体载体的组成 P1 噬菌体载体长为 30.3kb，最大能容纳 95kb 的插入片段。常用的 P1 噬菌体载体是 pAD10sacBⅡ载体（图 9-19）。该载体同时含有 P1 质粒复制子和 P1 烈性复制子，其中 P1 质粒复制子用于外源 DNA 插入到载体后，重组分子的单拷贝复制；P1 烈性复制子主要用来在大肠杆菌中扩增载体分子。此外，它还含有 pac 位点和 11bp 的腺病毒 Ad10 的填充片段（包装功能相关）、loxP 重组位点（线性 DNA 环化相关）、卡那霉素抗性基因（用于重组细胞筛选）、T7 启动子和 Sp6 启动子（二者中间有 BamHⅠ识别序列，可用来克隆外源 DNA 片段）。

（2）P1 噬菌体载体的工作原理 先将 P1 噬菌体载体用 ScaⅠ切成线状，再用 BamHⅠ消化，同时基因组 DNA 用 Sau3AⅠ或 MobⅠ部分酶切，回收 70～100kb 的酶切片段。将酶切片段与酶切后的载体连接，形成的线状重组分子在体外被组装到 P1 噬菌体颗粒中，然后，感染具有表达 Cre 重组酶功能的大肠杆菌。Cre 重组酶可以使线形载体 DNA 分子两个 loxP 位点之间发生特异性重组而环化，用含有卡那霉素和 5% 蔗糖的培养基进行筛选（图 9-20）。

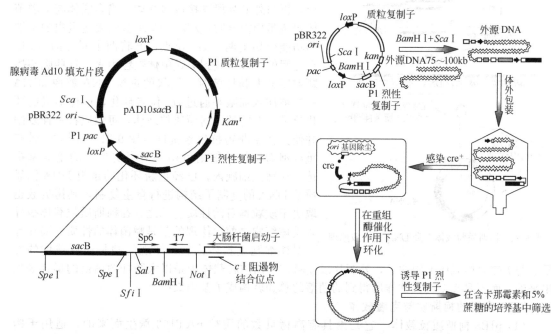

图 9-19 P1 噬菌体载体 pAD10sacBⅡ图谱　　　图 9-20 P1 噬菌体载体构建 DNA 文库流程图

第四节　噬菌体-质粒杂合载体

噬菌体 DNA 和质粒 DNA 作为载体在克隆外源 DNA 分子上各自有很多优点，将噬菌体载体和质粒载体结合起来形成的噬菌体-质粒杂合载体具有更多的优良性能，极大地方便了分子克隆操作。

一、柯斯质粒克隆载体

柯斯质粒（cosmid）实际是质粒的衍生物，"cosmid"一词是由"cos site carrying plasmid"缩写而成，其原意是指带有黏性末端位点（cos）的质粒，因此又称作黏粒（或粘粒），它是一类人工构建的含有 cos 序列（λDNA）和质粒复制子的特殊类型的质粒载体。

（一）柯斯质粒的构建

研究发现，只要保留 λ 基因组 DNA 两端不少于 280bp（含有 cos 位点）的片段以及与包装相关的核苷酸序列，在其中插入外源 DNA 片段后总长度大于 36.4kb，小于 51kb 时，所形成的重组 λDNA 分子就能进行有效包装和转导受体细胞。但这种很小的 λDNA 片段本身（不含插入片段时）不能进行体外包装和增殖，因而无法富集制备载体，所以，不能作为克隆载体使用。而质粒克隆载体不仅可以转化合适的受体细胞，而且可以在受体细胞内自主复制和增殖，但它的克隆能力较小。因此，根据 λ 噬菌体克隆载体和质粒克隆载体二者的这些性质，J. Collins 及 B. Hohn 等人（1978）设计出一种由质粒载体和 λDNA 片段（含有 cos 位点）组装成的新型克隆载体，称作柯斯质粒载体（cosmid vector）。其大小一般在 5～7kb 左右，包括质粒复制起点（ColE1）、抗性标记（Amp^r）和 cos 位点，能像质粒一样转化和增殖，可克隆长达 45kb 的 DNA 片段，能够满足一般工作需要。

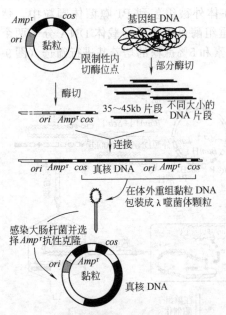

图 9-21　柯斯质粒载体克隆 DNA 的一般原理

（二）柯斯质粒载体的工作原理

在外源片段与载体连接时，柯斯质粒载体相当于 λ 噬菌体载体的左右臂，cos 位点通过黏性末端退火后，再与外源片段连接成多联体。当多联体与 λ 噬菌体包装蛋白混合时，λ 噬菌体 A 基因表达蛋白的末端酶功能会切割两个 cos 位点，并将两个同方向 cos 位点之间的片段包装到 λ 噬菌体颗粒中去。这些噬菌体颗粒感染大肠杆菌时，线状的重组 DNA 就像 λDNA 一样被注入细胞并通过 cos 位点环化，这样形成的环化分子含有完整的柯斯质粒载体，可像质粒一样复制并使其宿主获得抗生素抗性（图 9-21）。因此，带有重组柯斯质粒的细菌可用含适当抗生素的培养基挑选。在宿主细胞内，已经重新环化的重组 DNA 依靠质粒 DNA 的复制子结构进行自主复制，其拷贝数也取决于质粒本身的性质。总之，在柯斯质粒载体被导入受体细胞之前，体现的都是噬菌体的性质；而在导入受体细胞重新环化后，体现的则是质粒载体的性

质。与 λ 噬菌体载体不同的是，外源片段克隆在柯斯质粒载体中是以大肠杆菌菌落的形式表现出来的，而不是噬菌斑。这样所得到的菌落的总和就构成了基因文库。

（三）常用的柯斯质粒克隆载体

（1）pJB8 柯斯质粒载体　它是由具有高拷贝数的质粒 pAT153 派生而来的，适用于构建真核基因组文库。pJB8 柯斯质粒载体组成简单，大小仅有 5.4kb，含有一个 Amp^r 基因，一个 ColE1 复制起点，一个单一的 cos 位点和一个多克隆位点组成，可容纳 33～46.5kb 的外源大片段 DNA（图 9-22）。所用的宿主菌为 RecA$^-$ 大肠杆菌，以免发生不必要的重组。由于在 BamH I 识别位点两侧各有一个 EcoR I 的识别位点，所以，克隆在 BamH I 位点上的外源片段可以通过 EcoR I 的切割作用重新删除下来。

（2）c2RB 柯斯质粒载体　载体 c2RB 大小为 6.8kb，装载容量为 33～46.5kb，含有两个 cos 位点，除了在两个 cos 位点之间有一个 Kan^r 基因外，还含有一个 Amp^r 基因（图 9-23）。使用两种限制酶 BamH I（黏性末端）和 Sma I（平末端）切割 c2RB 载体，可产生中间有一个 cos 位点而两端分别为黏性末端和平末端的载体分子，从而有效地防止了载体分子的自连反应。

二、噬菌粒载体

噬菌粒（phagemid）载体是一类由单链噬菌体 DNA 复制起始位点序列与质粒组成的杂合分子，是集质粒和丝状噬菌体有利特征于一身的质粒克隆载体。

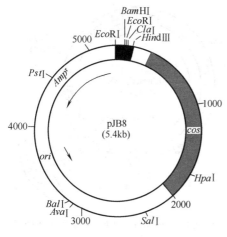

图 9-22 pJB8 柯斯质粒载体图谱

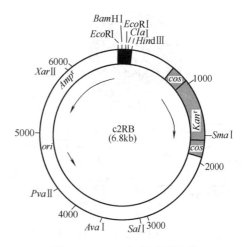

图 9-23 c2RB 柯斯质粒图谱

（一）噬菌粒载体的构建

在 M13 噬菌体的基因 II 和基因 IV 之间有一段长度为 508bp 的间隔区 (intergenic region，IG)，它不编码蛋白质，却是正负链 DNA 复制的起始终止区域以及单链 DNA 包装的顺式信号位点。噬菌粒载体实际上就是带有这段 IG 片段的质粒，在受体细胞内，IG 片段能随着其质粒 DNA 部分的自主复制而稳定遗传。带有噬菌粒的受体细胞若用一个合适的辅助丝状噬菌体感染（如 M13 或 f1），则这个辅助噬菌体的基因 II 表达产物便会反式激活噬菌粒上的 IG 位点，启动噬菌粒以丝状噬菌体 DNA 的复制模式进行复制，形成的单链噬菌粒 DNA 与辅助噬菌体单链 DNA 分别被包装成颗粒并分泌至受体细胞外，被包装的噬菌粒单链 DNA 的性质取决于 IG 位点的克隆方向。

（二）典型的噬菌粒载体

pUC118/119 和 pBluescript II 是两种功能比较完善的噬菌粒载体，它们对外源 DNA 片段的大小不那么敏感，还保留了 pUC 质粒在克隆操作方面的诸多优点。

(1) pUC118 和 pUC119 质粒载体　它们是由 pUC18/19 增加了一些功能片段改造而来的，大小为 3 162bp，GenBank 注册号分别为 U07649 (pUC118) 和 U07650 (pUC119)（图 9-24）。相当于在 pUC18/19 中增加了带有 M13 噬菌体 DNA 合成的起始与终止以及包装进入噬菌体颗粒所必需的基因间隔区段。在含有这些质粒的宿主细胞没有被辅助噬菌体感染时，pUC18/19 载体的复制受来源于 ColEl 质粒的复制子控制，产生双链 DNA 分子，并保留在宿主细胞内。当宿主细胞被适当的辅助噬菌体（M13 或 f1）感染时，DNA 的复制受 M13 噬菌体复制起点控制，合成单链载体 DNA 分子，并被包装在子代噬菌体颗粒中。通过纯化噬菌体颗粒，可以制备单链 DNA，进而可以用于 DNA 测序、定点诱变和制备探针等。

(2) pBluescript II 多功能质粒载体　pBluescript II 是在 pUC 载体的基础上设计出的一类多功能的质粒载体。除了含有作为质粒载体的基本要素外，还综合了其他载体的多种功能要素，如多克隆位点、α-互补、噬菌体启动子和单链噬菌体的复制与包装信号等（图 9-25）。在这类载体的多克隆位点区两侧，存在一对 T3 和 T7 噬菌体的启动子，可以用来定向指导插入在多克隆位点区的外源 DNA（或目的基因）的转录。由于同时具有单链噬菌体（M13 或 f1）的复制起点和来自 ColE1 质粒的复制子，因此，它能根据是否存在辅助噬菌体而选择性进入不同的复制形式，合成出单链或双链的 DNA 分子。典型的这类载体有 pBluescript II KS（±），一般由 4 个质粒组成一套系统，其差别在于多克隆位点方向相反（根据多克隆位点两端 KpnI 和 SacI 的顺序，用 KS 或 SK 表示）或单链噬菌体的复制起始方向相反（用＋或－表示）。

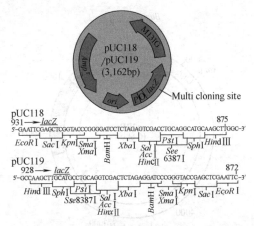

图 9-24　pUC118 和 pUC119 质粒图谱

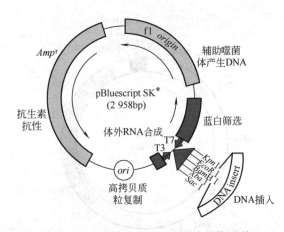

图 9-25　pBluescript SK*＋克隆载体图谱

这类载体可以用来制备 DNA 分子杂交探针,筛选基因组文库或 cDNA 克隆,进行基因组结构的 Southern 分析和基因表达的 Northern 检测;也可以用来体外制备克隆基因的转录本;另外,在体外转译体系中,还可以用来合成克隆基因编码的蛋白质产物。

（三）噬菌粒载体的特征

与 M13DNA 相比,噬菌粒载体具有以下优点:①具有质粒的基本性质,便于外源 DNA 片段的克隆及重组子的筛选;②免去了将外源 DNA 片段从质粒亚克隆于噬菌体载体这一既繁琐又费时的步骤;③在一定程度上提高了外源 DNA 片段的装载量,可获得长达 10kb 的外源 DNA 的单链拷贝;④噬菌粒重组分子相对稳定,不像 M13DNA 重组分子那样在复制时常会发生 DNA 缺失突变。

第五节　人工染色体克隆载体

常规载体是在保持质粒或噬菌体基本特性的同时,又不影响其复制功能的基础上装载外源 DNA 片段的,其装载容量受到一定限制。利用染色体的复制元件来驱动外源 DNA 片段复制的载体称为人工染色体载体（artificial chromosome vector）,能容纳长达 1000kb 甚至 3000kb 的外源 DNA 片段。因此,人工染色体载体在染色体图谱的制作、基因组测序和基因簇的克隆等方面发挥了重要作用,推动了分子生物学、遗传学等学科的飞速发展。

一、酵母人工染色体载体

酵母人工染色体（yeast artificial chromosome,YAC）载体是利用酿酒酵母染色体的复制元件构建的载体,其工作环境也是在酿酒酵母中。

（一）YAC 克隆载体的构建

YAC 克隆载体是最早构建成功的人工染色体克隆载体。将酵母染色体 DNA 的端粒重复序列（telomeric repeat,TEL）、自主复制序列（autonomously replication sequences,ARS）和着丝粒（centromere,CEN）以及必要的选择标记（$hisA_4$ 和 $trp1$）克隆到大肠杆菌质粒 pBR322 中就构建成了 YAC 克隆载体。其中,端粒重复序列是定位于染色体末端一段序列,用于保护线状的 DNA 不被胞内的核酸酶降解,以形成稳定的结构;自主复制序列是一段特殊的序列,含有酵母菌中 DNA 进行双向复制所必需的信号;着丝粒是有丝分裂过程中纺锤丝的结合位点,使染色体在分裂过程中能正确分配到子细胞中,在 YAC 中起到保证一个细胞内只有一个人工染色体的作用。正是由于这些元件的存在,满足了 YAC 载体在酵母细胞的自主复制、染色体在子代细胞间的分离及保持染色体稳定的需要。

YAC 载体的选择标记主要采用营养缺陷型基因,如色氨酸、亮氨酸、组氨酸合成缺陷型基因（*trp1*、*leu2* 和 *his3*）和尿嘧啶合成缺陷型基因（*ura3*），以及赭石突变抑制基因 *sup4* 等。其中，在 *sup4* 上组装了供外源 DNA 片段插入的克隆位点。常用的 YAC 克隆载体有 3 种：pYAC3、pYAC4 和 pYAC5，它们的差别就是在 *sup4* 基因上的克隆位点不同（依次为 *Sna*BⅠ、*Eco*RⅠ和 *Not*Ⅰ），其中最常用的是 pYAC4。与 YAC 载体配套工作的宿主酵母菌（如 AB1380）的胸腺嘧啶合成基因带有一个赭石突变（*ade*2-1）。带有这个突变的酵母菌在基本培养基上形成红色菌落，当带有 *sup4* 的载体存在于细胞中时，可抑制 *ade*2-1 基因的突变效应，形成正常的白色菌落。利用菌落颜色转变的这种现象，可以筛选载体中含有外源 DNA 片段插入的重组子。

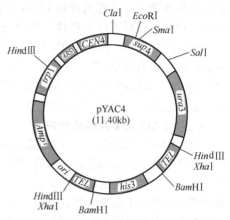

图 9-26 酵母人工染色体载体 pYAC4 的图谱

（二）YAC 克隆载体的工作原理

YAC 载体主要是用来构建大片段 DNA 文库，特别用来构建高等真核生物的基因组文库，并不用作常规的基因克隆。图 9-26 是 pYAC4 的遗传结构图，当用 *Bam*HⅠ切割成线状后，就形成了一个微型酵母染色体，包含染色体复制的必要顺式元件，如自主复制序列、着丝粒和位于两端的端

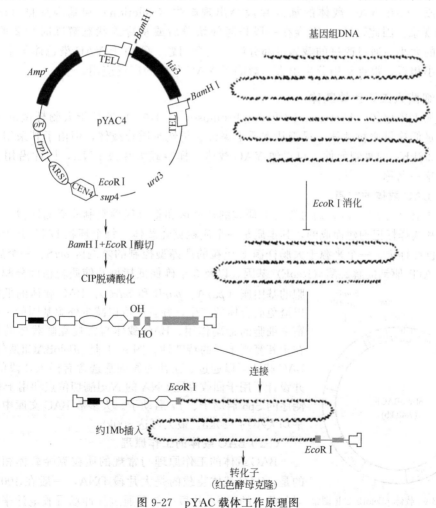

图 9-27 pYAC 载体工作原理图

粒。这些元件在酵母菌中可以驱动染色体的复制和分配，从而决定这个微型染色体可以携带酵母染色体大小的 DNA 片段。图 9-27 描绘了 pYAC 载体的工作原理。对于 *Bam*H I 切割后形成的微型酵母染色体，当用 *Eco*R I 或 *Sma* I 切割抑制基因 *sup4* 内部的位点后形成染色体的两条臂，与外源大片段 DNA 在该切点相连就形成一个大型人工酵母染色体，通过转化进入到酵母菌后可像染色体一样复制，并随细胞分裂分配到子细胞中去，达到克隆大片段 DNA 的目的。装载了外源 DNA 片段的重组子导致抑制基因 *sup4* 插入失活，从而形成红色菌落；而载体自身连接后转入到酵母细胞后形成白色菌落。这些红色的装载了不同外源 DNA 片段的重组酵母菌菌落的群体就构成了 YAC 文库。YAC 文库装载的 DNA 片段的大小一般可达 200～500kb，有的可达 1Mb 以上，甚至达到 2Mb。

（三）YAC 克隆载体的优缺点

（1）YAC 载体的优点　　YAC 载体可以容纳更长的 DNA 片段，用较少的克隆就可以包含特定基因组的全部序列并由此保持基因组序列的完整性，有利于制作物理图谱；与大肠杆菌相比，酵母细胞对不稳定的、重复和极端的 DNA 有更强的容忍性；此外，YAC 在功能基因和基因组研究中是一个非常有用的工具。由于高等真核生物的基因大多数是多外显子结构并且有长的内含子，大型基因组片段可通过 YAC 载体转移到动物或动物细胞系中进行功能研究。

（2）YAC 载体的缺点　　虽然 YAC 载体功能强大，但有一些弊端，主要表现在 3 个方面：①容易形成嵌合体。嵌合就是在单个 YAC 中的插入片段由两个或多个的独立基因组片段连接组成。②在 YAC 载体的插入片段会出现缺失（deletion）和基因重排（rearrangement）的现象。因此，YAC 克隆在一段长时间培养后或从冷冻状态解冻时均要验证 YAC 插入片段的大小。通过改进的载体可部分解决这个问题。③由于 YAC 染色体与宿主细胞的染色体大小相近，很难从中分离出来，影响了 YAC 载体的广泛应用。

二、细菌人工染色体载体

细菌人工染色体（bacterial artificial chromosome，BAC）是基于大肠杆菌的 F 质粒构建的高容量低拷贝质粒载体。尽管从本质上来说它仍然是质粒载体，但由于其采用了大质粒（F 质粒，98kb）的复制元件，可以像 YAC 载体一样装载大片段 DNA，因此沿用了人工染色体载体这一名称。

（一）BAC 载体的构建

BAC 载体大小约 75kb，通过除去 F 质粒的转移区和整合区等复制非必需区段，并引入多克隆位点和选择标记构建而成的，其本质是一个质粒克隆载体。每个环状 DNA 分子中携带一个抗生素抗性标记，一个来源于大肠杆菌 F 质粒的严谨型控制的复制区 *oriS*、一个启动 DNA 复制的由 ATP 驱动的解旋酶（RepE）基因，以及 3 个确保低拷贝并使质粒精确分配至子代细胞的基因座（*parA*、*parB* 和 *parC*）。BAC 载体的低拷贝性可以避免嵌合体的产生，并且还可以减少外源基因的表达产物对宿主细胞的毒副作用。BAC 载体与常规克隆载体的核心区别在于其复制单元的特殊性。图 9-28 是 pBeloBAC II 遗传结构图。BAC 载体可以通过 α 互补的原理筛选含有插入片段的重组子，并设计了用于回收克隆 DNA 的 *Not* I 酶切位点和用于克隆 DNA 测序的 Sp6 启动子、T7 启动子。大多数 BAC 文库中克隆片段平均大小约 120kb，最大可达 300kb。

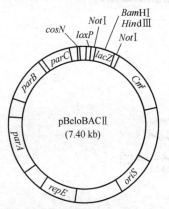

图 9-28　BAC 载体 pBeloBAC II 图谱

（二）BAC 载体的工作原理

BAC 载体的工作原理与常规的质粒克隆载体相似。不同的是，BAC 载体装载的是大片段 DNA，一般在 100～300kb。对如此大的 DNA 片段一般要通过脉冲场凝胶电泳来分离。另外，由于 BAC 载体的拷贝数小，制备难度大。为解决这个问题，有的学者将 BAC 载体作为外源片段克隆到常规高拷贝质粒载体上（如 pGEM-4Z），从而在大肠杆菌中以多拷贝的形式复制，便于载体的制备，使用时将高拷贝质粒去掉。外源基因组 DNA 片段可以通过酶切、连接克隆到 BAC 载体多克隆位点上，通过电穿孔的方法将连接产物导入大肠杆菌重组缺陷型菌株。装载外源 DNA 后的重组质粒通过氯霉素抗性和 *lacZ* 基因的 α-互补筛选，如图 9-29 所示。

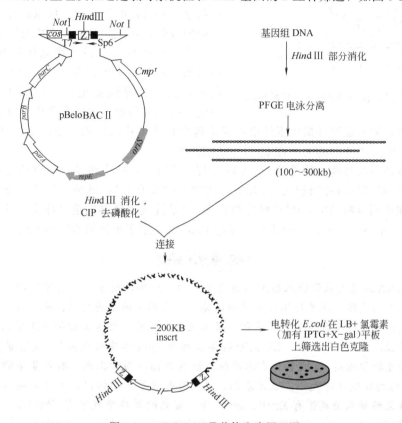

图 9-29　pBeloBACⅡ载体克隆原理图

（三）BAC 载体的优缺点

（1）BAC 载体的优点　　BAC 克隆载体的容载能力一般为 100～300kb，虽然容量没有 YAC 载体大，但是 BAC 具有更多优点：①以大肠杆菌为宿主，转化率高，构建 BAC 文库比 YAC 文库更容易；②BAC 载体以环型超螺旋状态存在，从大肠杆菌中提取质粒较方便；③BAC 的复制子来源于 F 因子，可稳定遗传，且嵌合及重组现象少；④可以通过菌落原位杂交来筛选目的基因，方便快捷；⑤BAC 载体在克隆位点的两侧具有 T7 和 Sp6 聚合酶启动子，可以用于转录获得 RNA 探针或直接用于插入片段的末端测序。基于上述优越性，BAC 载体成为大片段基因组文库的主要载体，成为基因组测序和基因组的遗传图谱和物理图谱构建的主要工具。

（2）BAC 载体的缺点　　它不能直接进行植物转化，在候选克隆的转化互补实验中需要将外源片段进行亚克隆，因而工作量大，同时也有漏失目的 DNA 片段的可能。

三、P1 人工染色体载体

1994 年，Ioannou 等利用 P1 噬菌体载体创建了一种新型的载体 PAC（P1 artificial chromosome），它解决了 YAC 和 BAC 载体存在的 DNA 嵌合和克隆 DNA 不稳定的问题。

PAC 载体是以 F 因子和噬菌体 P1 为基础构建的，具有 P1 噬菌体载体和 BAC 载体的最

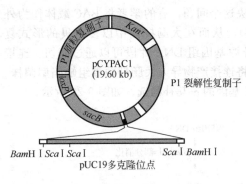

佳特性。代表性 PAC 载体 pCYPAC1 遗传结构图见图 9-30。它含有噬菌体 P1 的质粒复制子和裂解性复制子,并且在 *sacB* 基因(枯草杆菌果聚糖蔗糖酶基因)内插入了 pUC19 的多克隆位点(用作克隆外源 DNA 片段)。*SacB* 基因表达产物是一种有毒的代谢物,可以阻止大肠杆菌对蔗糖的吸收,因此,*SacB* 可以用作阳性选择标记。将连接产物包装进入噬菌体颗粒,在 CRE 重组酶作用下,在线形载体 DNA 分子两个 *loxP* 位点处发生特异性重组,产生环状重组 PAC,用电穿孔的方法导入大肠杆菌中,并保持单拷贝

图 9-30 PAC 载体 pCYPAC1 遗传结构图

质粒状态。通过加入蔗糖和抗生素的培养基筛选含有插入片段的阳性重组子。基于 PAC 的人类基因组文库插入片段的大小在 60~150kb 之间。

这种载体的特点是插入的外源 DNA 没有明显的嵌合和缺失现象,可以稳定遗传和高效扩增。但 PAC 载体自身片段较大(16kb),构建文库没有 BAC 载体(约 7~8kb)效率高。在基因分离和序列分析当中,PAC 载体可作为 YAC 连续克隆群的重要补充。日本水稻基因组计划(rice genome project,RGP)已经把 PAC 文库用于水稻物理图谱的构建。

本 章 小 结

将外源 DNA 或基因携带进入宿主细胞的工具称为载体,载体是基因操作的核心工具。质粒载体是最常见的载体,也是使用最方便的载体。它应用了质粒的复制、拷贝数及不相容性等性质。质粒载体有抗生素抗性基因等多种选择标记和 α-互补、插入失活等筛选标记。常见的质粒载体有:pBR322、pUC18/19、TA 克隆载体和酵母 2μm 环质粒载体等。λ噬菌体载体应用了 λ噬菌体的生物学性质。λ噬菌体有溶源状态和裂解循环两种状态,有着复杂的分子生物学调控机制。λ噬菌体载体有大小、*lacZ* 基因、*cI* 基因失活等选择标记,可分为插入型载体和置换型载体。常见的插入型载体有 λgt10、λgt11 等;常见的置换型载体有 EMBL3/4 及其类似载体等。M13 噬菌体是一种单链噬菌体,基于其构建的载体可以制备单链 DNA。常见的 M13 噬菌体载体有 M13mp18/19,其受体细胞有特殊的遗传标志。P1 噬菌体构建的载体也是一种功能强大的载体。柯斯质粒和噬菌粒载体是质粒-噬菌体杂合载体。柯斯质粒是带有 cos 序列的质粒。常见的柯斯质粒载体有 pJB8、pcos1EMBL 载体等。带有丝状噬菌体大间隔区的质粒叫噬菌粒,如 pUC118/119、pBluescript Ⅱ KS(±)等,它们工作时需要辅助噬菌体的帮助。人工染色体是一种高通量的载体。YAC 是基于酵母染色体生物学性质构建的载体,BAC 是基于 F 质粒的生物学性质构建的载体,PAC 是基于 P1 噬菌体构建的载体。

思 考 题

1. 什么是载体?基因克隆操作为什么要用到载体?
2. 列举作为载体必须具备的四个基本特征。
3. 在质粒中如何增减酶切位点?
4. 构建质粒载体的基本原则是什么?
5. 简述 pBR322 质粒载体的构建过程。
6. λ噬菌体载体是如何构建的?工作原理是怎样的?
7. 什么是柯斯质粒载体?它是由哪些元件组成的?这类载体有哪些优点?
8. 什么是人工染色体载体?常见的人工染色体载体有哪些?它们有哪些优点?

第十章　重组 DNA 的构建、筛选及鉴定分析

获得目的基因之后，下一步要做的工作就是将目的基因与载体在体外连接，加以重组，然后将其导入适当的宿主细胞中进行繁殖。本章具体介绍重组 DNA 构建的基本方法、重组 DNA 导入宿主细胞的途径以及从转化子中筛选和鉴定阳性重组子的方法。

第一节　重组 DNA 导入宿主细胞

一、目的基因的获得

基因克隆技术发展到今天，人们已经发明了多种获得目的基因的方法。大致上可以从以下 3 个途径获取目的基因（图 10-1）。①从蛋白质水平分离目的基因。它是利用生物化学方法，从生物材料中分离特异的蛋白质，采用蛋白质测序技术测定其氨基酸序列，然后按照遗传密码及其简并性推测编码该蛋白的核苷酸序列，并人工设计一段寡核苷酸片段作探针从文库中筛选相应的基因，或者根据编码该蛋白的核苷酸序列设计引物，利用 PCR 的方法扩增该基因。②从 mRNA 水平分离目的基因。它是通过逆转录酶作用将 mRNA 逆转录成 cDNA，然后采用一些相应的技术（如 mRNA 差异显示、抑制消减杂交等）分离时空特异表达的基因或基因片段，最后用这些基因片段作探针从文库中筛选目的基因。③从 DNA 水平分离目的基因。可以用"鸟枪克隆（shotgun cloning）"法从基因文库中筛选并扩增出目的基因；也可以采用转座子标签法筛选文库获得目的基因；在已知目的基因的核苷酸序列的情况下，可以设计引物利用 PCR 技术扩增某特定的基因，或采用体外化学合成（或酶促合成）的方法来获得目的基因。

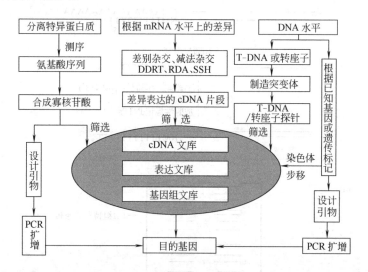

图 10-1　获得目的基因的主要途径

（一）应用 mRNA 差异显示技术获得目的基因

生物个体在发育的不同阶段，不同的组织或细胞中的不同基因按时间、空间进行有序的表达，这种方式叫做基因的差异表达（differential expression）。它决定着每一个生命个体的生长发育、分化、细胞周期调控、衰老及死亡等生命过程。因此，可以通过比较不同类型细

胞或同一类型细胞在不同发育时期或不同生理状态下基因表达的差异，克隆差异表达的基因，为分析生命活动过程提供重要信息。

1992 年，美国 Dena-Farbe 癌症研究所的 Liang 和 Pardee 以研究与癌症发生有关的基因为目的，创立了一种鉴定和克隆哺乳动物正常生理状态与异常状态细胞之间差异表达基因的方法——mRNA 差异显示技术。1994 年，Erric Haay 将这种方法正式命名为差异显示逆转录聚合酶链式反应（differential display reverse transcription polymerase chain reaction, DDRT-PCR）。

1. 基本原理

该技术是基于 RT-PCR 技术基础上发展起来的。利用了真核生物 mRNA 3′末端具有 poly（A）尾巴的特点，以一系列的 oligo（dT）作为锚定引物进行逆转录反应，将真核生物细胞中所有表达的 mRNA 逆转录成 cDNA。为获取最大限度的 PCR 扩增，5′端引物用一组随机引物随机地结合在 cDNA 上。理论上多组锚定引物与随机引物组合经 PCR 扩增后，几乎可以获得所有 mRNA 的特异扩增片段，通过测序胶电泳可分离得到差异的 cDNA 条带（图 10-2）。将差异条带回收进行二次 PCR 扩增，然后对二次扩增产物进行鉴定，排除假阳性后克隆、测序。测序结果与基因库中已知基因序列作同源性比较或将克隆片段做成探针在 cDNA 文库或基因组文库中筛选，从而获得更大的 cDNA 片段甚至完整的基因片段（图 10-2）。

2. mRNA 差异显示技术的局限性

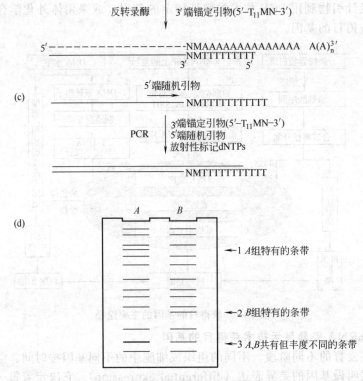

图 10-2　mRNA 差异显示原理示意图

mRNA差异显示技术虽然已成为研究基因差异表达调控和克隆基因的强有力工具，但在实际应用中仍有一定的局限性，主要表现为：①得到的特异性cDNA差异片段假阳性比例较高，通常在50％～75％，有的高达85％以上；②初始得到的差异片段较小，多数在300bp左右，且往往是3′-UTR，可供利用的信息较少；③cDNA扩增产物的量不仅取决于mRNA的丰度，也取决于引物与模板之间的特定匹配情况，这样使得高丰度的mRNA由于引物与之匹配不合适，其扩增产物的量少于丰度虽低但与引物匹配良好的模板扩增出的量，从而导致对基因表达差异的错误认识。

但也正是由于mRNA差异显示技术具有突出的优点及不可取代的作用，同时又存在上述缺点，所以研究者们在使用这项技术的同时，不断地对其加以改进和完善，使之不断地发展，如模板的选择与用量、锚定引物与随机引物的设计、PCR扩增条件和参数的选择、电泳与差异条带的显示以及阳性片段的筛选与鉴定等各个方面都得到了极大的完善。

目前，mRNA差异显示技术主要应用于：①分析基因表达的差异；②寻找遗传标记；③分离特异表达的基因；④检查cDNA文库的质量；⑤鉴定种属特异性。随着mRNA差异显示技术的日臻完善，它必将为研究基因的差异表达提供更加科学、有效的途径，同时也为进一步揭开基因表达调控的奥秘，从分子水平阐明生物的整个生命过程做出更大的贡献。

（二）利用抑制消减杂交技术获得目的基因

1. 基本原理

抑制消减杂交（suppression subtractive hybridization，SSH）是1996年Diatchenko提出的一种建立在抑制PCR与消减杂交技术相结合基础上的差异表达基因分离方法。该方法运用了杂交二级动力学原理，高丰度的单链DNA在退火时产生同源杂交的速度快于低丰度的单链DNA，从而使原来在丰度上有差别的单链DNA相对含量达到基本一致。而抑制PCR则利用链内退火优于链间退火的特点，使非目的序列片段两端反向重复序列在退火时产生类似发卡的互补结构，无法作为模板与引物配对从而选择性的抑制了非目的基因片段的扩增。这样既利用了消减杂交技术的消减富集，又利用了抑制PCR技术进行高效的动力学富集。图10-3是抑制消减杂交技术的工作原理示意图。

2. SSH技术的优点及局限性

该方法具有以下优点。①该方法的最大优点是降低了假阳性率。因为SSH方法采用加上接头和两步消减杂交，以及两轮抑制性PCR，保证了差异表达的cDNA片段具有较高的特异性，降低了假阳性率。②SSH方法具有高度敏感性。由于在反应中将丰度不一的单链DNA分子含量归一化，确保了低丰度表达的cDNA有被检测的可能。③降低了起始样品的使用量，一次实验仅需要2μg的mRNA即可。④在一次SSH反应中，可以同时分离出成百个差异表达基因，极大地提高了检测效率。⑤提高了基因克隆的效率，由于使用4碱基内切酶使得基因（组）的复杂程度降低，大大地提高了信息量，更具代表性。⑥该技术还具有背景低、重复性强等优点。⑦程序相对简单，操作简便易行，仅需两轮杂交不需移出杂交复合体，接头设计简化且不需反复交换接头，也不必移出（或降解）接头。

SSH技术的主要缺陷和注意事项有：①SSH技术仍然需要较多的起始材料且更多地依赖于PCR技术，若是mRNA量不够，低丰度的差异表达基因cDNA可能检测不到。②消减文库中的cDNA经过限制性核酸内切酶消化后，不再是全长cDNA。当然，可以用这些基因片段作为探针从cDNA文库中钓出全长目的基因。③不能同时对数个材料之间进行比较，材料之间存在过多的差异及小片段缺失也不能有效被检测。SSH一次只能比较两个样品之中仅在检测子中表达而在驱动子中不表达的基因。不能反映两个样品之间基因在表达量上的差异。④对植物组织而言，RNA的分离较动物组织困难，尤其老的植物组织更不易分离出高质量的mRNA，故应尽量选择幼嫩的组织作为研究对象。⑤完全无酶切位点的片段或酶

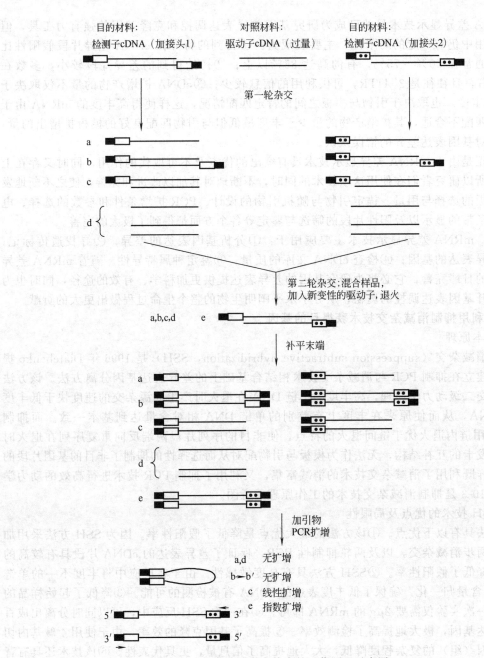

目的材料： 　　　　　　　对照材料： 　　　　　　目的材料：
检测子cDNA（加接头1）　　驱动子cDNA（过量）　　检测子cDNA（加接头2）

第一轮杂交

a

b

c

d

第二轮杂交:混合样品,
加入新变性的驱动子,退火

a,b,c,d　　e

补平末端

a

b

c

d

e

加引物
PCR扩增

a,d　无扩增

b→b′　无扩增

c　线性扩增

e　指数扩增

5′   3′

3′   5′

图 10-3　抑制消减杂交技术的工作原理示意图

切位点较少的基因组无法用 SSH 技术筛选。⑥利用抑制消减杂交所获得的片段，须经过
Northern 杂交或反 Northern 杂交来进一步鉴定，去除假阳性。

　　随着基因芯片技术的成熟，大规模进行差异筛选将成为可能，可以进行大规模快速筛选
鉴定。目前，SSH 技术的主要应用在如下几个方面：①肿瘤基因的克隆；②生殖与发育基
因的调控；③免疫调控基因的研究；④代谢调控机理的研究；⑤原核生物分子遗传分析；⑥
植物基因的克隆等。

　　总之，如果目的基因的序列未知，可以先建立各种基因文库，然后利用各种方法从中筛选
出目的基因；如果目的基因的序列已知（如从 GenBank 等数据库或其他方法获得），可以采用
化学方法（或酶法）合成，或通过设计引物，用聚合酶链式反应（PCR）由模板扩增获得。

二、重组 DNA 的构建

（一）重组DNA 的概念

将目的基因（外源 DNA 分子）用 DNA 连接酶在体外连接到适当的载体上，即 DNA 分子的体外重组，这种重新组合的 DNA 称为重组 DNA。

DNA 重组技术是依赖于限制性核酸内切酶、DNA 连接酶和其他修饰酶的作用，分别对目的基因和载体 DNA 进行适当切割和修饰后，将二者连接在一起，再导入宿主细胞，实现目的基因在宿主细胞内的正确表达。重组过程中，一般需要考虑下列 3 个因素：首先，实验方案简单，效率高，易于后续的筛选鉴定；其次，重组 DNA 的连接位点两侧的序列应包含适当的限制性核酸内切酶的切点，以便回收插入的外源 DNA 分子时能够二次切割；最后对转录和翻译过程中密码阅读框架应不发生干扰，以便目的基因的正确表达。

在构建重组 DNA 的过程中，除了要注意上述因素之外，还要考虑连接反应体系中载体 DNA 和外源 DNA 之间的比例，以及外源目的 DNA 的浓度等问题，而且连接反应的温度也是影响连接效果的另一个重要因素。

（二）重组DNA 构建的方法

构建重组 DNA 的过程是基因工程操作的核心。根据目的基因片段末端的性质，以及载体和外源目的 DNA 上存在的限制性核酸内切酶位点的不同，可以选择采用下列几种方法来进行重组 DNA 的构建。

1. 平末端分子的连接

前面介绍过两种 DNA 连接酶，可以利用 T4 DNA 连接酶能连接平末端分子的特性直接进行载体和目的基因的连接，实现重组。

虽然平末端的连接适用范围广，但是仍存在一些缺陷：①连接效率还是很低；②连接常常破坏原有的限制性核酸内切酶识别序列，可能改变原有 DNA 的读码顺序；③由于平末端分子两个末端都是平的，因而在连接反应中外源 DNA 分子在载体中的插入方向有正反两种可能，增加了假阳性；④由于都是平末端分子，在较高底物浓度条件下，可能出现多个平末端分子串联后再插入到载体中的多片段"叠连"现象，增加了假阳性的概率。为了克服以上弊端，常常在平末端分子的连接实验中改变原有的策略，通过人工改造实现平末端分子连接转化为黏性末端分子的连接，以进一步提高连接效率。

2. 黏性末端分子的连接

（1）衔接体连接法 衔接体技术（图 10-4）是进行体外 DNA 重组操作的一种有效手段。除了第八章介绍的几点注意事项外，在构建重组表达载体时，可以通过调整衔接体的长度以保证正确阅读框架或提供必需的特定序列。尽管衔接体连接法具有许多优越性，但也存在一些弊端，如往往预先进行甲基化修饰，而且甲基化修饰的步骤十分难掌握，在重组连接之前还要进行酶切消化。这一系列步骤，给后续的亚克隆和其他操作带来很多麻烦。

（2）人工接头连接法 1978 年，美国康奈尔大学吴瑞博士发明了人工接头连接法（图 10-5），克服了上述缺陷。

（3）同聚物加尾法 这种方法是 1972 年由

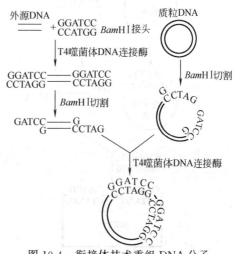

图 10-4　衔接体技术重组 DNA 分子

美国斯坦福大学的 P. Labban 和 D. Kaiser 联合提出来的。重组过程（图 10-6）为：载体和外源 DNA 分子都使用平末端的限制性核酸内切酶切割后，分别用末端转移酶将互补的碱基（如 dATP 和 dTTP）加到平末端分子的 3′末端，再进行重组连接，即获得重组 DNA。

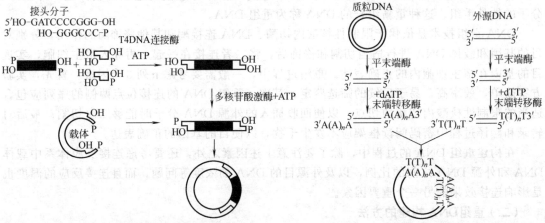

图 10-5　人工接头技术重组 DNA 分子　　　　图 10-6　同聚物加尾法重组 DNA 分子

3. 黏性末端分子的连接方式

（1）相同黏性末端的连接

① 同种限制性核酸内切酶产生的黏性末端的连接　当载体 DNA 和外源 DNA 分子用同种限制性核酸内切酶处理时，就会产生相同的黏性末端，在进行连接时，这两个 DNA 片段在 DNA 连接酶作用下就可以共价地连接起来，形成重组 DNA（图 10-7）。而当需要回收该目的基因片段时，还可以用原来的这种酶消化重组 DNA 来进行回收。

同种酶消化产生黏性末端的连接方法，最大的优点就是实验操作十分简单，并且易于回收外源 DNA 分子，但在操作过程中也存在不足和注意事项：首先，切割后的载体分子易自身环化，因而需要在连接反应之前进行修饰，方法同人工接头连接法（图 10-8）；其次，连接时很难控制 DNA 分子插入载体的方向，可能是正向的，也可能是反向的；最后，用这种方法产生的重组 DNA 也往往容易出现多个外源 DNA 分子或多个载体分子"叠连"的现象，增加了假阳性。

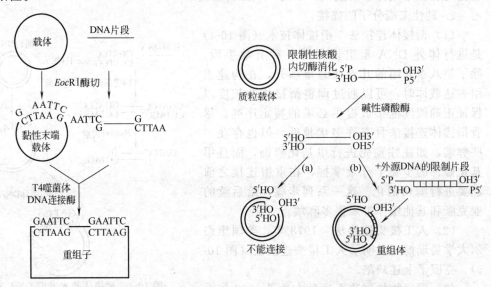

图 10-7　同种限制性核酸内切酶产生的黏性末端的连接　　　图 10-8　碱性磷酸酶修饰防止自身环化

② 不同限制性核酸内切酶产生的相同黏性末端的连接　当用同尾酶进行消化时，也可能产生相同的黏性末端，这时具体的连接方法与同种酶消化产生黏性末端的连接方法一样，但需要注意的一点是这样连接后的重组 DNA 可能不再具有原来的两种限制性核酸内切酶的识别位点，因而在回收该外源 DNA 分子时可能遇到问题，可选用其他的限制性核酸内切酶来进行操作。

（2）定向重组 DNA 分子　采用两种不同的限制性核酸内切酶（如用 *Bam*H I 和 *Hind* III）消化载体 DNA 和外源 DNA 分子时，可以产生带有不同黏性末端的片段，当二者混合之后在 DNA 连接酶的作用下，载体 DNA 和外源 DNA 分子就只能按一种方向退火形成重组 DNA。这种方法即所谓的定向克隆（directional cloning）法。该方法在构建基因表达载体时经常用到，最大的优点是由于载体 DNA 的两个末端不同，因而自身环化的机率很低，从而提高了与外源 DNA 分子定向重组率。但在实验中还需注意采用两种不同限制性核酸内切酶消化（即双酶切）以及酶切后 DNA 片段回收等操作中的一些细节问题。

三、重组 DNA 导入宿主细胞的方法

（一）重组DNA 导入宿主细胞

要实现外源目的基因的克隆，除了选择理想的载体、合适的受体及成功地构建重组体外，还必须选择适当的方法将重组 DNA 导入宿主细胞。由于外源 DNA 分子与载体构成的重组 DNA 性质不同，宿主细胞不同，将重组 DNA 导入宿主细胞的具体方法也不相同。到目前为止，重组 DNA 导入宿主细胞的方法大体上可划分为：

① 转化（transformation），是感受态的大肠杆菌细胞捕获和克隆或表达质粒 DNA 分子的基因转化方法。

② 转染（transfection），是感受态的大肠杆菌细胞捕获和表达噬菌体 DNA 分子的基因转化方法。

③ 显微注射技术（microinjection），是一种利用显微注射仪，通过机械方法把外源 DNA 直接注入细胞质或细胞核的基因转化方法。

④ 电转化法（electro-transformation），也称为电穿孔法（electroporation），在多数哺乳动物细胞和植物细胞上施加短暂、高压的电流脉冲，结果在质膜上形成纳米大小的微孔，DNA 能直接通过这些微孔，或者在膜孔自行修复闭合时伴随膜组分的重新分布而进入细胞质中。

⑤ 基因枪法（gene gun/particle gun），又称微弹轰击法（micro-projectile bombardment），是利用高速运行的金属颗粒轰击细胞时能进入细胞内的现象，将包裹在金属颗粒表面的外源 DNA 分子随之带入细胞进行表达的基因转化方法。

⑥ 脂质体介导法（liposome mediated gene transfer），脂质体是由人工构建的磷脂双分子层组成的膜状结构，可以将 DNA 包在其内，并通过脂质体与原生质体的融合或由于原生质体的吞噬过程，把外源 DNA 转运到细胞内。

⑦ 花粉管通道法。此法是将外源 DNA 涂于授粉的枝头上，使 DNA 沿花粉管通道或传递组织通过珠心进入胚囊。

⑧ 其他方法，很多高效新颖的导入方法如快速冷冻法、碳化硅纤维介导法等正在研究并达到实用的水平。

（二）宿主细胞

随着基因工程的发展，从低等的原核细胞到简单的真核细胞，进一步到结构复杂的高等动、植物细胞都可以作为基因工程的宿主细胞。选择适宜的宿主细胞已成为重组基因高效克隆或表达的基本前提之一。

所谓宿主细胞，又称受体细胞（receptor cell）或寄主细胞（host cell）等，从实验技术

上讲是指能摄取外源 DNA 分子并使其稳定存在的细胞；从实验目的上讲是有应用价值和理论研究价值的细胞。显然，并不是所有的细胞都可用作宿主细胞。野生型的细胞一般不能作为基因克隆的宿主细胞，因为它对外源 DNA 分子的转化效率较低，并且有可能对其他生物种群存在感染寄生性，因此必须通过诱变手段对野生型细菌进行遗传性状改造，提高其转化效率。一般情况下，宿主细胞的选择应符合以下基本原则：①易于重组 DNA 的导入；②一般为限制性核酸内切酶缺陷型，能使重组 DNA 稳定存在；③含有选择标记，便于重组子的筛选；④遗传稳定性高，易于扩大培养或发酵生长；⑤不适于在人体内或非培养条件下生长，安全性高，无致病性；⑥有利于外源基因蛋白表达产物在细胞内的积累和高效表达；⑦遗传密码无明显偏好性；⑧具有完善的加工机制，利于真核目的基因的高效表达；⑨具有较高的理论研究和应用价值。

在实际应用过程中，上述基本原则不可能面面俱到，可根据具体情况重点考虑其中部分要求即可。下面简要介绍基因工程中几种常用的宿主细胞类型。

1. 原核生物细胞

（1）大肠杆菌　迄今为止，在基因工程中应用最广泛和使用得较好的宿主细胞是大肠杆菌细胞，这是因为人们对它的遗传学和生物化学特性了解得最多。大肠杆菌虽然是条件致病菌，但是通过人工改造，可以使它成为一个很安全的宿主菌。

目前，原核生物细胞在用来作为基因克隆操作的宿主菌、工程菌或文库构建中应用普遍。但是，原核生物细胞的转录后加工修饰机制的问题使得用来表达真核生物基因时存在一定的缺陷，很多不能表达出具有生物活性的功能蛋白。分析其原因可能是由于：第一，不具备真核生物的蛋白质折叠系统，即使能得以表达，得到的也多是无特异性空间结构的多肽链；第二，缺乏真核生物的蛋白质加工系统，而许多真核生物蛋白质的生物活性正是依赖于其侧链的糖基化或磷酸化等修饰作用；第三，原核细胞内源性蛋白酶易降解空间构象不正确的异源蛋白，造成表达产物不稳定等。这在一定程度上制约了原核宿主细胞作为生物反应器进行异源真核生物蛋白质的大规模生产。但由于大肠杆菌繁殖迅速，培养简便，代谢易于控制，利用 DNA 重组技术建立的大肠杆菌工程菌已大规模生产真核生物基因尤其是人类基因的表达产物，具有重大的经济价值。目前已经实现商品化的多种基因工程产品中，大部分是由大肠杆菌工程菌生产的，如人胰岛素、生长素和干扰素等。但是，大肠杆菌细胞膜间隙中含有大量的内毒素，可导致人体热原反应。

（2）枯草杆菌和蓝细菌　枯草杆菌，又称枯草芽孢杆菌，是一类革兰阳性菌，作为基因工程宿主细胞的最大优势在于：①不产生内毒素，无致病性，是一种安全的基因工程菌；②具有芽孢形成能力，易于保存和培养；③最重要的是具有胞外分泌特性，可将产物分泌到培养基中，因而可直接从培养基中获得表达产物，大大简化了提取和加工等过程，而且在多数情况下，异源重组蛋白经枯草杆菌分泌后便具有天然构象和生物活性，这一点大肠杆菌优越得多。此外枯草杆菌也具有大肠杆菌生长迅速、代谢易于调控、分子遗传学背景清楚等优点，这些特点在一定程度上弥补了大肠杆菌作为宿主细胞的不足。

蓝细菌，也称蓝藻，在细胞结构和生化特性方面与细菌相似，亲缘关系也较近。由于其具有如下特点而可能成为新一代的基因工程宿主细胞：①蓝细菌属于光能自养型生物，由于可进行光合作用，释放出氧气，因此培养操作简单易行，而且营养条件要求低，可用于大规模生产；②含有叶绿素 a 等光合色素，由于密码子的偏好性和启动子的通用性使其可能成为植物基因表达的最佳宿主细胞。近些年来，随着蓝藻质粒的发现、有关载体的构建和大量突变体细胞的获得，蓝藻基因工程有了长足的发展，目前已获得高效表达 PHB（聚 β 羟基丁酸盐）等产物的蓝藻工程菌，可用于生产可降解塑料等。以蓝藻细胞作为廉价高效的生物反应器，大量生产高价值产品，如药物、生物燃料等，具有广阔的应用前景。

此外，还有不少将重组 DNA 导入棒状杆菌和链霉菌等原核宿主细胞的例子，构建的工程菌可用于抗生素和氨基酸的生产，这些是大肠杆菌和枯草杆菌等宿主细胞难以实现的，也具有十分重要的经济价值。

2. 真菌细胞

真菌是低等真核生物，其基因的结构、表达调控机制以及蛋白质的加工与分泌都与真核生物相类似，因此利用真菌细胞表达高等动植物基因比原核生物细胞具有更多的优点。最常用的真菌宿主细胞是酵母菌细胞，在基因工程研究和应用中，酵母菌具有极为重要的学术价值和经济意义。它的优点有：①酵母菌是结构、表达调控机理研究的最清楚的真核生物，操作相对简单，利于大规模生产，成本低；②具备真核生物蛋白翻译后修饰加工系统，表达的蛋白质更贴近真实；③不产生毒素，属于安全型基因工程宿主；④可将外源基因表达产物分泌至培养基中，便于产物的提取和加工等。

3. 植物细胞

植物细胞作为基因工程的宿主细胞最突出的优点是具有全能性，即一个分离的活细胞在适当的条件下就可以再分化成新的植株，这就意味着一个获得外源基因的体细胞可以直接培养出可稳定遗传的植株或品系。由于植物细胞具有细胞壁，因而要导入外源 DNA 分子必须在原生质体的情况下才能实现，这样操作较繁琐，但现在的仪器和技术已经完全弥补了这一缺陷，利用基因枪等仪器和农杆菌介导等方法可以直接转化植物细胞。现在已经建立起了高效快速的烟草、拟南芥等模式植物的遗传转化体系，越来越多的遗传转化体系（如水稻、棉花、番茄等）也相继出现。

4. 动物细胞

动物细胞也可用作宿主细胞，不过早期多采用生殖细胞、受精卵细胞或胚细胞作为宿主细胞，并培育了一定数量的转基因动物。近年来科学家们通过体细胞培养技术，获得了多种克隆动物，最著名的克隆羊试验的成功标志了体细胞培养技术的成熟。因此，动物体细胞同样可以用作转基因宿主细胞。

目前用作基因转移的宿主动物有鼠、猴、猪、羊、牛、鱼等。以动物细胞，尤其是哺乳动物细胞作为宿主细胞的最大缺点是动物细胞的组织培养技术要求很高，一般实验室很难达到，但其具有很多优点：①具有真核细胞真实的转录机制，能正确进行 RNA 的剪接；②具有高等真核生物的蛋白质加工和修饰系统，比酵母细胞更真实；③易被重组 DNA 质粒转染，具有遗传稳定性和可重复性；④表达产物可直接分泌到培养基中，便于提纯和加工，成本低。目前动物细胞作为基因工程宿主细胞的主要用途在于大规模表达生产天然状态的复杂蛋白质或动物疫苗、动物品种的遗传改良及人类疾病的基因治疗等。

四、重组 DNA 转化宿主细胞

（一）转化的目的

为什么要把重组 DNA 导入到宿主细胞中去产生克隆呢？这样做有 2 个目的。一是大量产生重组 DNA。在完成连接反应后，重组 DNA 往往只有纳克级的量，不易操作和进一步分析。若把重组 DNA 导入到细菌细胞中，细菌细胞可分裂多次产生克隆，克隆中的每一个细胞都含有很多个拷贝的重组 DNA，这样重组 DNA 的量就多了。如果采用液体培养基培养单克隆菌落，那么重组 DNA 的量可增加百万倍以上，这样多的重组 DNA 足以用于基因结构和表达的研究。二是对重组 DNA 进行纯化。在构建重组 DNA 过程中很难保证体系中不污染其他的 DNA 分子，这样完成连接过程以后的体系中就有多种分子存在，除了我们需要的重组 DNA 以外，还含有没有连接上的载体分子、没有连接上的 DNA 分子、自身环化的 DNA 分子和连接上污染 DNA 分子的重组 DNA。未连接上的载体和 DNA 分子影响不大，因为它们即便导入宿主细胞也不能复制，很快就可被宿主细胞中的酶降解掉；对克隆工作带来影响的是后两种分子，因为它们都为环状，在宿主细胞中都能复制，因而都能产生克隆。好在质粒具有不相容性，因此在每个克隆中所有的细胞都只含有同一种质粒。存在于不同的克隆中会含有三种不同的质粒 DNA 分子（一种自环化质粒分子；另两种为重组 DNA，其中一种为污染 DNA 克隆），所以要对不同的克隆进行筛选，鉴定出所需的重组 DNA。

（二）感受态细胞

在通常使用的细菌中，大多数都有从其生长环境中吸收外界 DNA 分子的能力，而这些 DNA 分子一般都会被宿主细胞的酶降解，除非吸收的 DNA 是带有宿主细胞可识别的具有复制起始点的质粒。一个宿主细胞是否吸收并保留了某种质粒，从质粒所携带的基因是否表达这一点中就可以判断出来。以 pBR322 为例，通常 *E. coli* 细胞在含有氨苄青霉素和四环素的培养基上都不能存活，但若吸收了 pBR322 质粒，因该质粒带有上述两种抗生素的抗性基因，所以在含抗生素的培养基上就可以生长了。近年来，转化的概念已有所延伸，只要是将外源 DNA 分子导入细胞就算是转化过程，不论外源 DNA 分子是否改变了宿主细胞的性质，也不论宿主细胞属于细菌、真菌、动物还是植物。

为了有效地使这些细菌吸收外源 DNA 分子，通常要对它们进行一些物理或化学处理，处理后的细胞吸收外源 DNA 分子的能力大大提高，这种细胞被称为感受态细胞（competent cell）；所谓感受态（competence），就是细菌吸收转化因子（周围环境中的 DNA 分子）的生理状态。

尽管对这一处理的确切机制仍不清楚，但有人对感受态提出了两种假说，一种是局部原生质体化假说，此种假说认为细菌表面的细胞壁结构发生变化，即局部推动细胞壁或局部溶解细胞壁，使外源 DNA 分子能通过质膜进入细胞。第二种是酶受体假说，此假说认为感受态细胞表面形成一种能接受 DNA 的酶切位点，使 DNA 分子能进入细胞。

1970 年夏威夷大学的 Mandel 和 Higa 发现用 $CaCl_2$ 处理大肠杆菌，能够促进其对 λ 噬菌体 DNA 的吸收。1972 年，Cohen 等人利用此法实现了质粒 DNA 对大肠杆菌宿主细胞的转化，由此建立了用 $CaCl_2$ 制备大肠杆菌感受态细胞的常规方法。制备感受态细胞基本步骤：①将 *E. coli* 单菌落接入 20mL LB 液体培养基中，在 37℃条件下振荡培养过夜；②从中取出 0.2mL 接入 50mL LB 液体培养基中，在 37℃振荡培养 2.5h；③用分光光度计检测菌体浓度，OD_{600} 大于 0.3；④在 3 500r/min 条件下离心 10min，离心温度保持在 4℃；⑤去上清液，将菌体悬浮于灭菌预冷的 100mmol/L 的 $CaCl_2$ 溶液中，冰浴 20min，在 4℃下 3 500r/min 离心 10min；⑥去上清液，将菌体重新悬浮于 0.5mL 100mmol/L $CaCl_2$ 溶液中，冰浴 12~16h。分装后，-70℃保存待用。

（三）转化反应

转化反应是使重组 DNA 在热休克（heat shock）的短暂时间内被导入宿主细胞的过程。以 *E. coli* 为宿主细胞的转化一般过程为：①取制备好的感受态细胞 100μL，置冰上融化 30min；②加入重组 DNA 10μL，冰上放置 30min；③将试管置 42℃恒温水浴中热休克 90s，再置冰上 10min；④向管中加入 LB 液体培养基 1mL，混匀后置 37℃恒温箱中保温 1h，使其表达足够蛋白恢复细胞生长；⑤取适当体积的培养液涂布于加了抗生素的筛选平板上。

一般认为，DNA 分子在转化过程中将经历四个阶段，第一个是吸附阶段，完整的双链 DNA 分子将被吸附于感受态细胞的表面，第二个是转入阶段，双链的 DNA 分子解链，以单链的形式进入细胞，而另一链则被降解；第三阶段是自身稳定阶段，外源质粒在细胞内又复制成双链环状 DNA；第四阶段是表达阶段，即目的基因随同质粒的复制子一起复制，并被转录转译。

（四）转化率的计算及其影响因素

1. 转化率的计算

重组质粒 DNA 转化不同的宿主菌，有着不同的转化效率，只有万分之一的质粒分子能够进入宿主细胞，只有极少数的菌体可以在摄入质粒 DNA 后能良好增殖。转化率是转化效率的评估指标，指 DNA 分子转化宿主细胞获得转化子的效率，通常有 2 种表示方式：一种是以转化子数与用于转化处理的 DNA 分子数或质量的比值表示，另一种是以转化子数与用于转化处理的宿主细胞数的比值表示。

我们以用于转化处理的 DNA 分子数为基数的转化率为例，计算方法举例如下：理论上 1ng 1kb DNA 的分子数约为 1×10^9 个，则 1ng 10kb DNA 的分子数则约为 1×10^8 个。那么当用 1ng 1kb DNA 进行转化处理，如果得到 100 个转化子，则转化率是：$10^2/10^9 = 10^{-7}$，也就是说是 10^7 个 DNA 分子才能获得 1 个转化子。如果用 1ng 10kb DNA 进行转化处理，得到 100 个转化子，则转化率是：$10^2/10^8 = 10^{-6}$，那就是 10^6 个 DNA 分子才能获得 1 个转化子。

也有人以用于转化处理的宿主细胞数为基数来计算转化率，这种方法必须先通过菌液 OD 值测定或细菌计数，计算出用于制备感受态细胞的宿主细胞总数，然后再计算转化子与宿主细胞总数的比率。那么如果用于制备感受态细胞的菌液每毫升有 10^7 个菌体，若此菌转化后获得 1 000 个转化子，则转化率是 $10^3/10^7 = 10^{-4}$。那就是说要得到 1 个转化子，需要 10^4 个宿主细胞。

2. 影响因素

按照前面两种计算方法，如果 DNA 分子数或宿主细胞数相同的情况下，转化率越高，意味着转化过程中获得的转化子数越多，这与实验的目的是一致的。反之，转化率越低，转化过程中获得的转化子数越少。一般情况下，影响转化率有重组 DNA、宿主细胞和转化方法 3 方面的因素。

重组 DNA 包含 2 个组分，一个是外源 DNA 分子，一个是载体分子，这两个分子都是影响转化效率的因素，导致了不同的重组 DNA 对同一宿主细胞转化效率的不同。通常包括分子量、浓度、载体分子与宿主细胞的亲和性及其构型等几个方面。分子量较小的重组质粒 DNA 转化率较高，而分子量大时则转化率较低；亲和性较强的质粒载体转化率较高，亲和性较弱的质粒载体转化率较低；双螺旋闭环结构的质粒载体转化率较高，开环结构或线性结构的质粒载体转化率较低；在 $0.1ng/\mu L$ 以下的 DNA 浓度范围内时，转化效率与 DNA 分子数成正比关系。

同一重组质粒 DNA 分子转化不同的宿主细胞时，转化率也不一样。有的宿主细胞之间转化率要相差几个数量级，因此，选择适宜的宿主细胞也是转化成功的重要的环节。

转化方法不同，转化率也有所差异。在上述提到的几种转化方法中，以电穿孔法转化率为最高，$CaCl_2$ 诱导转化法次之。另外操作过程中的细节也是转化成功的关键，例如 $CaCl_2$ 诱导大肠杆菌转化方法中，大肠杆菌的菌龄、$CaCl_2$ 处理时间的长短、感受态细胞的保存期以及热激时间长短等均是重要的影响因素。

第二节　重组子的筛选

通常我们将导入外源 DNA 分子后能稳定存在的宿主细胞称为转化子，而含有重组 DNA 分子的转化子被称为重组子，如果重组子中含有外源目的基因则又称为期望重组子。但是外源 DNA 分子与载体 DNA 的连接反应物一般不经分离直接用于转化，因此重组率和转化率不可能达到 100％的理想极限，即使转化率很高，得到了大量的转化子，但这里面会有多种不同类型的 DNA 分子，况且并非所有的宿主细胞都能被导入重组 DNA。一般仅有少数重组 DNA 能进入宿主细胞，同时也只有极少数的宿主细胞在吸纳重组 DNA 之后能良好增殖。正是由于这些因素所致，在成千上万个转化子中，真正含有期望的重组 DNA 的比例很少，如何将阳性重组子从大量宿主细胞中分离出来，就需要设计出最易于筛选的方案并加以验证，这直接关系到基因克隆和表达的效果，也是基因克隆操作中极为重要的环节。

通过各种方法将外源 DNA 分子导入宿主细胞后，获得阳性重组子的过程称为筛选（screening）或选择（selection）。有的学者认为筛选和选择是两个不同的概念，筛选是指通过某种特定的方法，例如核酸杂交以及免疫测定等，从宿主细胞群或基因文库中，鉴定出阳性重组子的过程。而选择的基本含义是指通过某种外加压力（或因素）的辨别作用，呈现具有重组 DNA 的特定转化子的一种方法。而在实验中这两种方法往往同时使用，选择可以看作是一种重组子的初步筛选过程，而筛选是在选择的基础上进一步检测阳性重组子的过程。在本书中未将两者严格区分，统称为重组子的筛选。

筛选方法的选择与设计可根据外源基因、载体、宿主细胞以及外源 DNA 分子导入宿主细胞的手段等的不同而采用不同的方法，如外源 DNA 分子的遗传与分子生物学特性、载体本身特性等。图 10-9 概括了不同层次的阳性重组子筛选的方法。通常需要根据实验的具体情况，在初筛后确定是否进一步细筛，以保证鉴定结果的可靠性。

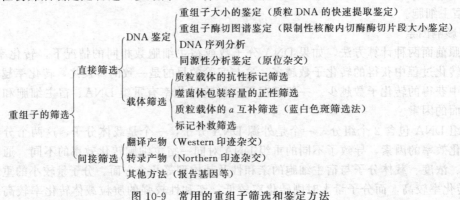

图 10-9　常用的重组子筛选和鉴定方法

一、遗传表型筛选法

遗传表型筛选法可分为根据载体和插入序列的两种不同选择标记选择重组子。

1. 根据载体选择标记筛选重组子

在构建基因工程载体系统时，载体 DNA 分子上通常携带了一定的选择性遗传标记基因，转化或转染宿主细胞后可以使后者呈现出特殊的表型或遗传学特性。因此，载体选择标记筛选法的基本原理就是利用载体 DNA 分子上所携带的选择性遗传标记基因筛选重组子，适用于大量群体的筛选，是一种比较简单而又十分有效的方法。

一般情况下是在培养基中加入一定的选择压力，这样经过培养之后就可以直接观察出转化子与非转化子在载体赋予的遗传表型上的区别，从而将二者分开。通常载体上所携带的选择压力主要是一些抗性标记基因或者是显色标记基因，比如抗生素标记基因和 β-半乳糖苷酶基因等。

（1）利用抗药性基因的筛选方法

① 抗性标记直接筛选法　这种方法实施的前提条件是载体 DNA 上携带有宿主细胞敏感的抗生素的抗性基因，比如基因工程中最常见的 pBR322 质粒载体，它上面含有的氨苄青霉素抗性基因（Amp^r）和四环素抗性基因（Tet^r）。目前实验室中常用的抗生素标记有如下

几种：

氨苄青霉素（ampicillin，Ap 或 Amp）。含 *Bla* 基因的菌体能转译 β-丙酰胺酶，可降解 Amp。抗 Amp 菌落的选择剂量为终浓度 30～50μg/mL，储存液为 25mg/mL 水溶液，过滤除菌，分装后－20℃储存。

氯霉素（chloramphenicol，Cm 或 Cmp）。含 *Cat* 基因的菌体能转译氯霉素乙酰转酰基酶，使 Cmp 乙酸化而失效。抗 Cmp 菌落的选择剂量为终浓度 30μg/mL。储存液为 34mg/mL 乙醇溶液，－20℃储存。

链霉素（streptomycin，Sm 或 Str）。含 *Str* 抗性基因的菌体转译一种能修饰 Str 的酶，抑制 Str 与核糖体结合。抗 Str 菌落的选择剂量为终浓度 25μg/mL。储存液为 20mg/mL 水溶液，过滤除菌，分装后－20℃储存。

卡那霉素（kanamycin，Kn 或 Kan）。含 *Kan* 抗性基因的菌体转译一种能修饰 Kan 的酶，阻碍 Kan 对核糖体的干扰。抗 Kan 菌落的选择剂量为终浓度 5μg/mL，储存液为 25mg/mL 水溶液，过滤除菌，－20℃储存。

四环素（tetracycline，Tc 或 Tet）。含 *Tet* 抗性基因的菌体转译一种能改变细菌膜的蛋白，防止 Tet 进入细胞后干扰细菌蛋白质的合成。抗 Tet 菌落的选择剂量为终浓度 12.5～15.0μg/mL。含 Tet 的培养基中勿加镁盐，因为镁盐拮抗 Tet。储存液为 12.5mg/mL 乙醇-水溶液（50%，*v/v*），－20℃储存。Tet 对光敏感，含 Tet 溶液或培养基均须在暗处存放或用锡箔纸包裹好。

后两种抗生素抗性基因在植物转基因技术中构建和筛选重组子时经常用到。通常情况下，抗药性的筛选有正负两种筛选方式，但负向选择法必须有两个以上的抗性标记，而且操作步骤繁琐，一般很少采用。大多数采用的是正向筛选法，以 pBR322 质粒载体为例，如果外源 DNA 是插在 pBR322 的 *Bam*HⅠ位点上，则可将转化物涂布于含有 Amp 的选择培养基固体平板上，长出的菌落便是转化子；如果外源 DNA 插在 pBR322 的 *Pst*Ⅰ位点上，则可利用 Tet 进行转化子的正向选择。如图 10-10 所示。

实验过程中需注意一点，选用 Tet、Cmp、Amp 等抗生素作为选择药物筛选时，培养时间不宜过长，一般 12～16h 为宜，否则会出现假转化子菌落。这是因为转化子菌落会降解选择药物，导致菌落周围选择药物浓度降低，从而长出非抗菌素的菌落。此外，在培养过程中，这些选择药物会自然降解，导致药物浓度降低，长出假转化子菌落。

② 抗性基因插入失活筛选法　多数质粒载体都带有 1 个或多个抗生素抗性基因标记，而且在这些抗药性基因内存在限制性核酸内切酶的识别位点。当用某种限制性核酸内切酶消化并在此位点插入外源目的 DNA 时，抗药性基因不再被表达，称为基因插入失活。因此，当此插入外源 DNA 的重组质粒载体转化宿主菌并在药物选择平板上培养时，根据对该药物由抗性转变为敏感这一特征，观察菌落生长状况便可筛选出阳性重组子。有的时候需要利用质粒载体的双抗药性进行再次筛选，才能筛选出真正的重组 DNA 分子。这一操作中需要进行平板影印，所以培养时需要注意菌落生长的密度，否则会出现大量的假阴性或假阳性重组子现象。

（2）β-半乳糖苷酶显色互补筛选法　许多载体，如 pUC 系列质粒载体，除了含有氨苄青霉素抗性基因以外，还含有一个称为 *lacZ'* 的基因，该基因编码 β-半乳糖苷酶的 N 末端（α-肽）。该酶参与乳糖分解成葡萄糖和半乳糖的生化过程。有些株系的 *E.coli* 带有修饰过的 *lacZ* 基因（即缺少 *lacZ'* 的 *lacZ* 基因），只编码 β-半乳糖苷酶的 C 末端（ω-肽）。这些株系的 *E.coli* 细胞只有吸收了像 pUC 系列质粒这样的带有的 *lacZ'* 基因的质粒分子的情况下才能够合成完整的 β-半乳糖苷酶，这一过程称为 α-互补。

现代化学的发展给我们提供了非常直接地检测 β-半乳糖苷酶活性的方法。这种方法涉

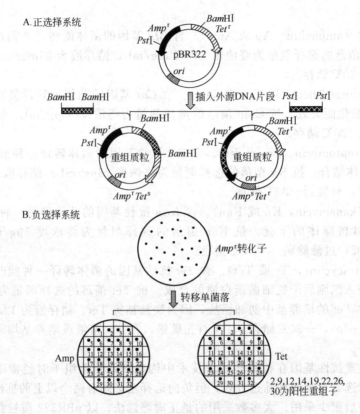

A.正选择系统

B.负选择系统

2,9,12,14,19,22,26,30为阳性重组子

图 10-10　pBR322 介导的抗药性选择系统

及一种乳糖的类似物——5-溴-4-氯-3-吲哚-β-D-吡喃半乳糖苷（5-bromo-4-chloro- 3-indolyl-β-D-galacto-pyranoside），因为它的英文名太长，所以人们就用 X-gal 来代替它的长名。β-半乳糖苷酶可以将 X-gal 分解成一种深蓝色的产物，这个反应很灵敏。当带有氨苄青霉素的培养中加有 X-gal 及一种 β-半乳糖苷酶的诱导物（异丙基-β-D-硫代半乳糖苷，Isopropyl-β-D-thioagalactoside，IPTG）时，那些能合成完整 β-半乳糖苷酶的未重组克隆就会因它能酶解 X-gal 而变成深蓝色，而重组子因 lacZ' 基因被破坏不能合成完整的 β-半乳糖苷酶而呈白色，此谓蓝白筛选。由于被转化的基因产物作用于 X-gal 需要较长的时间，因此观察和确定转化子菌落的培养时间可适当延长。但是必须严格挑取单菌落作为转化子供进一步实验，一般需要观察蓝白斑比例，然后再在蓝斑附近挑取为宜。基本原理如图 10-11 所示。

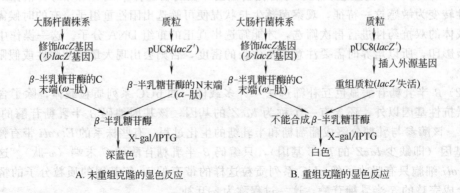

图 10-11　β-半乳糖苷酶显色原理

2. 根据插入序列的选择标记筛选重组子

（1）插入表达筛选法　如果重组 DNA 转化到大肠杆菌宿主细胞之后，插入的外源基因能够实现其功能的表达，则它所表现出来的表型性状即可作为重组子筛选的标记。这种方法通常需要宿主细胞本身为缺陷型，如营养缺陷型，这样由于外源基因的表达而与宿主细胞本身营养缺陷互补，从而改变克隆的生存状态，达到利用营养突变株进行筛选重组子的目的。例如，当外源目的基因为合成亮氨酸的基因时，将该基因重组后转入缺少亮氨酸合成酶基因的菌株中，在仅仅缺少亮氨酸的基本培养基上筛选，只有能利用表达产物亮氨酸的细菌才能生长，因此，获得的转化子都是重组子。

（2）利用报告基因筛选法　在植物转基因研究中，常常在载体上重组选择标记基因（selective gene），通常称为报告基因（reporter gene），在一定的选择压力情况下，利用报告基因在宿主细胞内的表达，达到筛选转化子的目的。常用的报告基因有抗生素抗性基因以及编码某些酶类或其他特殊产物的基因等，如新霉素磷酸转移酶基因（npt II）、潮霉素磷酸转移酶基因（hpt）、氯霉素乙酰转移酶基因（cat）、β-葡萄糖酸苷酶基因（gus）、荧光素酶基因（luc）、抗除草剂 bar 基因、冠瘿碱合成酶基因等。这一部分内容在基因功能验证一章详细介绍。

3. 噬菌斑筛选法

质粒以及柯斯载体具有抗药性标记或营养标记，而对于噬菌体载体来说，噬菌斑的形成则是它们的自我选择特征。以 λDNA 为载体的 DNA 重组子经体外包装成具有感染活性的噬菌体颗粒后转染宿主细胞，转化子在平板上被裂解形成噬菌斑，而非转化子正常生长，两者很容易辨认。如果在重组过程中使用的是取代型 λ 载体，则噬菌斑中的 λ 噬菌体即为重组子，因为空载的 λDNA 分子不能被包装，则不会进入宿主细胞产生噬菌斑。使用插入型载体时，由于空载的 λDNA 已经大于包装下限，所以也能被包装成噬菌体颗粒并产生噬菌斑，此时筛选重组子必须启用载体上的标记基因，如 lacZ' 等。当外源 DNA 片段插入到 lacZ' 基因内时，重组噬菌斑无色透明，而非重组噬菌斑则呈蓝色。

二、快速裂解菌落鉴定重组 DNA 分子

由于外源目的基因片段插入到质粒载体上，所以重组质粒的相对分子量一定比非重组质粒要大，因而可以利用凝胶电泳检测分子的大小，初步验证外源目的基因片段确已插入载体。但由于转化子数目众多，对每一个转化子单独提取质粒 DNA 工作量大。所以采用快速细胞破碎法检测质粒 DNA，就不必对每一个转化子中的质粒 DNA 进行培养扩增、提取纯化，这样可以减少工作量，且操作简单方便，一次实验可同时检测数十个转化子。

具体操作步骤是：当转化菌落长到直径为约 2mm 左右时，将单菌落挑入 $50\mu L$ 的细菌裂解液（50mmol/L Tris-HCl，pH6.8；1% SDS；2mmol/L EDTA；400mmol/L 蔗糖；0.01%溴酚蓝）中悬浮，37℃下保温 15min，使细胞破裂、蛋白质沉淀，4℃，12 000r/min 离心除去细胞碎片、蛋白质和大部分的染色体 DNA、RNA，然后吸取一定量的含有质粒 DNA 的上清液立即进行 1%琼脂糖凝胶电泳，EB 染色，凝胶成像系统观察质粒 DNA 分子的迁移距离。由于质粒 DNA 的电泳迁移率与其分子质量大小成反比，因而分子质量较大的重组子在琼脂糖凝胶电泳时迁移速率慢，由此将重组子和非重组子区分开来，并最终筛选出重组子。

该方法速度快，操作简单，但有时因插入的外源 DNA 分子太小，使得重组子与非重组子差别不大，而且质粒 DNA 在提取过程中可能发生构型上的变化，导致 DNA 分子的迁移率非常不明显，这样 DNA 分子的大小比较就很困难。一般情况下，会采用单酶切的方法辅助鉴别。

三、核酸分子杂交检测法

核酸分子杂交技术是在 1968 年华盛顿卡内基学院（Carnegie Institute of Washington）的 Roy Britten 及其同事创建的。其基本原理是：具有一定同源性的两条核酸（DNA 或 RNA）单链，在一定的复性条件下，可按碱基互补原则退火形成双链。

分子杂交方法可分为固相液相杂交、液相分子杂交和原位杂交。但实验中常用的是固相液相杂交，亦称膜上印迹杂交，将待测核酸变性后，用一定的方法将其固定在硝酸纤维素膜（或尼龙膜）上，这个过程称为核酸印迹（nucleic acid blot）。在筛选鉴定重组子的实验中，杂交的双方是待测的核酸序列（即重组质粒 DNA）和用于检测的已知核酸片段（即目的基因 DNA 片段），可将目的基因 DNA 分子进行标记，然后与印迹好的质粒 DNA 进行杂交，从而可筛选出带有目的基因的重组子。

（一）固相支持物的选择

琼脂糖凝胶中的 DNA 或 RNA 分子不适合直接进行杂交，一是由于机械强度差，易碎，不易操作；二是直接杂交后背景高，因此，在杂交之前需要将 DNA 或 RNA 分子转移到一理想的固相支持物上。一般性能良好的固相支持物应具有以下几个条件：①具有较强结合核酸分子的能力，结合稳定牢固，在杂交、洗膜过程中核酸分子不会脱落；②DNA 分子被吸附后应保持原有结构，不影响其与探针分子的杂交反应；③对探针分子的非特异性吸附少，杂交信号背景低；④具有一定的机械强度，韧性好，便于操作。

表 10-1 中列举了常用的几种固相支持物，它们性质不同，各有特点，适合不同的要求。较为常用的是硝酸纤维素膜和尼龙膜。

表 10-1　常用的几种固相支持物

特　　性	硝酸纤维素膜	尼龙膜	带正电荷的尼龙膜	活化纸
应用	ssDNA,RNA 蛋白质	ssDNA,dsDNA, RNA,蛋白质	ssDNA,dsDNA, RNA,蛋白质	ssDNA,RNA
结合能力/(μg 核酸/cm^2)	80～100	400～600	400～600	2～40
抗张强度	差	好	好	好
核酸结合形式	非共价	共价	共价	共价
结合核酸最小分子量	500 个核苷酸	500 个核苷酸	50 个核苷酸	5 个核苷酸
重复杂交能力	差,信号易丢失	好	好	好

（1）硝酸纤维素膜（nitrocellulose membrane）　硝酸纤维素膜具有较强的吸附单链 DNA 和 RNA 的能力，特别是在高盐浓度下，结合核酸能力可达 $80～100\mu g/cm^2$。吸附后经 70～80℃真空烘烤 30min 后，依靠疏水性非共价作用而结合在硝酸纤维素膜上。

硝酸纤维素膜具有非特异性地吸附蛋白质较弱、具有杂交信号本底低等优点，但也有一定的局限性，如结合 DNA 不十分牢固，容易脱离，使杂交效率明显降低；质地较脆，易碎，操作需特别小心；杂交时需高盐浓度条件下进行，不适宜于电转印迹法；对于 200bp 以下 DNA 片段的结合能力不强等，所以现在的实验室中一般很少采用。

（2）尼龙膜（nylon membrane）　尼龙膜是目前比较理想的一种固相支持物，它有多种类型，其中以经过修饰带有正电荷的尼龙膜结合核酸能力最强，如 Amersham 公司产品 Hybond-N$^+$。一般情况下，结合单链及双链 DNA 和 RNA 的能力可达 $350～500\mu g/cm^2$。经烘烤或紫外线照射或碱处理后，DNA 分子可牢固地结合在尼龙膜上，特别是用短波紫外线照射后，核酸中部分嘧啶碱基可与膜上的带正电荷的氨基相互交联，使结合更加牢固。

尼龙膜具有以下优点：①小分子片段的结合能力较硝酸纤维素膜强很多；②杂交可在低

离子强度条件下进行，因而适合于电转印迹法；③膜可重复利用，杂交一次后，结合的探针分子可经处理被洗脱下来，然后再与第二探针杂交；④韧性较强，操作方便。但其也有缺点，如杂交信号本底较高，在杂交前须进行预杂交封阻，降低背景信号。

（二）分子杂交的方法

根据待测核酸的来源以及将其分子结合到固相支持物上的方法的不同，核酸分子杂交检测法可分为 Southern 印迹杂交、Northern 印迹杂交、斑点印迹杂交和菌落印迹原位杂交四类。

1. Southern 印迹杂交

这种方法是由 E. Southern 于 1975 年创立的，它是根据毛细管虹吸作用的原理，由转移缓冲液带动使在电泳凝胶中分离的 DNA 片段转移并结合在适当的滤膜上，然后通过与已标记的单链 DNA 或 RNA 探针的杂交作用以检测这些被转移的 DNA 片段。

Southern 印迹杂交的基本步骤是：提取重组质粒 DNA→琼脂糖凝胶电泳分离→碱变性液浸泡→中和液漂洗→如图 10-12 所示进行 DNA 印迹转移→80℃下烘烤 1～2h 或短波紫外线交联法固定 DNA→与放射性同位素标记探针杂交→放射自显影后→确定阳性重组子。

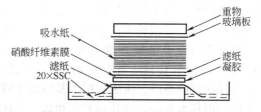

图 10-12　Southern 印迹转移示意图

这一过程需要注意以下几点：①平铺的滤纸需事先用 20×SSC（氯化钠和柠檬酸钠混合液）饱和，下层滤纸比凝胶稍大，上层滤纸与凝胶一般大小即可，而且与凝胶接触的层面不能留有任何气泡，否则会严重影响 DNA 转移效果；②重物的重量不可过大，否则会将凝胶压碎，一般在 400～500g 左右；③转移过程中需更换 2～3 次吸水纸，以保证 DNA 转移的充分；④此膜转移后即可用于下一步的杂交反应，如果不马上使用，可用保鲜膜包好，室温下置真空中保存备用，如果时间较长，应置于−20℃；⑤该方法对于分子量较大的片段效果不是很理想，为保证转移效果，分子量超过 10kb 的片段转移的时间需更长些。

由于经典的利用毛细管虹吸作用的转移法转移效率不高，特别是对于分子量较大的 DNA 片段，需要长时间转移。目前大多数实验室采用真空转移法和电转移法。

真空转移法的基本原理是利用真空作用将膜缓冲液从上层通过凝胶抽到下层真空室中，同时带动核酸片段转移到凝胶下面的尼龙膜或硝酸纤维膜上（图 10-13）。

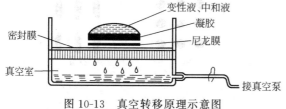

图 10-13　真空转移原理示意图

真空转移法是一种简单、快速、高效的 DNA 和 RNA 印迹法。最大优点是快速，可在转膜的同时进行 DNA 的变性与中和，整个过程只需 30min 至 1h。

电转法的原理是利用电场的电泳作用将凝胶中的 DNA 转移到固相支持物上，是近年来发展起来的一种简单、迅速、高效的 DNA 转移法（图 10-14）。一般只需 2～3h 即可完成转移过程。特别是对于用虹吸法不理想的大片段 DNA 的转移较为适宜。

2. Northern 印迹杂交

1979 年，J. C. Alwine 等人发明了将 RNA 分子变性及电泳分离后，从电泳凝胶转移到固相支持物上进行核酸杂交的方法，由于该方法与 Southern 印迹杂交法十分相似，所以称为 Northern 印迹杂交。该法主要针对 RNA 分子的检测，由于 RNA 分子与硝酸纤维素膜结合能力相对较差，该方法中采用的是叠氮化的活性滤纸或尼龙膜。而且 RNA 分子与 DNA

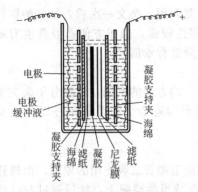

图 10-14　电转移原理示意图

电极　凝胶支持夹　海绵
电极缓冲液　尼龙膜
凝胶支持夹　滤纸　凝胶　滤纸　海绵

分子有所不同，一般不能采用碱变性处理，同时，在 RNA 电泳时必须解决 2 个问题：一是防止单链 RNA 形成高级结构，故必须采用变性凝胶电泳；二是电泳过程中始终要有效抑制 *RNase* 的作用，防止 RNA 分子的降解破坏，现在一般采用 MOPS 缓冲液进行凝胶电泳。

3. 斑点印迹杂交（dot blot）

这是检测 DNA 片段的另一种方法，如果只要检测克隆菌株、动植物细胞株或转基因个体、器官、组织提取的总 DNA 或 RNA 样品中是否含有目的基因时，则可采用斑点印迹杂交进行检测（图 10-15）。这种方法是在 Southern 印迹杂交的基础上衍生出来。根据杂交点的形状分为斑点印迹杂交法与狭缝印迹杂交法（slot blot），斑点印迹为圆形，而狭缝印迹为线状（图 10-16），一般说来前者更清晰，定量更为准确。两种方法的基本原理和操作步骤相同，即直接点样于硝酸纤维素膜或尼龙膜上，或者通过特殊的加样器将变性的 DNA 或 RNA 核酸样品转移到适当的杂交滤膜上，然后再与核酸探针分子进行杂交以检测核酸样品中是否存在目的基因。该法常用于基因组中特定基因及其表达情况的定性和定量研究，是实验中的常用技术之一。与其他方法相比，其优点是简单、快速、经济，可在同一张杂交膜上同时进行多个样品的检测，同时也适用于粗提核酸样品的检测，但该法不能用于鉴定所测基因的分子质量，且特异性不高，有一定比例的假阳性。随着斑点杂交技术的推广应用，也可将序列特异的探针先点到膜上，再用待测的 DNA 片段带上标记进行杂交分析，此种杂交被称为"反向杂交"，这样操作的好处在于可以同时进行多行分析、多个序列分析，批量较正向杂交大。

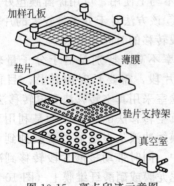

加样孔板
垫片
薄膜
垫片支持架
真空室

图 10-15　斑点印迹示意图

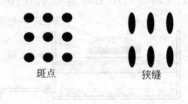

斑点　　　　狭缝

图 10-16　斑点及狭缝杂交示意图

4. 菌落（或噬菌斑）原位杂交

菌落原位杂交技术（hybridization in situ）由 M. Grunstein 和 D. Hosness 于 1975 年提出，其制样方法与 Southern 印迹完全不同，利用 DNA 探针与重组体菌落中的相应 DNA 进行复性杂交而加以检测，这是一种分子杂交与组织化学相结合的技术，也称杂交组织化学、细胞杂交或原位组织化学。1977 年，W. D. Benton 和 R. W. Davis 等对其加以改良建立了筛选重组体噬菌斑的杂交技术。

与其他分子杂交技术不同，这类技术是直接把菌落或噬菌斑印迹转移到硝酸纤维素滤膜或尼龙膜上，不必进行核酸分离纯化、限制性核酸内切酶酶切及凝胶电泳分离等操作，而是经溶菌和变性处理后使 DNA 暴露出来并与滤膜原位结合，再与特异性 DNA 或 RNA 探针杂交，筛选出阳性菌落或噬菌斑，即含有目的基因的重组子。如图 10-17 所示。

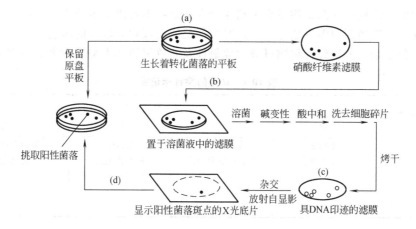

図中文字:
(a)
保留原盘平板
生长着转化菌落的平板 → 硝酸纤维素滤膜
(b)
溶菌 碱变性 酸中和 洗去细胞碎片
置于溶菌液中的滤膜
挑取阳性菌落
(d)
烤干
杂交 放射自显影
显示阳性菌落斑点的X光底片 ← 具DNA印迹的滤膜 (c)

图 10-17　菌落原位杂交法筛选重组转化子

这种方法具有以下特点：（1）特异性高，可以精确定位；（2）能在成分复杂的组织中进行单一细胞的杂交，而不受同一组织其他成分的影响；（3）不需要从组织中提取 DNA，可完整地保持组织与细胞的形态，对于组织中含量极低的靶序列有极高的敏感性。

（三）核酸杂交的探针与标记

上述各种筛选和鉴定重组子的核酸杂交方法中，共同的特点是除了要有固相支持物外，还要有探针分子。所谓杂交探针，是指具有一定特点和要求的核苷酸片段，它能与互补的核酸序列复性杂交，并且通过适当标记进行检测。这些特点包括：①高度特异性；②杂交稳定性，重复性好；③来源容易，制备简便等。

1. 核酸杂交的探针的种类

DNA 探针种类很多，按来源及性质分类，DNA 探针有基因组探针、人工合成寡核苷酸探针及 cDNA 探针。

（1）基因组探针。从基因组中我们可以获得与目的基因同源或部分同源的探针，一般长度约为 20～25 个核苷酸。

（2）cDNA 探针。主要包括 2 个部分，一部分是在逆转录过程中对总 RNA 或 mRNA 进行标记制备的总 cDNA 探针，主要是用于高丰度的 mRNA 的 cDNA 克隆的筛选；一部分是对消减法或差示法获得特异性的 cDNA 片段进行标记而获得的特异性 cDNA 探针，这类探针一般用于筛选 cDNA 文库中那些对应于低丰度的 mRNA 的目的克隆。

（3）人工合成的寡核苷酸探针。当探针分子无法直接从基因组或 cDNA 获得时，通常会根据目的基因或目的基因编码的蛋白质进行人工设计合成探针，一般长度为 10～30bp，甚至可达 50bp。

2. 探针的制备

对于基因组探针，一般采用限制性核酸内切酶酶切和基因克隆的手段进行制备获得所需的 DNA 探针。对于寡核苷酸探针，通常可以采用以下 3 种方法来制备：①利用基因的化学合成手段进行制备，这种方法起源于上个世纪 50 年代；②使用 T4 DNA 连接酶制备，可将数个短的探针连接成长片段探针分子；③利用 PCR 技术进行制备，设计与 DNA 探针序列两侧互补的 PCR 引物进行扩增获得目的探针分子。

3. 探针标记物的种类与特性

作为探针的 DNA 序列，只有带上标记物后才能检测显示所要检测的目的 DNA 序列，因此 DNA 探针在进行分子杂交前必须进行标记。作为一个理想的标记物应该具备以下特点：①检测灵敏度高；②标记方法简单；③相对稳定，保存时间长；④特异的理化性质如光谱学特征或生化活性；⑤标记物不会影响探针和标记物本身的基本特性；⑥标记时不影响碱基配对特异性；⑦当用酶促方法标记时，对酶促反应的底物无较大的影响。

常用于分子杂交的探针标记物可分为放射性及非放射性 2 大类，如表 10-2 所示。

表 10-2　常用的探针标记物

放射性同位素	非放射性同位素			
	生物素	酶类	半抗原	荧光素
^{3}H ^{32}P ^{14}C ^{35}S ^{125}I	生物素 光敏生物素	碱性磷酸酶 辣根过氧化物酶	地高辛 磺基化胞苷	异硫氰酸荧光素 羟基香豆素 罗丹明

（1）放射性标记物　放射性标记物主要是指放射性同位素，常见的放射性同位素有 ^{3}H、^{32}P、^{14}C、^{35}S、^{125}I 等，其中以 ^{3}H、^{32}P、^{35}S 最为常用。放射性同位素衰变时，不稳定同位素变为稳定同位素，同时从原子核内发出射线。发出的射线能感光 X 片，留下轨迹。放射性同位素标记灵敏度高，可以检测到 $10^{-14} \sim 10^{-18}$ g 的物质，在最适条件下，可以测出样品中少于 1000 个分子的核酸含量。但放射性同位素存在污染环境、有碍健康、废物较难处理和半衰期短等弊端。

（2）非放射性标记物　目前已广泛应用的非放射性标记物有生物素、酶类、半抗原类以及荧光素等。非放射性标记物的最大优点在于无放射性污染，分辨力高，稳定性好，可以较长时间保存使用，但与同位素相比，敏感性及特异性较差。

① 生物素（biotin）　是一种水溶性维生素，属于 B 族维生素。使用时将生物素连接在核酸探针上，利用亲和素对生物素有极高的亲和力的原理，分子杂交后通过亲和素（avidin）或链亲和素（streptavidin）与酶结合，进行化学反应检测。其分子中的戊酸羟基经化学修饰活化后可携带多种活性基团，成为活化的生物素，活化的生物素能与蛋白、糖类或核酸等偶联，从而使这些物质带上生物素标记，当带有标记物的亲和素与偶联的生物素之间结合后，即可被显示。使用生物素标记的核酸探针时，需注意不能用酚法纯化探针，因为结合在探针上的生物素能使 DNA 进入酚相。生物素与亲和素的结合具有专一、迅速和稳定的特点，并能放大检测信号。

② 酶类　主要有辣根过氧化物酶（horseradish peroxidase，HRP）和碱性磷酸酶（alkaline phosphatase，AP）。辣根过氧化物酶或碱性磷酸酶直接标记在探针上，利用酶的化学反应显色或光化学反应中发出的光进行自显影。

③ 半抗原类　在核酸分子上用半抗原标记制备成免疫核酸探针，使之能用免疫学方法检测。最常用的地高辛（digoxigenin，DIG）是一种类固醇类的半抗原，又称为异羟基洋地黄毒苷配基，自然界中仅在毛地黄植物中发现，因此其他生物体中不含有抗地高辛的抗体，避免了采用其他半抗原作标记可能带来的背景问题。DIG 通过一个含 11 个碳原子组成的连接臂与尿嘧啶核苷酸嘧啶环上的第 5 个碳原子相连，形成地高辛标记的尿嘧啶核苷酸。

④ 荧光素（fluorescein）　荧光素标记物有异硫氰酸荧光素（FITC）、羟基香豆素、罗丹明等。它是一类能在激发光作用下发射出荧光的物质，荧光素与核苷酸结合后即可作为探针标记物，主要用于原位杂交检测。荧光素标记探针可通过荧光显微镜观察检出，或通过免疫组织化学法来检测，如荧光原位杂交技术（FISH）。

4. 探针标记的方法

DNA 探针标记方法多种多样，不同的标记方法获得的探针的灵敏度、分辨率和特异性等都不同，而且不同方法适用于不同类型探针分子的标记。目前常用的标记方法有缺口平移标记法、随机引物标记法、末端标记法、酶直接标记法及 PCR 反应标记法等。

（1）缺口平移标记法（nick translation labeling）　缺口平移标记法是早期实验室的 DNA 探针标记法。它主要是利用大肠杆菌 DNA 聚合酶Ⅰ将标记的 dNTP 掺入到新合成的 DNA 链中，形成带标记物的 DNA 探针。线状、超螺旋及带缺口的环状双链 DNA 均可作为缺口平移法的模板。具体合成过程是：利用 *DNase*Ⅰ在 DNA 链上随机形成单链缺口，然后在 DNA 聚合酶Ⅰ的 5′→3′核酸外切酶活性在缺口处将旧链从 5′末端逐个切除。同时，利用 DNA 聚合酶Ⅰ的 5′→3′聚合酶活性将带有标记的 dNTP 连接到缺口的 3′末端-OH 上，以互补 DNA 单链为模板合成新的 DNA 单链，这样在新合成的单链上带有标记物而成为 DNA 探针（图 10-18）。

（2）随机引物标记法（random primer DNA labeling）　该方法是近年来发展起来的一种较理想的 DNA 探针标记方法，已成为实验室 DNA 探针标记的常规方法。利用随机引物，与模板 DNA 结合，在 DNA 聚合酶作用下按 5′→3′方向合成与模板互补的新 DNA 链，当反应液中含有标记物时，即形成标记的 DNA 探针（图 10-19）。

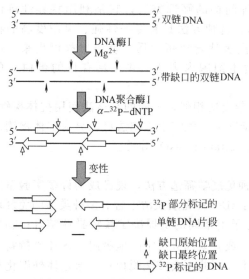

图 10-18　缺口平移标记法原理示意图

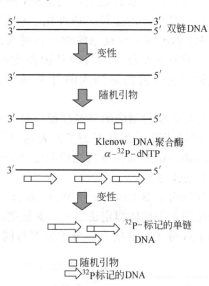

图 10-19　随机引物标记法原理示意图

（3）末端标记法（DNA terminal labeling）　与缺口平移法及随机引物法不同，末端标记法并不将 DNA 片段的全长进行标记，而是只将其一端进行部分标记，将标记物导入线性 DNA 的 5′或 3′端。

5′端标记法采用 T4 多核苷酸激酶（T4 polynucleotide kinase，PNK），该酶能特异性地将 ^{32}P 从（γ-^{32}P）ATP 转移到 DNA 的 5′-OH 上，由于大多数 DNA 的 5′端含有磷酸基团，因此在标记前先要碱性磷酸酶将磷酸基团切除。3′端的标记采用末端脱氧核苷酰转移酶（terminal deoxytransferase，TDT）来进行标记，该酶能不依赖模板将 dNTP 加到单链或双链 DNA 的 3′末端上，可将单个或多个标记的核苷酸加到 3′端上。

（4）酶直接标记法　以辣根过氧化物酶为例，其先与对苯醌（PBQ）结合，再利用对苯醌的活化基团与聚乙烯亚胺（PEI）结合，形成带大量正电荷 HRP-PBQ-PEI 复合物。复合物再与带负电荷的 DNA 片段结合，再利用交联剂戊二醛的酰胺键，共价结合交联在一起，形成稳定的酶-DNA 复合物探针。标记后一个 DNA 探针分子上可以带有多个酶分子。一般情况下，利用酶法标记的探针杂交后，往往还需要结合化学发光法获得杂交信号。

（5）PCR 标记法（PCR labeling）　原理同 PCR，在反应体系中加入标记的底物进行扩增反应后即可获得探针。

（6）合成偶联标记法　在 DNA 合成过程中 5′-末端碱基先连接一个带 NH$_2$ 的衔接体，利用氨基同羟基的反应，再连接上一个酶分子或荧光分子，直接标记在寡核苷酸上，获得杂交用的探针。

5. 探针的纯化

DNA 探针标记反应结束后，反应液中还含有部分未掺入到 DNA 中去的 dNTP 等小分子以及未连接上的 DNA 序列。如不除去，有时会干扰下一步的杂交反应，因此 DNA 探针标记后需要纯化。纯化的方法通常有：（1）凝胶过滤柱层析法；（2）乙醇沉淀法；（3）反相柱层析法。同位素标记的常用 Sephadex G-50 凝胶过滤柱层析法，非同位素标记的则常用乙醇沉淀法。

四、免疫化学检测法

当克隆的目的基因既无可供选择的基因表型特征，又对其所表达的蛋白质氨基酸序列一无所知，而无法合成适当的 DNA 探针的情况下，采用免疫化学方法来筛选目的基因重组将是一种重要的途径。免疫化学检测法是一种间接的筛选方法，它是利用特异性抗体与外源 DNA 编码的抗原的相互作用而进行筛选。这种方法具有专一性强、灵敏度高的特点，只要有一个拷贝的目的基因在重组子细胞内表达合成蛋白质，就可以检测出来。使用这种方法的前提是插入的外源基因必须在宿主细胞内表达，并且具有目的蛋白质的抗体。

免疫化学检测法的基本过程与前述菌落分子杂交法相似，不同的是该法使用抗体探针，而非 DNA 探针来鉴定目的基因表达产物。通常情况下，免疫学检测法可以分为抗体检测法（antibody test）和免疫沉淀检测法（immuno-precipitation test）等类型。

1. 抗体检测法

1978 年，S. Broome 和 W. Gilbert 设计了一种免疫学筛选方法，现已成为许多实验室广泛采用的常规抗体测定法之一，其依据的原理有：①一种免疫血清中含有多种类型的免疫球蛋白 IgG 分子，这些 IgG 分子分别与同一抗原分子上不同的抗原决定簇特异性结合；②抗体分子或其某部分可牢固地吸附在固体支持物的表面上，因此不会被洗脱掉；③通过体外碘化作用，IgG 抗体会迅速地被放射性 ^{125}I 标记上。

抗体检测法根据使用抗体标记的不同分为放射性抗体检测法和非放射性抗体检测法等。

（1）放射性抗体检测法　所使用的抗体标记为放射性同位素，最常用的为 ^{125}I。具体的操作过程是：首先将转化后的菌液涂布在固体平板上，同时，还必须制备影印的复制平板。待影印琼脂平板上的菌落长好后，将平板置于氯仿饱和蒸汽中裂解菌落，使阳性菌落产生的抗原释放出来。将吸附有抗体的固体支持物（如聚乙烯薄膜），缓慢地同先前裂解的菌落接触，如果释放的抗原和抗体具有对应关系则在薄膜上形成抗原-抗体复合物。

小心取下薄膜，然后与 ^{125}I-IgG 抗体混合温

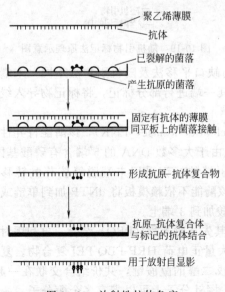

图 10-20　放射性抗体免疫
检测法筛选重组体

聚乙烯薄膜
抗体
已裂解的菌落
产生抗原的菌落
固定有抗体的薄膜
同平板上的菌落接触
形成抗原-抗体复合物
抗原-抗体复合体
与标记的抗体结合
用于放射自显影

浴，¹²⁵I-IgG便会与结合在膜上的抗原结合，洗掉过剩的¹²⁵I-IgG，经放射性自显影后，即可知母板上抗原抗体结合位置，从而获得所需的重组克隆（图10-20）。这种方法十分灵敏，抗原含量低至5pg仍然可被检测出来。

（2）非放射性抗体检测法　抗体检测法中常用到的非放射性标记物有生物素、辣根过氧化物酶（HRP）和碱性磷酸酶（AP），实验过程中将标记的抗体代替放射性同位素标记的抗体检测目的蛋白抗原-抗体复合物。这些方法也称为酶联免疫检测分析法（ELISA），具有较高的灵敏度和特异性，也解决了放射性核素标记物带来的半衰期及安全防护等问题，是一类很有发展前途的检测方法。

2. 免疫沉淀检测法

该法是在生长菌落的平板中，加入抗某种蛋白质分子的特异性抗体。如果有些菌落的细菌会分泌出这种蛋白质，那么在它的周围就会出现由一种叫做沉淀素（precipitin）的抗体-抗原沉淀物所形成的白色圆圈。故可用这种方法筛选含目的基因的重组子。该方法操作简便，但灵敏度不高，实用性较差。

具体方法是：在生长有转化子菌落的平板中，补加有抗体和溶菌酶的琼脂，小心倾注到菌落的上面，并使之凝固。在溶菌酶的作用下，菌落表面的细菌发生溶菌反应，逐步释放出细胞内部的蛋白质。如果有某些菌落的细胞能够分泌出目的基因编码的蛋白质，它们就会同包含在琼脂培养基中的抗体发生反应，在菌落周围产生白色的沉淀圈。

五、转译筛选法

转译筛选法，可以分为杂交抑制转译（hybrid arrested translation）和杂交选择转译（hybrid selected translation）两种不同的筛选策略，其突出优点在于将克隆的DNA同所编码的蛋白质产物之间的关系对应起来。这两种方法都要通过无细胞翻译系统（cell free translation system）检测经处理后的mRNA的生物学功能。常用的无细胞翻译系统有麦胚提取物系统和网织红细胞提取物系统，像遗传密码破译过程时提到的大肠杆菌无细胞合成系统一样，系统中包含有基因表达所需要的全部因子，如RNA聚合酶、核糖体、tRNA、核苷酸、氨基酸以及合适的缓冲液组成成分。

（1）杂交抑制转译筛选法　杂交抑制转译筛选法，有时也称阻断转译杂交法，适于高丰度mRNA的检测，这种方法所依据的原理是，在体外无细胞的转译体系中，目的基因的转录产物mRNA一旦同DNA分子杂交之后，就不再能够指导蛋白质多肽的合成，即mRNA的转译被抑制了。具体过程是：从转化子菌落或噬菌体群体中制备质粒DNA，变性后在高浓度的甲酰胺溶液条件下（这种条件有利于形成DNA-RNA杂种分子，但不利于形成DNA-DNA杂种分子，同时又能阻止线性质粒DNA再环化），与原群体的总mRNA进行杂交。将杂交混合物中核酸回收，加入到无细胞转译体系进行体外转译。由于在无细胞转译体系中加有³⁵S标记的甲硫氨酸，因此转译合成的多肽蛋白质，可以通过聚丙烯酰胺凝胶电泳和放射自显影进行分析。把其结果同未经杂交处理的mRNA的转译产物作比较，便可找出一种其转录合成被抑制了

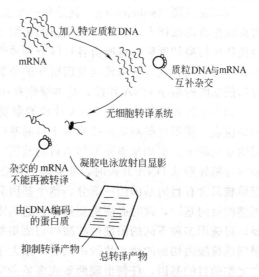

图10-21　杂交抑制转译筛选法的基本过程

的 mRNA，这就是同目的基因变性 DNA 互补而彼此杂交的 mRNA。根据这种目的基因编码的蛋白质转译抑制作用，就可以筛选出含有目的基因的重组质粒的大肠杆菌菌落群体（或噬菌斑群体）。若杂交组缺少某种蛋白质（被杂交抑制了的 mRNA 的产物），表明供杂交用的那部分重组子群中含有目的基因。然后，将这个群分成若干较小的群，并重复上述实验程序，直至最后鉴定出含目的基因的单一阳性重组子。具体过程如图 10-21 所示。

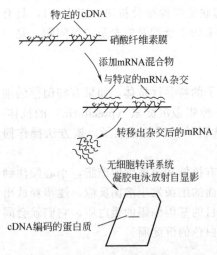

特定的cDNA

硝酸纤维素膜

添加mRNA混合物

与特定的mRNA杂交

转移出杂交后的mRNA

无细胞转译系统
凝胶电泳放射自显影

cDNA编码的蛋白质

图 10-22　杂交选择转译筛选法的基本过程

（2）杂交选择转译筛选法　杂交选择转译筛选法，有时也称杂交释放转译法（hybrid released translation），是一种灵敏度更高的阳性重组子直接筛选法，可适用于检测低丰度 mRNA（只占总 mRNA 的 0.1% 左右）产物的 cDNA 重组子。基本原理与杂交抑制转译法相似，不同的是，该方法不是间接抑制的 mRNA 的体外转译，而是直接选择目的 mRNA 进行体外转译。具体过程前期同前一种方法一样制备质粒 DNA 分子，并经适当处理后转移到固相支持物（如硝酸纤维素滤膜）上，然后同未分离的 mRNA 或总 RNA 杂交，经过洗膜，分离纯化出与质粒 DNA 分子结合的mRNA（液-液杂交可通过柱层析回收杂交的 mRNA）。最后同前面一样加入到无细胞体系中进行体外转译，并最终获得单个阳性重组子，如图 10-22 所示。

六、亚克隆法

在基因工程操作中，阳性重组子一经筛选并鉴定后，接下来的工作就是确定目的基因的精确位置。因为克隆过程中，外源 DNA 片段不可能正好就是以完整的基因或是 cDNA 全长存在，较小的片段还好可能是基因的一部分，但较大的片段可能仅一小部分为基因序列，其他部分为非目的片段。为了确定基因在 DNA 片段上的精确位置，删除非目的片段，对于重组 DNA 的遗传分析会起到非常重要的作用。常规的方法有酶切图谱法、印记法等，但这些方法只能将基因定位在某一限制性核酸内切酶片段上，更为精确和有特别价值的方法是亚克隆分析法。

所谓亚克隆（subcloning）就是从一个克隆的 DNA 片段上分割几个区域，分别将之再次克隆在新的载体上，获得一系列新的重组子的过程。一般是将重组 DNA 分别用几种限制性核酸内切酶切割后，将所得各片段分别重组到载体上，再转化宿主细胞，通过对转化细胞的表型鉴定或其他方法来确定基因所在的位置。该方法在定位目的基因的同时，也分离出含有目的基因的最小 DNA 片段，基本操作程序如图 10-23 所示。

如果事先知道这个外源 DNA 片段的限制性核酸内切酶酶切图谱，则可选用几个理想的酶切位点，使得这些酶切片段略大于目的基因，那么仅须筛选或鉴定少数转化子就能得到所需的亚克隆子。但如果事先不知道目的基因的酶切图谱，当仅选用一种或少数几种限制性核酸内切酶处理该 DNA 片段时，亚克隆的位点可能出现在目的基因内部，造成杂交阳性的重组质粒只含有目的基因的一部分，整个基因分布在两个或两个以上的亚克隆子中而无法获得完整的目的基因，这时必须重新选择合适的限制性核酸内切酶重新进行分析。根据实验的需要，可选用多种不同的限制性核酸内切酶切割 DNA 片段，然后进行探针杂交，如果在某个限制性核酸内切酶的酶切片段中只有一条大于目的基因的杂交阳性带，这个片段则有可能包含完整的目的基因，任何出现两条或多条杂交阳性带的限制性核酸内切酶以及出现小于目的基因长度的均可被排除。探针的分子越大，这种检测方法就越有效。

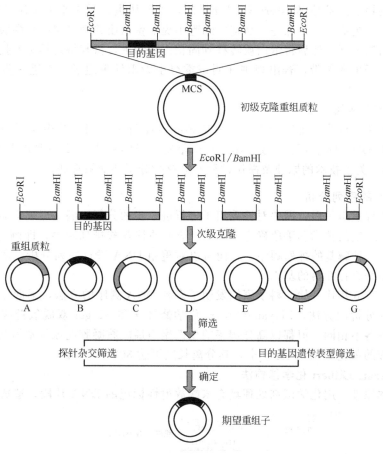

图 10-23　亚克隆的基本操作程序

第三节　阳性重组子的验证与分析

一、阳性重组子的验证

筛选出来的阳性重组子，在进行序列分析之前往往还需要进一步验证，目前实验室中常采用的方法有如下几种。

（一）酶切鉴定法

该方法需结合凝胶电泳技术观察检测结果。采用该法鉴定重组质粒 DNA 分子时，需要先对宿主细胞进行小规模培养，然后采用碱裂解法小量提取制备重组质粒 DNA，再用原来的限制性核酸内切酶进行酶切消化，最后通过琼脂糖凝胶电泳进行分析，并与已知相对分子质量的载体 DNA 和目的基因 DNA 分子作对照。这样经凝胶电泳后应有两条带：一条是迁移距离较小相对分子量较大的带（相当于质粒载体 DNA）；另一条是迁移距离较大相对分子量较小的带（相当于目的基因 DNA 分子）。

（二）PCR 鉴定法

以载体上的通用引物，如 pGEM 载体系列中多克隆位点两侧分别是 SP6 和 T7 启动子的序列，或以目的基因的两端序列设计引物进行 PCR 扩增，利用琼脂糖凝胶电泳检测，观察电泳图谱中是否出现与原有目的基因大小一致的条带，如果出现则说明该重组质粒是阳性的。

（三）表达产物鉴定法

该方法的核心技术是 Western 印记分析法，用于从蛋白质水平上鉴定产物是否确是目的基因的产物。主要操作步骤是：从宿主细胞中提取蛋白质并通过聚丙烯酸胺凝胶电泳将不同大小的蛋白质分开，然后将蛋白质转移到固相支持物上，再与特定标记的抗体结合，经适当处理后看是否出现条带，若出现则证明该重组子为阳性重组子，在进一步分离纯化以供研究。

（四）印迹分析法

这里的印迹分析法主要包括 2 种：一是 Southern 印迹，当实验中需要检测的目的基因来源于基因组 DNA 时使用；一是 Northern 印迹，当实验中需要检测的目的基因来源于 cDNA时使用。关于技术的原理及操作过程参见核酸分子杂交筛选法。

二、DNA 的序列分析

验证出阳性重组子后，需要对该重组子进行进一步的分析以满足后续实验的需要。序列分析是指通过一定的技术和手段确定 DNA 分子上的核苷酸排列顺序，即测定 DNA 分子的 A、T、G、C 4 种碱基的排列顺序。因而可以对重组 DNA 进行序列分析，通过测序的结果鉴定重组子中是否存在目的基因。

从 20 世纪 70 年代开始，科学家们发明了多种 DNA 测序的方法，下面介绍 2 种比较经典核苷酸序列分析的方法，Maxam-Gilbert 化学修饰法和 Sanger 双脱氧链终止法。这 2 种方法虽然原理各不相同，但都以高分辨率的变性聚丙烯酰胺凝胶电泳技术为基础，将差别仅有一个核苷酸的单链 DNA 区分开来，其分离长度可达 300～500bp。

（一）Maxam-Gilbert 化学修饰法

（1）基本原理　用化学试剂处理具有末端放射性标记的 DNA 片段，造成碱基的特异性

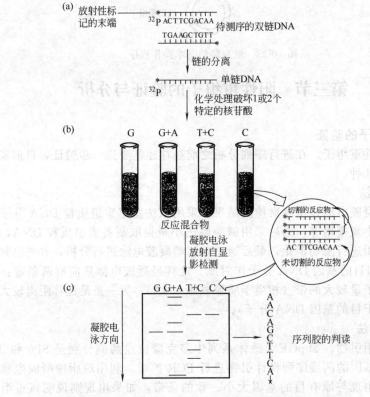

图 10-24　Maxam-Gilbert 化学修饰法测序的基本原理

切割。由此产生的一组具有各种不同长度的 DNA 片段的反应混合物，经聚丙烯酰胺凝胶电泳分离和放射自显影后，便可根据 X 光片底板上所显现的相应谱带，直接读出待测 DNA 片段的核苷酸顺序。如图 10-24 所示。

该法的技术关键在于如何精确的使 4 种碱基中的 1～2 种发生特异性化学切割，从而产生带有末端标记的 DNA 片段。切割原理主要是先在要切除的碱基上进行修饰，然后将修饰的碱基从其糖环上转移出去，并在该位点发生 DNA 链的断裂。常用的化学试剂包括：肼（hydrazine），也叫联氨，它专一性识别 C 和 C+T 的化学切割反应；硫酸二甲酯（dimethy-sulphate）特异性地切割 G；甲酸（formic acid）特异性地切割 G 和 A。

（2）序列测定的基本步骤　Maxam-Gilbert 化学修饰法测序的基本步骤如下：①对待测定的 DNA 片段作末端标记，待测的 DNA 片段可以是单链也可以是双链，$5'$ 端采用 T4 多核苷酸激酶标记，$3'$ 端采用 T4 DNA 聚合酶标记；②将末端标记的 DNA 片段分成 4 个反应试管（G、G+A、T+C、C）进行特异性化学切割反应；③变性聚丙烯酰胺凝胶分离切割后的 DNA 片段；④放射自显影，在 X 光底片上显现出可判读的谱带，进行读序。

（二）Sanger 双脱氧终止法

这种方法是由英国剑桥分子生物学实验室的生物化学家 F. Sanger 等人于 1977 年发明的，是一种简单快速的 DNA 序列分析法。由于这种方法需要使用单链的 DNA 模板和适当的 DNA 合成引物，因此有时也称这种方法为引物合成法或酶催引物合成法。

1. 基本原理

以单链 DNA 为模板，在 DNA 聚合酶作用下合成出准确的 DNA 互补链，若在反应物中加入一定比例的 $2'$，$3'$-双脱氧核苷三磷酸（ddNTP），则 ddNTP 便可掺入到 dNTP 的位置上。由于 ddNTP 在脱氧核糖的 $3'$ 位置上脱去一个羟基（图 10-25），不能再于后续的 dNTP 形成磷酸二酯键，从而终止 DNA 链的生长。

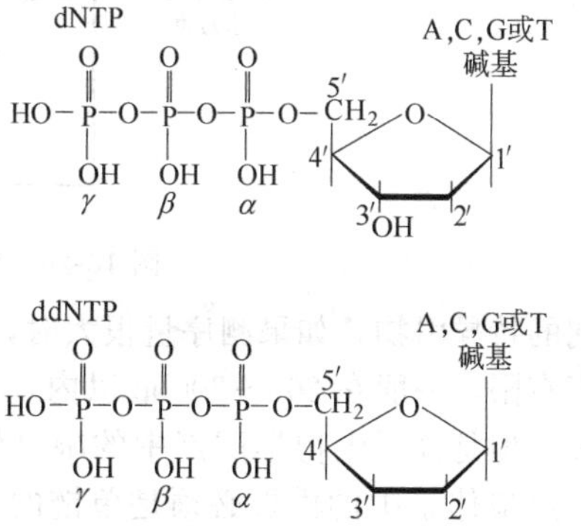

如果在 4 组独立的反应体系中分别加入引物、模板、DNA 聚合酶和 4 种 dNTP（其中一种带有放射性标记）以及一种 ddNTP，那么反应后将得到不同长度的 DNA 片段混合物。它们都具有同样的 $5'$ 末端，并在 $3'$ 末端的 ddNTP 处终止。将 4 组反应物变性，在可以区分长度仅差一个核苷酸的条件下，平行进行凝胶电泳分析，再通过放射自显影术，检测单链

图 10-25　dNTP 与 ddNTP 的分子结构式

DNA 片段的放射性带，即可在 X 光底片上直接读出 DNA 上的核苷酸顺序，如图 10-26 所示。

2. Sanger 双脱氧终止法的操作过程

在实际的 DNA 合成反应中，我们使用失去了 $5'\rightarrow3'$ 核酸外切酶活性的 DNA 聚合酶 I 的 Klenow 大片段来催化合成单键 DNA 模板序列的互补链，整个过程如下：首先平行配制 4 组反应体系，寡核苷酸特异引物与模板 DNA 退火，形成部分双链结构，在有 Klenow 大片段存在的情况下，4 种 ddNTP 分别与 dNTP（其中一种具有放射性标记）竞争掺入新合成的 DNA 链中而终止链的延伸，将获得的大量不同长度的混合物平行加样于变性的聚丙烯酰胺凝胶中进行电泳，放射自显影读序。

3. Sanger 双脱氧终止法的延伸

（1）Sanger 双脱氧-M13 体系 DNA 序列分析法　在实验过程中，Sanger 双脱氧终止法可以获得很好的实验结果，但是也存在着一定的缺陷：①反应体系中每一个测序反应都需要不

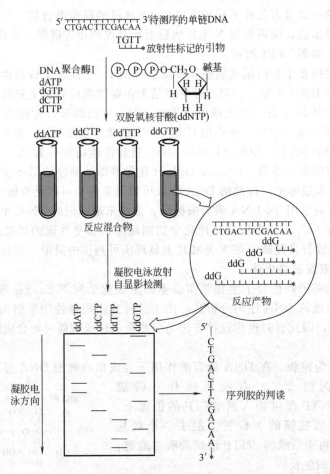

图 10-26　Sanger 双脱氧终止法测序的基本原理

同的特异引物，如果测序量很大时，这无疑是一个花费很高的工作；②该方法的测序片段的长度有限，一般在 200～300bp 以内，如果前期获得的片段较大则测序前必须酶切消化变成小片段，但是分子生物学试剂中的限制性核酸内切酶是很昂贵的，既浪费时间，又增加了消费；③反应体系中的模板必须是单链的，双链的 DNA 片段必须先变性才能进行测序等。

为了克服上述缺陷，科学家们又将 Sanger 双脱氧终止法与 M13 单链 DNA 噬菌体载体结合起来。这样一来，由于该载体克隆产生的 DNA 分子都是单链的，就免去了实验前变性的操作，而且 M13 单链 DNA 噬菌体载体在克隆时都插入到载体的固定位置，因而可直接利用载体克隆位点两侧的序列作为 DNA 片段扩增的引物序列，就不用多次合成，成为测序的"通用引物"。

这种方法的操作步骤如下：首先是通过 DNA 重组，将准备进行序列测定的 DNA 片段克隆在 M13 载体系列的特定位点上，由于外源 DNA 的插入便破坏了 *lac* 操纵子的功能，因此获得了 DNA 插入片段的重组体噬菌体，在含有 IPTG 和 X-gal 的检测培养基平板上形成白色的噬菌斑，而非重组体的噬菌体则形成蓝色的噬菌斑。根据这种表型选择特性，从白色的噬菌斑中分离重组体噬菌体，并制备出单链 DNA，就可以直接按双脱氧链终止法进行序列分析。

（2）Sanger 双脱氧-pUC 体系 DNA 序列分析法　除了引入 M13 噬菌体载体系列，也可以将待测定的 DNA 片段克隆到质粒载体上，直接用闭合环形的双链质粒 DNA 按双脱氧链终止法进行 DNA 序列分析。由于通常使用的质粒多是 pUC 载体系列，所以又称为 Sanner

双脱氧-pUC 体系 DNA 序列分析法。

这种方法的最大优点在于，它无需将 DNA 克隆到 M13 噬菌体载体上，而可直接使用碱变性的双链闭合环形的质粒 DNA 作模板进行序列分析。因此，它比 M13 法显得更为简单快速，现已被许多研究工作者采用。

（三）现代 DNA 测序技术的发展

随着 DNA 测序技术的不断发展和其重要性的日益提高，DNA 序列分析已变得越来越简单快速，朝着自动化和商品化的方向发展，从而极大地提高了 DNA 序列分析的速度及准确性。

以末端终止法为核心的第一代测序技术-化学测序方法，成熟于 20 世纪 80 年代。进行 DNA 测序时，DNA 分子被切断为大的片段，测得大片段的序列后，继续将大片段剪切为小片段，逐步测定整个基因组顺序。但是这种方法存在着操作步骤繁琐、效率低、速度慢，还需用放射性同位素作为标记物等缺点。因此，许多科学家一直在致力于 DNA 测序法的自动化研究。

20 世纪 90 年代以 DNA 序列自动化分析仪为标志的第二代测序技术，是以集成化、自动化为基础的基因测序技术，这为大规模的基因测序奠定了基础，测序方法也从平板胶电泳发展为毛细管电泳。从而使包括人类基因组计划在内的多个生物的全基因组的测序得以完成。随着技术的不断改进，现在人们已经不断研制出各种操作简便、快速、自动化程度高、应用范围广的各种 DNA 测序仪，其通量较第一代测序技术有明显的大幅度的提升（其中代表机型有：ABI310、377、3100、3700、3730、MegaBACE1000、4000、4500）。但是，这些自动化分析仪的价格十分昂贵，因此大规模基因测序工作大多只能局限于专业测序中心来完成，供大型、昂贵的研究项目所用。

近年来，出现了一些新的技术和方法。这些技术和方法不断得到创新和改良，在保证基因组测序足够精确度的前提下，操作程序的优化，测定一种基因组变得越来越简单起来，测试的成本也呈现直线下降的趋势。现在一种被称为"革命性的基因组测序技术"的全新测序方法，使科学家们希望只要花费一千美元即可测得一个人的全基因组即将成为可能。

例如，Solexa 高通量测序法。Solexa 方法是利用单分子阵列测试 genotyping，此种测序法首先是将 DNA 从细胞中提取，然后将其打断到约 100～200bp 大小，再将接头连接到片段上，经 PCR 扩增后制成文库。随后在含有接头的芯片（flow cell）上将已加入接头的 DNA 片段绑定在 flow cell 上，经反应，将不同片段扩增。在下一步反应中，4 种荧光标记的染料应用边合成边测序（sequencing by synthesis，SBS）的原理，在每个循环过程里，荧光标记的核苷和聚合酶被加入到单分子阵列中，互补的核苷和核苷酸片段的第一个碱基配对，通过酶加入到引物上，多余的核苷被移走。这样每个单链 DNA 分子通过互补碱基的配对被延伸，利用生物发光蛋白，比如萤火虫的荧光素酶，可通过碱基加到引物后端时所释放出的焦磷酸盐来提供检测信号。针对每种碱基的特定波长的激光激发结合上的核苷的标记，这个标记会释放出荧光。荧光信号被 CCD 采集，CCD 快速扫描整个阵列检测特定的结合到每个片段上的碱基。通过上述的结合，检测可以重复几十个循环，这样就有可能确定核苷酸片段中的几十个碱基。

Solexa 的这种方法，可在一个反应中同时加入 4 种核苷的标签，采用 SBS 测序法可减少因二级结构造成的一段区域的缺失。并具有所需样品量少，高通量，高精确性，拥有简单易操作的自动化平台和功能强大等特点，此反应可以同时检测上亿个核苷酸片段，因此在同一个芯片或几个芯片上花费很少（只需常规方法的 1%）的成本就可测试全基因组。

随着 DNA 测序表达谱产品（DNA sequencing，expression profiling）以及 microRNA

分析平台（solexa genome analysis system）相继问世，使得此种方法在更多的领域得到应用。

本 章 小 结

目的基因是重组 DNA 的重要组成部分，获得目的基因的方法有多种，主要包括蛋白质水平、mRNA 水平及 DNA 水平 3 个层次，比较常用的获得差异表达基因的方法是 mRNA 差异显示技术和抑制消减杂交技术。获得目的基因之后，下一步要做的工作就是要将目的基因与克隆载体在体外连接形成重组 DNA，通常采用的方法有平末端连接法、黏性末端连接法、衔接体连接法、人工接头连接法和同聚物加尾连接法等。这一过程主要用到的是限制性核酸内切酶和连接酶。为了提高连接效率，必须防止载体 DNA 分子的自身环化。带有外源 DNA 分子的重组 DNA 在体外构建成功之后，必须将其导入适当的宿主细胞中进行繁殖，如原核细胞（最常用的是大肠杆菌）或其他真核细胞等，才能获得大量的、单一的重组 DNA。重组 DNA 导入宿主细胞的方法和途径很多，针对宿主细胞的不同方法也各不一样。常用的方法包括转化（或转染）、转导、显微注射和基因枪等多种不同的方法。外源 DNA 转化到宿主细胞之后，我们还需要在整个转化的细胞群中筛选出含有目的基因的阳性重组子，这是基因工程操作中一项十分重要的工作。而采用一套行之有效的方法将重组子细胞筛选出来，在很大程度上与所采用的实验方案有关。根据外源基因、载体、宿主细胞以及外源 DNA 分子导入宿主细胞的手段等的不同而采用不同的方法，主要有遗传表型直接筛选法、核酸分子杂交法、免疫化学检测法、转移筛选法和亚克隆法等，通过筛选获得大量阳性重组子。在进行下一步实验之前还要对阳性重组子进行验证，可通过限制性核酸内切酶的酶切、凝胶电泳以及 DNA 序列分析等手段或者多种方法相结合进行验证，以保证实验结果的可靠性。

思 考 题

1. 构建重组 DNA 的方法主要有几种？各有何优缺点？
2. 如何防止线状载体 DNA 分子的自身环化？
3. 怎样将一个平末端 DNA 片段插入到固定的限制位点中去？
4. 如何制备大肠杆菌的感受态细胞并实现重组质粒 DNA 的转化？
5. 如果在转化实验中，对照组不该长出菌落的平板上长出了菌落，试分析其原因？
6. 重组子筛选的方法有哪些？试比较各种方法的特点。
7. 斑点印迹杂交与 Southern 印迹杂交相比，主要有哪些差别？
8. 根据 Sanger 双脱氧测序的原理，画出 CTGACCTGAGCCAT 的自显影图谱。
9. 测序之前，为何要使 DNA 保持单链形式？

第十一章 目的基因的表达

基因表达技术是基因工程技术的核心。到目前为止，已构建了多种基因表达系统，包括原核生物基因表达系统和真核生物基因表达系统，不同表达系统具有各自的特点。目的基因在宿主细胞中的表达包括转录和翻译两个环节，它是在一系列酶蛋白和调控序列的共同作用下完成的。

第一节 目的基因表达的机制

一、目的基因的起始转录及 mRNA 的延伸

目的基因在宿主细胞中的有效表达是基因工程的核心问题，目的基因的起始转录是基因表达的关键步骤。因此，转录起始的速率是基因表达的限速步骤。选择可调控的启动子和相关的调控序列，是构建一个表达系统首先要考虑的问题。一般来说，理想的可调控的启动子在细胞生长的初期是不表达或低水平表达的，当细胞增殖达到一定的密度后，在某种特定的诱导因子（如光、温度和化学药物等）的诱导下，RNA 聚合酶开始转录合成 mRNA。

原核生物基因表达的启动子可分为两大类：诱导型启动子和组成型启动子，前者如 *lac*、*trp*、λP_R、λP_L、*tac* 等启动子，后者如 T7 噬菌体的启动子。真核生物基因表达的启动子也可分为诱导型和组成型等类型。目的基因在真核生物中的起始转录和表达相对复杂，启动子和增强子序列是目的基因在真核细胞中表达必需的。

目的基因起始转录后，保持 mRNA 的有效延伸、终止及稳定存在是外源基因有效表达的关键。在转录物内的衰减和非特异性终止都可诱发转录中的 mRNA 提前终止（premature termination）。衰减子在原核生物中一般位于操纵子的启动子与第一个结构基因之间，类似于简单的终止子，在构建表达载体时要尽量避免该序列的存在。为了防止 mRNA 在转录过程中的非特异性终止，可以在构建表达载体时加入抗终止的序列元件（anti-terminator）。另一方面，存在正常转录终止序列也是目的基因有效表达的必要条件，它可以防止产生不必要的转录产物，使 mRNA 的长度限制在一定的范围内，从而增加目的基因表达的稳定性。对于真核细胞来说，表达载体上含有转录终止序列和 poly（A）掺入位点是目的基因表达的重要条件。转录终止序列可以减少 DNA 逆转录产生反义 mRNA 的概率，进而减少反义 mRNA由于结合转录模板而抑制目的基因的表达。poly（A）掺入的信号序列 AAUAAA 对 mRNA3′端的正确加工和 poly（A）的加入至关重要，AAUAAA 位点的缺失甚至可以导致基因表达产物的减少。

mRNA 的稳定性直接决定翻译产物的多少。对原核细胞来说，最佳的方法是选择一个 *RNase* 缺失的受体菌。对真核细胞来说，则需要考虑增加 mRNA 的正确加工，提高成熟 mRNA 的稳定性。

二、目的基因 mRNA 的翻译

翻译是 mRNA 指导多肽链合成的过程。翻译的起始是多种因子协同作用的过程，其中包括 mRNA、16S rRNA、fMet-tRNA 之间的碱基配对等。在原核细胞中影响翻译起始的因素有：起始密码子、核糖体结合位点（SD 序列）、起始密码与 SD 序列之间的距离和碱基组成、mRNA 的二级结构、mRNA 上游的 5′端非翻译序列和蛋白编码区的 5′端序列等。

对于真核细胞来说，mRNA 的 5′非翻译区不存在 SD 序列，但绝大多数 mRNA 的起始序列都含有共同的序列 5′-CCA（G）CCATGG-3′，如果改变这一序列，可大大降低翻译的起始效率。另外，在起始密码 AUG 的上游区域含有另一个起始密码，此密码又不被随后的一个符合阅读框的终止密码所终止，则该起始密码会影响 mRNA 翻译的起始。

不同基因组的使用密码子也是具有选择性的，有的密码子在一种基因组中使用的频率高，而在另一种基因组中使用的频率则较低。通常把在基因组中使用频率较高的密码子被称为主密码子（major codon），使用频率较低的密码子称为罕用密码子（rare codon）。如果目的基因 mRNA 的主密码子与宿主细胞基因组的主密码子相同或接近，则该基因表达的效率就高；反之，如果目的基因含有较多的罕用密码子，其表达水平就低。

mRNA 上的终止密码子对翻译的效率有很大影响。原核生物（如 E. coli）中合成多肽链的释放是由 RF$_1$ 和 RF$_2$ 两个释放因子（release factor）所调控的，在原核细胞中，由于 UAA 同时识别两个释放因子，一般作为翻译的终止密码。RF$_1$ 识别终止密码子 UAA 和 UAG，而 RF$_2$ 识别终止密码子 UAA 和 UGA。在真核生物细胞中也存在释放因子 eRF。三个终止密码子的翻译终止效率存在明显差异，UAA 在基因表达中的终止效率最高。在实际应用中，通常将几个终止密码串联在一起保证翻译的有效终止。据研究报道，在大肠杆菌中，以四个核苷酸组成的顺式序列 UAAU 作为终止密码可有效地终止多肽链的合成。

三、提高目的蛋白的表达

大肠杆菌中表达的外源蛋白常常被菌内蛋白酶降解，导致外源基因的表达水平大大降低。为了提高表达蛋白的稳定性，避免目的基因表达蛋白降解可以从如下几个方面考虑。

① 表达融合蛋白，融合蛋白较稳定，在融合蛋白中外源蛋白与宿主细胞蛋白能形成良好的杂合构象，这种构象不同于两种蛋白单独存在时的构象，它能在较大程度上封闭外源蛋白分子上的水解酶作用位点，增加稳定性，不易被细菌蛋白酶水解。同时，在很多情况下融合蛋白还具有较高的水溶性。

② 表达分泌蛋白，表达分泌蛋白的载体，在起始密码子后有一段编码信号肽的序列，所产生的融合蛋白 N 端的原核序列即为信号肽。此表达蛋白可从胞质跨过内膜进入周质空间，防止了宿主菌对表达蛋白的降解，同时也减轻了宿主菌代谢负荷，并且使表达产物恢复天然构象。

③ 构建包涵体表达系统。目的基因的表达产物以包涵体的形式存在于宿主细胞中，这种难溶性沉淀复合物不易被宿主蛋白水解酶所降解。

④ 采用某种突变株，可采用大肠杆菌蛋白酶缺陷型菌株作受体菌，可使大肠杆菌蛋白酶合成受阻，从而使蛋白质得到保护，不被降解。也可以将编码细菌蛋白酶抑制剂的基因（如 T4 噬菌体的 Pin 基因）克隆到质粒中，将此质粒转化到受体菌中，其产物可使细菌的蛋白酶受到抑制，使表达蛋白受到保护。

第二节　目的基因表达的制约因素

表达体系是由目的基因、表达载体与宿主细胞组成的完整体系。基因工程的最终目的是在一个合适的表达系统中，使克隆的目的基因高效表达。目的基因在宿主细胞表达与否以及表达水平受到很多因素的制约，因此在基因表达载体构建和诱导表达过程中必须予以重视。

一、制约目的基因表达的常见因素

制约目的基因表达的常见因素主要有：目的基因是否插入在正确的阅读框架中；目的基因是否有效转录（如启动子的作用）；mRNA 是否有效翻译（如 SD 序列等作用）；翻译后是

否经过适当修饰和加工过程等。这些因素在不同的表达体系又有着不同的差别，这种差别不但与基因的来源，基因的性质有关，而且与载体和宿主细胞有关。

1. 阅读框架的影响

阅读框架是由每三个核苷酸为一组连接起来的编码序列。目的基因只有在它与载体DNA的起始密码相吻合时，才算处于正确的阅读框架之中。在制约目的基因表达的众多因素中，最重要的是外源目的基因本身必须置于正确的阅读框架之中。

如果插入的目的基因和表达载体的序列及其各个酶切位点都很清楚，那么就可以选择适当的酶切位点，外源目的基因与载体连接后，使其阅读框架恰好与载体的起始密码吻合。

构建一组载体，使每个载体与相对于起始密码子 AUG 的翻译位相的位点不同，分别与外源目的基因拼接，即可获得所有可能的三位位相，其中必有一种位相可以保证目的基因处于正确的阅读框架中。

2. 启动子与转录的影响

在原核细胞的转录过程中，决定目的基因有效表达的关键因素是目的基因必须在载体DNA 的启动子控制之下，而且启动子又能被宿主细胞中的 RNA 聚合酶有效识别。不同的启动子的效率不同，强启动子指导产生较多量的 mRNA，弱启动子指导下转录合成的mRNA数量较少。

启动子的强度主要决定于启动子的结构组成。在原核细胞中，启动子 DNA 序列中两个高度保守区域是必需的（-10 区与-35 区），没有这两个高度保守区域，就没有启动作用。但是启动子 DNA 序列中保守性较差部分和两个保守区之间的核苷酸数量也影响启动子的效率。在大肠杆菌中，控制多数基因的启动子都是弱启动子，但控制 β-半乳糖苷酶基因的 lacUv5 启动子和控制色氨酸合成的 trp 启动子都是比较强的启动子。一些人工组建的启动子，如 trp-lacUv5 启动子等也有很强的指导功能。菌体内启动子的效率是可以调节的。不同启动子有不同的调节机制，如在 E. coli 中的 lac 抑制物调节，trp 启动子受 trp 抑制物调节等。

3. 翻译过程对表达的影响

目的基因要在宿主细胞中高效表达，除要有强启动子指导产生大量 mRNA，还在翻译过程要求合适的条件。例如在 mRNA 链上要有一个可利用的核糖体结合位点，以确保mRNA能被有效翻译。在大肠杆菌中，核糖体结合位点包括 SD 序列和一个起始密码（AUG 或 GUG，编码蛋白质序列的第一个氨基酸——fMet，此氨基酸在翻译后常常被切除）。

在原核细胞中影响翻译效率的主要因素有以下几点。①SD 序列与 rRNA 的 16S 亚基 3′末端序列之间的互补程度，是影响翻译效率的主要因素。②起始密码 AUG 与 SD 序列之间的距离以及 SD 序列的核苷酸组成对翻译能力的影响。③起始密码之后的一个核苷酸对mRNA与核糖体的结合的影响。④基因末端的转录终止区的影响。目的基因末端除要安装好启动子，还要注意终止区的设置。否则，转录及表达过程可能会有以下情况：①转录和翻译物不必要地加长，造成大量无用的蛋白质产生，增加了细胞能量的消耗；②转录所形成的产物可能形成二级结构，从而降低了翻译的效率；③可能会发生启动子堵塞现象，也就是从克隆基因的启动子开始转录可能干扰另一个重要基因的转录与翻译。

4. 目的基因沉默

基因沉默（gene silencing）主要表现在转基因动物和植物中，是导致目的基因不能正常表达的重要因素。其作用机制主要有 3 种。

（1）转录水平的基因沉默，是在 DNA 水平上的基因调控，主要是由于目的基因的启动子的甲基化或异染色质化而引起的。重复序列（repeat sequences）可导致自身甲基化，目的基因若以多拷贝的形式整合到同一位点上，形成首尾相接的正向重复（direct repeat）或头对头、尾对尾的反向重复（invert repeat）序列，则目的基因不能表达，并且拷贝数越多，基因沉默现象越严重。其原因可能是由于重复序列自发配对，甲基化酶特异性地识别这种配对结构而使其甲基化，从而抑制其表达。除此以外，重复序列间的相互配对还可导致自身的异染色质化，其机制可能是直接使重复序列局部异染色质化或异染色质化相关的酶能识别重复序列之间配对形成的拓扑结构，与之结合并将重复序列牵引到异染色质区。

（2）转录后水平的基因沉默是在 RNA 水平上的基因调控，比转录水平的基因沉默更普遍。共抑制（cosuppression）是转录后水平基因沉默的一种，是指被整合的目的基因沉默的同时，与其同源的内源 DNA 的表达也受到抑制。转录后水平的基因沉默的特点是目的基因能够转录成 mRNA，但不能积累正常的 mRNA，mRNA 合成后就被降解或被相应的反义RNA 或蛋白质封闭，因而不能指导蛋白质的翻译。

（3）位置效应是指基因表达受基因在基因组中位置的影响。在动物和植物转基因中，目的基因进入细胞核中并整合到染色体 DNA 上，其整合的位点与基因的表达密切相关。如果目的基因整合到转录活性高、甲基化程度低的常染色质上，一般是可以表达的，但其表达的强度受两侧 DNA 序列的影响。如果目的基因整合到转录活性低、甲基化程度高的异染色质上，一般就不能进行表达。

目的基因沉默是在核酸水平上 DNA 与 DNA，DNA 与 RNA，RNA 与 RNA 相互作用的结果。由于同源序列或重复序列是基因沉默的普遍原因之一，因而在构建表达载体时，应尽可能避免与内源序列具有较高的同源性。此外，可以通过选择甲基化酶活性较弱的宿主细胞或采用化学物质（如 5-氮胞嘧啶）处理宿主细胞，从而抑制甲基化。

二、原核系统高效表达外源真核基因的措施

基因工程主要是克隆真核基因在原核或真核细胞中的表达。真核基因在原核细胞中表达存在的困难主要有：①从真核基因转录的 mRNA 缺乏 SD 序列，不能结合到核糖体蛋白上；②细菌 RNA 聚合酶不能识别真核基因的启动子；③真核基因一般含有内含子，而原核细胞缺乏真核细胞转录后加工系统，mRNA 中的内含子不能切除，成熟的 mRNA 不能形成，不能表达真核蛋白质；④表达的真核蛋白质在原核细胞中不稳定，容易被细菌蛋白酶酶解破坏。为了能在原核细胞中高速度、高水平的表达真核基因，人们采取了许多措施来克服以上问题。

1. 调整 SD 序列和起始密码子之间的距离

不与细菌的任何蛋白或多肽融合在一起的表达蛋白称为非融合蛋白。为了在原核细胞中表达出非融合蛋白，可将带有起始密码 AUG 的真核基因插到原核启动子和 SD 序列下游，组成一个杂合的核糖体结合区，经转录翻译，得到非融合蛋白。

表达非融合蛋白的关键是原核 SD 序列和真核 AUG 的距离。距离过长、过短都不利于基因表达。对于不同的基因以及不同的启动子，最适距离是不一样的，一般为 5～8 个碱基。增加一个碱基或减少一个碱基，表达效率大幅降低。SD 序列与 AUG 之间的距离可采用基因工程的方法进行调整。

当真核基因与一个质粒载体连接后，在距离真核基因的 AUG 上游约 100bp 内，要求有一个限制性酶切位点，用核酸内切酶消化和核酸外切酶修饰到不同长度，然后，插入带有 SD 序列的原核启动子，于是便得到一套重组 DNA，它们每一个在原核 SD 序列和真核 AUG 之间都有不同长度的距离，选择那些距离适宜的重组体，即能高水平的表达非融合蛋白。

2. 克隆一段原核序列，促进抗蛋白酶降解的融合蛋白的表达

在有些情况下，真核基因是以融合蛋白的形式表达的。融合蛋白的 N 端由原核 DNA 序列编码，C 端由基因的完整序列编码。可见，这样的蛋白是由一条短的原核多肽和真核蛋白质结合在一起的，所以称融合蛋白。表达融合蛋白有以下几个优点：①融合蛋白较稳定，不易被细菌蛋白酶水解；②如果原核多肽是一段信号肽，可产生分泌型产物；③可利用针对原

核多肽部分的单克隆抗体进行亲和层析，便于纯化；④原核多肽部分可用蛋白酶切掉，释放出天然的真核蛋白质。因此，融合蛋白是避免细菌蛋白酶破坏的最好措施。为了得到正确的真核蛋白，在插入真核基因DNA时，阅读框架与原核DNA片段的密码阅读框架一致翻译时，才不致产生移码现象。

在融合蛋白被表达之后，必须从融合蛋白中将原核多肽降解。由于原核多肽的性质不同，降解方法也不同。一个有普遍意义的方法是血球凝聚因子裂解法。牛的凝血因子Xa能识别特异的4肽顺序：Ile（异亮）-Glu（谷）-Gly（甘）-Arg（精），并从Arg的肽键处切断，因此，如果在编码原核多肽的密码和真核基因之间，插入编码这个4肽的12个核苷酸，翻译的融合蛋白顺序为：原核多肽-Ile-Glu-Gly-Arg-真核蛋白。用Xa水解，分离出真核蛋白。

3. 减轻宿主细胞的代谢负荷

外源基因在细菌中高效表达，必然影响宿主的生长和代谢；而细胞代谢的损伤，又必然影响外源基因的表达。合理地调节好宿主细胞的代谢负荷与外源基因高效表达的关系，是提高外源基因表达水平不可缺少的一个环节。为了合理调节这种矛盾关系，使宿主细胞的代谢负荷不至过重，又能高水平的表达出目的基因产物，一般采用下面几种措施。

将宿主菌的生长和目的基因的表达分开成为两个阶段，是减轻宿主细胞的代谢负荷最为常用的一个方法。一般采用温度诱导或药物诱导。在特定条件下，培养含重组DNA表达载体的受体菌，由于细菌的生长大约20min繁殖一代，此时受体菌不断增殖，同时也使转化到受体菌中的重组DNA载体得到大量地扩增。当细菌生长到所需浓度时，在培养液中加入诱导剂或改变培养温度，此时，细菌生长速度减慢，主要是以目的基因的表达为主。如含lac启动子、P_L噬菌体启动子和T7噬菌体启动子的重组DNA载体分别导入大肠杆菌进行表达时，都是采取将细菌的生长与目的基因表达分开的方法。这样可大大减轻宿主细胞代谢负荷，提高目的基因的表达水平。

减轻宿主细胞代谢负荷的另一个措施，是将宿主细胞的生长和重组DNA的复制分开，当宿主细胞迅速生长时，抑制重组质粒的复制；当细胞生物量积累到一定水平后，再诱导细胞中质粒DNA的复制，增加质粒拷贝，拷贝数的增加必将伴随目的基因表达水平的提高。质粒pcnol是温度控制诱导DNA复制最好的例子。用该质粒转化宿主菌，25℃时宿主中仅有此质粒10个拷贝，宿主细胞大量生长；但当温度升高到37℃时，质粒大量复制，每个细胞中质粒拷贝数可高达1 000个。

第三个措施是表达蛋白的分泌，蛋白质分泌到细胞质以外的细胞质膜周质空间以及细胞外的环境中称为输出蛋白。仅存在于细胞外环境中的蛋白质称外泌蛋白；在周质及其以外的蛋白质称为分泌蛋白。在原核细胞中，由于蛋白酶的降解，合成蛋白质的产率有时会降低到1%以下。如果表达蛋白能不断从原核细胞中分泌出来，将可减少酶的降解，也极大地减轻了宿主代谢负荷。蛋白质依靠其N末端的信号肽才能顺利的分泌到细胞外面，蛋白质在核糖体上被合成以后，信号肽便能引导蛋白质通过膜到达细胞外面。信号肽被细胞分泌的信号肽酶水解，有活性的蛋白质则被释放出来。

第三节　目的基因表达系统

目的基因表达系统泛指目的基因与表达载体重组后，导入合适的宿主细胞，并能在其中有效表达，产生目的基因产物（目的蛋白）。由此可知，目的基因表达系统由基因表达载体和相应的宿主细胞两部分组成。基因表达系统有原核生物基因表达系统和真核生物基因表达系统。目前应用最广泛的原核生物基因表达系统有：如大肠杆菌表达系统、芽孢杆菌表达系统、链霉菌表达系统和蓝藻表达系统等；真核生物基因表达载体系统有：酵母菌、植物细胞、昆虫细胞和哺乳动物细胞表达系统等。

目的基因在原核细胞中的表达包括两个主要过程：即 DNA 转录成 mRNA 和 mRNA 翻译成蛋白质。与真核细胞相比，原核生物的基因表达有以下特点。①原核生物只有一种 RNA 聚合酶（真核细胞有 3 种），识别原核细胞的启动子，催化所有 RNA 的合成。②原核生物的基因表达是以操纵子为单位的。操纵子是数个相关的结构基因及其调控区的结合，是一个基因表达的协同单位。调控区主要分为三个部分：操纵基因、启动子及其他有调控功能的部位。③由于原核生物无核膜，所以转录与翻译是偶联的，二者也是连续进行的。原核生物染色体 DNA 是裸露的环形 DNA，转录成 mRNA 后，可直接在胞浆中与核糖体结合翻译形成蛋白质。在翻译过程中，mRNA 可与一定数目的核糖体结合形成多核糖体（polyribo-some）。两个核糖体之间有一定长度的间隔，为裸露的 mRNA。每个核糖体可独立完成一条肽链的合成，即在一条 mRNA 链上可以有多个核糖体同时进行合成反应，大大提高了翻译效率。④原核基因一般不含有内含子，在原核细胞中缺乏真核细胞的转录后加工系统。因此，当克隆含有内含子的真核基因在原核细胞中转录成 mRNA 前体后，其中内含子部分不能被切除。⑤原核生物基因的表达调控主要是在转录水平。这种调控比对基因产物的直接调控要慢。对 RNA 合成的调控有两种方式：一种是启动子调控方式；另一种是衰减子调控方式。⑥在大肠杆菌 mRNA 的核糖体结合位点上，含有一个翻译起始密码子及同 16S rRNA 3′末端碱基互补的序列，即 SD 序列。

一、大肠杆菌表达系统

大肠杆菌是一种革兰阴性细菌，其遗传背景清楚，目标基因表达的水平高，培养周期短，目前大多数目的基因都是以大肠杆菌为受体系统进行表达的，它是到目前为止应用最广泛的基因表达系统。

1. 大肠杆菌表达载体

表达载体是用来在受体细胞中表达（转录和翻译）外源基因的载体，是外源基因在大肠杆菌中表达所不可缺少的重要工具。理想的大肠杆菌表达载体要求具有以下特征：①稳定的自主复制能力，在无选择压力下能存在于大肠杆菌细胞内；②具有显性的转化筛选标记；③启动子的转录是可以调控的，抑制时本底转录水平较低；④转录的 mRNA 能够在适当的位置终止，转录过程不影响表达载体的复制；⑤具备适用于目的基因插入的酶切位点。

表达载体除具有克隆载体所具有的性质以外，还带有表达元件：转录和翻译所必需的 DNA 序列。

（1）复制子　大肠杆菌基因表达系统的表达载体一般是质粒表达载体，含有大肠杆菌内源质粒复制起始位点和有关序列组成的能在大肠杆菌中有效复制的复制子。在大肠杆菌质粒载体中常见的复制子有 ColE1、pMB1、p15A 和 pSC101 等。其中含 pMB1、p15A 和 ColE1 复制子的质粒载体以松弛方式复制，每个细胞内的拷贝数为 10～20 个。含 pSC101 复制子的质粒载体以严谨方式进行复制，每个细胞内质粒的拷贝数少于 5 个。在同一大肠杆菌细胞内，含同一类型复制子的不同质粒载体不能共存，但含不同类型复制子的不同质粒载体则可以共存于同一细胞中。

（2）启动子和终止子　启动子是调控目的基因转录的重要顺式元件，它与 mRNA 的合成有很大关系。在大肠杆菌细胞中大多数基因的启动子与转录起始位点之间的距离为 6～9bp，但对于要表达的目的基因来说，启动子与转录起始位点的最佳距离有待实验来确定。

大肠杆菌表达载体中通常使用调控型的强启动子，如 lac 启动子（乳糖启动子），trp 启动子（色氨酸启动子），λ 噬菌体 P_L 启动子（λ 噬菌体的左向启动子），tac 启动子（乳糖和色氨酸的杂合启动子）等。除以上几种最常用的启动子外，还有一些其他类型的启动子用于表达系统的构建，这些表达系统的特点是通过对菌体发酵和代谢过程条件的控制，实现对目标蛋白表达的调控，这是大肠杆菌表达系统走向产业化的发展方向。

① 糖原调控型　采用大肠杆菌半乳糖转移系统 *Mgl* 启动子或沙门菌阿拉伯糖基因 *Ar-aB* 启动子构建表达载体，这两个启动子受葡萄糖抑制，岩藻糖和阿拉伯糖是它们的诱导物。其调控机理类似于 *lac* 表达系统。

② pH 调控型　采用大肠杆菌赖氨酸脱羧酶基因 *CodA* 启动子构建表达载体，*CodA* 启动受培养基的 pH 调控。

③ 营养调控型　采用大肠杆菌碱性磷酸酯酶基因 *PhoA* 启动子或 3′-磷酸甘油转移酶系统 *Ugp* 启动子构建表达载体，这两个启动子受培养基中的无机磷浓度调控，具有较高的转录水平。

④ 溶氧调控型　采用大肠杆菌丙酮酸甲酸裂解酶基因 *Pfl* 启动子，硝基还原酶基因 *NirB* 启动子构建表达载体，这些启动子中都含有对氧响应的调节因子 *Fnr* 的作用位点。

⑤ 生物素调控型　用大肠杆菌生物素操纵子及其调控区构建表达载体，细菌的生长受生物素的调控，能够在没有外界物理、化学信号介入条件下自动诱导表达目的基因。

终止子对目的基因的表达同样起着非常重要的作用。对 RNA 聚合酶起强终止作用的终止子在结构上有一些共同的特点，有一段富含 A/T 的区域和一段富含 G/C 的区域。G/C 富含区域又具有回文结构，这段终止子转录后形成的 RNA 具有茎环结构，并且有与 A/T 富含区对应的一串 U。终止子能有效控制目的基因 mRNA 的长度，提高 mRNA 的稳定性，避免质粒上其他基因的异常表达。目的基因在强启动子控制下的表达易发生转录过头现象，形成不同长短的 mRNA 混合物。过长的转录产物不仅使目的基因的转录速度大大降低，同时也影响 mRNA 的翻译效率。因此，在构建表达载体时一般采用强的启动子和强的终止子，以达到高效表达的目的。

(3) 核糖体结合位点　原核基因核糖体结合位点是指紧靠启动子下游的，从转录起始位点开始延伸几十个碱基长度的一段序列，翻译起始密码 AUG 通常位于它的中心位置。核糖体结合位点中与 rRNA 16S 亚基 3′ 端互补的核心部分为 SD 序列。SD 序列在结构上表现为是一个富含嘌呤区。UAAGGAGG 和 AAGGA 是最常见的典型序列，它位于翻译起始密码的上游，距离一般为 5～13 个碱基长度。SD 序列对于形成翻译起始复合物，有效地进行蛋白质翻译是必需的。此外，SD 序列与起始密码之间的碱基组成也影响翻译的起始效率，研究表明，SD 序列后面的碱基为 AAAA 或 UUUU 时，翻译起始的效率最高，而当序列为 CCCC 或 GGGG 时，翻译的起始效率分别为最高值的 50% 和 25%。虽然缺乏 SD 序列的 mRNA 的蛋白质翻译过程也能进行，但效率明显降低。因此许多大肠杆菌表达载体的启动子下游都设计了包括 SD 序列在内的核糖体结合位点，目标基因编码区插入 SD 序列下游即可实现表达。也有一些表达载体不含 SD 序列，以适用于带有自身 SD 序列的原核基因表达。

(4) 密码子　不同生物甚至同种生物的不同蛋白质的基因对简并密码子的使用具有一定的选择性。在构建大肠杆菌表达载体时，要考虑所表达基因的种类和性质，或对目的基因的碱基进行适当置换，或对克隆载体上的调控序列进行适当的调整。

(5) 选择标记　通过物理或化学的方法将质粒载体转移到受体菌时只有少部分细菌能接受并稳定保持质粒载体。为了简便地从大量的菌群中将被转化的细胞分离出来，必须在构建质粒载体时加上选择性标记，使得转化体产生新的表型。微生物表型选择标记包括显性标记和营养缺陷型标记等。对于大肠杆菌等宿主菌的克隆载体来说，一般选择抗生素抗性基因作为选择标记基因，常见的有氨苄青霉素、四环素、氯霉素和链霉素等抗性基因。一般来说，大肠杆菌表达载体上都带有一个以上的抗性基因。在构建大肠杆菌表达载体过程中，选择何种抗生素抗性基因，还需考虑是否会对特定宿主细胞的代谢活动产生影响。

2. 常用宿主菌

大肠杆菌表达系统表达的基因一般都是异源基因，某些甚至是真核生物基因，而在细胞内积累大量的异源蛋白极易被细胞所降解，造成重组异源蛋白在大肠杆菌中不稳定，为了使目的基因得到高效表达，必须构建作为基因表达受体菌的大肠杆菌工程菌株。目前，常用于目的基因表达的大肠杆菌工程菌株如表 11-1 所示。

表 11-1 常见的大肠杆菌基因表达受体菌株

菌　株	基因型	启动子
BL 21	*hsd S gal*	T7 噬菌体
HMS174	*rec*A1 *hsd*R *Rif*^{r}	T7 噬菌体
M5219	*lac Z trpA rpsL*	λ 噬菌体 P_L
RB791	W3110 *lacI*^{q}① L8	*lac*,*tac*

① *lacI*^{q} 是一种能产生过量 LacI 阻遏蛋白的基因突变体。

3. 常见的大肠杆菌表达系统

目前较为广泛应用的表达系统主要包括以下几种：*lac* 和 *tac* 表达系统，P_L 和 P_R 表达系统，T7 表达系统等。

(1) *lac* 和 *tac* 表达系统　最早建立并得到广泛应用的表达系统是以大肠杆菌 *lac* 操纵子调控机理为基础设计和构建的表达系统，称为 *lac* 表达系统。大肠杆菌 *lac* 操纵子由启动子（*lacP*）、操纵子（*lacO*）和结构基因（*lacZ*、*lacY*、和 *lacA*）三部分组成。*lac* 操纵子是研究最为详尽的大肠杆菌基因操纵子，它具有多顺反子结构，基因排列次序为：启动子-操纵基因-结构基因。该操纵子的转录受正调节因子 *CAP* 和负调节因 *lacI* 的调控，CAP-cAMP 复合物与 *lac* 操纵子上专一位点结合后，能促进依赖 DNA 的 RNA 聚合酶与-35 序列和 Pribnow 序列的结合。在无诱导物情形下，*lacI* 基因产物形成四聚体阻遏蛋白，与启动子下游的操纵基因紧密结合，阻止转录的起始。异丙基-D-硫代半乳糖苷（IPTG）等乳糖类似物是 *lac* 操纵子的诱导物，它们与阻遏蛋白结合后使其改变构象，导致与操纵基因的结合能力降低而解离出来，*lac* 操纵子的转录因此被激活。由于 *lac* 操纵子具有这种可诱导调控基因转录的性质，因此 *lacP*、*lacO* 和 *lacI* 等元件及它们的一些突变体经常被用于表达载体的构建。*lacUV5* 突变体能够在没有 *CAP* 存在的情形下非常有效的起始转录，受它控制的基因在转录水平上只受 *lacI* 的调控，因此用它构建的表达载体在使用时比野生型 *lacP* 更易操作。

tac 启动子是由 *trp* 启动子的-35 序列和 *lacUV5* 的 Pribnow 序列拼接而成的杂合启动子，调控模式与 *lacUV5* 相似，但 mRNA 转录水平更高于 *trp* 和 *lacUV5* 启动子。因此在要求有较高基因表达水平的情况下，选用 *tac* 启动子比用 *lacUV5* 启动子更优越。用 *tac* 启动子代替 *lacUV5* 启动子构建的表达系统称为 *tac* 表达系统。

在一般大肠杆菌中，LacI 阻遏蛋白仅能满足细胞染色体上 *lac* 操纵子转录调控的需要。随着带有 *lacUV5* 或 *Tac* 启动子的表达质粒转化进入大肠杆菌后，细胞内 *lacO* 的拷贝数增加，*lacI* 与 *lacO* 的比例显著下降，无法保证每一个 *lacO* 都能获得足够的阻遏蛋白参与转录调控。表现为在无诱导物存在的情形下，*lacUV5*、*Tac* 启动子有较高的本底转录。为了使 *lac* 表达系统、*tac* 表达系统具有严紧调控目的基因转录的能力，一种能产生过量的 LacI 阻遏蛋白的基因突变体 *lacI*^{q} 被应用于表达系统。大肠杆菌 JM109 等菌株的基因型均为 *lacI*^{q}，常被选用为 *lac* 和 *tac* 表达系统的宿主菌。但是这些菌株也只能对低拷贝的表达载体实现严紧调控，在使用高拷贝复制子构建表达载体时，仍能观察到较高水平的本底转录，还需在表达载体中插入 *lacI*^{q} 基因以保证有较多的 LacI 阻遏蛋白产生。目前不少商品化的表达载体和

表达系统都是在 *lac* 和 *tac* 表达系统基础上加以改进和发展的。如 pGEX 表达载体。

该载体是 Pharmacia 公司出品的融合蛋白表达载体系统，由 3 种载体 pGEX-1λT，pGEX-2T 和 pGEX-3X 与一种用于纯化表达蛋白的亲和层析介质（glutathione sepharose 4B）组成。pGEX 载体的组成成分基本上与其他表达载体相似，含有启动子及 *lac* 操纵基因、SD 序列、LacI 阻遏蛋白基因等。这类载体与其他表达载体不同之处是 SD 序列下游就是谷胱苷肽疏基转移酶基因，而克隆的目的基因则与谷胱苷肽疏基转移酶基因相连。当基因表达时，表达产物为谷胱苷肽疏基转移酶和目的基因产物的融合蛋白。这个载体系统具有如下优点：①可诱导高效表达；②载体内含有 LacI 阻遏蛋白基因；③表达的融合蛋白质纯化方便；④使用凝血酶和 Xa 因子就可以从表达的融合蛋白中切下所需要的蛋白质和多肽。如图 11-1 所示。

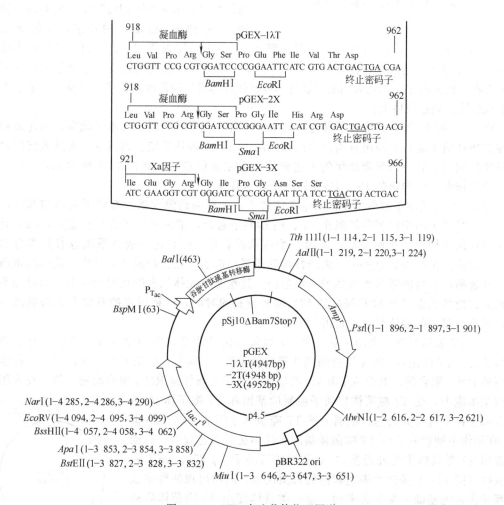

图 11-1　pGEX 表达载体物理图谱

IPTG 目前已被广泛应用于诱导 *lac* 和 *tac* 启动子的转录，但由于 IPTG 本身具有一定的毒性，从安全角度而言对表达和制备用于医疗目的的重组蛋白并不适合，一些国家也规定在生产人用重组蛋白质的生产工艺中不能使用 IPTG。克服这一限制因素的办法之一是把阻遏蛋白 LacI 的温度敏感突变体 *lacI*（*ts*）、*lacIq*（*ts*）应用于 *lac* 和 *tac* 表达系统。到目前为止，已有多种不同的 *lacI* 温度敏感突变体被鉴定，这些突变体基因插入表达载体或整合到染色体后，均能使 *lac*、*tac* 启动子的转录受到温度严紧调控，在较低温度（30℃）时抑制，

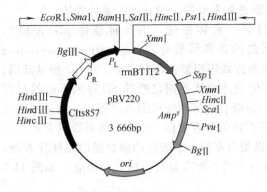

图 11-2 pBV220 的物理图谱

在较高温度（42℃）时开放。

（2）P_L 和 P_R 表达系统 是以 λ 噬菌体早期转录启动子 P_L 和 P_R 构建的。在野生型 λ 噬菌体中，P_L 和 P_R 启动子的转录与否决定 λ 噬菌体进入裂解循环或溶源循环。λ 噬菌体 P_E 启动子控制的 cI 基因表达产物是 P_L 和 P_R 启动子转录的阻遏物，而它的表达和在细胞中的浓度取决于一系列宿主与噬菌体因子之间的复杂平衡关系。由于通过细胞因子调节 cI 在细胞中含量的途径很难操作，因而在构建表达系统时，选用温度敏感突变体 $cI857$（ts）的基因产物来调控 P_L 和 P_R 启动子的转录，在较低温度（30℃）下阻遏物以活性形式存在，在较高温度（42℃）下阻遏作用失活。由于普通的大肠杆菌中不含 cI 基因表达产物，含有 P_L 和 P_R 启动子的表达载体会发生过度表达现象而导致不能稳定存在于宿主菌中。因此必须对大肠杆菌或表达载体进行遗传改造，将基因整合在宿主染色体上或组装在表达载体上。

由于 P_L 和 P_R 表达系统在诱导这一环节上不加入化学诱导剂，成本又低廉，因此最初几个在大肠杆菌中制备的药用重组蛋白质都采用 P_L 或 P_R 表达系统。目前这一表达系统的发展已经比较成熟，有一系列商品化的表达载体和宿主菌供选用。如图 11-2 所示 pBV220 是我国科学工作者自己构建的 P_L、P_R 双启动子表达载体。

pBV220 是使用了很强的 P_L、P_R 双启动子，含有编码温度敏感性阻遏蛋白的基因，在 30～32℃时产生的阻遏蛋白能阻止 P_L、P_R 的转录起始，细菌可以正常生长繁殖，42℃时该阻遏蛋白发生构象变化而失活，基因开始转录而表达。但是这一表达系统也有其本身的缺陷，首先是在热激诱导过程中，大肠杆菌热激蛋白的表达也会被激活，其中一些热激蛋白是蛋白水解酶，有可能降解所表达的重组蛋白。其次是在大体积发酵培养菌体时，通过热平衡交换方式把培养温度从 30℃提高到 42℃需要较长的时间，这种缓慢的升温方式影响诱导效果，对重组蛋白的表达量有一定的影响。

（3）T7 表达系统 利用大肠杆菌 T7 噬菌体转录系统元件构建的表达系统具有很高的表达能力。T7 噬菌体 RNA 聚合酶能选择性地激活 T7 噬菌体启动子的转录，它是一种活性很高的 RNA 聚合酶，其合成 mRNA 的速率相当于大肠杆菌 RNA 聚合酶的 5 倍。在大肠杆菌宿主细胞中，受 T7 噬菌体启动子控制的基因在 T7 噬菌体 RNA 聚合酶存在下进行高表达。根据上述 T7 噬菌体基因的特点，20 世纪 80 年代中期就有了以 T7 噬菌体基因元件构建的表达载体，启动子选用 T7 噬菌体主要外壳蛋白 10 基因的启动子（pT7）。pET 系列载体（图 11-3）是这类表达载体的典型代表，以后出现的许多载体都是在它的基础上发展起来的。这一类载体使用 T7 噬菌体启动子，能被 RNA 聚合酶所识别，因此可以在整合有 T7RNA 聚合酶基因的大肠杆菌菌株 BL21（DE3）中表达，其基因表达受 IPTG 诱导，最大表达量可占细胞总蛋白的 50%，表达产物以包涵体形式存在于细胞内。pET 系统多克隆位点上设计了 Nde I 或 Nco I 的单一切点，不带 AUG 的目的基因可以利用这两种特殊的限制性内切酶引入起始密码。pET 系统较新的型号带有 His 标记，其表达产物可用金属镍离子分离材料纯化。

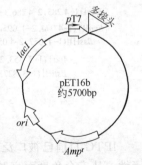

图 11-3 pET 系列载体

pT7—T7 启动子；Amp^r—氨苄青霉素抗性基因；ori—大肠杆菌复制起点；$lacI$—阻遏蛋白基因

T7 噬菌体表达系统表达目的基因的水平是目前所有表达系统中最高的，但也不可避免地出现相对较高的本底转录，如果目的基因产物对大肠杆菌宿主有毒性，会影响细胞的生长。

4. 目的基因在大肠杆菌中表达的形式

目的基因在大肠杆菌中的表达产物可能存在于细胞质、细胞周质和细胞外培养基中。其表达形式主要是形成可溶性蛋白和不溶性蛋白两种。

（1）融合蛋白的表达　外源蛋白与菌体自身蛋白以融合蛋白的方式表达后其稳定性大大增加，其原因是由于单独的外源蛋白尤其是小分子外源蛋白很容易被大肠杆菌中的蛋白水解酶所降解，多肽链上的蛋白酶切割位点暴露在分子的表面。当以融合蛋白的形式表达后，外源蛋白部分在菌体自身蛋白的引导下正确折叠，形成良好的杂合构象，而这种构象可能不同于外源蛋白的天然构象，但可在很大程度上封闭无规则折叠时暴露在分子表面的蛋白酶切割位点，从而增加其稳定性。在某些情况下，融合蛋白还具有较高的水溶性和一定的生物学活性。外源蛋白以融合蛋白的方式表达时效率较高，因为受体菌自身蛋白基因的 SD 序列和碱基组成等有利于基因的表达。

（2）分泌型外源蛋白的表达　分泌型蛋白是指目的基因的表达产物通过运输或分泌的方式穿过细胞的外膜进入培养基中。目的基因表达产物在细胞质中过度积累会影响细胞的生理功能，并给后续的分离纯化带来一定的困难。将目的基因的产物以分泌型蛋白的形式来表达则可以解决上述问题。目的基因以分泌型蛋白表达时，须在 N 端加入信号肽序列。在大肠杆菌中的分泌表达包括翻译和翻译后的运输两个过程。分泌型蛋白的 N 端由 15～30 个氨基酸组成的信号肽序列，在信号肽 N 端的最初几个氨基酸为极性氨基酸，中间和后部为疏水性氨基酸，它们对蛋白质分泌到细胞膜外起决定性作用。以分泌型蛋白的形式表达目的基因具有以下优点：简化了发酵后处理的纯化工艺；降低了外源蛋白在细胞内被蛋白酶降解的概率；通过对分泌表达的设计有利于形成正确的空间构象，获得有较好生物学活性或免疫原性的蛋白质。

（3）寡聚型外源蛋白的表达　目的基因在细胞中的表达水平与基因的拷贝数有关，当表达载体上目的基因的拷贝数增加时，可将外源蛋白的表达量提高到更高的水平。表达载体上可表达的基因包括目的基因和选择标记基因等，当细胞内质粒表达载体的拷贝数增加时，用于合成目的蛋白之外的其他蛋白的量也随之增加，而过多地表达非目的外源蛋白并非我们所需要的，因而在构建外源蛋白表达载体时，可将多个外源蛋白基因串联在一起，克隆在低拷贝质粒载体上。用这种策略表达外源蛋白时，虽然宿主细胞内质粒的拷贝数减少，但目的基因在细胞内转录的 mRNA 的拷贝数并不减少。这种方法对分子质量较小的外源蛋白更有效。目的基因多分子线性重组的方式通常有三种。一是多表达单元的重组，即每个表达单元都含有独立的启动子、SD 序列、起始密码和终止密码、终止子，形成独立转录与串联翻译的表达单元，表达单元之间的连接方向与表达效率无关。表达的外源蛋白不需经过裂解处理。这种方式适合于表达分子质量较大的蛋白。二是多编码序列重组，即将多个目的基因串联在一起，利用同一套转录调控元件和翻译起始与终止密码子，在各编码序列的接口引入蛋白酶酶切位点或可被化学断裂（如溴化氰）的位点，以这种方式特别适合外源小分子蛋白或多肽的表达。三是多顺反子重组，即多拷贝目的基因有各自的 SD 序列、翻译起始和终止信号，但基因的转录是在共同的转录启动子和终止子控制下进行的，表达的外源蛋白分子是相互独立的，这种方式对表达中等大小分子质量的外源蛋白比较合适。

（4）整合型外源蛋白的表达　将一种重组质粒导入宿主细胞后，宿主细胞的代谢会发生较大的改变，同时由于细胞不断地进行分裂，经若干次传代后宿主细胞内的重组质粒会发生丢失。因此，理想的方法是将要表达的目的基因整合到染色体的特定位置上，使之成为染色体结构的一部分而稳定地遗传和表达。将目的基因整合到染色体上时，必须整合到染色体的非必需编码区，使之不干扰宿主细胞的正常生理代谢。实现目的基因与宿主染色体整合是根据 DNA 同源交换的原理，在待整合的目的基因两侧分别组合一段与染色体 DNA 完全同源的序列。理论上，该同源序列越长，则 DNA 分子进行同源交换成功的概率越大。该同源序列的长度还与被整合的目的基因的长度有关，待整合的目的基因越长则所需要的同源序列越长。一般来说，目的基因两侧的同源序列大于 100bp。在整合目的基因的过程中，必须将可控的表达元件和选择标记基因连接在一起。为了获得含有整合基因的重组体，被选择的载体一般是那些不能在宿主细胞内进行自主复制的质粒或者为温度敏感型质粒。目的基因被交换到染色体上后，由于质粒不能进行复制和扩增，当宿主菌不断分裂和增殖后，细胞内的质粒逐渐被稀释，最终完全消失。目的基因整合到染色体上后只含有单个拷贝，在合适的条件下仍能高效表达外源蛋白。

（5）包涵体蛋白的表达　在一定的条件下，目的基因的表达产物在大肠杆菌中积累并致密地聚集在一起形成无膜的裸露结构，这种结构称为包涵体。在原核细胞表达目的基因，尤其是以大肠杆菌为宿主菌高效表达目的基因时，表达蛋白常常在细胞质内聚集，形成包涵体。包涵体主要存在于细胞质中，在某些条件下也能在细胞周质中形成。包涵体主要由蛋白质组成，并且大部分蛋白质为目的基因的表达产物，它们具有正确的氨基酸序列，但空间构象却是错误的，因而包涵体蛋白一般没有生物学活性。在包涵体中还含有宿主细胞本身的一些表达产物，如 RNA 聚合酶、核糖核蛋白、外膜蛋白以及表达载体编码的蛋白等。此外还包括 DNA、RNA 和脂多糖等非蛋白分子。包涵体形成的本质是细胞内蛋白质的不断集聚，这种集聚主要包括三个方面内容：一是折叠状态的蛋白质的集聚作用。由于目的基因的高表达蛋白为一种折叠结构的蛋白质，一般表现为水难溶性的，并且在细胞内的浓度过高，蛋白质分子之间的相互作用增加，因而易形成疏水性颗粒。二是非折叠状态的蛋白质的集聚作用。热稳定性差的外源蛋白在生长温度较高的细菌中表达时，处于还原状态的蛋白质占主要地位，蛋白质分子内部的二硫键不易形成，蛋白分子大多处于非折叠状态。而高浓度的非折叠多肽分子之间的巯基易形成二硫键，进而形成高分子质量的蛋白多聚体。三是由于蛋白质折叠中间体的作用。虽然具有天然构象的蛋白质是可溶的，但其折叠的中间体是难溶的并且半衰期较长，过多的中间体聚积形成包涵体。以包涵体形式表达的外源蛋白最突出的优点是易于分离纯化，因为包涵体的水难溶性和密度远大于其他蛋白，通过高速离心即可将包涵体蛋白与其他蛋白区分开来。此外，包涵体对蛋白酶也表现出较好的抗性。

包涵体的形成有利于防止蛋白酶对表达蛋白的降解，并且非常有利于分离。但包涵体形成后，表达蛋白不具有生物活性，因此必须溶解包涵体并对表达蛋白进行复性。包涵体形成后另一个不利方面是，由于表达产物形成包涵体，负责水解起始密码子编码的甲硫氨酸的水解酶，不能对表达的所有蛋白质都起作用，这样就可能产生 N 末端带有甲硫氨酸的目的蛋白质的衍生物，而非生物体内的天然蛋白，这可能会对某些蛋白质的性质产生影响。

5. 在大肠杆菌中高效表达目的基因的策略

大肠杆菌表达系统是目前应用最广泛的表达系统，由于待表达的目的基因结构多样，尤其是真核生物基因的结构与大肠杆菌基因结构之间存在较大差异，因而在构建表达系统时必须具体情况具体分析。一般来说，高效表达目的基因须考虑以下几个方面。

（1）优化表达载体的设计。为了提高目的基因的表达效率，在构建表达载体时对决定转录起始的启动子序列和决定 mRNA 翻译的 SD 序列进行优化。具体方法包括组合强启动子和强终止子；根据待表达目的基因的不同情况调整 SD 序列与起始密码 AUG 之间的距离及碱基的种类；增加 SD 序列中与核糖体 16S rRNA 互补配对的碱基序列，使 SD 序列中 6～8个碱基与核糖体 16S rRNA 中的碱基完全配对；防止核糖体结合位点附近序列转录后形成

"茎环"二级结构。

（2）提高稀有罕见密码子 tRNA 的表达作用。多数密码子具有简并性，而不同基因使用同义密码子的频率各不相同。大肠杆菌基因对某些密码子的使用表现了较大的偏爱性，在几个同义密码中往往只有一个或两个被频繁地使用。如编码脯氨酸的密码子包括 CCG、CCA、CCC 和 CCU 等，而其中的第一个密码子在大肠杆菌的基因中都高频地出现，而另外三个密码于出现的频率很低。同义密码子使用的频率与细胞内相应的 tRNA 的丰度呈正比，稀有密码子的 tRNA 在细胞内的丰度很低。在 mRNA 的翻译过程中，往往会由于目的基因中含有过多的稀有密码子而使细胞内稀有密码子的 tRNA 供不应求，最终使翻译过程终止或发生移码突变。此时可通过点突变等方法将目的基因中的稀有密码子转换为在宿主细胞高频出现的同义密码子。

（3）提高目的基因 mRNA 的稳定性。大肠杆菌的核酸酶系统能专一性地识别外源 DNA 或 RNA 并对其进行降解。对于 mRNA 来说，为了保持其在宿主细胞内的稳定性，可采取两种措施，一是改变目的基因 mRNA 的结构，使之不易被降解。二是尽可能减少核酸外切酶可能对目的基因 mRNA 的降解。

（4）提高目的基因表达产物的稳定性。大肠杆菌中表达的外源蛋白常常被菌内蛋白酶降解，导致目的基因的表达水平大大降低。

（5）优化发酵过程。由于细菌在比较大的发酵罐中的生长代谢活动与实验室条件下 200mL 摇瓶中的生长代谢活动存在很大差异，在进行工业化生产时，工程菌株大规模培养的优化设计和控制对目的基因的高效表达至关重要。优化发酵过程既包括工艺方面的因素也包括生物学方面的因素。工艺方面的因素如选择合适的生物反应器或发酵系统，目前应用较多的有罐式搅拌反应器、鼓泡反应器和气升式反应器等。影响因素包括以下 3 个方面的内容：

① 与细菌生长密切相关的条件或因素，如发酵系统中的溶氧、pH 值、温度和培养基的成分等，这些条件的改变会影响细菌的生长及基因表达产物的稳定性。大肠杆菌的最佳生长需要大量的溶氧，在发酵过程中必须不断地补充氧气。在发酵过程中，由于细胞不断地将代谢产物释放到环境中导致 pH 值的改变，因而在整个发酵过程中必须不断地以酸碱调节反应系统的 pH 值，使其维持在一个相对于细菌生长代谢的最佳范围内。温度也是影响发酵系统的关键因素，如果发酵系统的温度过高。则可使细胞内蛋白水解酶的活性提高，加速对表达产物的降解。温度过低细菌生长缓慢，目的基因表达的速度就降低；培养基的添加和适度混合可促进细胞的生长和代谢，在发酵罐内培养基越均匀发酵效果越好。

② 对目的基因表达条件的优化。在发酵罐内工程菌株生长到一定的阶段后，开始诱导目的基因的表达，诱导的方式包括培养温度的改变或添加特异性诱导物等。使目的基因在特异的时空进行表达不仅有利于细胞的生长代谢，而且能提高表达产物的产率。

③ 提高目的基因表达产物的总量。目的基因表达产物的总量取决于目的基因表达水平和菌体浓度。在保持单个细胞基因表达水平不变的前提下，提高菌体密度可望提高外源蛋白质合成的总量。在进行工程菌株高密度发酵中各种条件的优化尤为重要，优化包括合理设计营养成分与细胞生长的关系，控制细胞的生长速度和代谢活动，调节发酵系统中氧含量和温度等条件。

二、酵母表达系统

酵母是一类以芽殖或裂殖进行无性繁殖的单细胞真核生物，是目的基因理想的真核生物基因表达系统。作为真核生物基因表达系统，酵母菌具有如下特点：基因表达调控的机制比较清楚，遗传操作相对简便，1996 年完成了对酿酒酵母基因组全序列的测定；具有原核生物所不具备的蛋白质翻译后的加工和修饰系统；可将目的基因表达产物分泌到培养基中；对人体和环境安全，不含毒素和特异性病毒；可进行大规模的发酵，工艺简单而成熟，成本低廉。

大肠杆菌是首先成功地表达目的基因的宿主菌，但不能表达结构复杂的蛋白质。哺乳类细胞、昆虫细胞表达系统虽然能表达结构复杂的哺乳类细胞蛋白，但操作复杂，表达水平低，不易推广使用。酵母菌是一类单细胞真核生物。人类对酵母菌的应用具有悠久历史，尤其是酿酒酵母，积累了大量的生物学和遗传学资料。酵母表达系统是近年来才迅速发展起来的具有诸多优点的表达系统，在表达真核细胞外源蛋白时，不仅具有原核生物生长快、操作简便的特点，又具备哺乳类细胞翻译后加工和修饰的功能，从而表达有生物活性的外源蛋白。它已成功地生产和分泌人类、动物、植物或病毒来源的异源蛋白，获得一些传统方法无法得到的异源蛋白，如从自然界中无法得到足够量的蛋白和一些自然存在的蛋白突变体，以用来研究医学和药学相关的蛋白结构和功能、研究重组蛋白质工程株；设计和筛选药物。

1. 酵母作为表达高等真核生物重组蛋白宿主的优点

（1）作为单细胞生物，酵母在操作和生产上具有细菌表达系统的特点，能方便地操作目的基因，能够像细菌一样在廉价的培养基上生长；

（2）具有真核细胞对翻译蛋白的加工及修饰过程，如二硫键的正确形成、前体蛋白的水解加工，表达产物与天然蛋白相同或类似；

（3）可将异源蛋白基因与 N 末端前导肽等信号肽融合，指导新生肽分泌，在分泌中可对表达的蛋白进行糖基化修饰；

（4）采用如 MOX、AOX 等高表达基因的强启动子，并可诱导调控；

（5）酵母还能像高等真核生物一样移去起始甲硫氨酸，避免了作为药物使用可能引起的免疫反应问题。另外酵母也可用在 N-乙酰化、C-甲基化，使表达产物定向到细胞膜。酵母和高等生物之间基本细胞过程的相似性与酿酒酵母等酵母的高度发展的遗传学结合，使酵母成为理想的目的基因表达系统。

2. 酵母基因表达载体

酵母表达载体是由酵母野生型质粒、原核生物质粒载体上的功能基因（如抗性基因、复制子等）和宿主染色体 DNA 上自主复制子结构（ARS）、中心粒序列（CEN）、端粒序列（TEL）等一起构建而成的。酵母基因表达系统的载体一般是一种穿梭质粒，能在酵母菌和大肠杆菌中进行复制。

（1）DNA 复制起始区　酵母表达载体包含两类复制起始序列，一类是在大肠杆菌中进行复制的复制起始序列，一类是在酵母菌中引导进行自主复制的序列。在酵母中自主复制的序列来自酵母菌的天然 $2\mu m$ 环质粒复制起始区或酵母基因组中的自主复制序列。该序列使得表达载体在每个细胞分裂周期的 S 期自主复制一次，它由 11 个核苷酸组成：5'-(A/T) TTTATPTTT (A/T)-3'。在自主复制序列的下游还有一个序列区，为 DNA 复制起始复合物的形成提供结合位点。这两个序列区共同组成 DNA 复制起始区。

（2）选择标记　酵母表达载体所采用的选择标记有两类，一类是营养缺陷型选择标记，它与宿主的基因型有关。宿主为营养缺陷型，表达载体提供其代谢途径所必需的相应的基因产物。另一类是显性选择标记，它的特点是可以用于各种类型的宿主细胞并提供直观的选择标记。

（3）整合介导区　这是与宿主基因组有同源性的一段 DNA 序列，它能有效地介导载体与宿主染色体之间发生同源重组，使载体整合到宿主染色体上。这种同源重组的过程主要有两种形式：单交换整合（single cross-over integration）与双交换整合（double cross-over integration）。单交换整合的结果通常是在整合转化子染色体的整合位点附近又增加了一份同源序列的拷贝，所以已整合上去的载体有可能因这两份同源序列之间的重组又从染色体上切割下来。但因自然发生的同源重组频率非常低，所以单交换整合转化子一般还是相当稳定的。双交换整合又称替换或置换（replacement 或 transplacement），是整合载体的一部分通过在两个不同位点与染色体发生同源重组而整合到酵母基因组，并同时置换下这两个位点间一段染色体 DNA。双交换整合的结果不会在整合位点附近形成同源序列的重复，避免了再次发生同源重组的可能性，因而双交换整合转化子是非常稳定的。可通过选择特定的整合介导序列，人为地控制载体在宿主染色体上的整合位置与拷贝数。一般说来，酵母染色体的任何片段都可作为整合介导区，但最方便、最常用的单拷贝整合介导区是营养缺陷型筛选标记基因序列。酵母基因组内的高拷贝重复序列（如 rDNA、Ty 序列等）则可作为多拷贝整合介导区。

（4）有丝分裂稳定区　酵母表达载体不同于原核生物的质粒载体，它在细胞内的拷贝数较低，但分子质量较大，相当于微型染色体。因此，如何保证表达载体在宿主细胞分裂时平均地分配到子细胞中去尤为重要。酵母表达载体上有丝分裂稳定区决定载体在子细胞中的分配，它来源于酵母染色体着丝粒（centromere）片段。

（5）表达盒　表达盒（expression cassette）是酵母基因表达载体最重要的构件，它主要由转录启动子和终止子组成。如果需要目的基因的表达产物分泌，在表达盒的启动子下游还应该包括分泌信号序列。由于酵母对异种生物的转录调控元件的识别和利用效率很低，所以，表达盒中的转录启动子、终止子及分泌信号序列都应该来自酵母本身。

① 启动子是表达盒中的核心构件。酵母启动子的长度一般在 1～2kb 之间。启动子下游有转录起始位点和 TATA 序列；启动子上游有各种调控序列，包括上游激活序列（upstream activating sequence，UAS）、上游阻遏序列（upstream repression sequence，URS）等。一组被称为普遍性转录因子的蛋白质能识别转录起始位点及 TATA 序列，形成转录起始复合物。转录起始复合物决定了一个基因的基础表达水平。位于启动子上游的 UAS、URS 等序列分别与一些调控蛋白相结合，并和转录起始复合物相互作用，以激活、阻遏等方式影响基因的转录效率。Koch 等（1999）发现在富铜啤酒酵母的调节转录因子基因（AMT1）启动子中存在一个由 16 个 A 组成的同源多聚核苷酸序列（A)$_{16}$，它在 AMT1 的快速自激活中起调节作用。

② 终止子是决定 mRNA 3′末端形成效率的重要元件。酵母中 mRNA 3′末端的形成与高等真核生物相似，也经过前体 mRNA 加工和多聚腺苷酸化反应。但是，在酵母中这些反应是紧密偶联的，而且就发生在基因 3′端的近距离内；所以酵母基因的终止子一般不超过 500bp。

③ 分泌信号序列也称信号序列（signal sequence），是前体蛋白 N 端一段 17～30 个氨基酸残基的分泌信号肽的编码区。分泌信号肽的作用是引导分泌蛋白在细胞内沿着正确的途径转移到胞外，这对于分泌蛋白的翻译后加工和生物活性都有重要意义。虽然酵母细胞能在一定程度上识别外源分泌蛋白的信号肽，进行蛋白质的输送和分泌表达产物，但其效率一般较低。所以，需要依赖酵母本身的分泌信号肽来指导目的基因表达产物的分泌。常用的酵母分泌信号序列有 α 因子的前导肽序列、酸性磷酸酯酶的信号肽序列。其中 α 因子的前导肽序列指导表达产物最为有效，在各种酵母菌中的适用范围最广。

3. 酵母基因表达载体的种类

（1）自主复制型质粒载体　该质粒含有酵母基因组的 DNA 复制起始区、选择标记和基因克隆位点等关键元件。由于含有酵母基因组复制起始区，能够在酵母细胞中进行自我复制。载体的克隆位点序列来源于大肠杆菌的质粒载体如 pBR322 等。自主复制型质粒在酵母细胞中的转化效率较高，每个细胞中的拷贝数可达 200。但由于质粒载体在细胞分裂过程中不能均匀地分配到子细胞中，因而经过多代培养后，子细胞中质粒载体的拷贝数迅速减少。

（2）整合型质粒载体　　该质粒不含酵母 DNA 复制起始区，不能在酵母中进行自主复制。但该质粒含有整合介导区，可以通过 DNA 的同源重组将目的基因整合到酵母染色体上并随染色体一起进行复制。

（3）着丝粒型质粒载体（yeast centromere plasmid，YCp）　　该质粒载体是在自主复制型质粒载体的基础上构建而成的，增加了酵母染色体有丝分裂稳定序列元件，因而能保证质粒载体在细胞分裂时平均地分配到子细胞中去，同时提高质粒在宿主细胞中的稳定性。由于 DNA 的复制受到限制，细胞中质粒载体的拷贝数远不如自主复制性质粒载体，通常只有 1～2 个。YCp 质粒常用于构建基因文库，它特别适用于克隆和表达那些多拷贝时会抑制细胞生长的基因。YCp 型表达载体如 Invitrogen 公司的 pYC2-E（图 11-4）。

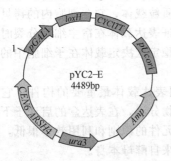

图 11-4　YCp 型表达载体

*pGAL*1—启动子；*CYC*1*TT*—终止子；*ura*3—选择标记；*CEN*6—着丝粒（centromere）片段；*ARSH*4—自主复制序列

（4）附加体型质粒载体（yeast episomal plasmid，YEp）　　因为该载体含有酿酒酵母 $2\mu m$ 质粒 DNA 复制有关的部分或全部序列，使这类载体有很高的转化效率（约 $10^3 \sim 10^4$ 个转化子/μg DNA）。野生型的 $2\mu m$ 质粒在酵母细胞中非常稳定，每个细胞中的拷贝数可以高达 70～200 个。这是因为 $2\mu m$ 质粒的复制除了需要 ORI-STB 区外，还需要自己编码的 *REP1* 和 *REP2* 基因的配合。另外，野生型 $2\mu m$ 质粒由于存在 *FLP-FRT* 位点特异重组系统，使它可以具有超越染色体 DNA 复制周期而增加 DNA 复制的机会，这是野生型 $2\mu m$ 质粒在细胞中拷贝数高的基础。初期的 YEp 型载体仅含有 $2\mu m$ 质粒的 ORI-STB 区，当它转化带有内源性 $2\mu m$ 质粒的宿主细胞（cir⁺）时，质粒相当稳定，质粒拷贝数也比较高。但是，当它转化不带 $2\mu m$ 质粒的宿主（cir⁻）时，载体就很不稳定，拷贝数也很低。这充分说明野生型 $2\mu m$ 质粒中其他编码基因的作用。在对 $2\mu m$ 质粒 DNA 的结构和功能做了大量研究后，知道 $2\mu m$ 质粒的 *SnaB* I 位点附近为一非必要区。将构建酵母载体的所有其他构件都插入这个位点，就能保持 $2\mu m$ 质粒的完整功能，从而使其成为一个高稳定、高拷贝的 YEp 型载体。YEp 型表达载体如 Invitrogen 公司的 pYES2.1-E（图 11-5）。

（5）酵母人工染色体　　该载体包含酵母染色体自主复制序列、着丝粒序列、端粒序列、酵母菌选择标记基因（*SUP4*、*TRP1* 和 *URA3* 等）以及大肠杆菌的复制子和选择标记基因（如 *Amp*ʳ）等。YAC 载体在酵母细胞中以线性双链 DNA 的形式存在，每个细胞内只有单拷贝。由于 YAC 含有着丝粒，在细胞分裂过程中能将染色体载体均匀地分配到子细胞中。而端粒序列可以防止染色体载体与其他染色体相互粘连，并避免在 DNA 复制过程中造成基因的缺失，因而保证了染色体载体在细胞分裂和遗传过程中的相对独立性和稳定性。YAC 载体可插入 200～500kb 的外源 DNA 片段，因此特别适合高等真核生物基因组的克隆与表达。

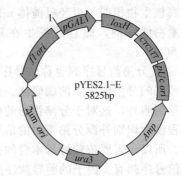

图 11-5　YEp 型表达载体图

*pGAL*1—启动子；*CYC*1*TT*—终止子；*ura*3—选择标记；$2\mu m$ *ori*—$2\mu m$ 质粒片段

上述酵母克隆载体，为了操作方便，往往构建成穿梭质粒，它既能在大肠杆菌中复制和筛选，又能在酵母细胞中复制和筛选。当然，就复制型来说，有些质粒在细胞中可以独立复制，而另一些是随着染色体的复制而复制，这类质粒载体属于整合载体。将真核表达载体构建成穿梭载体，那是为了便于制备 DNA 和鉴定重组质粒，因为大肠杆菌生长快，容易操作，容易制备 DNA。所以一般先以大肠杆菌为宿主细胞完成 DNA 的重组，然后将重组 DNA 转入合适的宿主细胞中进行表达。

4. 酵母基因表达系统宿主菌

酵母是一类最简单的真核生物，其生长代谢与原核生物如大肠杆菌等很相似，但在基因的表达与调控方面类似于高等的真核生物。酵母种类繁多，已知有 80 个属约 600 多种、数千个分离株，是一类巨大的、很有应用前景的生物资源。目前，作为表达目的基因的宿主菌主要包括酿酒酵母、巴斯德毕赤酵母（*Pichia pastoris*）、乳酸克鲁维酵母（*Kluyveromyces lactis*）和多型汉逊酵母（*Hansenula polymorpha*）等。

（1）酿酒酵母是最早应用于酵母基因克隆和表达的宿主菌，它具有许多宿主菌必须具备的条件，并且人类对酿酒酵母的利用有相当长的历史。酿酒酵母作为基因表达系统的宿主具备下列有利的条件：①安全无毒，不致病；②有较清楚的遗传背景，容易进行遗传操作；③容易进行载体 DNA 的导入；④培养条件简单，容易进行高密度发酵；⑤有类似高等真核生物的蛋白质翻译后的修饰功能。因此酿酒酵母被最早发展成为基因表达系统的宿主，至今已广泛被用来表达各种各样的目的基因。用酿酒酵母表达的乙型肝炎疫苗、人胰岛素和人粒细胞集落刺激因子都已成为正式上市的基因工程产品。

但酿酒酵母在表达目的基因的过程中存在一些缺陷：主要是：①发酵时会产生乙醇，乙醇的积累会影响酵母本身的生长；②蛋白质的分泌能力较差；③虽然能进行蛋白质的糖基化修饰，但是和高等真核生物相比所形成的糖基侧链太长。这种过度糖基化可能会引起副反应。面对酿酒酵母上述问题一方面人们对其进行遗传改造，改善其特性；另一方面又开始从酵母菌这个巨大的生物资源寻找更好的宿主。近年来被大家所熟悉并已被广泛应用的巴斯德毕赤酵母表达系统就是其中成功的一个。

（2）巴斯德毕赤酵母是一种甲基营养菌，它能在相对较为廉价的甲醇培养基中生长。培养基中的甲醇可高效诱导为甲醇代谢途径各酶编码的基因表达，其中研究最为详尽的是催化该途径第一步反应的乙醇氧化酶基因 *AOX1*，在甲醇培养基中生长的巴斯德毕赤酵母细胞可积累占总蛋白 30% 的 *AOX1* 酶。因此，生长迅速、*AOX1* 基因的强启动子及其表达的可诱导性是该酵母菌作为目的基因表达受体的三大优势。目前使用的巴斯德毕赤酵母受体菌大多是组氨醇脱氢酶的缺陷株，这样表达质粒上的 *His* 标记基因可用来正向筛选转化子。尽管两个自主复制序列 *PARS1* 和 *PARS2* 已从毕赤酵母菌属基因文库中克隆并鉴定，但由此构建的自主复制型质粒在该菌属中不能稳定维持，因而通常将目的基因表达序列整合入宿主细胞的染色体 DNA 上，构建稳定的毕赤酵母工程菌。

目前已有二十余种具有经济价值的重组异源蛋白在巴斯德毕赤酵母中获得成功表达。研究表明，巴斯德毕赤酵母在异源蛋白的分泌表达方面优于酿酒酵母系统。例如，含有单拷贝乙型肝炎表面抗原编码基因的重组巴斯德毕赤酵母可产生 0.4g/L 的重组抗原蛋白，而酿酒酵母必须拥有 50 多个基因拷贝才能达到相同的产量。酿酒酵母细胞中的乙醇积累是导致重组异源蛋白合成不足的主要原因，而由 *AOX1* 启动子介导的目的基因高效表达足以以单一拷贝获得较为理想的表达率，但建立多拷贝整合型的重组毕赤酵母菌具有更大的潜力。例如，含有破伤风毒素蛋白 C 片段编码基因的整合型重组质粒转化巴斯德毕赤酵母宿主细胞后，各种转化子表达重组蛋白的水平差别很大，占细胞蛋白总量的 0.3%～10.5% 不等，对转化子基因组结构的分析结果表明，获得重组蛋白高效表达的关键因素是整合型表达基因的多拷贝存在。转化的 DNA 重组片段在宿主细胞内环化后，通过单一交叉重组过程的重复使目的基因多拷贝整合在染色体 DNA 上，这种多拷贝整合型转化子在宿主细胞有丝分裂生长期间具有显著的稳定性，而且能够通过诱导作用进行高密度培养。由于多拷贝整合机制与目的基因的序列特异性无关，因此这一高效表达系统具有广范围的应用价值。此外，当使用

AOX1 启动子在巴斯德毕赤酵母细胞中表达目的基因时，选择 AOX1 缺乏的突变株作为宿主细胞能获得比 AOX1+ 野生菌更高的表达效率，因为野生型巴斯德毕赤酵母在甲醇培养基中生长期间，能产生阻遏 AOX1 启动子的一种中间代谢产物，而这种阻遏物是由甲醇代谢基因控制合成的。AOX1 基因的缺失从源头上阻断了受体菌的甲醇代谢途径，因此尽管其他甲醇代谢基因依然存在，但由于没有合适的前体分子，从而丧失了其合成阻遏物的能力。相对于酿酒酵母来说，毕赤酵母的分泌表达能力更强，即使目的基因在细胞中为单拷贝，其表达效果也较为理想。目前已有数十种重组异源蛋白在毕赤酵母中得到表达，如乙型肝炎表面抗原、人肿瘤坏死因子、人表皮生长因子和链激酶等。

经过多年的研究和应用，毕赤酵母表达系统已相当成熟。该系统有较强的真核蛋白修饰功能，也不存在原核表达系统中重组蛋白无法正确折叠和糖基化修饰等问题。但是，毕赤酵母表达系统也有其自身的弱点，例如，毕赤酵母的表达周期较长，一般为 4~7d，从而增加了被污染的可能性；外源蛋白的过度糖基化；利用有毒的甲醇作原料，表达产物难通过有关卫生鉴定等，但我们仍然相信，随着人们对其认识的不断加深和对该表达系统的不断完善，毕赤酵母表达系统将在生物工程领域发挥巨大的作用。

（3）克鲁维酵母菌属长期用于发酵生产半乳糖苷酶，因此其遗传学背景比较清楚。含自主复制序列以及 lac4 乳糖利用基因的质粒高频转化酵母菌也是在克鲁维酵母中首次证实的。分离出来的双链环状质粒 pKD1 已被广泛用作重组异源蛋白生产的高效表达稳定性载体。由 pKD1 构建的各种衍生质粒，即使在没有选择压力存在的情况下，也能在许多克鲁维酵母菌种株中稳定遗传，例如一个乳酸克鲁维酵母菌株在无选择压力的培养基中生长 40 代后，90% 以上的细胞仍携带有质粒。此外乳酸克鲁维酵母的整合系统也相继建立起来，其中以高拷贝整合型质粒 pMIRK1 最为常用，它能特异性地整合在受体菌的核糖体 DNA 区域内，在无选择压力存在下，能在宿主细胞内以 60 个拷贝数的规模维持稳定。当目的基因插入到该质粒后，pMIRK1 的多拷贝整合能使目的基因获得更高的表达水平，转化子也更趋稳定。以乳酸克鲁维酵母表达分泌型和非分泌型的重组异源蛋白，均优于酿酒酵母系统。由 pKD1 衍生质粒构建的人血清白蛋白基因重组子在乳酸克鲁维酵母中的分泌水平远比酿酒酵母要高，而且在前者的分泌过程中，重组蛋白能正确折叠。在重组凝乳酶原的生产中，含有单拷贝目的基因的重组乳酸克鲁维酵母可在其培养基中分泌 345U/mL 的重组蛋白，而酿酒酵母重组菌仅为 18U/mL；由重组乳酸克鲁维酵母合成的人白细胞介素-1β 在此条件下，则是重组酿酒酵母的 80~100 倍。因此，克鲁维酵母系统在分泌表达高等哺乳动物来源的蛋白质方面具有较高的应用前景。目前已有多种外源蛋白在乳酸克鲁维酵母系统中得到表达，如人白细胞介素-1 和 β-牛凝乳酶等。

（4）多型汉逊酵母是与巴斯德毕赤酵母相似的另一甲基营养型酵母。在培养基中，加入甲醇后迅速诱导甲醇代谢途径中的一些酶类产生，而在含葡萄糖的培养基中生长时，这些酶是受抑制的。当用甲醇诱导后，三个关键酶，即甲醇氧化酶（methanol oxidase，MOX）、甲酸脱氢酶（formate dehydrogenase，FMD）和双羟丙酮合成酶（dihydroxyacetone synthase，DHAS），可达菌体胞内总蛋白的 20%~30%；若该培养基中在含有低于 0.3% 的甘油情况下，这些酶可达 30% 以上。目前编码这些关键酶的基因已被克隆，并用于调控目的基因的表达。Gellissen 等将来自西方许旺酵母的葡萄糖淀粉酶（glucoamylase）目的基因，其中包括信号肽克隆到多型汉逊酵母表达载体 pFMD22a 的 FMD 启动子和 MOX 终止子之间的多克隆位点，在 FMD 启动子的控制下，目的基因被有效地分泌表达，表达量为 1.4g/L。此外，多型汉逊酵母中，目的基因可以通过非同源重组以首尾相接排列，整合到多型汉逊酵母染色体 DNA 中型成多拷贝基因的重组菌。与巴斯德毕赤酵母相比，多型汉逊酵母对目的基因的表达可以受强启动子 FMD 和 MOX 的调控，而且在含甘油的培养基中加入甲醇也可以诱导目的基因的高表达，从而避免了两步发酵工艺。

5. 在酵母中高效表达目的基因的策略

不同的表达载体具有不同的特异性启动子和终止子，要使目的基因在酵母中得到高效表达必需高效启动和转录。另外，还要根据表达载体的特性选择合适的酵母受体系统。

（1）提高表达载体在细胞中的拷贝数　目的基因在细胞中的拷贝数会影响相应 mRNA 的拷贝数，对于非整合型质粒来说，增加表达载体在细胞中的拷贝数能提高目的基因转录的 mRNA 总量。由于大量表达外源蛋白的过程不可能在选择培养基中进行，因而表达载体在没有选择压力的情况下能否稳定保持拷贝数很重要。将目的基因整合到染色体上可维持目的基因在细胞中的稳定性，然而在多数情况下在细胞中的拷贝数较低对其表达造成影响。以多拷贝酵母内源性质粒为基础构建稳定的多拷贝表达载体是提高表达载体在酵母中拷贝数的一个途径。

（2）提高目的基因转录水平　目的基因在酵母中的表达水平与所选择的启动子相关，一般在构建表达载体时使用强启动子，如酵母磷酸甘油酯激酶（*PGK*）基因启动子、甘油醛磷酸脱氢酶（*GAPDH*）基因启动子等。但有时强启动子启动目的基因转录会造成细胞中表达产物含量过高，而对细胞形成伤害。

本 章 小 结

目的基因在细胞中高效的表达具有十分重要的意义，它需借助适宜的表达载体在宿主细胞中进行表达。本章介绍了目的基因的表达机制，制约目的基因表达的多种因素，以及如何提高目的基因的表达效率及比较典型的原核、真核表达系统等内容。

克隆的基因既可在原核细胞（如大肠杆菌）中表达，也可在真核细胞（如酵母菌）中实现表达。大肠杆菌表达系统是目前应用最多的表达系统。真核基因在大肠杆菌中实现表达有一些障碍需要克服，这主要是由于真核细胞和原核细胞的基因表达分子生物学方面的差异所导致的。大肠杆菌表达载体主要包括启动子、终止子、翻译起始序列等几部分。常用的表达载体有非融合型表达载体、融合型表达载体、分泌型表达载体等。为了提高外源基因的表达水平，必须从转录、翻译、减轻细胞代谢负荷、防止蛋白质降解等方面采取措施，即外源基因高水平的表达是由外源基因、宿主细胞、表达载体的优化等各方面的完美配合来实现的。

真核细胞表达系统相对于原核表达系统有许多优点，外源基因可以在酵母等细胞中实现表达，也可以在其他真核细胞中表达。本章详细介绍了几种酵母表达系统的原理及其应用。但目前利用真核细胞表达系统表达外源基因还存在一些问题，如外源基因导入效率偏低、无法有效控制外源基因整合的位置和拷贝数等，相信随着人类对于原核基因和真核基因表达的分子机理了解的加深，克隆基因表达的成功率会越来越高。

思 考 题

1. 什么是目的基因表达，表达的机制是什么？
2. 制约目的基因表达的因素有哪些？
3. 真核基因在大肠杆菌中表达存在的困难有哪些？
4. 如何有效地提高目的基因的表达效率？
5. 什么是包涵体？形成的原因？怎样避免包涵体的形成？
6. 与原核细胞表达体系相比，真核细胞表达系统的特点是什么？
7. 酵母表达系统的基因表达载体组成，种类有哪些？
8. 酵母表达系统的宿主菌主要有哪些，特点是什么？

第十二章　基因文库技术

基因工程技术的迅速发展使人们对生物体基因的结构、功能、表达及其调控的研究深入到分子水平，而分离和获得特定基因片段是上述研究的基础。完整的基因文库的构建使任何DNA片段的筛选和获得成为可能。基因文库（gene library）是通过克隆方法保存在适当宿主中的某种生物、组织、器官或细胞类型的所有DNA片段而构成的克隆集合体。根据其核酸来源的不同，基因文库又包括基因组文库（genomic library）和cDNA文库（cDNA library），前者的插入片段是基因组DNA，后者的插入片段是以mRNA为模板合成的互补DNA（complementary DNA，cDNA）。构建这两种文库的基本程序相同，主要包括载体的制备、插入片段的制备、载体与插入片段的连接和重组DNA分子导入宿主菌。

第一节　基因组文库技术

一、基因组文库的概念

基因组文库是含有某种生物体（或组织、细胞）全部基因的随机片段的重组DNA克隆群体。基因组文库主要用于基因组物理图谱构建、基因组序列分析、基因在染色体上的定位以及基因组中的结构和组织形式分析等方面，是开展基因组研究的基础。此外，基因组文库在克隆鉴定基因调控元件上也有特别的用途。

二、基因组文库的大小

一般来说，生物越高等基因的结构就越庞大、越复杂。在建立基因组文库时，需要认真考虑的问题之一是基因组文库的大小（即克隆数多少）。完整的基因文库，必须使库内含有任何一个基因的概率都能达到99%。换句话说，要求在文库内钓取任何一个基因，均有99%的可能性。一般情况下，一个完整的基因组文库所需的克隆总数应取决于外源基因组的大小以及切割片段的大小。因此，基因组文库大小可用如下公式进行理论值的估算。

基因组文库的克隆数目＝基因组DNA总长度/DNA插入片段的平均长度

例如某生物基因组的总长为3×10^6kb，酶切后的DNA片段平均长为1.5kb，则该种生物的基因组文库应含克隆子数为$3\times10^6/1.5=2\times10^6$。但实际上该基因组文库应含的克隆子数远远超过这个数。为此，1975年，Clark和Carbon提出了一个经验公式用于估算基因组文库的大小：

$$N=\ln(1-P)/\ln(1-f)$$

式中，N为基因组文库必需的克隆数目；P为文库中含有的基因片段的出现概率；f为插入片段的大小与全基因组大小的比值。如果要使基因组文库中含有的DNA片段的出现概率达到期望值99%，即0.99，则构建上述生物的基因组文库应包含的克隆子经验值是：

$$N=\ln(1-0.99)/\ln[1-(1.5\times10^0/3\times10^6)]=9.2\times10^6$$

在构建基因组文库时，首先要尽量做到随机切割基因组DNA；其次是提供克隆用的片段要有足够的长度，使其含有某个基因的完整序列，包括它的侧翼序列。也可以使外源目的基因序列有部分重叠地出现在某些克隆株中，通过分析可以获得基因的全部序列。而且基因组文库中的克隆数目要足够多，以保证各基因序列全部重组于克隆群体中。在实际操作中，无论采用什么方法也无法达到理论上的完全随机切割。为了使基因组文库具有真实代表性，一般构建基因组文库的实际克隆数应比上述计算值大 2 倍或 3 倍，甚至更高。对于同一生物基因组而言，如果切割的 DNA 片段越长，完整基因组文库所含的克隆数越少；反之，切割的片段越短，完整基因组文库所含的克隆数越多。而对于不同的基因组而言，基因组越大，文库应包含的克隆数越多；反之，基因组越小，文库包含的克隆数也越少。

三、基因组文库的构建

根据载体类型的不同，基因组文库可以分为质粒文库、噬菌体文库、柯斯质粒文库和 YAC 文库。由于各文库的构建的过程比较相似，所以本节将主要以 λ 噬菌体载体为例，来说明基因组文库构建的基本步骤。

（一）噬菌体文库的构建

目前，构建基因文库时最常用的噬菌体载体是 λ 噬菌体载体。用 λ 噬菌体载体构建基因组文库的典型过程如图 12-1 所示。

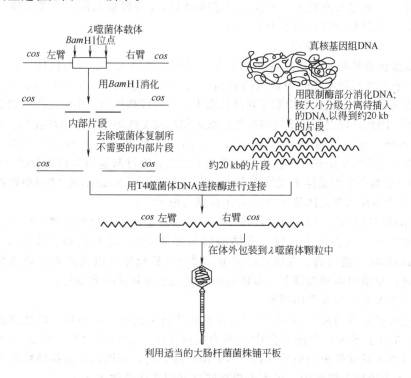

图 12-1　利用 λ 噬菌体载体构建基因组文库的典型过程

1. 获得含基因的 DNA 片段

获得含基因的 DNA 片段的关键是尽可能对基因组 DNA 进行随机切割，以获得一定大小的含目的基因的 DNA 片段。目前，常用的基因组 DNA 片段化的方法有两种：一是机械剪切法，如利用移液器抽吸法和超声波裂解法等进行切割；二是限制性核酸内切酶消化法。机械剪切法的随机性较强，用超声波强烈作用于 DNA 溶液可使其断裂成长约 300bp 的短片段，但机械力打断的 DNA 片段以平末端为主，连接效率不高，部分参差不齐的末端还需用 Klenow 聚合酶补平，操作比较繁琐，因此不常采用。

目前更多采用限制性核酸内切酶部分降解基因组 DNA 来制备 DNA 片段。但由于基因组 DNA 上限制酶位点分布的非随机性，为了最大限度地进行随机切割，通常使用特异性识别四个核苷酸的酶（如 *Alu* I，*Hae* II、*Mbo* I 和 *Sau*3A I 等）对基因组 DNA 进行消化，就限制性核酸内切酶的选择而言，除需考虑消化产生的 DNA 片段末端的种类（平末端还是黏性末端）外，还需考虑基因组 DNA 的 CpG 甲基化等碱基修饰问题。

用特异性识别四个核苷酸的酶切割 DNA 分子时，理论上为每 256（4^4）个碱基即有一个切割位点（$1/4^4$）。哺乳动物细胞染色体 DNA 含有 3×10^9 bp，要从中切割出大小为 2×10^4 bp 的一整套有部分重叠序列的片段，采用这种特异性识别四核苷酸的限制性核酸内切酶可基本上满足切割的随机性要求。而且如选用 Sau3A Ⅰ 或 Mbo Ⅰ 等限制性核酸内切酶部分降解基因组 DNA，所产生的片段带有 GATC 的 $5'$ 黏性末端，可直接插入载体的 BamH Ⅰ 位点，而无需其他修饰或处理。

如果已知目的基因的分子大小，或者已知待克隆 DNA 片段的大小范围，则可构建部分基因组文库，即先将基因组 DNA 的部分切割，再经凝胶电泳或蔗糖密度梯度离心法分部洗脱，回收大于一定大小范围的 DNA 片段，在此基础上构建基因组文库。这种做法的优点在于：一是在构建较小的基因组文库下，就可以分离目的基因，这种做法明显地提高了克隆基因的分离频率；二是显著降低了一个以上的基因组 DNA 片段插入同一个噬菌体载体的可能性，这对于提高克隆筛选的成功率十分有利。

2. 与 λ 噬菌体克隆载体重组

构建 λ 噬菌体载体时，通常在两臂与中央片段相连处加入了多聚衔接体（polylinker）序列。该序列具有多种限制性核酸内切酶的识别序列，如含有 SalⅠ、BamHⅠ和 EcoRⅠ等识别序列。在噬菌体两臂中原有的这些识别序列已被除去。在有些载体中，中央片段上仍保留原有的这些识别序列。因此，可以利用上述限制性核酸内切酶将 λ 噬菌体载体切割成左、右两臂和中央片段三个部分。普遍使用的是 BamHⅠ位点，因为识别序列为六核苷酸（GGATCC）的 BamHⅠ酶切割双链 DNA 分子后产生 $5'$ 黏性末端 GATC，刚好与能识别四核苷酸（GATC）的 Sau3AⅠ或 MboⅠ切割产生的黏性末端结构完全一样，因此采用 Sau3AⅠ或 MboⅠ酶解产生的外源 DNA 片段可以直接插入噬菌体载体的 BamHⅠ位点（图 12-1）。

将噬菌体载体酶切后，须经过密度梯度离心或凝胶电泳等手段将两臂与中央片段分离开来，以便回收两臂，除去中央片段。载体两臂与外源 DNA 片段的连接重组主要是在 T4 DNA 连接酶的作用下进行的。在连接反应中，适当的底物浓度以及插入片段和载体的适宜比例是得到高产量重组体和提供下一步体外包装时最适底物的重要条件。

3. 重组 DNA 分子导入受体细胞

通过上述步骤获得的重组 DNA 分子可以在体外包装成噬菌体颗粒，以细菌感染的方式将重组的 DNA 分子导入到大肠杆菌中。因为噬菌体感染细菌的效率（约为 1.8×10^8 pfu/μgDNA）比 DNA 转化细菌的效率（$10^4\sim10^6$ pfu/μg）高，所以以噬菌体颗粒的形式将重组 DNA 分子导入大肠杆菌细胞中，可大大提高建立基因文库的效率。

噬菌体颗粒的体外包装过程非常简单，仅需将适量的包装抽提物与欲包装的重组 DNA 混合，室温下孵育一定时间（约 1h）即可。包装反应完成后，转染宿主菌和涂布成平板进行筛选，即可得到某种生物的基因组文库。该文库可直接用于感兴趣基因的筛选。如要保存该文库，可把在琼脂板上扩增的噬菌斑用噬菌体缓冲液洗脱，低速离心除去未被转染的细菌，取出上清液，加入少许氯仿以防止细菌的繁殖，于 4℃储存即可。

（二）柯斯质粒文库的构建

λ 噬菌体载体克隆外源 DNA 能力虽然超过了质粒载体，但仍是相当有限的，其真正有效的范围仅为 15kb 左右。而真核生物的许多基因含有内含子序列，其整个基因长达 40kb 以上，毫无疑问，这远远超过了噬菌体载体的装载容量。柯斯质粒载体所能容纳的外源 DNA 大约在 35～45kb 左右，这几乎是 λ 噬菌体载体克隆能力的三倍，并且可以在体外被高效地包装。这种载体既能够克隆和增殖完整的真核基因，还能够克隆和分析组成某一基因家族或基因座的真核 DNA 片段。因此，柯斯质粒载体十分适合于构建真核基因组文库。

柯斯质粒文库的构建过程如图12-2，它与噬菌体文库的构建过程是相似的。在反应中，外源DNA片段的两端分别与一个经过限制性内切酶消化过的柯斯质粒分子相连，在T4 DNA连接酶的作用下形成含有完整质粒基因和外源DNA片段的多联体分子。经体外包装后，感染大肠杆菌宿主细胞，产生噬菌斑。

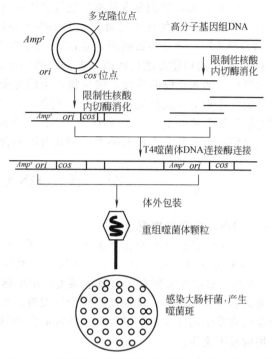

图12-2 用柯斯质粒载体构建基因组文库的基本步骤

实验中发现柯斯质粒载体也存在着两个不足之处，降低了它的实际应用的效果。①用噬菌斑杂交法筛选λ噬菌体重组体的基因组文库，其结果要比用菌落杂交法筛选柯斯质粒重组体的基因组文库更加清晰。噬菌斑杂交出现的本底，一般总要比菌落杂交产生的本底低得多。②用λ噬菌体作载体时，可以根据实验的特殊要求，用来储藏扩增的基因组文库。λ噬菌体的重组体DNA群体，包装之后就可直接用于感染作用并涂布成平板进行筛选。含有大量噬菌斑的这些平板，经过漂洗处理便得到了扩增的重组体噬菌体的基因组文库。这种扩增的基因组文库几乎可以无限期地储藏。虽然说含有柯斯质粒的细菌菌落也是可以储藏扩增的基因组文库，不过细菌群落不如噬菌体群体那样方便有效，其主要原因在于经过储藏之后，细菌的成活率会急剧下降。

（三）YAC文库的构建

如前面所述，虽然对于多数基因或某些小的基因簇而言，λ噬菌体载体和柯斯质粒载体的容量已经足够，但对于人类基因组研究或某些大基因的克隆，这些载体仍有一定的局限性。根据真核基因组的分析表明，有的基因甚至可长达1000kb。对于如此大的基因，只能通过克隆一组彼此重叠的基因片断，才能进行全序列分析。但如果要得到包含完整基因的克隆，就需要更大容量的载体。酵母人工染色体就是这样一种新型的载体，它能像染色体一样在酵母细胞中正常复制，并能够克隆长达数百kb的大片段外源DNA。

YAC载体是以pBR322质粒DNA为骨架构建的，带有pBR322质粒DNA的复制位点ori和筛选标记Amp^r，此外还加入作为酵母染色体所必需的一些组成部分：（1）一段控制酵母DNA复制的自主复制序列（ARS）；（2）一段来自酵母染色体的着丝点序列（CEN）；（3）一对来自四膜虫染色体的端粒（TEL）；（4）选

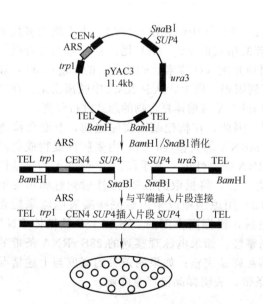

图12-3 用YAC载体构建基因组文库的主要步骤

择记号 trp1 和 ura3，它们分别是酵母色氨酸和尿嘧啶营养缺陷型 trp1 和 ura3 的野生型等位基因；（5）克隆位点，存在于酵母酪氨酸 tRNA 基因赭石突变的校正基因 SUP4 中。当外源 DNA 片段插入时，该基因被隔断，使 ade2 赭石突变宿主菌落由白色转变为红色。

YAC 文库的构建方法与柯斯质粒文库的构建方法是相似的（图 12-3），包括两个末端片段（两臂）与插入片段的连接，然后将产生的完整的重组 YAC 导入酵母细胞中。由于自养型酵母突变株不能合成特定的化合物，例如，trp1 突变株不能合成色氨酸，必须在补充色氨酸的培养基上才能生长，而 YAC 上的 trp1 基因能够弥补这种缺陷，即赋予 trp1 突变株在无色氨酸的培养基上生长的能力，因此可用不含色氨酸的培养基来选择 YAC 重组子。

第二节　cDNA 文库技术

一、cDNA 文库的概念

cDNA 文库是指含有所有重组 cDNA 的克隆群体。根据表达类型的不同，可以分为表达型 cDNA 文库和非表达型 cDNA 文库，按载体类型又可分为质粒 cDNA 文库和噬菌体 cDNA 文库。cDNA 文库在研究具体某类特定细胞中基因的表达状态以及表达基因的功能鉴定方面具有特殊的优势，从而使它在个体发育、细胞分化、细胞周期调控、细胞衰老和凋亡调控及疾病发生的分子机制等生命现象的研究中具有更为广泛的应用价值，是研究工作中最常使用的基因文库。

二、cDNA 文库的构建

真核生物基因组 DNA 十分庞大，其复杂度是蛋白质和 mRNA 的 100 倍左右，而且含有大量的重复序列。因此基因组克隆相对来说是比较复杂的。而由 mRNA 出发的 cDNA 克隆，其复杂程度要比直接从基因组克隆简单得多。自 20 世纪 70 年代中期首例 cDNA 克隆问世以来，已经发展了许多旨在提高 cDNA 合成效率和长度的方法，并对载体系统进行了大量的改进。cDNA 克隆的基本过程是通过一系列的酶促作用，使总 poly（A）mRNA 转变成双链 cDNA 群体，并插入到适当的载体分子上，然后再转化给大肠杆菌宿主菌株的细胞内。如此便构成了包含所有基因编码序列的 cDNA 文库。本节主要介绍 cDNA 文库构建的过程。

（一）mRNA 的提取

构建 cDNA 文库时，首先要分离细胞总 RNA，然后从中纯化出 mRNA。由于绝大多数的真核细胞 mRNA 都在其 3′ 端具有 20～250 个腺苷酸组成的 poly（A）尾，它可与人工合成的 oligo（dT）互补结合，所以通过与偶连在惰性固相介质（纤维素、磁珠等）的 oligo（dT）寡核苷酸退火，便可以使总 RNA 中的 mRNA 固定到固相介质上，从总 RNA 中脱离出来。在某些情况下，mRNA 还可用蔗糖密度梯度离心法以 mRNA-核糖体复合物的形式进行分离。

mRNA 的完整性直接决定其 cDNA 的长度。因此，在构建基因文库之前，有必要检查 mRNA 的完整性。可以通过以下三种方式检验 mRNA 的完整性：（1）由麦胚抽提物或兔网状细胞裂解物组成的无细胞翻译系统是检查 mRNA 完整性的经典手段，当 mRNA 的完整性较好时，其翻译产物中应能测出特定的编码产物；（2）将提取的 mRNA 注射到蛙卵等细胞中，根据翻译产物的有无来判定其完整性；（3）用琼脂糖或聚丙烯酰胺凝胶电泳来检查 mRNA 完整性，经电泳分离和溴化乙锭染色后，根据高丰度的 28S 和 18S 核糖体 RNA（rRNA）条带的亮度来间接地判定 mRNA 的完整性。如果电泳观察到的 28S rRNA 条带的亮度约为 18S rRNA 条带亮度的两倍，说明 RNA 样品完整；如果两条带的亮度与上述情况相反，说明部分 28S rRNA 已降解；如无清晰条带，表明样品已严重降解。

（二）cDNA 第一链的合成

以 mRNA 为模板，通过逆转录酶作用将其逆转录合成第一链 cDNA。其中一种方法是

oligo（dT）引导 cDNA 合成法，由 12～20 个脱氧胸腺嘧啶核苷酸组成的 oligo（dT）短片段，在同 mRNA 混合后便会杂交到 3′末端的 poly（A）尾上，即可用作引物，引导逆转录酶以 mRNA 为模板合成互补 cDNA。这种做法的好处是逆转录反应基本被限定以 mRNA 为模板。因此，即便制备的 mRNA 样品混有少量 rRNA，也不会对 cDNA 文库的质量造成严重影响。但它的不便之处在于它必须从模板 mRNA3′末端起始引发 cDNA 的合成。由于现有的逆转录酶在 cDNA 逆转录合成中的合成能力有限，平均合成的 cDNA 长度在 1kb 以下，因此，用 oligo（dT）引导合成的 cDNA 通常都缺少模板 mRNA5′末端的重要序列信息。合成 cDNA 第一链的另一种方法是采用随机引物引导 cDNA 合成。此方法的原理是，根据许多可能的序列设计出长度为 6～10 个核苷酸的寡核苷酸片段混合物，利用这一混合引物引导 cDNA 合成时，一条模板 mRNA 上可能会同时杂交上多个引物序列，并在模板多处位点上同时引发 cDNA 的逆转录合成。因此，在同一模板上，可以合成出多条相互重叠的 cDNA 片段，克服了 oligo（dT）引导合成法的缺点，能更有效地反映出 mRNA 全长的序列信息，从而提高了文库质量。但要注意的一点是，这些引物不仅能以 mRNA 为模板进行逆转录，也能以任何种类的 RNA 分子为模板。

（三）cDNA 第二链的合成

从 mRNA-DNA 杂交分子合成双链 cDNA 分子的方法有 3 种，自身引导合成法、置换合成法、PCR 合成法。

1. 自身引导合成法

该方法的基本原理是用加热或碱处理的方法，使 mRNA 模板水解，与第一链 cDNA 解离，从而导致单链 cDNA 的 3′端发生自身环化，形成发夹结构。有关形成此种结构的分子机理目前尚不清楚，一般认为可能是由于逆转录酶转弯效应所致。然后在 DNA 聚合酶的作用下，以 3′端发夹为引物，进行第二链的合成。最后用单链特异的 S1 核酸酶消化双链 cDNA 中对应于 mRNA5′端的发夹结构，获得可供克隆的双链 DNA 分子（图 12-4）。

不过这种方法合成的双链 cDNA 必须用 S1 核酸酶切割后才能产生可供克隆的 cDNA 分子，而 S1 核酸酶的消化反应很难控制，切割作用也必然会导致许多期望的 cDNA 序列亦被修剪掉。如此得到的 cDNA 克隆就丧失了 mRNA 的 5′端的许多信息。而且除非使用的 *S1* 核酸酶具有极高的纯度，否则还会偶尔地破坏所合成的双链 cDNA 分子。正是由于上述这些原因，现在已经很少使用这种自身引导方式合成第二链 cDNA。

2. 置换合成法

该方法是在焦磷酸钠存在的条件下合成 cDNA 的第一条链，然后用 *RNase*H 处理 cDNA-mRNA 杂合分子，将其中的 mRNA 模板消化成许多短片段。不过这些 mRNA 短片段仍然同第一链 cDNA 杂交着，故可作为引物，并利用原来的 cDNA 为模板在大肠杆菌聚合酶 Ⅰ 的作用下合成第二链 cDNA（图 12-5）。除了 mRNA 分子最紧靠其 5′末端的极小部分之外，其余的完全被新合成的第二链 cDNA 所取代。然而此时它是处于间断不连续状态，其间分布着许多缺口，要通过 DNA 连接酶的作用之后才能形成完整的双链 cDNA 分子。使用 *RNase*H 酶合成双链 cDNA，其效果要比用 S1 核酸酶强得多，因为它不但可以直接利用第一链反应产物，无需进一步处理和纯化；而且此种方法不使用 S1 核酸酶来切割双链 cDNA 中的发夹结构，避免了 cDNA 的损失，产生的 cDNA 几乎含有从 mRNA 分子 5′端开始的全部核苷酸序列。

3. PCR 合成法

此法是在第一链 3′端加上同聚物尾巴，然后降解 mRNA，再以 cDNA 的第一条链为模板，设计并合成一组引物，通过 PCR 扩增获得多拷贝双链 cDNA（图 12-6）。PCR 合成法有三个优点：（1）由于 PCR 的高度灵敏性，此法非常适合低拷贝 mRNA 的克隆；（2）可用总

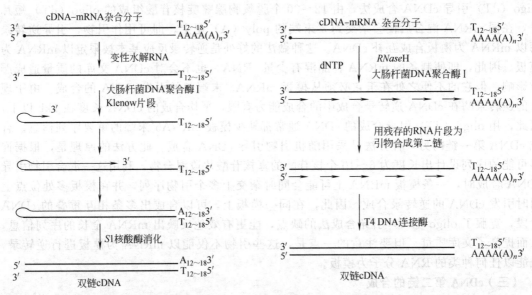

图 12-4 自身引导法合成 cDNA 的第二条链 　　　　图 12-5 置换合成法合成 cDNA 的第二条链

RNA 作为合成 cDNA 第一链的模板，不用纯化 mRNA，所以避免了纯化过程中某些信息分子的丢失；（3）PCR 合成 cDNA 第二链是通过在第一链 3′端同聚物加尾的方法实现的，不会丢失其末端的最后几个核苷酸，所以容易得到完整的 cDNA。

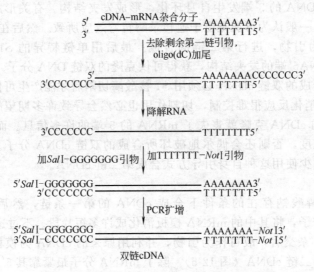

图 12-6 PCR 合成法合成 cDNA 的第二条链

除此之外，PCR 法还可用于 cDNA 末端的快速扩增（rapid amplification cDNA end，RACE）。RACE 是 1988 年由 Frohman 等发明的一项新技术，主要是以 mRNA 为模板，在逆转录酶的作用下合成第一链 cDNA。然后用 PCR 技术扩增出从某个特定位点到 3′端或 5′端之间的未知核苷酸序列，因此又有 3′RACE 和 5′RACE 之分。此处的 3′和 5′是针对 mRNA 而言的，如 3′RACE 是指特定位点到相应于 mRNA3′端的序列。"特定位点"是指 cDNA 基因内位点，依据此位点所设计的 PCR 引物称为基因特异性引物（gene-specific primer，GSP）。3′RACE 可利用 mRNA 的 poly（A）尾和 GSP 设计 PCR 策略，而 5′RACE 则要通过对 cDNA 第一条链同聚物加尾来实现。实际上，RACE 是采用 PCR 技术由已知的部分 cDNA 顺序（即特定位点）扩增出完整的 cDNA3′端和 5′端的方法，因此又称为单边

PCR（one-side PCR）或锚定 PCR（anchored PCR）。

RACE 的操作过程如图 12-7 所示。其中 3'RACE 的过程是：以 oligo（dT）$_n$ 和被称为锚定引物的序列组成的引物 QT 逆转录 mRNA 模板得到第一链 cDNA，然后用含有部分锚定引物序列的引物 Q0 与基因特异性引物 GSP1 进行第一轮扩增，得到双链 cDNA，第二轮以及以后的扩增采用内部引物（nested primer）Q1 和基因特异性引物 GSP2 进行，以防止产生非特异性扩增产物。5'RACE 技术是根据同样原理设计的。用基因特异性引物 GSP-RT 逆转录 mRNA 获得第一链 cDNA；然后用末端转移酶在 cDNA5'端加上 poly（A）尾巴；再先以 QT 引物和 GSP-RT 引物进行 PCR 扩增得到 cDNA 第二条链，再以 Q0 和 GSP-RT 上游引物 GSP1 扩增 cDNA；最后采用内部引物 Q1 和 GSP-RT 下游引物 GSP2 进行随后的多轮 PCR 扩增以提高产物特异性。

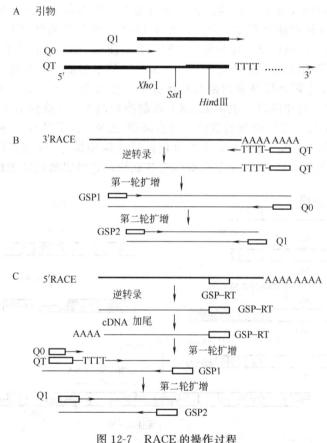

图 12-7　RACE 的操作过程

扩增后得到的双链 cDNA 用限制性核酸内切酶酶切和杂交分析并进行克隆，得到 5'特异性和 3'特异性的 cDNA 文库。从两个有重叠顺序的 5'和 3'RACE 产物中可以获得全长 cDNA，或者可以先分析 5'和 3'端顺序，合成相应的引物扩增出全长 cDNA。显而易见，RACE 不仅可以避免常规 PCR 扩增效率低和特异性差的问题，而且还可以简便迅速地获得 cDNA 文库中不易得到的全长 cDNA 克隆。

（四）重组体分子的形成及其导入宿主细胞

将合成的双链 cDNA 重组到载体上，导入大肠杆菌宿主细胞增殖。为了获得尽可能多的重组克隆数和尽可能地避免多拷贝插入，在将 cDNA 与载体进行连接时，一定要注意两者的比例。这一问题通常是通过精心设计的一系列预实验来解决，一般是固定载体的用量，选择不同量的 cDNA 与之连接，以转化质粒或进行噬菌体包装后产生最多克隆数的连接反应条件作为最佳反应条件。除此以外，大肠杆菌的感受状态也是制约文库大小的重要因素。根据其感受状态的不同，感受态大肠杆菌可分为普通亚克隆级和建库级。前者的转化效率一般在 10^5 pfu/μgDNA 左右，普通实验室自制的感受态大肠杆菌多能满足需要。后者的转化效率要求在 10^9 pfu/μgDNA 以上，自制的感受态细菌一般难以达到要求，建议选用高质量的商品化感受态细菌。

构建细菌基因组文库的基本过程与真核基因组文库相似，但要简单得多。其主要步骤包括细菌基因组 DNA 的制备、限制性核酸内切酶消化、与质粒载体的连接和转化感受态宿主菌。

（五）构建 cDNA 文库的具体步骤

下面以 λ 噬菌体载体 λgt10 为例，详细地叙述双链构建 cDNA 文库的具体过程（图 12-8）。待克隆的双链 cDNA 分子的两端，必须具有能与 λ 噬菌体载体 DNA 限制性酶切位点（例如为 EcoRI）互补的黏性末端。为此，先用 EcoRI 甲基化酶处理双链 cDNA，保护其中可能存在的 EcoRI 限制位点，使其免受切割；然后使用 DNA 连接酶把 EcoRI 衔接体连接到双链 cDNA 分子的两端（通常每一个 cDNA 分子的末端都会串联地连接上许多个衔接体），接着加入 EcoRI 限制酶彻底切割衔接体分子，使每个 cDNA 分子末端都只留下单一的 EcoRI 黏性末端。与此同时，也用 EcoRI 限制酶切割 λgt10 载体 DNA，并纯化所产生的两段噬菌体 DNA 臂，这样得到的载体与待克隆的 cDNA 分子具有互补的 EcoRI 黏性末端。将两者混合并加入 DNA 连接酶，会共价连接形成两端具有 cos 位点的串联排列的重组噬菌体分子。此种多连体 DNA 分子是良好的包装底物，它可以被包装蛋白质包装成具有感

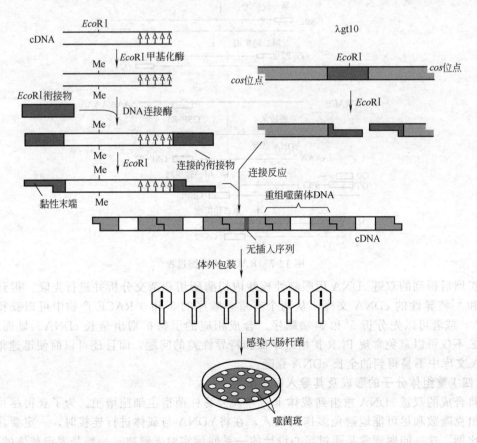

图 12-8　利用 λ 噬菌体载体构建 cDNA 文库的过程

染能力的噬菌体颗粒。用这些包装的噬菌体感染大肠杆菌培养物后，涂布在琼脂平板上，便会产生出具有数千个独立噬菌斑的平板，而且每一个噬菌斑都是由单一的重组噬菌体分子所形成的。

三、mRNA 丰度高低与 cDNA 文库大小的关系

构建 cDNA 文库时，必须考虑目的基因的 mRNA 在特定的生物体组织中的含量问题。cDNA 文库中储存某种基因概率的大小与总 mRNA 中这种基因的 mRNA 拷贝数是密切相关的。某种 mRNA 的拷贝数越多，cDNA 文库中储存该基因的概率越大，越容易被分离出来。所以为了分离某种目的基因，这种基因的 mRNA 尽可能是高含量的，即高丰度的。所谓丰度是指每个细胞中 mRNA 的拷贝数。为了有同样概率获得不同丰度的 mRNA 的基因，需要构建的 cDNA 文库大小不同，mRNA 丰度高的，只需构建较小的 cDNA 文库，反之，要构建较大的文库。

在许多组织和培养的细胞中，各种 mRNA 的含量都是不相同的。其中，有些类型的 mRNA 含量十分丰富，每个细胞可拥有数千个拷贝，而有些类型的 mRNA 的含量恰好相反，每个细胞只有少数几个拷贝。一般可以将 mRNA 划分为高丰度、中丰度和低丰度三种不同的类型。表 12-1 列出了一种典型的真核细胞 mRNA 群体的丰度等级及其复杂性。

表 12-1　一种典型的真核细胞 mRNA 群体的丰度等级及其复杂性

丰度等级	相应丰度等级的 mRNA 群体占总 mRNA 的百分数/%	在相应丰度等级中所含的不同种类 mRNA 序列的数目/个	每个细胞所含的相应丰度 mRNA 序列的拷贝数/个
高丰度	22	30	3 500
中丰度	49	1 090	230
低丰度	29	10 670	14

为了能获得不同丰度的 mRNA 的基因，应构建不同大小的 cDNA 文库。计算 cDNA 文库大小的理论公式为：

文库中 cDNA 的克隆数＝细胞总 mRNA 数/细胞中某种 mRNA 的拷贝数

例如每个细胞的总 mRNA 数为 500 500 个，为获得丰度为 3 500 拷贝/细胞的 mRNA 的基因，应构建的 cDNA 文库的最小值是 500 500/3 500＝143，即由约 150 个克隆子组成的 cDNA 文库中应包含一个此高丰度的 mRNA 的基因。同理，为获得丰度为 14 拷贝/细胞的 mRNA 的基因，应构建的 cDNA 文库的最小值是 500 500/14＝35 750，即由约为 36 000 个克隆子组成的 cDNA 文库中才有可能有一个此低丰度的 mRNA 的基因。但实际上为了获得某种丰度的 mRNA 的基因，需要构建的 cDNA 文库的最小值远远超过理论值。为此，可根据 Clark 和 Carbon 提出的公式估算 cDNA 文库的大小：

$$N＝\ln(1-P)/\ln(1-f)$$

式中，N 为 cDNA 文库必需的克隆数目；P 为文库中含有的目的基因 cDNA 片段的出现概率，一般情况下，期望值是 99%；f 为某种 mRNA 的丰度与总 mRNA 数的比值。按此公式计算，为获得丰度为 3 500 和 14 的 mRNA 的基因，应该构建的 cDNA 文库最小值分别为 650 和 16 000 个克隆子。

从上述两个公式看出，提高目的基因 mRNA 在总 mRNA 中所占的比例是减少 cDNA 文库应包含克隆子数的重要措施，因此在构建 cDNA 文库之前，先用不同方法富集和提高目的基因 mRNA 在总 mRNA 中的比例可以降低 cDNA 文库的复杂性和分离目的基因 cDNA 片段的难度。如果已知要分离的目的基因 mRNA 的分子大小，则可把最初制备的总 mRNA 先通过凝胶电泳或蔗糖密度梯度离心，回收与目的基因 mRNA 分子大小相近的 mRNA，以此回收的 mRNA 构建 cDNA 文库。如果要分离未知分子大小的目的基因 cDNA，则可把最

初制备的总 mRNA 先通过凝胶电泳或蔗糖密度梯度离心，按 mRNA 分子大小分步回收 mRNA。再将每个分步回收的 mRNA 进行体外转译，并结合使用免疫沉降和 SDS-聚丙烯酰胺凝胶电泳技术，鉴定出目的基因的蛋白质产物。再以此分步 mRNA 构建 cDNA 文库。通过电泳和离心的分步分离可以富集低丰度的 mRNA。由于不同 mRNA 的分子大小及其在 mRNA 群体中所占的比例不同，富集的程度也就会有明显的差异。在最佳条件下，可以获得富集 10 倍左右的 mRNA。此外，选用富含目的基因 mRNA 的组织、器官或完整个体作为制备总 mRNA 的材料，也是减少 cDNA 文库应含有的克隆子数的重要措施之一。

四、cDNA 文库的优越性与局限性

自 20 世纪 70 年代以来，已经采用构建和筛选 cDNA 文库的方法克隆了许多目的基因的 cDNA 片段。在基因工程操作中，也常以 cDNA 为探针从基因组文库中分离相应的基因克隆。因此，cDNA 克隆常常是基因分离和结构分析的着手点，在分子生物学和基因工程应用等方面具有重要的意义。与基因组文库的构建和基因分离方法相比，cDNA 克隆的优越性主要体现在：

第一，cDNA 克隆以 mRNA 为材料，这对于有些 RNA 病毒，例如流感病毒和呼肠孤病毒来说是特别的适用。因为它们的增殖并不经过 DNA 中间体。所以研究这样的生物有机体，cDNA 克隆就成为唯一一种可行的方法。

第二，由于每一个 cDNA 克隆都含有一种 mRNA 序列，这样在选择中出现假阳性的几率就会比较低。一般情况下，应用体外标记的 RNA 或 cDNA 筛选基因组克隆，往往会出现假阳性的情况。这是因为大部分的 mRNA，都含有相当数量的核糖体 RNA（rRNA）。这些 rRNA 可以以较低的频率合成 cDNA。因此，即使是用 cDNA 作探针筛选基因组文库，也不可避免地会选择出一些假阳性的克隆，其中有许多是含有核糖体基因的基因组克隆。除此之外，还存在着其他一些产生人工假阳性克隆的因素。例如在基因组 DNA 中存在着同目的基因同源的序列区段。但对于 cDNA 文库来说，由于每一个 cDNA 克隆都含有一种 mRNA 序列，因此阳性的杂交信号一般都可认为是有意义的，由此选择出来的阳性克隆将会含有目的基因的序列。

第三，cDNA 文库的筛选比较简单易行。首先，一个完全的 cDNA 文库所含的克隆数要比一个完全的基因组文库所含的克隆数少得多。其次，在基因文库中，某种特定克隆的存在频率是与其相应的 mRNA 丰度成正比的。因此，恰当地选择 mRNA 的来源，就有可能使所构建的 cDNA 文库中某一特定序列的克隆达到很高的比例。这样便极大地简化了筛选特定序列克隆的工作量。这是基因组克隆所不具备的另一种很有用的优点。

第四，cDNA 克隆可用于在细菌中能表达的基因的克隆，直接应用于基因工程操作。高等真核生物基因与原核生物基因在结构组成上最大的差别之一就在于前者含有内含子序列而后者却没有。通过基因组文库筛选到的目的基因克隆难以在原核细胞中表达，而 cDNA 克隆是以基因的转录产物 mRNA 为材料获得的，基因中的内含子序列在转录过程中已被删除。因此，cDNA 克隆可以在细菌细胞中得以表达。事实上，细菌细胞中表达外源 DNA 序列的所有成功的例子，都是使用 cDNA 克隆。

第五，cDNA 克隆还可用于真核细胞 mRNA 结构和功能研究。一种特异的 mRNA 在细胞中往往只占很小的比例，难以直接研究其序列、结构和功能。而相应的 cDNA 则可方便地进行序列分析，初步确定 mRNA 的起始、编码、转录和翻译的终止序列。同样，通过测定 cDNA 克隆的序列，可以有效的分析间断基因的结构。

cDNA 克隆虽然有许多优点，但在实际运用中也存在着一定的局限性。

第一，cDNA 文库是由 mRNA 合成的 cDNA 构建的。在这种逆转录反应中，是以 mRNA 为模板，所以如此构建的 cDNA 克隆只能反映着 mRNA 的分子结构和功能信息，而

不能直接获得基因的内含子序列和基因编码区外的大量调控序列的结构与功能方面的信息。

第二，由于 mRNA 分子的数目仅为生物体全部基因数目的十分之一左右，且在不同组织的细胞和不同的生长发育时期的分子组成和含量是不同的，所以 cDNA 文库所包含的遗传信息要远远少于基因组文库，并且受细胞来源和发育时期的影响。相比之下，基因组文库所包含的遗传信息极为丰富，在一个完整的基因组文库中，每个基因都有一个克隆，并且不受材料来源的影响。

第三，在 cDNA 基因文库中，不同克隆的分布状态总是反映着 mRNA 的分布状态。也就是说，对应于高丰度 mRNA 的 cDNA 克隆，所占的比例就比较高，所以也就比较容易分离；而对应于低丰度 mRNA 的 cDNA 克隆，所占的比例则比较低，因此分离也就比较困难。目前绝大多数分离得到的 cDNA 克隆都是高丰度 mRNA 拷贝的产物。

为了解决低丰度或稀有 mRNA 不易进行 cDNA 克隆等问题，近年来已经发展了一些新的 cDNA 文库的构建方法和技术，例如减数 cDNA 文库、标准化 cDNA 文库和染色体区域性 cDNA 文库的构建及目的 cDNA 的克隆等。

无论使用哪一种基因文库，都必须要认识到在同一重组体群体中，并不是所有的成员都是等速增殖的。例如，插入的外源 DNA 在大小及序列上的差异，将影响到重组的质粒、噬菌体或柯斯质粒的复制速率。这样，当一个基因组文库经过扩增之后，某些特定的重组体的比例就可能增加，而有些重组体的比例则可能下降，甚至于完全丢失。现在，由于新的载体和克隆策略的发展，构建基因组文库的程序已大大简化。

本 章 小 结

本章首先介绍了基因文库的概念和分类（基因组文库和 cDNA 文库）。然后分别对这两种文库做了详细地介绍。

基因组文库是指含有某种生物体（或组织、细胞）全部基因的随机片段的重组 DNA 克隆群体。随后介绍了基因组文库的大小，最后介绍了噬菌体基因组文库、柯斯质粒基因组文库及 YAC 基因组文库的构建，其主要步骤有 DNA 插入片段的制备、插入片段与载体的连接和重组体导入宿主细胞等。其影响因素较多，应通过精心设计的预实验确定最佳的反应条件。

cDNA 文库是指含有所有重组 cDNA 的克隆群体。根据表达类型的不同，可以分为表达型 cDNA 文库和非表达型 cDNA 文库，按载体类型又可分为质粒 cDNA 文库和噬菌体 cDNA 文库。其构建过程包括 mRNA 的提取、cDNA 第一链的合成、cDNA 第二链的合成、重组体分子的形成及其导入宿主细胞。cDNA 文库的大小与 mRNA 丰度高低是密切相关的——mRNA 丰度高的，只需构建较小的 cDNA 文库，反之，要构建较大的文库。最后介绍了 cDNA 克隆的优越性与局限性。

思 考 题

1. 基因组文库和 cDNA 文库的定义分别是什么？
2. 简述构建基因文库的目的和意义。
3. 基因文库载体的选择原则是什么？
4. 在制备基因组克隆片段时，应注意哪些问题？
5. 试述 mRNA 完整性的确定方法及其对 cDNA 合成的影响。
6. 合成 cDNA 第二链的主要策略有哪些？
7. cDNA 克隆有哪些优越性与局限性？

第十三章　基因功能验证

通过基因工程手段，可以得到大量的目的基因。按照中心法则遗传信息的传递规律，最终影响生物体表型的是蛋白质。如何获悉这些基因翻译成蛋白质后的具体作用，就需要对它们进行功能验证。验证基因功能的方法有很多，本章将重点介绍转基因技术、RNA 干扰技术、基因敲除技术、酵母杂交技术、拉下实验以及直接从蛋白质入手的蛋白质组研究技术等。

第一节　转基因技术

转基因（transgenesis）技术是目前比较常用的基因功能验证的方法，就是利用基因工程技术将目的基因导入到不同的宿主菌中进行表达。从 20 世纪 80 年代初期开始，科学家们经过努力探索实践，目前在植物、动物细胞内已经建立了成型的转基因遗传体系，转基因的产品已经进入了人类生活的各个领域。本节我们将具体学习转基因植物与转基因动物两种技术。

一、转基因植物

（一）基本原理

植物转基因技术，通常指在离体条件下，对不同生物的 DNA 进行加工，并依据人们一定的需要和适当的载体重新组合，借助于物理、化学或生物的手段，将重组 DNA 转入生物体或细胞内，使之稳定遗传从而赋予植物新的农艺性状，如抗病、抗虫、抗逆、高产等，通过这种技术得到的植物就是转基因植物（transgenic plant）。它不仅为基因的表达调控和遗传的研究提供了一个理想的实验体系，更重要的是为植物，尤其是农作物的定向改良和分子育种提供了有效的途径。植物转基因技术流程如图 13-1 所示。

（二）植物转基因的方法

外源基因导入植物细胞的方法可分为载体介导法和 DNA 直接导入法。

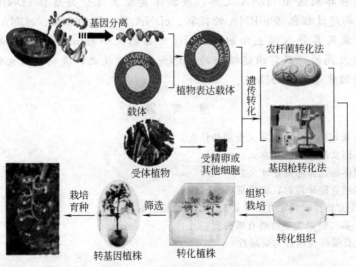

图 13-1　植物转基因技术流程图

1. 载体介导法

（1）农杆菌介导法　农杆菌介导法是目前应用最为广泛且结果较为理想、技术较为成熟的一种基因转化方法。根癌农杆菌（*Agrobacterium tumefaciens*）的 Ti（Tumer induce）质粒和发根农杆菌（*Agrobaterium rhizogenis*）的 Ri（Rootinduce）质粒上的一段 T-DNA 区在农杆菌侵染植物形成肿瘤的过程中，T-DNA 可以被转移到植物细胞并插入到植物细胞基因组中而引起植物产生冠瘿瘤。利用 Ti 质粒的这一特点，可将外源基因置换 T-DNA 中的非必需序列即可使外源基因整合到受体染色体而获得稳定的表达。Ti 质粒结构如图13-2所示。农杆菌转化法有着非常明显的优势表现为：简单、有效；转化效率高；转入的外源基因通常呈预期的孟德尔遗传规律；转化再生的植株通常是可育的。

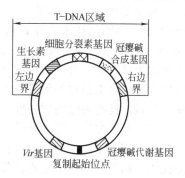

图 13-2　Ti 质粒结构示意

（2）病毒介导法　病毒载体是最近新出现的一种用于植物转化的载体。植物病毒转基因系统是将外源基因插入到病毒基因组中，进而通过病毒对植物细胞的感染将外源基因导入植物细胞。

2. DNA 直接导入法

DNA 直接导入法是通过物理或化学方法将外源基因转入植物细胞的技术，用得最多的植物材料是原生质体，另外还有植物器官分生组织、愈伤组织、未成熟的胚、细胞等。DNA 直接导入法一般使用大肠杆菌的质粒作为载体，也可直接用外源 DNA 直接导入植物细胞。DNA 直接导入法有如下几种。

（1）化学物质刺激法　化学物质刺激法的主要原理是植物细胞的原生质体经过某些化学药品（如聚乙二醇，PEG）处理后，能够较好地吸收外源 DNA。一般 PEG 浓度较低时，不会对原生质体造成伤害，而且由于获得的转基因植株来自同一个细胞，避免了嵌合转化体的产生，且转化稳定性和重复性好，但对原生质体培养和再生困难的植物难以利用，转化率低，一般在 $10^{-6} \sim 10^{-5}$。

（2）脂质体法　脂质体法是近年来化学转化法中应用最广泛的方法，它是利用脂类化学物质包裹 DNA 成球体，通过植物原生质体的吞噬或融合作用把内含物转入受体细胞。脂质体转化法转化效率较高，简单易操作，适用植物种类广泛，可用于基因的瞬时表达检测。但通常用作脂质体转化的受体主要是原生质体，而对于原生质体培养比较困难的植物来说，这种方法就受到了限制，有待于进一步完善。

（3）电击法　电击法是 20 世纪 80 年代初发展起来的一种遗传转化技术。植物细胞膜在适当的外加高压电脉冲下会形成非对称穿孔，这种在细胞膜上出现的短暂的可逆性开放小孔，为外源基因提供了通道，DNA 分子有可能通过小孔进入细胞内并整合到受体细胞的基因组上，但不影响或很少影响细胞质的生命活动。由于质膜的可修复性，移去外加电压后，膜孔在一定时间内可以自行修复，使细胞恢复到正常生理状况。本法具有简单方便、细胞毒性低等优点。但是转化效率较低，并且仅局限于能有原生质体再生出植株的植物。

（4）显微注射法　显微注射法的原理是利用显微注射仪将外源目的基因片段直接注射到植物细胞或原生质体的一种直接而完善的方法。显微注射法转化率高，可达 14%～60%；使用范围广。缺点是设备要求高，对操作者的技术要求高，每次只能处理一个细胞。

（5）基因枪法　基因枪法又称高速微弹法或微弹轰击法，是 1987 年由美国康奈尔大学生物化学系 Sanford 提出。基因枪法是一种快速而有效的物理转化法。其基本原理是将外源基因包被在微小的金粉或钨粉表面，然后在高压作用下微粒被高速射入受体细胞或组织。微粒上的外源基因进入细胞后，整合到植物细胞染色体组中得到表达。基因枪法转化的一个主要优点是不受受体植物范围的限制；同时该法还具有植株可育性高、转化频率高等优点。但用基因枪进行基因转化也有其局限性，如转化效率低，转化费用高，基因插入往往是多拷贝的，常造成转基因的失活或沉默，可能导致植物本身的某些基因非正常表达，可能发生共抑制现象等。

（6）花粉管通道法　我国科学家周光宇于 1974 年在观察远源杂交所产生的染色体水平以下的杂交现象后提出了 DNA 片段杂交的假设，并在此基础上设计了自花授粉后外源DNA 导入植物的技术，即花粉管通道技术。此技术是指在自花授粉后的特定时期将外源DNA 片段注入到柱头或花柱，使外源 DNA 沿着花粉管经过珠心进入胚囊。转化尚不具备正常细胞壁的卵、合子或早期胚胎细胞。该法的优点是利用这一技术可避免复杂的组织培养和原生质体再生植株的困难，操作方便，单双子叶都可应用，而且能马上得到种子，节省时间、金钱，具有很强的实用性。但其缺点是工作量大，转化率较低。

（7）其他方法　除上述的一些方法外，一些科学家还创造了其他各种各样的植物遗传转化法，它们对于特定的植物或在一定的条件下被证明是有效的。如超声波介导法、激光微束穿孔法、花粉管和种子浸泡法等。它们各有其优缺点及适用范围，对于特定的植物或在一定的条件下被证明是有效的。随着老方法的不断完善，新方法的不断涌现，植物的遗传转化将变得越来越容易。

（三）转基因植物技术中常用的报告基因

报告基因在植物转基因研究中应用很多，其作用除了可以筛选重组细胞之外，还可以和某些目的基因构成嵌合基因，从报告基因的表达了解目的基因的表达情况及推测基因调控序列。常用的报告基因有如下几种。

（1）新霉素磷酸转移酶（neomycine phosphotransferase Ⅱ，NPT Ⅱ）基因　新霉素与卡那霉素等的结构相似，能抑制原核细胞核糖体 70S 起始复合物的形成，阻碍了蛋白质的合成，进一步抑制了细胞的生长。npt Ⅱ 基因编码序列来自大肠杆菌易位子 Tn5，它可以催化ATP 上 γ-磷酸基团转移到上述抗生素分子的某些基团上，从而阻碍抗生素分子与靶位点的结合，并使抗生素失活。因此，在含有上述抗生素的选择培养基上培养植物转化材料，仅有携带 npt Ⅱ 基因的转化植物细胞才能存活下来，由此将转化子与非转化子区别开来。npt Ⅱ基因对大多数植物而言是很强的选择标记，应用广泛。但该基因作为选择标记基因的缺点是受体细胞通常具有较高的非特异性磷酸转移酶本底，筛选时假阳性率高。NPT Ⅱ 酶活一般是通过卡那霉素与 $[\gamma\text{-}^{32}P]$ ATP 的原位磷酸化作用来检测。

（2）潮霉素磷酸转移酶（hygromycin phosphotransferase，HPT）基因　某些植物细胞株系（如水稻）对卡那霉素具有一定的抗性，利用卡那霉素筛选 npt Ⅱ 基因转化体时假阳性率高，这时可采用 hpt 报告基因进行筛选。潮霉素原是一种链霉菌的产物，通过与 70S 和80S 核糖体的结合来抑制许多原核生物与真核生物的生长。而 HPT 酶能催化 ATP 上的 γ-磷酸基团转移至潮霉素分子上而使之失活，所以使用潮霉素基因作为报告基因可以赋予转化植物细胞抗潮霉素的能力。要注意的是，潮霉素是致癌物质，操作时应慎重。

（3）氯霉素乙酰转移酶（chloramphenicol acetyltransferase，CAT）基因　cat 基因是由大肠杆菌易位子 Tn9 编码。它可以催化乙酰辅酶 A 转乙酰基，使氯霉素失活。因此与外源 DNA 共转化的 cat 基因能使转基因植株具有抗氯霉素的能力。由于植物细胞中非特异性CAT 酶活性本底很低，CAT 酶检测的灵敏度很高，所以 cat 基因经常用于植物基因转化中，特别是瞬时表达实验中。当细胞提取物与乙酰辅酶 A 及 ^{14}C 标记的氯霉素一起温育时，如果细胞中有 CAT 酶存在，氯霉素便被乙酰化。经薄层层析分离未乙酰化的底物和乙酰化的产物，通过放射自显影技术即可测定乙酰化的产物。

（4）β-葡萄糖酸苷酶（β-Glucuronidase，GUS）基因　gus 基因最早是从 $E.coli$ 12 中克

隆出来的，能编码稳定的 GUS 产物。与抗菌素抗性基因不同的是，gus 基因并非正选择标记，其作为报告基因的筛选依据是，作为一种水解酶，转化植物细胞所产生的 β-葡萄糖酸苷酶能够催化某些特殊反应的进行，通过荧光、分光光度和组织化学的方法对这些特殊反应产物的检测即可确定 gus 报告基因的表达情况，以此区分转化子和非转化子。例如，β-葡萄糖酸苷酶能催化裂解人工合成的底物 4-甲基伞形花酮-β-D-葡萄糖苷酸，产生荧光物质 4-甲基伞形花酮，可利用荧光光度计进行定量测定。由于植物细胞 GUS 本底非常低，同时其检测方法简便快捷、灵敏度高，因此 gus 基因已被广泛使用于植物基因转化实验中，尤其是在进行外源基因瞬间表达系统中。此外 gus 基因的 3′端与其他结构基因所产生的嵌合基因可以正常表达，所产生的融合蛋白中仍有 GUS 活性，利用组织化学分析等可以定位外源基因在不同的细胞、组织和器官类型以及发育时期的表达情况，这是其他报告基因所不及的。

（5）荧光素酶（luciferase，LUC）基因　LUC 是一种源于萤火虫的动物蛋白基因产物，能够催化生物发光反应。1985 年 luc 基因首次被克隆并能够在大肠杆菌中表达有活性的荧光素酶。该酶在激活因子 Mg^{2+} 的作用下，可以与荧光素和 ATP 底物发生反应，形成与酶结合的腺苷酸荧光素酰化复合物，经过氧化脱羧作用后，该复合物转变成为处于激活状态的氧化荧光素，同时发射光子，利用荧光测定仪可以快速灵敏地检测出这些非常微弱的荧光素酶分子。luc 基因检测十分迅速，灵敏度高，成本低，不存在放射性同位素检测对人体健康和环境生态所造成的危害，也没有内源荧光产生的背景干扰，因此，luc 是一种理想的报告基因。

（6）抗除草剂 bar 基因　bar 基因是 1987 年从吸水链霉菌中分离出来的，它编码的 PPT-乙酰转移酶（PAT）能够解除非选择性除草剂的毒性。PPT 是 L-谷氨酸的类似物，能强烈抑制谷氨酰胺合成酶（Gs）的活性，而谷氨酰胺合成酶一旦受到抑制，将会导致植物体内氨的迅速积累，并使植株死亡。bar 基因的表达产物 PAT 通过对 PPT 的乙酰化从而解除 PPT 的毒性，可以使转化植物细胞产生对除草剂的抗性，因此可以利用 bar 基因作为报告基因进行正向选择。

（7）冠瘿碱（opine）合成酶基因　冠瘿碱合成酶基因主要包括胭脂碱合成酶基因和章鱼碱合成酶基因两类，存在于土壤农杆菌 Ti 质粒的 T-DNA 区段。冠瘿碱合成酶基因含有类似真核生物的启动子和 poly（A）序列，在植物细胞中的表达产物可以催化一些特殊反应，通过电泳分离及菲醌荧光染料染色，可以方便地观察到反应产物的生成，据此作为报告基因用于转植物基因细胞的筛选。

（四）转基因植物技术的应用

目前，转基因植物技术已经成为基因功能验证的重要方法之一，主要在改善植物品质、提高植物抗性以及利用植物作为生物反应器等方面进行了大量的研究，并已取得了令人瞩目的成就。如作物的性状、产品的品质，培育抗虫、抗病、抗除草剂、抗旱、耐盐、抗寒、耐高温的转基因植物等，利用转基因植物作为生物反应器生产疫苗、抗体等。此外，利用转基因植物还可以生产糖类物质、可降解塑料等，还可以生产自然界中难以得到的物质，如蜘蛛丝等。随着转基因技术的不断发展，作为生物反应器的植物将有可能成为药物、食品的主要生产者。

二、转基因动物

（一）基本原理

所谓的转基因动物（transgenic animal）技术是指利用基因工程的方法获得目的基因并导入到动物的受精卵中，使外源基因整合到动物的基因组内，使该转基因动物能稳定地将此基因遗传给后代的实验技术。通过基因操作，人类可以改变动物的基因型使其表现型更加符合人类的需要，并且此技术也为生物学、医学基础理论的研究提供了一种有效的研究手段。

（二）方法

培育转基因动物的关键技术包括：外源目的基因的分离，外源目的基因的有效导入，胚胎培养与移植，外源目的基因表达的检测等。在这些程序中最重要的方法是成功地将外源目的基因转入动物的早期胚胎细胞中。根据目的基因导入的方法与对象不同，培育转基因动物的主要方法有显微注射法、逆转录病毒感染法、胚胎干细胞介导法等。如图 13-3 所示。

1. 显微注射法

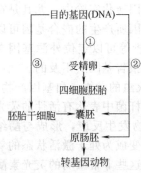

图 13-3　培育转基因动物的
三种方法示意图

①—显微注射法；
②—逆转录病毒感染法；
③—胚胎干细胞介导法

外源基因显微注射法是目前发展最早、应用最广泛和最为有效的培育转基因动物的方法。其基本原理是：将在体外构建的外源目的基因，在显微操作仪下用注射器注入受精卵。利用受精卵繁殖中 DNA 的复制过程，将外源基因整合到 DNA 中，发育成转基因动物。该方法的缺点是方法较复杂、技术性强、成本高、效率低。优点是基因的转移率较高，整合效率也较为理想，可对基因进行操作，不需嵌合体途径便能得到纯系动物。

2. 逆转录病毒法

将目的基因与逆转录病毒载体重组，再使之包装成为高滴度病毒颗粒，人为感染着床前后的胚胎，也可直接将胚胎与能释放逆转录病毒的单层培养细胞共孵育以达到感染的目的。

携带外源基因的反转录病毒 DNA 可以插入整合到宿主基因组 DNA 中去，经过杂交筛选即可获得含有目的基因的动物。该法的优点为：病毒可自主感染细胞，且转染率高，宿主广泛，对细胞无伤害。但这个方法的缺点是：病毒载体具有相当大的危险性，对所转移的基因的大小有一定的限制，同时转移的基因在动物体内表达的问题还没有得到完全解决。

3. 胚胎干细胞介导法

胚胎干细胞（embryonic stem cell，ES 细胞）是早期胚胎经体外分化抑制培养建立的多潜能细胞系，在适当的环境条件下它可形成胚系集落。用转基因的技术将外源目的基因转移到 ES 细胞中，或通过转换或同源重组的方式将外源基因整合到 ES 细胞的基因组中，将 ES 细胞移入胚泡期的宿主胚胎，最后将宿主胚胎移植到假孕的雌性动物的子宫内发育，这样产生的子代，其部分生殖细胞就是由转基因的 ES 细胞形成的，然后在得到的转基因动物间进行杂交，子代再配对杂交。便可获得由胚胎干细胞介导的纯合转基因动物。

该方法的优点是：通过同源重组构件的转染，能够进行基因打靶，即在体外就能够确定整合的位点，这种方法避免了其他方法所造成的基因随机整合和多拷贝整合现象。缺点是：第一代一般是嵌合体，因此很难把外源基因遗传给后代。且由于 ES 细胞不易建株，它的运用前途受到很大限制。

4. 精子载体法

精子载体法，就是一种直接用精子作为外源 DNA 载体的基因转移方法。精子直接与外源 DNA 共培养，外源基因可直接进入精子头部，受精后能发育成转基因动物。它克服了当前生产转基因动物费用高、劳动强度大等缺点，简化了操作程序，且用该法可以更容易高效的得到以附加体形式存在的转基因动物。缺点是结果不稳定，可重复性差。

5. 酵母人工染色体（YAC）介导法

该法的技术途径有二：一是 ES 细胞转染 YAC 后体外筛选阳性 ES 细胞进行囊胚腔注射；二是 YAC 的原核微注射。它的优点是：保证了巨大基因的完全性、保证了较长的外源片段在转基因动物研究中整合率的提高、保证了所有顺式因子的完整并与结构基因的位置不变。因此，酵母人工染色体介导法在制备转基因动物方面具有广阔的应用前景。

6. 受体介导法

所谓受体介导法的基本原理是在着床前胚胎中有胰岛素及胰岛素样生长因子的表达，外源性胰岛素能够促进细胞增殖及胚胎形态的发生，而且早期胚胎细胞内存在胰岛素受体，使受体介导外源 DNA 进入受体细胞进而实现基因的转移成为可能。该法的优点也是不需显微操作，而且使用的运载工具对胚胎无明显毒害作用，因此可为将来的基因治疗提供一条新途径。

7. 体细胞核移植法

该方法首先将外源目的基因导入到供体细胞中，选择其中带有外源基因的细胞进行扩增，以这些细胞为核供体，通过电融合或显微操作使核供体与相应的核受体（去核的未受精的成熟卵母细胞）不经过有性繁殖的过程，在体外直接进行重组融合，进而对重组的胚进行胚胎移植，最终得到转基因动物。

体细胞核移植制备转基因动物总效率高于原核显微注射法，该技术的采用，使转基因动物后代数目迅速扩增。所需动物数大幅度减少，为显微注射法所需的动物（绵羊）数的2/5。另外可以在核移植前选择后代的性别，产生转基因后代遗传背景及遗传稳定性一致，故不需选配，仅一代就可建立转基因群体，节约费用和时间。毫无疑问的是体细胞核移植技术仍然存在一些问题。其突出问题是体细胞系难以建立，细胞的传代次数有限。

除了上述几种转基因方法外，人们为了适应于某些特殊需要也探索一些其他的方法，如电脉冲法、染色体片段显微注射法、激光导入法等。但总体看来，仍不是十分理想，效率较低。

（三）转基因动物技术面临的问题及前景展望

转基因动物的建立是一个艰辛、复杂的系统工程，目前已取得较大进展，研究也不断深入，但仍然存在着许多急需解决的问题。（1）转基因动物的成活率低。转基因动物在获得生产性状提高的同时，也留下许多后遗症，如畸形和死胎率较高，患肾病、关节病和生殖力丧失症的动物较为普遍。（2）转基因整合和表达的效率低。研究表明，显微注射法的转基因动物的总效率为 0.38%，其中牛羊等大家畜的效率更低。（3）转基因给动物造成插入突变和机能紊乱。（4）安全性问题。随着转基因动物的研究范围的不断扩大和转基因动物生物反应器产品的出现，转基因动物的安全性问题引起了人们的关注。

转基因动物在生物医学研究中用途很多，现已相继培育出转基因鱼、鸡、兔、绵羊等。但其中仍有很多问题有待解决，如转基因操作的周期长、复杂性、工作强度大；转基因整合率低及转基因异常表达等。但随着转基因动物研究的进一步发展，上述问题有望得以解决。与此同时，它将为基础生物学科的发展及解决世界粮食、人口、环境及健康等重大问题提供良好途径。

（四）转基因动物技术的应用

随着转基因工程技术的不断研究和发展，动物转基因技术不断得到完善，从而在未来的畜牧生产中大显身手，目前，动物转基因技术的应用主要有以下几方面：（1）改良动物品种；（2）提高动物的抗病力；（3）提供可移植的器官；（4）基因治疗；（5）作为生物反应器。预计 21 世纪用转基因动物生产药用蛋白将成为医药行业的支柱产业。

第二节　RNA 干扰技术

RNA 干扰（RNA interference，RNAi）是近年发展起来的一种基因阻断技术，指通过反义 RNA 与正链 RNA 形成双链 RNA（double-strand RNA，dsRNA）分子，在 mRNA 水平关闭相应序列基因的表达或使其沉默，即序列特异性的转录后基因沉默（post-transcriptional gene silencing，PTGS）的技术。

一、RNAi 的分子机制

RNAi 发生的基本过程可分为起始阶段和效应阶段。在起始阶段，一种称为 Dicer 的酶以一种 ATP 依赖的方式逐步切割由外源导入或由转基因、病毒感染、转座子的转录产物等各种方式引入的 dsRNA，短的 dsRNA 继而形成有效复合物：RISC、RITS 或 miRNP。*RNase*III 的 2 个催化中心由 2 个单体酶组成，其核体以反向平行的排列方式与 dsRNA 结合形成 4 个活性中心。中间 2 个未被活化，使得作用中心有一定的距离，因此 Dicer 能将 dsRNA 比较均匀地切成 21～23nt 大小的 siRNA（short/small interference RNA）。Dicer 的结构变化会引起 siRNA 长度的改变，这使得 siRNA 具有种族差异。产生的 siRNA 有 3 大特点：①长度为 21～23nt；②末端有 2nt 未配对碱基；③5′末端磷酸化。在效应阶段，siRNA 参与形成 RNA 诱导的沉默复合物（RNA-induced silencing complex，RISC）。RISC 以 ATP 依赖的方式催化双链 siRNA 解旋，然后利用其内部的单链 siRNA，通过碱基配对识别与之互补的靶 RNA，随后，RISC 中的核酸内切酶在距离 siRNA 3′端 12 个碱基的位置切割靶 RNA，最后，切割后的靶 RNA 在核酸外切酶的作用下被降解掉，导致目的基因的沉默（图 13-4）。

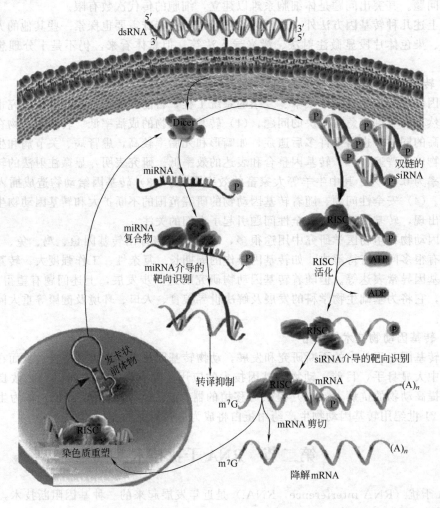

图 13-4　RNAi 分子机制示意图

目前研究比较清楚且使用较多的一种基因沉默小分子是 siRNA，它分别在两种的水平上引导基因沉默，体现 RNAi 的作用。

（1）转录水平　RNA 介导的 DNA 甲基化（RNA-directed DNA methylation，RdDM）被最早发现于类病毒感染的番茄中。dsRNA 被降解成 21～23nt 的小片段 RNA 时，这些小的 RNA 分子在细胞核可诱发同源序列的 DNA 甲基化。这种序列特异性的甲基化的信号与 RNA-DNA 结合有关。当 dsRNA 含有与启动子同源的序列，即可使同源靶启动子序列甲基化，从而使靶启动子失去功能，导致下游基因沉默，如图 13-5 所示。

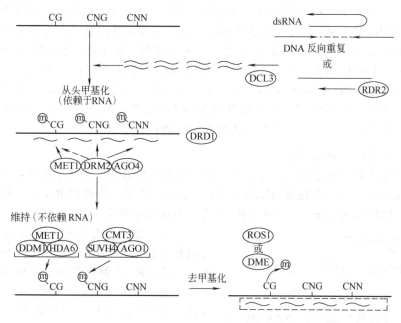

图 13-5　RNA 指导的 DNA 甲基化

（2）转录后水平　首先特异性的 Dicer 酶依赖 ATP 切割 dsRNA，将其分解成具有 2 个核苷酸的 3′末端的小片段的双链 siRNA。其次 RISC 识别并降解 mRNA。RISC 是一种蛋白-RNA效应器核酸酶复合物。双链 siRNA 为 RISC 的重要组成部分，它依赖 ATP 解旋并导致 RISC 活化，然后通过碱基互补配对识别底物 mRNA 与之结合，并自 siRNA 的 3′端将 mRNA 切割成小于 12nt 的片段使其降解。

二、Dicer 和 RdRP 酶

参与 RNAi 反应相关的酶有 Dicer 和依赖于 RNA 的 RNA 聚合酶（RNA-directed RNA polymerase，RdRP）。Dicer 最初是在果蝇中发现的，其同源基因在真菌、线虫以及植物中均存在。Dicer 酶是一个功能性的二聚体，属于 *RNase* Ⅲ 家族成员，包括 4 个开放阅读框：保守的解旋酶 DexH/DEAH 结构域、*RNase*Ⅲ基元、dsRNA 结合结构域以及与 Argo-naute 家族同源的 zwilk 蛋白区，又称 PAZ 核体。氨基端的 DexH/DEAH 解旋酶结构域属于解旋酶超家族成员Ⅱ，其功能可能是催化 dsRNA 解螺旋，利于 Dicer 切割；*RNase*Ⅲ基元可能参与切割 dsRNA；PAZ 结构域与 RNA 结合有关。在 ATP 存在时，Dicer 可以将 dsRNA 切割成 siRNA。近来，基因组测序结果表明许多真核生物基因组有 RdRP 的编码基因，现有的实验数据已显示出真核生物中的 RdRP 不但参与了 RNAi，而且还参与了 RNAi 信号的传导与放大。RdRP 的作用表现为在真核细胞中存在的能以 RNA 为模板指导 RNA 合成的聚合酶，并能使进入细胞内的 dsRNA 通过类似于 PCR 的反应，呈指数级扩增。

三、RNAi 技术的特点

RNAi 技术具有一些重要特点：①高度特异性。由于 RNAi 往往是与目的 RNA 序列互补，它只降解与之序列相应的单个内源基因，siRNA 除正义链上 3′端的两个碱基在序列识别上不起作用外，其他碱基中任何一个改变都可能引起 RNAi 效应失效，这就决定 RNAi 具有高度的特异性。②放大性。在 RdRP 酶的作用下，一个单链模板可以产生新的 dsRNA，新 dsRNA 在 Dicer 酶催化下生成更多的 siRNA，最终放大沉默作用。③高效性。RNAi 对基因抑制的效率要比反义 RNA 表达技术高 10 倍左右。④遗传性。低等真核生物中的 RNAi 信号可以持续数代，在高等真核生物中却只能持续 1～2 代，但不难推测它也有可能持续数代。因为 RNAi 引导和控制的组蛋白修饰及异染色质状态是可以遗传的；病毒携带和继承了能够引起寄主相应基因编码 miRNA 的序列；许多生命体的基因组内存在着大量的非编码蛋白序列，但它们具体的功能目前还不清楚。⑤不对称性。指 RISC 在装配过程中的不对称性，这是 RNA 干扰作用中一个关键性的步骤，RISC 可以调控目标 RNA 的降解，但是 siRNA 的两条链并不都能组装成 RISC 复合体，这取决于 siRNA 两条链 5′端碱基对所具有的特征。⑥扩散性。指沉默信号可以沿其同源的 DNA 序列向该目的基因的非同源区域扩散，或指沉默信号从一个已经发生沉默的细胞转移到新的细胞。

四、RNAi 操作的基本程序

以植物细胞工程中应用的 RNAi 技术为例，过程可以分成以下几个环节：①确定目的基因；②设计 RNAi 序列；③获得 RNAi 产物；④RNAi 转染；⑤检测 RNAi 的作用效果（图 13-6）。其中又以 siRNA 分子设计和 siRNA 表达载体构建最为关键。

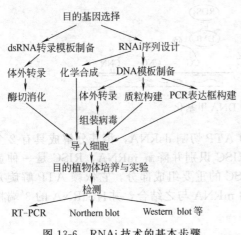

图 13-6　RNAi 技术的基本步骤

目前，虽然已有许多 siRNA 设计和筛选的原则作为普遍性的指导，但它们不能保证每一个获得的 siRNA 都起作用。一般情况下需要遵循以下几点基本原则：①确保 siRNA 分子的特异性；②GC 含量大于 70% 或小于 30%；③避开 mRNA 的一些区域，如 5′-UTR 和 3′-UTR，此部位可能是一些结构蛋白的结合区域；④注意 siRNA 分子自身的碱基组成及其结构特点等。

通常合成 siRNA 的方法有以下几种：①化学合成法：适用于已经找到最有效的 dsRNA 的情况及需要大量 siRNA 进行研究，自动化程度最高。缺点是价格高，定制周期长。②体外转录法：与化学合成相比，该方法的主要优点是转录材料与 DNA 模板都比化学合成 RNA 寡聚物的费用要低得多，而且可用于筛选多种 siRNA。体外转录法的局限性在于大劳动量与低产出，而且并不是所有的序列都可以进行很好的转录。③RNA 酶消化法：将长的 dsRNA 消解成 siRNA，适用于快速研究某一个基因功能缺失的表型。这种方法可以省略检测和筛选的过程，节省了时间和成本，但是有可能引发非特异性的基因沉默。④siRNA 载体法：带有抗生素标记的载体可以在细胞中持续抑制目的基因的表达。适用于已经知道一个有效的 siRNA 的序列，需要维持长时间基因沉默或者用抗生素筛选能表达 siRNA 细胞的情况。⑤PCR 制备的 siRNA 表达框法：这种方法有利于直接转染 PCR 产物，因为它降低了 PCR 导致 siRNA 序列突变的可能，可以作为筛选 siRNA 的有效工具。如果 PCR 两端添加酶切位点，筛选出的有效的 siRNA 后可直接克隆到载体，构成 siRNA 表达载体。

siRNA 分子产物获得后，下一步是构建 siRNA 表达载体。为了提高效率，应结合实验材料采取不同的启动子来构建表达载体。构建 siRNA 表达载体应注意的问题是：载体设计过程中，启动子和内含子序列及结构特征是首先应考虑的；靶基因反向重复片段的长度和位置的选择、启动密码子和终止密码子上下游序列及翻译起始位点序列都将影响基因沉默的效率和效果。表达载体完成后，导入目的材料。在植物 RNAi 实验中，常选用根瘤农杆菌介导转化。最后检测 RNAi 作用的效果，常采用 Northern 印迹、RT-PCR 和 Western 印迹等从植物的 RNA 水平及蛋白质水平进行检测。

五、RNAi 技术的应用

RNAi 为生物学的发展揭开了新的篇章。其广泛的应用主要表现在：一是基因功能研究的新工具，将功能未知的基因的编码区（外显子）或启动子区，以反向重复的方式由同一启动子控制表达。这样在转基因个体内转录出的 RNA 可形成 dsRNA，产生 RNA 干扰，使目的基因沉默，从而进一步研究目的基因的功能。与常规基因敲除相比较，RNAi 技术的优点更为快速、经济有效，其应用将使转基因动物的构建简单易行，尤其对那些不容易获得突变体的基因或生物体如人类。RNAi 技术无疑提供了一种快速有效的鉴定基因功能的好方法，并为基因功能的研究开辟新途径；二是可用来研究细胞信号转导通路和细胞生长分化过程，利用传统的缺失突变技术结合 RNAi 技术可以很容易确定复杂的信号传导途径中不同基因的上下游关系，更好的了解肿瘤的生物学特性；三是可用于基因治疗。由于 RNAi 现象可以特异性的抑制基因表达，所以可用于基因病、病毒感染和肿瘤的治疗。

但 RNAi 尚存在一些问题有待解决，如一些基因或组织具有抵抗 RNA 干扰的能力；一些低水平表达的基因其 RNAi 现象不明显；如果几个基因有相同或相似的序列，RNAi 会同时作用于它们，因而所观察到的表型就不能肯定是由哪些基因被干扰所产生的。在这些情况下，RNAi 不能精细地模拟所有基因，会造成在 RNAi 筛选中遗失某些相关基因；dsRNA 长度选择不同可能会导致不同的抑制效果，并且只能在外显子序列中选择。

通过对 RNAi 的研究将会使人们对其机制的认识更加深入，并且由于 RNAi 具有产生基因沉默的能力，随着 RNAi 机制的进一步阐明以及 RNAi 技术的不断完善，它将会出现新的更广阔的应用前景。

第三节　基因敲除技术

基因敲除技术是在 20 世纪 80 年代后期应用 DNA 同源重组原理发展起来的。ES 细胞分离和体外培养的成功及哺乳动物细胞中同源重组的存在奠定了基因敲除的技术基础和理论基础。

一、基本原理

基因敲除又称为基因打靶，是指从分子水平上将一个基因去除或替代，然后从整体观察实验材料，推测相应基因功能的实验方法。基因敲除技术是功能基因组学研究的重要工具。其方法如下：构建一个携带选择性标记（通常为抗新霉素基因）的打靶载体，其侧翼是与基因组中靶基因同源的序列，将载体以转染方式导入一个胚胎干细胞系。定向插入的选择标记使目的基因突变，突变后的基因与野生型序列同源重组、交叉互换。接着，将打靶成功的胚胎干细胞系注入成纤维细胞中，最后发育成为各种种系的动物组织。

二、基因敲除技术的操作程序

基于正负双向筛选（positive and negative selection，PNS）策略的传统方法的基因敲除需要满足以下要求：（1）提取基因组用于构建载体；（2）需要位于打靶区两翼的具有特异性和足够长度的同源片段，并便于用其作为探针用 Southern 印迹证实；（3）neo 基因的整合；（4）同源重组区域外侧 tk 基因（胸苷激酶基因）在随机重组时的活性；（5）打靶结构外特异的基因探针；（6）合适的酶切位点，便于用 Southern 印迹证实过程中出现特异大小条带。

基因敲除主要包括下列技术：（1）构建重组载体；（2）重组 DNA 转入受体细胞核内；（3）筛选目的细胞；（4）转基因动物模型的建立。

（一）基因敲除载体的构建

构建特定基因的敲除载体必须深入了解该基因的结构组成，如组成该基因的核苷酸序列、外显子和内含子数目、特定位点的限制性核酸内切酶的种类以及该基因在染色体上的定位等。

（二）发生同源重组的干细胞的筛选

筛选发生了同源重组的干细胞的方法主要有以下两种。

（1）Southern 杂交　该方法的原理很简单，即用特定的限制性核酸内切酶消化从经过扩增的干细胞中提取的基因组 DNA，用敲除载体为探针，进行 Southern 杂交，因此发生了同源重组的干细胞克隆和随机整合了敲除载体的干细胞克隆的杂交条带有差异。

（2）PCR 扩增　采用在经过改造的载体中插入一小段寡聚核苷酸（约 29bp）序列，该序列正好与基因组基因上的一小段序列组成一对 PCR 引物，这样通过 PCR 扩增产物的大小即可区分同源重组和随机插入。

（三）基因敲除动物模型的建立

筛选发生同源重组的阳性克隆 ES 细胞，通过核移植法或囊胚腔注射法构建重构胚。再将此重构胚植入假孕母体内，使其发育成个体（基因敲除动物或嵌合体动物）。使用囊胚腔注射法构建重构胚，经胚胎移植后获得的个体是嵌合体动物，则还需要进行嵌合体动物之间交配获得纯合的基因敲除动物后代。图 13-7 为基因敲除技术路线示意图。

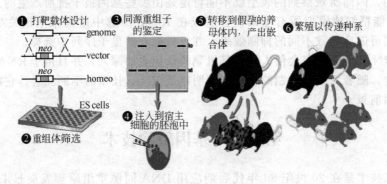

图 13-7　基因敲除技术路线图

三、基因敲除技术的应用

通过基因敲除技术可以定点地引入优良基因，提高外源基因的稳定性和表达效率，从而改变动植物的遗传特性，提高动植物的生产性能，增强其抗病力，最终育成满足人们需要的高产、抗病、优质新品种。

基因敲除在 20 世纪 80 年代发展起来后已经应用到许多领域，如建立人类疾病的转基因动物模型（糖尿病转基因小鼠、神经缺损疾病模型等）。这些疾病模型的建立使研究者可以在动物体内进行疾病的研究，研究发育过程中各个基因的功能，研究治疗人类遗传性疾病的途径。

随着分子生物学的发展，多种基因载体的构建方法的发展使基因敲除技术得到了快速发展，如将传统载体上的抗性标记基因用荧光基因替代，并结合单细胞的分离技术大大缩短了靶细胞的筛选时间，加快基因敲除的进程。

第四节　酵母杂交技术

生物体系的运作与蛋白质之间的相互作用密不可分。自 1989 年 Fields 和 Song 提出酵母双杂交系统（yeast two-hybrid system）以来，这一研究蛋白质之间相互作用的手段迅速发展成为一种常规的分子生物学技术，它不仅成功地揭示了许多蛋白质间存在的相互作用，而且其自身的有效性、可行性和准确性均获得明显改进与提高。酵母杂交系统包括酵母单杂交、酵母双杂交和酵母三杂交。

一、酵母双杂交系统

（一）基本原理

酵母双杂交系统有效地用来分离新的基因或新的能与一种已知的蛋白质相互作用的蛋白质及其编码基因。真核生物的转录激活因子通常具有两个结构上分开的、功能上相互独立的结构域，即 DNA 特异结合域（DNA binding domain，BD）与转录激活域（transcriptional activation domain，AD）。但一个完整的激活特定基因表达的激活因子必须同时含有这两个结构域，否则无法完成激活功能。BD 的功能是识别位于靶子基因上游的一个特定区段，即上游激活序列（upstream activating sequence，UAS），并能与之结合；而 AD 则是同其他成分结合来启动下游基因的转录。在一般情况下，它们都是同一种蛋白质的两个组成部分，是激活基因转录的必要条件，分开单独存在时虽仍具有其原有的功能，但不能起转录作用。另外即使使用基因工程方法，将这两个结构域 AD 和 BD 分别克隆到不同的载体上，转到同一细胞中表达，但是它们不能结合，靶基因仍然无法被激活。然而人们研究发现某些蛋白质相互作用可以将这两个结构域连

(a) Gal4的DNA-BD和蛋白质X结合形成的融合蛋白，同Gal1的UAS序列结合，但由于没有同AD结合，故不能启动报告基因转录

(b) Gal4的AD同蛋白质Y结合形成的融合蛋白，没有同UAS序列结合，故不能启动报告基因转录

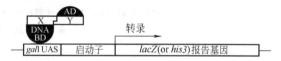

(c) 通过这两个融合蛋白中的X蛋白和Y蛋白之间的相互作用，在细胞内重建了Gal4的功能，结果启动报告基因的表达

图 13-8　酵母双杂交体系原理示意图

在一起，并且它们能恢复激活转录的活性。基于这个原理，可将两个待测蛋白分别与这两个结构域构建成融合蛋白，并共表达于同一个酵母细胞内。如果两个待测蛋白间能发生相互作用，就会通过待测蛋白的桥梁作用使 AD 与 BD 形成一个完整的转录激活因子并激活相应的报告基因表达。通过对报告基因表型的测定可以很容易地知道待测蛋白分子间是否发生了相互作用。这个方法主要由 4 个部分组成：AD、BD、报告基因和诱导基因。AD 和 BD 可以来自同一个转录激活子的两个结构域、也可以来自两种不同转录子因子的结构域的不同部分，但在体内在其他蛋白质相互作用下都可以重新连接成转录因子，并具有转录功能，从而激活下游报告基因的表达，见图 13-8。如目前常用的 AD 及 BD 来自 Gal4（酿酒酵母的半乳糖苷酶基因的转录激活因子）或 LexA。蛋白质之间的相互作用导致报告基因的大量表达，其产物一般是能发荧光的蛋白质或是能起显色反应的酶，所以很容易定性地检测到并能定量分析。

（二）酵母双杂交体系的寄主菌株及质粒载体

为了构建酵母双杂交体系的转化系统，人们首先将酿酒酵母基因组中的 Gal4 的编码基因删除掉，发展成转化系统的宿主菌株。常用的这种缺陷型的酵母菌株有 SFY526 和 HF7c，它们带有特定的报告基因 lacZ、his3 和 leu2 等，但丧失了表达内源 Gal4 转录激活因子的能力，因此适于用来检测外源 Gal4 转录激活因子的功能与活性。

此外，又构建了两种在大肠杆菌和酿酒酵母细胞中自主复制的穿梭质粒载体，一种是

pGBT9。靶基因按正确的取向和读码结构被克隆在载体的多克隆位点区，于是在靶蛋白和Gal4-BD之间产生融合作用，形成融合蛋白质Ⅰ。另一种是 pGAD424，是用来构建 cDNA文库的载体。克隆的 cDNA 片段按正确的取向和读码结构插入载体多克隆位点区，因此cDNA编码的蛋白质和 Gal4-AD 间产生融合作用，形成融合蛋白质Ⅱ。

这两种蛋白质在酵母细胞中都能高水平表达，并且在核定位序列（nuclear localization sequence）的作用下进入酵母细胞核。在 pGBT9 载体中，核定位序列是 Gal4 DNA 结合域序列中间的一部分；而在 pGAD424 载体中，核定位序列是 SV40 的 T 抗原序列，它被克隆在 ADH1 启动子和 Gal4 激发域序列之间。如图 13-9 和图 13-10 所示。

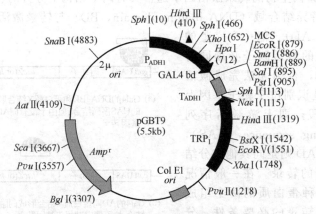

图 13-9 酿酒酵母质粒载体 pGBT9 示意图
GAL4 bd—Gal4 结合域序列；P—启动子；T—转录终止序列；
▲—Gal4 核定位序列

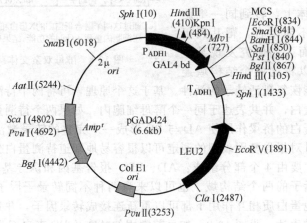

图 13-10 酿酒酵母质粒载体 pGAD424 示意图
GAL4 bd—Gal4 激活域序列；P—启动子；T—转录终止序列；
▲—SV40 大 T 抗原核定位信号

（三）酵母双杂交体系的实验程序

将已知的靶蛋白质的编码基因插入到 pGBT9 质粒载体的多克隆位点上，同时也把cDNA片段克隆在 pGAD424 质粒载体上，构成 cDNA 表达文库。从大肠杆菌中提取这两种重组质粒 DNA，并共转化给感受态的酿酒酵母宿主菌株。将此种共转化的酵母菌株涂布在缺少亮氨酸和色氨酸的合成的营养缺陷培养基上，以便挑选具有两种杂种质粒的转化子。同时我们也将共转化的酵母菌株涂布在缺少组氨酸、亮氨酸和色氨酸的合成的营养缺陷培养基上，以便筛选那些能表达相互作用的融合蛋白质的阳性菌落。

（四）酵母双杂交系统的应用

随着技术的发展，酵母双杂交系统在生命科学研究中得到了广泛的应用。如鉴定已知蛋白之间是否相互作用、蛋白质相互作用图谱的构建、筛选特异克隆、研究疾病的发生机制和药物开发以及细胞内抗原和抗体的相互作用的研究等。我们相信，它必将在研究蛋白质功能、转录调节、基因功能定位和信号转导等领域发挥重要作用，使我们对细胞活动的机制和功能有更深入的理解。

（五）酵母双杂交系统存在的问题

人们应用酵母双杂交系统得到了许多新的蛋白质和基因，但同时这些得到的蛋白质有时并不能真实反映在细胞内的相互作用，所以在应用上要考虑这一点，例如双杂交系统分析蛋白质间的相互作用定位于细胞核内，而许多蛋白间的作用依赖于翻译后的修饰，而这些反应在核内无法进行。由于某些蛋白质本身具有转录激活作用，酵母双杂交系统的另一个问题是假阳性。然而这个技术是目前研究蛋白质间相互作用的最有效手段，它也是研究细胞发育和基因功能的重要工具。

二、酵母单杂交系统与酵母三杂交系统

酵母单杂交系统主要用来分离鉴定与特异 DNA 序列结合作用的蛋白质并同时获得其编码基因。酵母单杂交系统利用了许多真核生物转录激活因子（transcription activator），即自身含有功能上必需的两个独立结构域——DNA 结合域与转录激活域。在酵母单杂交系统中，与转录激活域融合的结合蛋白与靶 DNA 序列的相互作用可以同样激活报道基因的表达。

酵母三杂交系统是 Sen Gupta 在酵母双杂交的基础上建立起来的，采取在细胞体内合成RNA 分子的方法研究 RNA-蛋白质间相互作用，大大促进了 RNA 与蛋白质相互作用的研究。酵母三杂交系统的原理与酵母双杂交相似，利用了酵母细胞的 Gal4 蛋白调节目的基因（半乳糖苷酶基因及 *his 3* 基因）转录的特点。Gal4 蛋白具有两个可分离的功能区，N 端是DNA 结合结构域，C 端为转录激活结构域。只要这两个相对独立的结构域能够通过一定的方式在空间上足够的靠近（如借助其他分子的相互结合使其足够靠近），即使它们之间没有共价结合也可激活转录，这为研究蛋白质与其他分子的相互作用提供了可能。但由于 RNA分子结构上的复杂性极大的限制了酵母三杂交系统的应用和发展。

第五节 拉下实验

如果我们阐明基因的功能，就需要知道每个基因所编码的蛋白质产物的功能。而研究蛋白质结构与功能的第一步就是要确定与之相作用的蛋白质，进而确定与其相关的生物学途径。拉下实验（pull-down）是一种在体外研究两种或多种蛋白质之间物理性相互作用的方法，已经成为生命科学工作者通过蛋白质与蛋白质相互作用研究细胞学途径的重要工具。

该实验只需一种纯化并标记的钓饵蛋白用于捕获并"拉下"另一种能与之作用的猎物蛋白。我们可以用拉下试验来验证其他方法（如免疫共沉淀、酵母双杂交、密度梯度离心）检测到的蛋白质与蛋白质的相互作用关系；同时，拉下实验也可以用于未知蛋白之间相互作用关系的初步检测。

本质上是亲和纯化的一种方法，除了用钓饵蛋白代替抗体外，与免疫沉淀法非常相似。亲和色谱分析法极大地提高了蛋白质纯化的速度和效率，同时为可能的猎物蛋白的拉下或共纯化提供了技术平台。在一个拉下实验中，标记的钓饵蛋白可被固定在特异的固定化亲和配体上，形成能够纯化与钓饵蛋白相作用的其他蛋白质的"二级亲和基质"，再将钓饵蛋白的二级亲和基质与一系列猎物蛋白一起温育，然后采用适当的洗脱方法将与钓饵蛋白结合的目

标蛋白洗脱下来。如图 13-11 拉下试验的原理示意图。

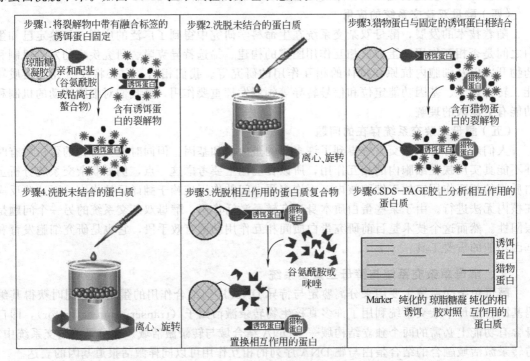

图 13-11　拉下实验的原理示意图

（一）作为验证已知蛋白质作用关系的一种手段

对蛋白质之间相互关系进行验证要使用来自人工蛋白表达体系的猎物蛋白。与内源表达条件相比，利用人工蛋白表达体系可获得更多的猎物蛋白，而且能消除内源体系中能与钓饵蛋白发生作用的其他蛋白质的干扰。蛋白质表达体系的裂解物、体外转录/转译反应物以及经纯化的蛋白质都是验证试验中合适的蛋白质来源。

（二）作为发现未知蛋白质作用关系的一种手段

拉下实验可用于发现内源环境中能与已知钓饵蛋白相作用的新蛋白。实验材料生物体内环境可提供过量的猎物蛋白，但猎物蛋白通常以复杂的蛋白质混合物的形式存在。任何表达有猎物蛋白的细胞裂解物或是其中含有有功能的猎物蛋白的复杂的生物液体（即血液、肠分泌物等）都是拉下实验中合适的猎物蛋白来源。

（三）拉下实验的重要组分——钓饵蛋白的来源

拉下实验中使用的钓饵蛋白有两种来源：一是使传统纯化方法纯化所得的蛋白质连接上一个亲和标记；二是表达重组的融合蛋白。如果能购买纯化蛋白或从前期工作中得到纯化蛋白，则无需克隆编码该钓饵蛋白的基因。纯化的蛋白可用能与蛋白质反应的标记物（如磺基-NHS-LS-生物素)进行标记。如果已经克隆到了钓饵蛋白的编码基因，即可利用分子生物学方法将该基因连同一个融合标记（如 6×His 或 GST）一起亚克隆到适当的载体上，重组克隆会超量表达，而且容易纯化，于是我们即富集到拉下实验中所需的钓饵蛋白。

（四）稳定作用关系与瞬时作用关系

应用拉下实验发现及验证蛋白质与蛋白质作用关系主要依赖于作用关系的性质。蛋白质之间的作用可能是稳定的，也可能是瞬时的，它决定了钓饵蛋白与猎物蛋白结合的最佳条件。稳定的蛋白质相互作用构成了大部分细胞结构特征，也存在于形成了确定结构的酶复合物中；而瞬时作用通常与转运或酶催化过程有关。比如核糖体，它的结构由稳定的蛋白质相互作用构成，将 mRNA 转译成新生蛋白质的酶催化过程则需要蛋白质间的瞬时作用。

稳定的蛋白质间相互作用最容易用拉下实验这样的物理方法将其分离，因为由稳定的蛋白质间相互作用形成的蛋白质复合物不易解离。由于这种蛋白质间相互作用构成了细胞结构，蛋白质间的解离常数通常较低，蛋白质之间作用较强。作用较强的、稳定的蛋白质复合物可用大量的高离子强度缓冲液洗涤，以消除由非特异性作用导致的假阳性结果。相反，如果形成蛋白质复合物的蛋白质间解离常数较高，即相互作用较弱，那么我们就要通过 pH 值、盐类型、盐浓度等条件的优化来提高作用强度及蛋白质复合物的回收效果。由非特异性相互作用引起的问题可经适当的对照实验而减至最小。

瞬时作用关系是由蛋白质间瞬时作用引起的，由于蛋白质复合物可能在实验过程中解离，因此用拉下实验这样的物理方法确定蛋白质的瞬时作用关系是比较困难的。我们知道，瞬时作用主要发生在转运或酶反应过程中，通常需要辅因子和经核苷三磷酸水解而来的能量，所以，在实验条件优化过程中加入辅因子及未水解的 NTP 类似物，可帮助捕获那些处于一个功能复合物不同阶段的依赖于辅因子或 NTP 的猎物蛋白。

（五）洗脱

要确定钓饵-猎物蛋白的相互作用，首先要将它们形成的复合物从亲和基质上转移下来，再用常规的蛋白质检测方法对其进行分析。复合物可用 SDS-PAGE 加样缓冲液或钓饵蛋白标记物特异的竞争性分析物从亲和基质上洗脱下来。SDS-PAGE 加样缓冲液会将样品中的蛋白质全部变性，而且这一方法只限于 SDS-PAGE 分析。相比之下，竞争性分析物洗脱法特异性要强的多，因为它不会将非特异性结合在亲和基质上的蛋白洗脱下来。这种方法是非变性的，因此洗脱下来的是有生物学功能的蛋白质复合物，这可能对后续工作非常有利。

还有一种洗脱方法可选择性地将猎物蛋白洗脱下来而使钓饵蛋白仍固定在配体上，主要是利用盐浓度梯度上升或者 pH 值梯度下降的洗脱液实现的。这种洗脱方法也是非变性的，并且能为确定蛋白质作用强度提供一定的信息。

（六）钓饵-猎物蛋白复合物的凝胶电泳检测

洗脱下来的样品中所含的蛋白质复合物可经 SDS-PAGE 及其他相关技术显示出来，如，凝胶染色、Western 杂交和 ^{35}S 放射性同位素检测。然后通过聚丙烯酰胺凝胶中蛋白质带的回收，胰蛋白酶消化及消化片段的质谱分析对发生作用的蛋白质进行鉴定。

第六节　蛋白质组学研究

人类基因组研究的重要内容之一是对所获得的基因功能进行鉴定。庞大的 EST 数据信息促使人们对成千上万的基因表达进行分析和比较，试图在基因组水平上对基因活动规律进行阐述。然而生物功能的主要体现者是蛋白质，蛋白质有其自身特有的活动规律，仅仅从基因的角度来研究是远远不够的。因此，要对生命的复杂活动有全面和深入的认识，必然要从整体、动态和网络系统的水平上对蛋白质进行研究。于是，在人类基因组研究的基础上发展出了以研究细胞内蛋白质组成及其规律的学科，即蛋白质组学（proteomics），成为后基因组学研究的核心内容。

一、蛋白质组学概念

蛋白质组（proteome）一词，源于蛋白质（protein）与基因组（genome）两个词的杂合，是由两位澳大利亚科学家 Wilkins 和 Williams 于 1994 年在意大利 Siena 召开的一次双向电泳会议上首次提出。其内涵是指全部基因表达的全部蛋白质及其存在方式，是一个基因组，即一个细胞，一个组织或个体所表达的全部蛋白质成分。由于同一基因组在不同细胞，不同组织中的蛋白质表达情况各不相同，即使同一细胞，在不同的发育阶段，不同的生理条件甚至不同的环境影响下，其蛋白质的存在状态也不尽相同。因此，蛋白质组是一个空间和时间上动态变化着的整体，具有时空性和可调节性，反映着特定时空内基因的表达时间、表达量、蛋白质水平上的修饰、亚细胞转运和分布等。蛋白质组学是以蛋白质组为研究对象，是在人类基因组计划研究发展基础上形成的新兴学科，与以往蛋白质化学的研究不同，主要是在整体水平上研究细胞内蛋白质的组成和活动规律。

二、蛋白质组学的相关技术

蛋白质组学研究成功与否，很大程度上取决于其技术方法水平的高低，蛋白质研究技术远比基因技术复杂和困难，不仅氨基酸残基种类远多于核苷酸残基（20/4），而且蛋白质有着复杂的翻译后修饰，如磷酸化和糖基化等，给分离和分析蛋白质带来很多困难。目前，蛋白质组分析主要涉及两个步骤，即蛋白质的分离和蛋白质的鉴定。

（一）蛋白质的分离技术

目前在蛋白质组研究中应用最多的是二维聚丙烯酰胺凝胶电泳（two-dimensional gel electrophoresis，2-DE），它是目前对蛋白质组分辨率较高、重复性较好的分离技术。二维聚丙烯酰胺凝胶电泳的基本原理是根据蛋白质的等电点和分子质量大小不同，进行两次电泳将之分离。二维电泳的第一向是等电聚焦（isoelectric focusing，IEF），分为载体两性电解质 pH 梯度等电聚焦和固相化 pH 梯度等电聚焦。其第二向是 SDS-聚丙烯酰胺凝胶电泳（SDS-PAGE），一般采用垂直电泳或水平电泳。由于 2-DE 利用了蛋白质两个彼此不相关的重要性质对其进行分离，因此分辨率非常高，一般能分辨到 1 000～3 000 个蛋白质样点。最好的胶可分离得到 11 000 个左右的蛋白质样点。该技术主要用于分离细胞或组织蛋白质抽提物，构建特定组织或细胞蛋白质的"二维电泳图谱"，分析特定条件下蛋白质的表达状况，进行蛋白质组差异比较。完整的双向凝胶电泳技术包括样品制备、等电聚焦、平衡转移、SDS-PAGE、斑点染色、图像捕获和图谱分析等步骤。随着样品制备方案的完善，固相 pH 梯度双向凝胶电泳的应用，染色方法的改进和图像分析软件性能的提高，2-DE 技术凭借其高通量，高灵敏度，高分辨率，便于计算机进行图像分析处理，可以很好地与质谱分析等鉴定方法匹配的优点，已成为蛋白质组学研究中最常用的蛋白质分离技术。

双向凝胶电泳技术当前面临的挑战是：（1）低拷贝蛋白的鉴定。这些微量蛋白往往还是重要的调节蛋白。除增加双向凝胶电泳灵敏度的方法外，最有希望的还是把介质辅助的激光解吸/离子化质谱用到 PVDF 膜上，但当前的技术还不足以检出拷贝数低于 1 000 的蛋白质；（2）分子量极大（＞200kD）或极小（＜10kD）蛋白的分离；（3）极酸或极碱蛋白的分离；（4）难溶蛋白的检测，这类蛋白中包括一些重要的膜蛋白；（5）得到高质量的双向凝胶电泳需要精湛的技术，因此迫切需要自动二维电泳仪的出现。

（二）蛋白质的鉴定技术

用于蛋白质鉴定的技术有 Edman 降解法测 N 端序列、质谱技术（mass spectrometry，MS）和氨基酸组成分析等。为适应大规模蛋白质组分析，质谱技术已经逐渐成为蛋白质鉴定的核心技术。质谱技术的基本原理是带电粒子在磁场或电场中运动的轨迹和速度随着粒子的质量与携带电荷比（质荷比 m/z）的不同而变化，从而可以据此来判断粒子的质量和特性。质谱仪一般有进样装置、离子化源、质量分析器、离子检测器和数据分析系统组成。20世纪 80 年代中期出现的以电喷雾电离（ESI）和基质辅助激光解析电离（MALDI）为代表的软电离技术，能高效地电离一些完整或片段的大分子生物聚合物，可以测定分子质量达40 万的生物大分子，通过肽质量指纹谱（peptide mass fingerprinting）、肽序列标签（peptide sequence tag）和肽阶梯序列（peptide ladder sequencing）等方法，结合蛋白质数据库检索可实现对蛋白质的快速鉴定和高通量筛选，极大的拓展了质谱的应用范围，使质谱技术无可争议的成为蛋白质鉴定的核心技术。

目前，生物质谱的离子化方法基本采用 ESI 和 MALDI，而质量分析器则有不同的选择，如三极四极杆、离子阱、飞行时间、傅里叶变换离子回旋共振等。不同的质量分析器各有其优势和特点，也有不同的应用范围，目前的发展趋势是将不同类型的质量分析器串联起来，以提高质谱的工作性能和适用范围。

从蛋白质组学的微量、精确性要求来看，目前蛋白质组的研究技术远远不能适应。相对于分子克隆技术来说，蛋白质组的研究方法还很不完善，许多技术问题尚待解决。

三、蛋白质组生物信息学

蛋白质组数据库是蛋白质组研究水平的标志和基础。瑞士的 SWISS-PROT 拥有目前世界上最大，种类最多的蛋白质组数据库。丹麦、英国、美国等也都建立了各具特色的蛋白质组数据库。生物信息学的发展已给蛋白质组研究提供了更方便有效的计算机分析软件，特别值得注意的是蛋白质质谱鉴定软件和算法发展迅速，如 SWISS-PROT、Rockefeller 大学、UCSF 等都有自主的搜索软件和数据管理系统。目前由 SWISS-PROT、TrEMBL 和 PIR-PSD 三大公用蛋白质序列数据库合并组成的 UniProt 智能库，只要登录 SRS 序列智能系统，便能通过 UniProt 获取全面的数据信息，包括鉴定蛋白质的种类、分析蛋白质的理化性质、预测可能的翻译后修饰以及蛋白质的三维结构等信息。其中，注释蛋白质和二维凝胶电泳数据库仍然是蛋白质组学研究的生物信息学核心。

四、蛋白质组学的应用

分子生物学、生物信息学的迅猛发展以及各种高科技检测手段的不断出现都赋予了蛋白质组学新的内涵。在基础研究方面，近两年来蛋白质组学研究技术已被应用到各种生命科学领域，如细胞生物学、神经生物学等。在研究对象上，覆盖了微生物、植物和动物等范围，涉及各种重要的生物学现象，如信号转导、细胞分化、蛋白质折叠等。特别是对人类蛋白组学的研究主要聚焦在特异的组织、细胞和疾病上，目前已应用于肝癌、膀胱癌、前列腺癌等研究中。相信在未来的发展中，蛋白质组学的研究领域一定会更加广泛。

蛋白质组学与其他学科的交叉也必将日益显著和重要，这种交叉是新技术新方法的活水之源，特别是蛋白质组学与其他大规模科学如基因组学，生物信息学等领域的交叉所呈现出的系统生物学（system biology）研究模式，将成为未来生命科学最令人激动的前沿领域。

本 章 小 结

根据遗传信息的传递规律，最终影响生物体表型的是蛋白质，所以无论我们前期获得什么样的基因序列，都必须要获悉其表达的蛋白质才能得到验证。转基因技术是目前较为成熟的基因功能验证方法，例如转基因植物和转基因动物。由于植物细胞具有全能性的特点，利用农杆菌侵染及报告基因的表达已经建立起来了一种成熟的植物转基因技术，外源基因导入受体细胞的方法包括载体介导和直接导入法。由于动物细胞的表达系统与人类更加接近，因而动物转基因技术得到了很好的发展，目前已经建立起了许多成熟的动物转基因体系，如转基因小鼠体系。RNAi 技术是新近发展起来的对功能未知基因鉴定的新工具，包括转录水平和转录后水平两种机制。该技术具有高度的特异性，可在 mRNA 水平关闭相应序列基因的表达或使其沉默，目前在动物体系中应用较成熟，而在植物中报道较少。基因敲除是研究基因功能的一种行之有效的方法，ES 细胞的分离和体外培养的成功，更加促进了基因敲除技术的推广和应用，目前已经建立起了成熟的小鼠基因敲除动物模型。酵母双杂交系统是一种研究蛋白质之间相互作用的常规分子生物学技术，它不仅成功地揭示了许多蛋白质间存在的相互作用，而且其自身的有效性、可行性和准确性均获得明显改进与提高。酵母杂交系统包括酵母单杂交、酵母双杂交和酵母三杂交。拉下实验通过研究与目的基因相互作用的蛋白质的功能从而推测目的基因编码蛋白质的功能，是一种间接的方式，目前已经成为研究蛋白质相互作用的有效手段之一。此外以蛋白质的分离和鉴定为基础的蛋白质组学相关研究的发展极大地促进了基因功能的研究。

思 考 题

1. 农杆菌介导法和基因枪法是目前较为重要的两种植物转化方法，试比较这两种方法的优缺点。
2. 基因导入动物细胞有哪些方法？试说明各种方法的利弊。
3. 如何通过植物的遗传工程赋予花卉不同寻常的颜色？
4. 酵母双杂交技术的原理及其优缺点。
5. 简要叙述拉下实验的基本原理。
6. 试比较拉下实验与酵母双杂交技术的不同及优缺点。
7. 根据你所了解的知识，谈一谈蛋白质组学的未来发展前景。

参 考 文 献

[1] 本杰明·卢因. 基因Ⅷ. 余龙，江松敏，赵寿元主译. 北京：科学出版社，2005.

[2] J. D. 沃森，T. A. 贝克，S. P. 贝尔等. 基因的分子生物学. 第5版. 杨焕明等译. 北京：科学出版社，2005.

[3] R. M. 特怀曼. 高级分子生物学要义. 陈淳，徐心等译. 北京：科学出版社，2000.

[4] 阎隆飞，张玉麟. 分子生物学. 北京：中国农业大学出版社，2001.

[5] 朱玉贤，李毅. 现代分子生物学. 第2版. 北京：高等教育出版社，2002.

[6] 乔治 M. 马拉森斯基. 分子生物学精要. 第4版. 魏群等译. 北京：化学工业出版社，2005.

[7] 李振刚. 分子遗传学. 北京：科学出版社，2004.

[8] 王曼莹. 分子生物学. 北京：科学出版社，2006.

[9] 林忠平等. 走向21世纪的植物分子生物学. 北京：科学出版社，2000.

[10] 李海英，梁秀梅. 分子生物学. 哈尔滨：黑龙江科学技术出版社，2001.

[11] 张维铭. 现代分子生物学实验手册. 北京：科学出版社，2003.

[12] P. C. 特纳，A. G. 麦克伦南，A. D. 贝茨等著. 分子生物学. 刘进元译. 北京：科学出版社，2001.

[13] 刘永明. 分子生物学简明教程. 北京：化学工业出版社，2006.

[14] 杨岐生. 分子生物学. 杭州：浙江大学出版社，2005.

[15] 于英君，孙力. 分子生物学. 哈尔滨：东北林业大学出版社，2003.

[16] 卢向阳. 分子生物学. 北京：中国农业出版社，2005.

[17] 向本琼. 分子生物学——精要、题解、测试. 北京：化学工业出版社，2006.

[18] 张西平. 核酸与基因表达调控. 武汉：武汉大学出版社，2002.

[19] 张玉静. 分子遗传学. 北京：科学出版社，2002.

[20] 赵亚华. 分子生物学教程. 北京：科学出版社，2004.

[21] 孙乃恩. 分子遗传学. 南京：南京大学出版社，2005.

[22] 童克中. 基因及其表达. 第2版. 北京：科学出版社，2002.

[23] 沈桂芳，丁仁瑞. 走向后基因组时代的分子生物学. 杭州：浙江教育出版社，2005.

[24] 金由辛. 核糖核酸与核糖核酸组学. 北京：科学出版社，2005.

[25] 胡松年，薛庆中. 基因组数据分析手册. 杭州：浙江大学出版社，2003.

[26] 杨金水. 基因组学. 北京：高等教育出版社，2002.

[27] T. A. 布朗. 基因组2. 袁建刚译. 北京：科学出版社，2006.

[28] 郭政，李霞，李晶. 计算分子生物学与基因组信息学. 哈尔滨：黑龙江科学技术出版社，1998.

[29] 阎隆飞，孙之荣. 蛋白质分子结构. 北京：清华大学出版社，1999.

[30] 楼士林. 基因工程. 北京：科学出版社，2002.

[31] T. A. Brown. 基因克隆和DNA分析. 第4版. 魏群等译. 北京：高等教育出版社，2003.

[32] 陈宏. 基因工程原理与应用. 北京：中国农业出版社，2004.

[33] 吴乃虎. 基因工程原理. 第2版. 北京：科学出版社，2001.

[34] 吕选忠，于宙. 现代转基因技术. 北京：中国环境科学出版社，2005.

[35] Sandy Primrose, Richard Twyman, Bob Old. 基因操作原理. 第6版. 瞿礼嘉，顾红雅译. 北京：高等教育出版社，2003.

[36] B. R. 格利克，J. J. 帕斯捷尔纳克. 分子生物技术——重组DNA的原理与应用. 第3版. 陈丽珊，任大明译. 北京：化学工业出版社，2005.

[37] G. 沃尔什. 蛋白质生物化学与生物技术. 王恒，谭天伟，苏国富译. 北京：化学工业出版社，2006.

[38] 郑秀芬. 法医DNA分析. 北京：中国人民公安大学出版社，2002.

[39] 张惠展. 基因工程. 上海：华东理工大学出版社，2005.

[40] 潘重光，吴爱忠. 基因转移. 上海：上海教育出版社，2004.

[41] 舒惠国. 基因和基因工程. 北京：科学出版社，2003.

[42] 赵亚华. 生物化学与分子生物学实验技术教程. 北京：高等教育出版社，2005.

[43] 马建岗. 基因工程学原理. 西安：西安交通大学出版社，2001.

[44] 谢友菊，王国英，林爱星. 遗传工程概论. 北京：中国农业大学出版社，2005.

[45] 贺林. 解码生命. 北京：科学出版社，2000.

[46] 杨汝德. 基因工程. 广州：华南理工大学出版社，2003.

[47] J. M. 沃克，R. 拉普勒. 分子生物学与生物技术. 北京：化学工业出版社，2003.

[48] 裴黎. 现代DNA分析技术理论与方法. 北京：中国人民公安大学出版社，2002.

[49] 吴建平. 简明基因工程与应用. 北京：科学出版社，2005.

[50] 陆德如，陈永青. 基因工程. 北京：化学工业出版社，2004.

[51] 李立家，肖庚富. 基因工程. 北京：科学出版社，2004.

[52] 冯斌，谢先芝. 基因工程技术. 北京：化学工业出版社，2000.

[53] 孙明. 基因工程. 北京：高等教育出版社，2006.

[54] 汤华. RNA 干扰原理与应用. 北京：科学出版社，2006.

[55] 梁国栋. 最新分子生物学实验技术. 北京：科学出版社，2001.

[56] 凌诒萍. 细胞生物学. 北京：人民卫生出版社，2001.

[57] 周爱儒. 生物化学. 第 5 版. 北京：人民卫生出版社，2001.

[58] 孙树汉. 基因工程原理与方法. 北京：人民军医出版社，2001.

[59] 齐义鹏. 基因及其操作原理. 武汉：武汉大学出版社，1998.

[60] 钟卫鸿. 基因工程技术. 北京：化学工业出版社，2007.

[61] 焦炳华，孙树汉. 现代生物工程. 北京：科学出版社，2007.

[62] 马建刚. 基因工程学原理. 西安：西安交通大学出版社，2001.

[63] Schatg G, Dobberstein B. Common principles of protein translocation across membranes. Science, 1996, 271: 1519-1526.

[64] Nelson D L, Cox M M. Lehninger principles of biochemistry. 3rd ed. New York: Worth Publishers, 2002.

[65] Kreppel F, Kochanek S. Long-term transgene expression in proliferating cells mediated by episomally maintained high capacity adenovirus vectors. J Virol, 2004, 78 (1): 9-22.

[66] Baldi P & Brunak S. Bioinformatics: the machine learning approach. 2nd ed. Massachusetts: Institute of Technology, 1998.

[67] 2000 Database Issue of Nucleic Acid Research. Nucleic Acid Research, 2000, 28: 1-382.

[68] Marth G T, Korf I, Yandell M D, et al. A general approach to single-nucleotide polymorphism discovery. Nature Genet, 1999, 23: 452-456.

[69] Schena M. DNA Microarrays: a practical approach. London: Oxford University Press, 1999.

[70] Delcher A L, Kasif S, Fleischmann R D, et al. Alignment of whole genomes. Nucleic Acids Res, 1999, 27: 2369-2376.

[71] Brazma A, Robinson A, Cameron G, et al. One-stop shop for microarray data. Naure, 2000, 403: 699-700.

[72] Kost T A, Condreay J P, Jarvis D L. Baculovirus as versatile vectors for protein expression in insect and mammalian cells. Nat Biotechnol, 2005, 23 (5): 567-575.

[73] Robert K M, Daryl K G, Peter A M. Harper's Biochemistry. 25th ed. McGraw-Hill Publishers, 2000.

[74] Robert F Weaver. Molecular Biology. 2nd ed. 北京：科学出版社，2002.

[75] Kornberg A, Baker T A. DNA replication. 2nd ed. New York: W. H. Freeman, 1992.

[76] Wang J C. Cellular roles of DNA topoisomerases. Nat. Rev. Mol. Cell Biol, 2002, 3: 430-440.

[77] Gilbert D M. Making sense of eukaryotic replication origins. Science, 2001, 294: 96-100.

[78] Ptashne M, Gann A. Genes and signals. New York: Cold Spring Harbor Laboratory Press, 2002.

[79] Butler J E, Kadonaga J T. The RNA polymerase II core promoter: A key component in the regulation of gene expression. Gene Dev, 2002, 16: 2583-2592.

[80] Young B A, Gruber T M, Gross C A. Views of transcription initiation. Cell, 2002, 109: 417-420.

[81] Alberts B, Johnson A, Lewis J, et al. Molecular biology of the cell. 4th ed. New York: Garland Science, 2002.

[82] Maniatis T, Reed R. An extensive network of coupling among gene expression machines. Nature, 2002, 416: 499-506.

[83] Barass J D, Beggs J D. Splicing goes global. Trends Genet, 2003, 19: 295-298.

[84] Blanc V, Davidson N O. C-to-U RNA editing: Mechanisms leading to genetic diversity. J Biol Chem, 2003, 278: 1395-1398.